Gassmann/Sutter

**Praxiswissen
Innovationsmanagement**

Oliver Gassmann
Philipp Sutter

PRAXISWISSEN
INNOVATIONSMANAGEMENT

Von der Idee zum Markterfolg

HANSER

Bibliografische Information Der Deutschen Nationalbibliothek

Die Deutsche Nationalbibliothek verzeichnet diese Publikation in der Deutschen Nationalbibliografie; detaillierte bibliografische Daten sind im Internet über http://dnb.d-nb.de abrufbar.

© 2011 Carl Hanser Verlag München

Internet: http://www.hanser.de

Lektorat: Lisa Hoffmann-Bäuml

Herstellung: Thomas Gerhardy

Umschlaggestaltung: Büro plan.it München

Gesamtherstellung: Kösel, Krugzell

Printed in Germany

ISBN 978 3 446 42285 4

VORWORT

Derzeit führen zwei dominante Wege zum Geschäftserfolg in Westeuropa: erstens Kostenreduktionen durch Verlagerung in kostengünstige Niedriglohnländer. Die Folgen sind Arbeitsplatzverluste im großen Stil in Europa. Zweitens Innovation in Produkten, Prozessen und Geschäftsmodellen. Smarte Unternehmen wie *Apple*, *BMW* oder *Festo* internationalisieren, erzielen aber vor allem Wertschöpfung durch neue Produkte und starke Marken. Sie setzen auf die Erhöhung des subjektiven Kundennutzens, innovativere Kundenbeziehungen und kostengünstigere Verfahren.

Schweizer und deutsche Unternehmen sind Weltspitze bezüglich der Anzahl Patente und Publikationen pro Kopf. Bei der Umsetzung der Ideen haben beide Länder jedoch noch Potenzial. Innovative Unternehmen sind profitabler als ihre Wettbewerber, doch die meisten Innovationsvorhaben scheitern. Es zeigt sich dabei immer wieder, dass in den hiesigen Unternehmen kein Mangel an guten Ideen herrscht. Die Schwierigkeit liegt darin, die richtigen Ideen zu bewerten, zeitgerecht umzusetzen und im Markt erfolgreich einzuführen. *Henkels* Chief Technology Officer definiert Innovation einfach: „Innovation ist, wenn der Markt Hurra schreit."

Empirische Studien zeigen, dass höhere Investitionen in Forschung und Entwicklung keine Garanten für mehr Rendite oder gar Shareholder-Value sind. Es kommt nicht auf die Höhe der finanziellen Investition in Forschung und Entwicklung an, sondern auf die intelligente Nutzung der Ressourcen. Damit lässt sich für die Unternehmensführer die Frage nach einer höheren Innovationsrate nicht einfach über eine Budgeterhöhung im F&E-Bereich beantworten. Echte Innovatoren wie *3M*, *Phonak* oder *Swatch* entwickeln ganzheitliche Ansätze für die Gestaltung von Innovationen. Sie berücksichtigen den gesamten Prozess – von der Idee bis zum Markterfolg.

Am Institut für Technologiemanagement der Universität St.Gallen (ITEM-HSG) sowie in der Zühlke Gruppe wurden zahlreiche Projekte zu Innovationsthemen bearbeitet. Auslöser für die Realisierung eines praxisorientierten Buches waren das 40-jährige Jubiläum von Zühlke sowie das 20-jährige Jubiläum des ITEM-HSG. Insgesamt sechs Jahrzehnte Erfahrung mit Innovation haben uns inspiriert, ein Buch von Akademie und Praxis für die Praxis zu schreiben.

Die erste Auflage war rasch ausverkauft. Das enorm positive Feedback unserer Leser, der Presse und vor allem der Innovatoren und F&E-Leiter „an der Front" haben uns dazu ermuntert, noch mehr Energie ins Buch zu stecken. Sämtliche Inhalte wurden aktualisiert, Fehler korrigiert und neue Fallbeispiele hinzugefügt. Auch inhaltlich haben wir drei neue Schwerpunkte hinzugefügt: Geschäftsmodellinnovation, Dienstleistungsinnovation und Führung.

Innovation ist Chefsache. Das Buch richtet sich an Führungskräfte aller Hierarchiestufen, die den Wandel aktiv gestalten und die Chancen der Innovation umsetzen möchten. Es behandelt die Bausteine und Instrumente des situativen Innovationsmanagements. Dabei werden die wichtigsten „harten" und „weichen" Elemente einer Produktentwicklung anschaulich dargestellt. Erfolgsfaktoren, Checklisten und typische Fallen in der Führung von anspruchsvollen F&E-Bereichen und Innovationsprojekten werden aufgezeigt. Das Buch basiert auf den langjährigen Praxiserfahrungen der Autoren.

Die Autoren repräsentieren eine große Bandbreite aus Wissenschaft und Unternehmenspraxis. Ihnen gebührt ein großer Dank dafür, dass sie bereit waren, ihre wertvolle Zeit in die einzelnen Beiträge zu investieren. Ein spezielles Dankeschön geht an Sascha Friesike und Ursula Elsässer für die redaktionelle Koordination und Bearbeitung, an Rolf P. Maisch, Sven von Dombrowski und Stefan Schenk für den Methodikinput, an Barbara Widmer, Edgard Theiss und Daniel Tobler für die Reviews einzelner Kapitel sowie an Lisa Hoffmann-Bäuml für die gute Kooperation bei der Bucherstellung.

St. Gallen, Zürich   Oliver Gassmann
August 2010   Philipp Sutter

INHALT

1 INNOVATION: ZUFALL ODER MANAGEMENT?

Oliver Gassmann

Heutiger Erfolg führt oft zu fehlender Veränderungsbereitschaft und schwachen Innovationsinitiativen und ist damit die Ursache für zukünftigen Misserfolg. Wirft man einen Blick in die *Forbes*-Liste, so stellt man große Veränderungen fest. Von den 100 größten Unternehmen weltweit, die 1917 in die Liste eingetragen waren, ist heute gerade einmal eines übrig geblieben: *General Electric*. Die anderen haben nicht überlebt. Eine häufige Ursache liegt darin, dass die Unternehmen zwar in der Vergangenheit erfolgreich innoviert haben und damit den Baustein für den damaligen Erfolg gelegt haben, aber später träge geworden sind. Innovation muss aber in den Genen eines Unternehmens verankert sein. Ansonsten überdauert der Erfolg nur eine zeitlich stark begrenzte Epoche. Nur Innovatoren als Wiederholungstäter überleben langfristig erfolgreich.

Viele bislang erfolgreiche Unternehmen sind von Innovatoren überrascht und damit verdrängt oder marginalisiert worden. *Compaq* wurde von *Dells* Geschäftsprozess überrascht, *Kodak* von den Digitalkameras, *Haushahn* von *Kones* maschinenraumlosem Aufzug, *Delta Air Lines* vom Niedrigkostenmodell von *Southwest Airlines*, die traditionellen Buchläden von *Amazon*, CD-Hersteller von *Apples* iTunes und anderen MP3-Anbietern.

Kommt zusätzlich noch eine Wirtschaftskrise wie im Jahr 2008 hoch, beschleunigt sich die natürliche Selektion: 2009 ist die Anzahl der Unternehmensinsolvenzen um mehr als 10 % gegenüber dem Vorjahr angestiegen. *Quelle* und *Saab* sind nur zwei prominente Beispiele. Alle haben gemeinsam, dass bisherige Entwicklungen von Technologien und Produkten nicht in die Zukunft fortgeschrieben werden konnten. Innovation führt ständig zu Erneuerung von Industrien. Dabei werden etablierte Wettbewerbskonstellationen aufgebrochen; Innovation als ein Prozess der kreativen Zerstörung.

Innovationen dienen als Rettungsanker in einem stark dynamisierten Industriewandel. Empirische Studien zeigen, dass innovative Unternehmen überproportional wachsen und profitabler sind als ihre Wettbewerber. Im Jahr 2005 fragte *McKinsey* rund 9 000 Führungskräfte, was die wichtigste Voraussetzung für Wachstum sei. Das Ergebnis war eindeutig: Innovation. Die stetige Erneuerung von Leistungsangebot, Produkten und Prozessen wird zur einzigen Konstante beim erfolgreichen Wettbewerb in der globalisierten Wissensgesellschaft. Das innovative Unternehmen *3M* hat rund 60 000 Produkte im Portfolio. Für 2010 hat sich *3M* das Ziel gesetzt, 50 % des Umsatzes mit Produkten zu erwirtschaften, die nicht älter als drei Jahre sind.

Die zentrale Frage drängt sich auf: Ist Innovation Zufall, wie es Forscher und Ingenieure gerne darstellen, oder ist es Ergebnis eines vom Management klar geführten Prozesses? Vorweggenommen: Echte Innovation lässt sich nicht deterministisch planen und steuern. Glück und Zufall sind stetige Wegbegleiter von Neuerungen. Aber gleichzeitig wird die Erfolgswahrscheinlichkeit von Innovationen stark erhöht durch den Einsatz von ausgewählten Instrumenten und Prozessen, verbunden mit einer innovationsorientierten Führung und einer starken Innovationskultur. Innovation ist gesteuerter Zufall; Innovatoren sind oft Wiederholungstäter.

1.1 Das iPod-Syndrom als europäische Herausforderung

„Innovation is what defines who wins and who looses", fasst der ehemalige Chief Learning Officer von *Goldman Sachs*, Richard K. Lyons, die globalen Wettbewerbsregeln zusammen. Dabei kommt es nicht auf die Anzahl der Patente, nicht auf die Tragweite einer Erfindung oder gar auf die Medienpräsenz des Erfinders an. Letztendlich zählt die erfolgreiche Kommerzialisierung einer Erfindung.

Innovatoren sind häufig Wiederholungstäter. Das Unternehmen *Apple* zeigt, dass es regelmäßig seine Produkte und sich selbst neu erfinden kann. Bekannt durch den Macintosh, entwickelte *Apple* aus überwiegend bekannten Technologien den MP3-Player iPod, welcher die Musikbranche mit seiner Erfolgsgeschichte radikal revolutionierte. Der iPod wurde 2001 vorgestellt; *Apple* hat heute mehr als 50 % seines Konzernumsatzes mit dem iPod und dem internetbasierten Musikgeschäft iTunes erzielt. Die Erwartungshaltung an *Apple* ist so groß, dass die reine Ankündigung des neu entwickelten Mobiltelefons iPhone von *Apple* – das Unternehmen war bislang nicht im Mobiltelefongeschäft tätig – am gleichen Tag bei *Nokia* zu einem Aktieneinbruch von 6 % geführt hat. Das iPhone wurde vom *Time Magazine* zur Erfindung des Jahres 2007 gekürt. 2010 sind im App Store bereits 200 000 (!) Applikationen für das iPhone verfügbar. Das im gleichen Jahr lancierte iPad führte zu ähnlichem Erfolg, obwohl Tablet PCs seit Jahren auf dem Markt eher erfolglos existieren.

Doch worauf basiert der Erfolg von *Apples* iPod? Nicht die Technologie, sondern die User-Schnittstelle, das Design und vor allem das Geschäftsmodell waren ausschlaggebend für den überragenden Markterfolg. Technologisch war der iPod kein Durchbruch – die zugrunde liegende MP3-Technologie (MPEG-1 Audio Layer 3) wurde von der deutschen *Fraunhofer-Gesellschaft* bereits ab 1982 entwickelt und 1992 als Standard etabliert. Fraunhofer ist stolz auf die Einnahmen in zweistelliger Millionenhöhe für die MP3-Technologie – allein von Microsoft nahm Fraunhofer im Jahr 2006 16 Millionen Euro Lizenzgebühren ein. Doch die deutschen Unternehmen verpassten den Milliardenmarkt der MP3-Player weitgehend.

Dieses *iPod-Syndrom* einer verpassten Technologiekommerzialisierung ist nicht neu. Auch die Schweiz als führende Wissenschaftsnation, gemessen in Patenten und Publikationen pro Kopf, kennt solche verpassten Chancen: Die LCD-Technologie war eine Entwicklung der Schweizer Unternehmen *BBC* (dem Vorgänger von *ABB*) und *Hoffmann-La Roche* in den 70er-Jahren. Die Patente wurden günstig durch das dafür gegründete Joint Venture *Rolic* verkauft; die Kommerzialisierung des LCD-Milliardenmarkts erfolgte zunächst in Japan, später in Korea.

Der steigende Wettbewerbsdruck durch Globalisierung und neue Marktspieler, kürzere Produktionszyklen und damit der höhere Innovationsdruck bei gleichzeitig sinkenden F&E-Budgets und eskalierenden F&E-Kosten zwingt große wie kleine Unternehmen, neue Wege zur Stärkung ihres Innovationspotenzials einzuschlagen. Gerade in Westeuropa ist der Druck zu höheren Innovationsraten stark gestiegen. Die Unternehmen müssen dem mörderischen Kostenwettbewerb mit den östlichen Konkurrenten standhalten. Neue Produkte und Dienstleistungen der Vergangenheit werden immer schneller imitiert und werden damit zu Commodities, bei denen der günstigste Anbieter die Marktanteile gewinnt.

Schweizer und globales Innovationsranking

Für die Schweiz haben wir in unserem Center for Innovation 2009 ein Innovationsranking erstellt, das zur Titelstory der Bilanz wurde. Den ersten Platz von insgesamt 790 Unternehmen in der Rangliste belegt *Nestlé* zusammen mit Nespresso, gefolgt von *Swatch* und *Logitech*. *Migros* erlangt als erstes, fast ausschließlich in der Schweiz tätiges Unternehmen Platz vier. Befragt wurden 220 CEOs und Geschäftsbereichsleitende in der Schweiz. In der Befragung zeigte sich, dass die genannten Unternehmen fast alle aufgrund ihrer Produkte als innovativ wahrgenommen werden. Zudem werden Schweizer Unternehmen oftmals wegen ihrer Geschäftsprozesse, Nachhaltigkeit sowie Geschäftsmodelle als innovativ angesehen. „Innovation" ist in der Schweiz stark technisch und organisatorisch geprägt. Kundenerlebnisse und Dienstleistungen stehen der

Befragung zufolge in der Schweiz noch (zu) selten im Mittelpunkt von Neuerungen. Auch im Ranking auf vorderen Plätzen war der Automobilverleih *Mobility*, der Online-Terminkoordinationsdienst *Doodle* und der Einzelhändler *Digitec*.

Fazit unserer Studie: Damit ein Unternehmen als innovativ wahrgenommen wird, reicht es in der Regel nicht aus, exzellente Innovationen hervorzubringen. Die Innovativität muss auch kommuniziert werden. Es gilt, in den Köpfen der Kunden, Zwischenhändler, Zulieferer, Kooperationspartner und auch innerhalb des Wettbewerbs, ein Innovationsimage aufzubauen. Des Weiteren ist nicht die Anzahl von Innovationen entscheidend für die positive Wahrnehmung, sondern die Relevanz und der Innovationsgrad. Unternehmen, die wie *Swatch* eine „wirklich innovative Idee" über Jahre konsequent verfolgen, werden demzufolge eher als innovativ wahrgenommen als Firmen, die laufend kleine Neuerungen und Verbesserungen anbieten.

Doch wie sieht es im globalen Innovationswettbewerb aus? Unter den Top Ten der weltweit innovativsten Unternehmen rangiert gerade ein europäisches Unternehmen: *Nokia* (Platz neun). Kurz dahinter kommen *BMW* und *IKEA*, ansonsten dominieren US-amerikanische Unternehmen die Innovationshitliste der *Business Week* von 2009. Hier ist eine starke Aufholjagd erforderlich, um das iPod-Syndrom zu überwinden. Statt das gesamte Ökosystem zu analysieren und die Geschäftsmodelle zu hinterfragen, bleiben Schweizer Unternehmen häufig bei der Entwicklung der neuen Technologie stehen.

Auf der anderen Seite gibt es in Europa noch zahlreiche Hidden Champions – dies sind exzellent arbeitende, aber weniger bekannte Weltmarktführer. Diese Hidden Champions in Europa basieren vor allem auf Innovationserfolg. 85 % aller Hidden Champions nannten Technologieführerschaft als zentrale Quelle für Marktführerschaft (Simon 1996, 2007). Beispiele sind *Bühler* als Spezialist für mechanische und thermische Verfahrenstechnik in der Getreideverarbeitung und in der Schokoladenproduktion mit einem Weltmarktanteil von über 50 %. Oder *Phonak*, der weltweit führende Hörgerätehersteller mit 36 % Weltmarktanteil. Oder der Vorarlberger *Blum*, der als Weltmarktführer mit Möbelbeschlägen fast eine Milliarde Euro Umsatz erzielt. Oder *Claas*, *Sefar*, *Rittal*, *Giesecke & Devrient*, *Gallus*, *Jenoptik*, *Qiagen*, *Trumpf* – zahlreiche Unternehmen, welche man wenig in der Öffentlichkeit kennt, die aber Weltmarktführer in ihren Segmenten sind.

1.2 Das Innovationsparadox

Die Führung von Innovation ist eines der am wenigsten untersuchten Gebiete der Managementforschung. Gleichzeitig ist deutlich mehr bekannt, als in der durchschnittlichen Unternehmenspraxis umgesetzt wird. Es gibt jedoch keine einfachen Ratgeberempfehlungen für das „richtige" Management von Innovation. Vielmehr gibt es zahlreiche Spannungsfelder, Widersprüche und Paradoxien, welche beispielhaft aufgeführt werden:

1. Empirische Studien über Branchen hinweg zeigen: Innovative Unternehmen sind überdurchschnittlich profitabel. Aber gleichzeitig scheitern die meisten Innovationsprojekte. In die klassischen Managementbücher schaffen es in der Regel nur Erfolgsgeschichten.

2. Innovation ist der größte interne Wachstumstreiber, aber auch gleichzeitig das größte Risiko für ein realisiertes Wachstum. Innovation und Risiko sind stets zwei Seiten einer Medaille. Mehr Innovation mit weniger Risiko bleibt Wunschdenken.

3. Es gibt nichts Stärkeres, als wenn die Zeit für eine Idee reif ist. Gleichzeitig profitieren die wenigsten Erfinder selbst kommerziell von ihren Erfindungen. Es gilt oft: Die erste Maus wird von der Mausefalle erschlagen, die zweite frisst den Käse.

4. Die Kosten für die Produktentwicklung steigen, gleichzeitig nehmen die Produktzyklen ab. In der Pharmaindustrie hat dies zur gefährlichen Produktivitätslücke geführt: Da die Patentdauer beschränkt ist, verbleibt immer weniger Zeit für die wirtschaftliche Nutzung der Innovation.

5. Vergangener Erfolg ist eine große Barriere für Innovation und damit für den Erfolg in der Zukunft. Gerade KMU haben damit zu kämpfen, dass ihre Existenz oft mit einer Innovation in einer Marktnische begann, aber anschließend für viele Jahre keine echten Investitionen in Neuerungen getätigt wurden. Auf der anderen Seite gibt es einige Wiederholungstäter, wie *Apple*, *Igus*, *Festo* und *IDEO*.

6. Innovation umfasst Ideen und Erfindungen auf der einen Seite, aber auch Umsetzung in eine marktgerechte Leistung auf der anderen Seite. Ohne Ideen gibt es keine Innovation; aber zu viele neue Ideen in der späten Innovationsphase behindern eine rasche Umsetzung der Innovation. Innovation erfordert sowohl Kreativität als auch Disziplin im Team.

7. Ohne Innovationsinitiativen gibt es keine Innovation, aber zu viele Innovationsprojekte verstopfen die Innovationspipeline. Statt die Innovationsrate zu erhöhen, bringen einige Unternehmen durch überlastete F&E-Abteilungen kaum noch Produkte auf den Markt.

8. Innovationen müssen kundenorientiert sein. Hört man jedoch zu viel auf den Kunden, kann man sich nicht differenzieren. In der Automobilindustrie kommen weniger als 10 % aller Innovationsideen vom Kunden; meist sind dies nur inkrementelle Verbesserungen.

9. F&E wird oft von den Ingenieuren als alleinige Quelle für Innovation wahrgenommen. Die meisten wertschaffenden Innovationen entstehen

jedoch durch das Zusammenspiel mehrerer Funktionen: Marketing, aber auch Vertrieb, Beschaffung, Produktion und Logistik können große Innovationen vorantreiben.

10. Interdisziplinäre Teams sind notwendig für Innovation, gleichzeitig erfordern die immer anspruchsvolleren Technologien eine hohe funktionale Spezialisierung. Produktentwicklung ist wie Fußball: Nicht die Mannschaft mit den teuersten Soloprofis gewinnt, sondern die Mannschaft mit dem besten Team.

11. Stage-Gate-Prozesse erhöhen die Transparenz im Innovationsprozess und stellen Qualität systematisch sicher. Gleichzeitig enden viele bei der Innovationsbürokratie, verstärkt durch falsch verstandene ISO-Richtlinien. Einige Unternehmen, wie *Leica*, fassen den gesamten Innovationsprozess wieder auf 20 Seiten zusammen, um die Essenz des Prozesses auch wieder stärker zu leben.

12. Aufgrund der Rigidität der Stage-Gate-Prozesse und anderen linearen Phasenkonzepte werden oft agile Projektmanagementmethoden wie Extreme Programming gefordert. Das Potenzial dieser Methoden ist enorm, da sehr schlank. Werden agile Konzepte aber nicht richtig geführt, vom Kunden bzw. Auftraggeber mitgetragen und durch einen kompetenten, kommunikativen Projektleiter moderiert, enden diese oft im Chaos.

13. Fachspezialisten sind der Trumpf in der F&E, aber gleichzeitig können diese keine gleichwertige Karriere machen. Duale Karrierepfade, wie alternative Fach- und Projektleiterlaufbahnen, die zur klassischen Führungslaufbahn gleichwertig sind, werden oft propagiert, aber nur bis zu einer mittleren Kaderstufe wirklich gelebt.

14. Querdenker sind bei Innovation gefordert, um bestehende Glaubensgrundsätze zu hinterfragen. Diese werden aber nicht rekrutiert, da diese oft nicht zur Unternehmensphilosophie passen. Gibt es aber zu viele Querköpfe, wird zu wenig am gleichen Strick in der Umsetzung gezogen.

15. Machtsponsoren sind für große Innovationsprojekte hilfreich, werden jedoch zu viele Projekte direkt an der Geschäftsleitung angehängt, ist diese überfordert. Mikromanagement, intransparente Entscheidungen und Chaos sind die Folge.

16. Es gilt Zelte statt Paläste: Temporäre Projektorganisationen erweisen sich häufig als schlagkräftiger im Vergleich zu Linienorganisationen. Gleichzeitig werden enorme Herausforderungen an das Wissensmanagement gestellt, da das mittlere Management – manchmal Lähmschicht, oft aber auch der Hauptträger des Wissens – übergangen wird.

17. In der Projektselektion werden transparente Entscheidungsprozesse gefordert. Gleichzeitig werden U-Boot-Projekte ohne Freigaben und offi-

zielles Budget toleriert – und bei Erfolg als Unternehmertum gefeiert. *Ericsson* erlaubt explizit nicht offizielle Aktivitäten, *3M* stellt den Mitarbeitern pauschal 15 % der Zeit als Freiraum zur Verfügung.

18. Innovationen sind zu schützen, um die erwarteten temporäre Monopolgewinne zu erzielen. Wird eine Innovation sofort imitiert, gibt es kaum Anreize für den Innovator. Gleichzeitig werden Open-Source-Software produkte wie *Linux*, *Apache* oder das *Google*-Betriebssystem Android enorm erfolgreich. Offene Innovationsprozesse werden zum derzeitigen Managementparadigma.

19. Die Anzahl der Patente nimmt enorm zu, die Patentämter kommen mit der qualitativen Prüfung kaum nach. Zudem werden Rekordpreise erzielt: 612,5 Millionen US-Dollar bezahlte die mit BlackBerry bekannt gewordene Firma *Research in Motion* für eine Patentverletzung an *NTP*, einer fünfköpfigen Patentholdingfirma. Das Patent wäre ohne die BlackBerry-Produkte wenig wert gewesen. Auf der anderen Seite nimmt die Qualität der Patente immer mehr ab, da die Patentämter operativ mit der materiellen Prüfung überlastet sind.

20. Serviceinnovationen erscheinen für die produzierende Industrie attraktiv. Gleichzeitig lassen sich die meisten neu entwickelten Dienstleistungen schlecht verkaufen, da nicht dem Kunden verrechenbar. Statt der erhofften Serviceoase entsteht ein unprofitabler Servicedschungel.

Die Spannungsfelder sind vielfältig und bergen großes Konfliktpotenzial. Werden die Spannungen aber offen und produktiv ausgetragen, können diese auch eine Quelle für Innovation werden. Führungskräfte sollten sich die richtigen Fragen stellen und sich nicht mit einfachen Anleitungen zufriedengeben. Offene Selbstreflexion und Erkenntnis der wahren Innovationstreiber für das eigene Unternehmen helfen bei der Entwicklung des Unternehmens zu einem schlagkräftigen Innovator.

1.3 Innovationsmanagement: Normativ, strategisch und operativ

Es reicht nicht mehr aus, Technologien erfolgreich zu entwickeln. Vielmehr hat das Management von Innovation ganzheitlich auf normativer, strategischer und operativer Ebene zu erfolgen (Bild 1.1). Das *normative* Management von Innovation muss sich aktiv mit Vision, Mission, Werten und Leitbild auseinandersetzen. Gerade in hoch entwickelten Volkswirtschaften wird die Technologieeuphorie ersetzt durch grundsätzliche Technologieskepsis: Wo liegen die Grenzen in der Forschung? Darf es sein, dass mit biologischen Kampfstoffen

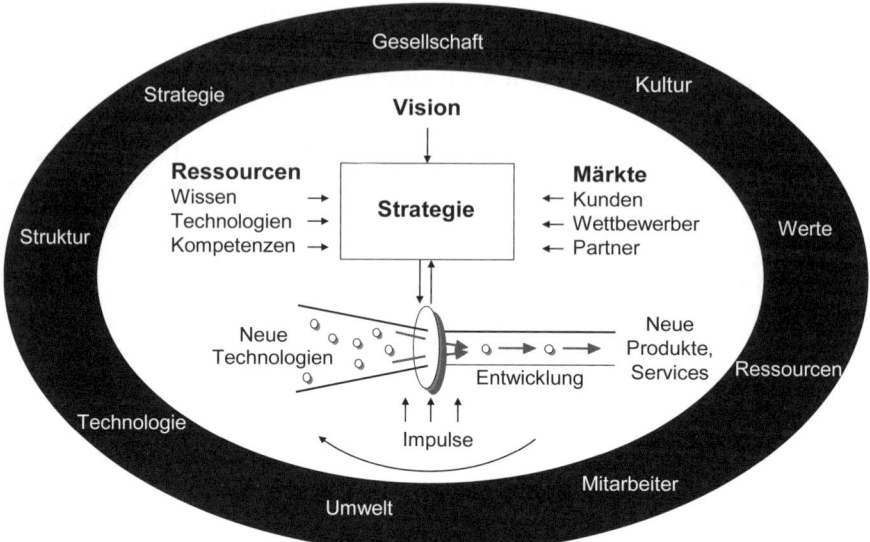

Bild 1.1 Management von Innovation auf normativer, strategischer und operativer Ebene

experimentiert wird? Wie weit darf man mit der Gentechnologie und Stamm-
zellenforschung gehen? Wann dürfen hoch riskante Pharmamedikamente
ohne hinreichende Tests an todkranke Patienten gegeben werden? Wie viel
Experimente dürfen Pharmaunternehmen mit Studenten durchführen, welche
Nebenwirkungen dürfen toleriert werden?

Aus strategischer Sicht ist Innovation die zentrale Quelle für Differenzierung
und Kostenreduktion. Die Anreize für Investitionen in risikoreiche Innovationsvorhaben liegen in der Erwartung, über diese Wettbewerbsvorteile temporäre Monopolgewinne zu erzielen. Dies ist nur möglich, wenn die Innovation
nicht imitiert wird. Der Schutz von Innovation hat daher von jeher eine wichtige Bedeutung für die Anreize, in Innovationen zu investieren. In Ländern wie
China, in denen die Durchsetzung von Rechten des geistigen Eigentums schwierig bis unmöglich ist, findet F&E unter stark erschwerten Bedingungen statt.

Das *strategische* Management von Innovation muss Aussagen beinhalten zu
Ressourcen, Technologien, Wissen und Kompetenzen der Mitarbeiter (interne
Sicht). Gleichzeitig müssen Märkte, Kunden, Lieferanten, Kooperationspartner
und Wettbewerber berücksichtigt werden (externe Perspektive). Als sich spätestens in den 70er-Jahren die Verkäufermärkte zu Käufermärkten wandelten,
rückte die Kundenperspektive ins Zentrum des Technologie- und Innovationsmanagements. Eine Geschäftsstrategie hatte sich ausschließlich an den Kunden zu orientieren. In den 80er-Jahren wurde diese Perspektive ergänzt durch
Porters Wettbewerbsperspektive, bei der vor allem komparative Wettbewerbsvorteile gegenüber den Konkurrenten erzielt werden sollten. In den 90er-Jah-

ren wurde diese externe Kunden- und Wettbewerbsperspektive durch die interne, ressourcenbasierte Sicht ergänzt; die Fokussierung auf Kernkompetenzen wurde zum zentralen Bestandteil. Wichtig ist ein ganzheitliches Management von neuen Technologien und Innovationen, bei dem alle drei Perspektiven gleichermaßen berücksichtigt werden.

Auf *operativer* Ebene steht die Gestaltung und Führung des Innovationsprozesses im Mittelpunkt. Häufig wird die Analogie eines Entwicklungstrichters verwendet, bei der eine große Anzahl an Ideen und Konzepten in der frühen, unstrukturierten kreativen Phase bewertet und gefiltert wird. In der späten, strukturierteren Umsetzungsphase werden die neuen Produkte und Dienstleistungen entwickelt. Zahlreiche Methoden und Instrumente sind verfügbar, um den Innovationsprozess effektiver und effizienter zu gestalten. Das Management von Leistung, Qualität, Kosten und Zeit steht dabei aus betriebswirtschaftlicher Sicht im Vordergrund. Die Generierung und Bewertung von Ideen und Konzepten hinsichtlich einer optimalen Ausrichtung auf die Wertschöpfung des Unternehmens ist Gegenstand des operativen Technologie- und Innovationsmanagements (Albers, Gassmann 2005).

Häufig entdeckt man in Unternehmen Partialperspektiven: Zahlreiche KMU bleiben auf der operativen Ebene des „Durchwurstelns" von F&E-Projekten; der strategische Horizont reicht nur bis zum Projektende. Hingegen entdeckt man in Großunternehmen oft langfristige Strategiepläne in den Stabsabteilungen – die umsetzende Linie nimmt diesen bestenfalls zur Kenntnis. Ganzheitliche Perspektiven und Konsistenz zwischen normativer, strategischer und operativer Ebene sind essenziell, um zum Unternehmenserfolg zu gelangen.

1.4 Grenzen der Planung: Prognosen scheitern

Der Planungsaufwand von innovativen Unternehmen nimmt ab, die Flexibilität hingegen zu. Prognosen liegen häufig aufgrund falscher Annahmen stark neben der Realität. Das Pharmaunternehmen *Merck* erwartete mit dem Produkt Blocarden einen Umsatz von 500 bis 1 000 Millionen US-Dollar, die Realität lag bei 15 Millionen US-Dollar. *A.H. Robbins* erwirtschaftete nur drei Millionen US-Dollar statt der vorhergesagten 300 Millionen US-Dollar. Solche Flops können selbst große Unternehmen in wirtschaftliche Schwierigkeiten bringen. Obwohl die Prognosen schlecht sind, steigt das Angebot an Softwarelösungen für diese zunehmend. Die größte Verbreitung haben Zeitserienmodelle, aber auch Regressionen und ökonometrische Modelle werden eingesetzt. Doch bei allen Ansätzen bleibt der Kern des Problems, die schlechten Annahmen über die Zukunftsentwicklungen, bestehen.

ZU DEN PROGNOSETECHNIKEN BEI INNOVATIONEN GILT:

1. Es gibt kein Modell, welches zu jeder Situation passt.
2. Sophistizierte Modelle sind nicht notwendigerweise besser als einfache.
3. Mehr Daten sind nicht immer besser.
4. Präzision hinter dem Komma führt zu Scheingenauigkeit.
5. Prognosen bei radikalen Innovationen oder disruptiven Technologien sind meistens falsch.
6. Ein Mix aus quantitativen Prognosen und qualitativer Beurteilung sowie eine offene Diskussion der Fakten versprechen den größten Erfolg.

Wie viel Innovation braucht ein Unternehmen?

Jede Innovation verursacht Kosten und ist mit Risiken verbunden, welche häufig vernachlässigt werden. Eine einfache Zahnbürste, wie die *Oral B* Cross-Action, hat 70 Millionen US-Dollar Entwicklungskosten verursacht. Dabei wurden für dieses Produkt 23 Patente angemeldet, allein sechs davon für die innovative Verpackung. Nicht jedes KMU benötigt jedoch radikale Innovation. Vielmehr ist die Stoßrichtung, wie viel Innovation ein Unternehmen benötigt, gut abzustimmen mit der Dynamik des Wettbewerbsumfeldes und der Gesamtstrategie des Unternehmens.

Inkrementelle Innovationen bauen auf den bisherigen Kernkompetenzen auf und sind daher

- risikoärmer,
- näher am heutigen Geschäft,
- daher wirtschaftlich besser beurteilbar, z. B. mit Net Present Value, und ROI-Kalkulationen,
- leichter verkaufbar an die bestehenden Kunden auf den bestehenden Distributionskanälen mit dem bestehenden Verkaufspersonal.

Radikale oder disruptive Innovationen beinhalten ein größeres Nutzenpotenzial, sind aber

- risikoreicher,
- weiter vom heutigen Geschäft und den heutigen Kernkompetenzen entfernt,
- schlechter mit Controlling-Instrumenten bewertbar,
- zielen oft an den derzeitigen Kunden vorbei,
- erfordern zum Teil neue Distributionskanäle, z. B. *Amazon*-Buchhandel, Aufzüge über den Baumarkt,
- sind attraktiv für Branchen-Outsider.

Die Unterscheidung von radikal und inkremental ist nicht auf Branchen beschränkt. Häufig hört man: „Biotechnologen sind radikale Innovatoren, bei uns hingegen gibt es so etwas nicht." Wer hätte jedoch vor 15 Jahren erwartet, dass sich das Kaffeegeschäft so radikal erneuern kann? Mit Nespresso hat *Nestlé* das Kaffeegeschäft revolutioniert: Der Kunde bezahlt heute scheinbar problemlos 70 Schweizer Franken pro Kilogramm Kaffee, dafür erhält er die Maschine fast geschenkt für weniger als 200 Schweizer Franken. Im Jahr 2006 wurde erstmals eine Milliarde Schweizer Franken Umsatz erzielt, 2009 betrug der Umsatz gar schon fast drei Milliarden Schweizer Franken. Mit *Starbucks* hat es ausgerechnet ein amerikanisches Unternehmen geschafft, die europäische Kaffeekultur auf den Kopf zu stellen.

Auch ein Schraubenhersteller kann radikal innovieren – nicht nur beim Produkt, sondern auch beim Prozess und dem Leistungsbündel für den Kunden, wie *Würth* eindrucksvoll gezeigt hat. Das größte Innovationspotenzial liegt nicht in der Produkt- oder Prozessinnovation, sondern im Überdenken des eigenen Geschäftsmodells. Geschäftsmodellinnovation ist die Königsdisziplin mit den größten Chancen, aber auch den größten Risiken. Bereits intern stoßen Konzepte mit neuen Geschäftsmodellen, vor allem in erfolgreichen Unternehmen, auf verhaltene Begeisterung.

Auch internetbasierte Geschäftsmodelle können immer noch sehr erfolgversprechend sein, bedenkt man die enorme Dynamik in der Digitalökonomie: Jede Sekunde

- gibt es zwei neue Blogs und drei neue DSL Subscriber,
- werden sieben neue PCs gekauft,
- starten sieben Personen zum ersten Mal im WWW,
- werden 23 Domains registriert und 25 Mobiltelefone verkauft,
- erfolgen 1 200 *Google*-Suchanfragen,
- werden 1 400 *YouTube*-Videos angeschaut,
- werden 17 000 Instant Messages an *Yahoo* gesendet und 18 000 Songs illegal ausgetauscht,
- werden zwei Millionen E-Mails und acht Millionen SMS gesendet.

Der Erfolg von zahlreichen Netzwerkunternehmungen liegt im wachsenden Grenznutzen: *Google*, *eBay*, *Yahoo*, *YouTube*, *Facebook*, *MySpace*, *Wikipedia*, *Xing*, *iTunes*, *Parship* und *Jamba* wurden erfolgreich, weil rasch eine kritische Masse erreicht wurde. Der Wert eines Netzwerkes zieht User an, was wiederum den Wert des Netzwerkes erhöht, was wiederum mehr User anzieht, was wiederum ... Es gilt hier die Abba-Devise „The winner takes it all", sofern ein kritischer Punkt im Wettbewerb übersprungen wird. Gleichzeitig sollte nicht der Fehler zahlreicher New Economy Start-ups wiederholt werden, nur zahl-

reiche Augenpaare via Clicks zu erreichen genügt nicht für ein erfolgreiches
Geschäftsmodell.

EIN NEUES GESCHÄFTSMODELL MUSS ZWEI BEDINGUNGEN ERFÜLLEN:

1. Werte schaffen;
2. Werte sichern.

Erfolgreiche Innovatoren tun beides; geniale Erfinder vergessen oft den zweiten
Schritt. Hier wird hinterfragt, ob das Wertversprechen an einen Kunden relevant
ist, die echten Bedürfnisse adressiert werden, der Markt attraktiv ist und ein
Geschäftsmodell nachhaltig vor Imitation geschützt werden kann.

Jedes Unternehmen sollte Anstrengungen unternehmen, das eigene Geschäftsmodell zu hinterfragen.

1.5 Open Innovation: Von der Utopie zum Tool

Open Innovation ist ein junges Gebiet für Forschung und Praxis. Als wir an der
Universität St.Gallen 2002 mit den ersten Industriekonsortien begonnen haben,
war die Response zunächst verhalten. Henry Chesbrough hat dann das Phänomen von einer Nische zu einem Topmanagementthema gemacht. Die Öffnung
der Innovationsprozesse nach außen hat aber schon eine lange Tradition, weit
über Open Source & Co. hinaus: Ideen- und Neuerungsimpulse von unterneh-
mensexternen Akteuren müssen stärker für die eigene Innovationspipeline
genutzt werden. Bekannt sind die Connect-and-develop-Strategie von *Procter & Gamble*, die Open-Innovation-Strategie von *Xerox*, das Open-Innovation-
Programm von *Siemens*, aber auch zahlreiche spezifische Stoßrichtungen wie
Airbus' Supplier Innovation Days oder *Henkels* Lieferanteninnovationstag.
Hier haben wir in unseren Arbeitskreisen zahlreiche Successful Practices identifiziert.

Weniger bekannt sind bislang systematische Prozesse, über Industriegrenzen
hinweg analoge Lösungsansätze zu identifizieren und umzusetzen. Diese sogenannte „Cross-Industry-Innovation" gilt jedoch als wichtiges strategisches Element einer offenen Innovationsstrategie, bei der kreativ imitiert wird. Dies
trägt der Tatsache Rechnung, dass der größte Teil aller Innovationen ohnehin
reine Rekombinationen existierender Ideen, Technologien und Konzepte sind.
In St. Gallen arbeiten wir seit einigen Jahren mit Unternehmen gemeinsam an
einer Konstruktionsmethodik für Cross-Industry-Innovationen.

Bei Cross-Industry-Innovationen werden bereits etablierte Technologien, Funk-
tions- und Lösungsprinzipien aus anderen Industrien bzw. andersartigen

Anwendungsgebieten auf die bestehenden Produkte und Prozesse im eigenen Anwendungskontext angepasst und nutzbringend verwertet. In der Volkswirtschaft sind intersektorale Technologie-Spill-over bereits ein bekanntes Phänomen: Eine Lowtech-Industrie profitiert von einer Spitzentechnologie, welche in einer F&E-intensiveren Branche entwickelt worden ist. Die heutigen Beispiele sind vielfältig, Teflon aus der Raumfahrt für die Küche, Mikroprozessoren von Computern für das Automobil, Sicherheitsbussysteme von Automobilen für Aufzüge.

Die Übertragung und Verwendung von bereits Etabliertem hat zwei wesentliche Vorteile:

1. Die eigene Forschung und Entwicklung wird produktiver, knappe eigene Ressourcen werden entlastet (Effizienzziel);

2. Radikale Neuerungen – für eine Branche radikal neu, nicht eine Weltneuheit – können leichter entwickelt werden, da branchenbasiertes Erfahrungswissen verdrängt wird (Innovationsziel).

Häufig ist die Übernahme eines Konzeptes aus einer anderen Branche nicht durch Patentschutz behindert, da dieses sich oft auf eine Industrie beschränkt. Da komparative Wettbewerbsvorteile in der Regel auf die Wettbewerber einer Branche bezogen werden, spielt es keine Rolle, ob eine Technologie bereits in anderen Industrien eine Anwendung gefunden hat. Wichtig ist vielmehr der Anwendungszusammenhang und damit der wahrgenommene Wert einer Technologie oder eines Konzeptes für den Kunden, wie Beispiele zeigen:

Beispielsweise übernahm *Schindler* zur Reduktion von Vibrationen in Aufzugskabinen ein aktives Dämpfungssystem aus der Formel-1-Industrie: Dort wurde lange Zeit ein aktives System mit Linearaktuatoren eingesetzt, um Bodenschwellen zu kompensieren und den Reifenkontakt auf der Straße zu maximieren. Diese Technologie wurde systematisch analysiert und übertragen auf Hochgeschwindigkeitsaufzüge.

BMW entwickelte das i-Drive als radikal neue Bedienlogik für Oberklassenfahrzeuge zusammen mit der kalifornischen Firma *Immersion*. Dabei wurde das Joystick-Prinzip aus der Spielindustrie für den 7er BMW übertragen und später für weitere Serien weiterentwickelt. *Fischer* reduzierte die Eigenschwingungen des Skis beim Fahren aufgrund einer Technik, welche bei der Entwicklung von Streichinstrumenten eingesetzt wurde ("Frequency Tuning").

Durch die kreative Übernahme von existierenden Lösungen aus anderen Industrien kann die Innovationsführerschaft in der eigenen Branche rascher und mit weniger Ressourcen sichergestellt werden. Damit wird die Dichotomie Leader/Follower teilweise aufgelöst: In der eigenen Branche durch kreative Imitation und Lernen aus anderen Branchen zum Innovationsführer werden.

Mit Cross-Industry-Innovation werden in Zukunft folgende Prinzipien im Management von Innovation an Bedeutung gewinnen:

Denken und Agieren in Analogien: Durch bewusste Fokussierung auf Analogien wird der Suchraum für Innovationen erhöht. Die Analogien beziehen sich dabei auf Konzepte, Funktionen, Anwendungen, Technologien und Subsysteme.

Rekombinationen: Innovation wird verstärkt vorangetrieben durch systematische Rekombinationen von Anwendungswissen und Technologie. Neu ist hierbei die erhöhte Systematik in der Rekombination; dies beginnt bei der Konstruktionsmethodik und endet bei Geschäftsmodellen und Wertschöpfungsketten.

Jede Art von industrieübergreifenden Innovationen durchläuft bewusst oder unbewusst einen vierstufigen Prozess:

1. *Exploration*: Die Suchfelder und Industrien werden festgelegt, Problemstellungen abstrahiert und analoge Lösungen identifiziert.

2. *Evaluation*: Die potenziellen Transferobjekte werden aus technischer und wirtschaftlicher Sicht evaluiert und

3. das eigene System wird angepasst (*Adaption*).

4. Im letzten Schritt wird das Objekt in das eigene Unternehmen integriert (*Integration*).

Voraussetzung für die Internalisierung von externen Konzepten ist eine hohe *Absorptionsfähigkeit* des Unternehmens. Voraussetzung ist dabei ein offener Mindset: Durch die Konfrontation mit Realisiertem in anderen Industrien wird das Not-Invented-Here-Syndrom überwunden und eine offene Innovationskultur geschaffen. *Degussas* „NIH-Preis" oder *Henkels* „Borrow-with-pride-Preis" für die intelligenteste, umgesetzte Imitation zeigt, dass auch mit Anreizsystemen Signale geschaffen werden können.

Divergent-konvergentes Denken: Durch divergentes Denken wird der Problemlösungsraum zunächst bewusst erweitert (Ideenfindung), durch konvergentes Denken werden die potenziellen Lösungen aus anderen Industrien auf Machbarkeit und Nutzen für das eigene Unternehmen hin überprüft (Ideenauswahl).

Die derzeitigen Untersuchungen zeigen, dass die Entwicklung von radikalen Innovationen nicht dem Zufall überlassen werden muss und vielmehr durch Systematik unterstützt werden kann. Ähnlich wie die Mechanik einen Schub über die moderne Konstruktionsmethodik bekommen hat, kann Geschäftsinnovation mit Systematik erfolgreicher hervorgebracht werden.

Führende Unternehmen entwickeln bereits systematisch in der Cross-Industry-Philosophie. Zahlreiche Unternehmen befinden sich jedoch noch auf dem Weg, Kompetenzen und Verhaltensmuster im „kreativen Imitieren" aufzubauen. In den nächsten zwei Jahrzehnten wird die Fähigkeit, Wissen entlang der Wertschöpfungskette in relevant marktgerechte Leistungen umzusetzen, zum zentralen Erfolgsfaktor des Managements von Innovation werden. Wissensbroker und andere Intermediäre werden sich darauf spezialisieren, effiziente industrieübergreifende Wissens- und Innovations-Spill-over zu entwickeln und damit Multiplikationseffekte in Volkswirtschaften zu erzielen.

1.6 Orthodoxien überwinden

Warum hat *Apple* und nicht *Sony* den iPod erfunden? Zunächst wäre es einleuchtend, wenn *Sony* den großen Durchbruch geschafft hätte. *Sony* als Vater des Walkmans war führend bei Mikroabspielgeräten und besaß sogar zusätzlich noch eine Musiksparte mit *Columbia Entertainment*. Folgt man dem Konzept der Kernkompetenzen, so hätte *Sony* alles besessen, um den MP3-Player erfolgreich auf den Markt zu bringen. Aber die erfolgreiche Vergangenheit war zugleich die größte Barriere für einen Durchbruch, wie *Apple* ihn hatte. *Sony* hat stets daran geglaubt, dass Musikverkauf auf physischen Datenträgern (CD, DVD etc.) basieren muss. Musikverkauf über das Internet wurde nur als Piraterie ohne Wertschöpfungspotenzial gesehen. Statt eine Chance für neue Märkte zu sehen, wurde vor allem auf juristischem Wege gegen die Marktverbreitung im Internet vorgegangen. Dabei verkaufte *Apple* über die Internetplattform iTunes bereits mehr als fünf Milliarden Songs; ein Ende der Erfolgsgeschichte ist derzeit noch nicht abzusehen.

Geteilte, meist unbewusste und selten hinterfragte Glaubensgrundsätze – die Soziologie spricht hier von Orthodoxien – können große Innovationsbarrieren darstellen. Dies gilt umso stärker, je erfolgreicher das Unternehmen in der Vergangenheit war. Jedes Unternehmen hat diese gemeinsam geteilten Glaubensgrundsätze. Diese helfen im Tagesgeschäft, sind aber ständig zu hinterfragen. Je radikaler eine Innovation ist, umso grundlegendere Orthodoxien muss das Unternehmen überwinden.

STRUKTUREN BEHINDERN KREATIVITÄT

Die Merkmale einer kreativen Organisation gehen auf den amerikanischen Psychologen Guilford, den Gründer der Kreativitätsforschung, zurück:

- Hohe Komplexität der Aufgaben. Ins Detail strukturierte Arbeitspakete mit engen Feedback-Schleifen zum Vorgesetzten fördern nicht gerade Kreativität.
- Geringe Standardisierung und Formalisierung. Die häufig falsch verstandene ISO-Zertifizierungswelle der 80er-Jahre hat hier eine große Hürde für innovativ und quer denkende Mitarbeiter aufgebaut.
- Geringe Zentralisierung der Entscheidungsprozesse. Trotz Fortschritten im Abbau von Hierarchien sehen sich die meisten Unternehmen noch mit zu vielen Entscheidungsebenen konfrontiert.
- Direkte und offene Kommunikation. Da ein Großteil aller Innovationen lediglich Rekombinationen von bestehendem Wissen darstellen, ist der Austausch von großer Bedeutung. Die Zeiten der erfinderischen Einzelkämpfer, wie Walt Disneys Daniel Düsentrieb, sind in den modernen, offenen und arbeitsteiligen Unternehmen vorbei. Jedoch ist die Kommunikation über die Abteilungen schwieriger.

Orthodoxien lassen sich umso leichter überwinden, je flacher die Strukturen sind und je offener die Kommunikation im Unternehmen ist.

Kommunikation als Enabler für Innovation

Ohne Kommunikation gibt es keine Innovation. Da die Zeiten des allein arbeitenden Daniel Düsentrieb vorbei sind und heute der Innovationsprozess fast immer hochgradig arbeitsteilig abläuft, kommt der Gestaltung von Kommunikation eine wichtige Rolle zu.

MIT-Forscher Tom Allen zeigte mit seiner Korrelation von räumlicher Distanz und Kommunikationswahrscheinlichkeit von Mitarbeitern, dass die größte Hürde bei 30 Metern liegt. Innerhalb dieser Zone werden noch Kaffee-Ecken geteilt und die gleichen Kopiergeräte benutzt. Daher sind zufällige und informelle Kontakte häufiger. Diese sind von zentraler Bedeutung für Innovation. Dies hat sich auch mit E-Mails nicht drastisch verändert. Die meisten E-Mails werden zwischen räumlich nahe sitzenden Kollegen versendet, wie empirische Studien zeigen.

Laut Zukunftsforscher Winston Brill sind von 350 untersuchten erfolgreichen Innovationsideen nur 2 % in geplanten Sitzungen entstanden. 98 % der Ideen wurden außerhalb von Meetings generiert, z. B. beim gemeinsamen Kaffee, Duschen oder Joggen. Wie viel Zeit verbringt jedoch der durchschnittliche Manager, aber auch Innovator, in Sitzungen? Die Antwort lautet in den meisten Fällen: viel zu viel. Mit geeigneten Kreativitätstechniken und Moderation lässt sich der Output von kreativen Sitzungen vervielfachen – der Großteil der Ideen wird jedoch weiterhin nicht in geplanten Sitzungen entstehen.

1.7 Motivation und die richtige Kultur

Kreativität basiert nach Harvard-Kollegin Theresa Amabile auf drei Säulen: Fachwissen, Kreativitätstechniken und Motivation. Führungskräfte können alle drei Treiber beeinflussen, jedoch ist das Kosten-Nutzen-Verhältnis bei der Motivation in der Regel am höchsten. Das Erschreckende dabei: Motivation lässt sich enorm leicht negativ beeinflussen; ein falscher Nebensatz zum falschen Zeitpunkt reicht aus. Ist das Team erst einmal demotiviert, dauert es jedoch lange, bis die Motivation wieder aufgebaut ist.

Motivation lässt sich nicht gleichsetzen mit Leistung, Verhalten, Zufriedenheit oder Ergebnissen. Es geht vielmehr um einen Energieschub und Begeisterung. Aber wie lässt sich eine Mannschaft motivieren? Eine rasche negative Antwort: Zufriedene Mitarbeiter, nach der viele Manager streben, reichen nicht aus. Nur mit dem Status quo unzufriedene Mitarbeiter suchen nach neuen Kunden-lösungen, neuen Konzepten und neuen Technologien.

Dies kennt man auch aus Versuchen mit Tieren: Fette, satte Ratten rennen selten in einem Labyrinth. Sie sitzen und warten, anstatt neugierig Wege zum Käse zu suchen. Hungrige Forscher müssen gesucht werden, da diese meist immer hungrig bleiben. Dies sind Menschen, die ihre eigene Begeisterung generieren, ohne durch einen Manager extern motiviert werden zu müssen.

Das Problem dabei ist, dass Emotionen – und darum geht es bei Motivation – praktisch keinen intellektuellen Inhalt haben. Man kann Motivationsprobleme als Betroffener nicht intellektuell angehen. Man mag diese verstehen, aber würde nicht anders handeln. Erwachsene Forscher lassen sich motivieren, indem man Sternchen auf ein Poster klebt bei guten Ideen. Hier gilt: Was funktioniert, nicht hinterfragen, sondern wiederholen.

Kulturentwicklung greifbar machen

Die Entwicklung von Innovationskultur geschieht auf mehreren Ebenen. Dies sei erläutert anhand der Analogie des Fliegens: Betrachtet man die Unternehmenskultur aus einem Flugzeug auf 10 000 Meter Höhe, so fordert man Werte wie Teamwork und Bereitschaft zur Veränderung. Diese generellen Werte sind aus solch hoher Flughöhe leicht zu bejahen, aber die Umsetzung ist schwierig zu identifizieren. Zudem lassen sich nur wenige konkrete Maßnahmen festlegen (Bild 1.2).

Betrachtet man die Innovationskultur der Organisation hingegen auf Boden-
höhe, so lassen sich sehr konkrete Maßnahmen feststellen, wie z. B. Erfolge
feiern, Fehlschläge in Lernsessions positiv verarbeiten, Ideenbörsen visualisieren. Die Maßnahmen sind sehr vielseitig und umfassen Managementsysteme,
Strukturen und Prozesse. Die Schritte sind konkret und gut messbar. Der Blick
für das Wesentliche geht jedoch leicht verloren.

Aus mittlerer Flughöhe betrachtet lässt sich eine Innovationskultur griffig
beschreiben. Bei *Goldman Sachs* beispielsweise werden neue Mitarbeiter, welche von Wettbewerbern rekrutiert werden, regelmäßig nach den Besonderhei-
ten von *Goldman Sachs* befragt. „Was ist anders in unserem Unternehmen?
Worin unterscheidet sich die Unternehmenskultur von derjenigen der Wettbewerber?" Die Antworten lassen sich zusammenfassen in:

1. Art und Weise, wie Wissen geteilt werden;

2. flache Hierarchien;

3. konsensorientierte Entscheidungsprozesse;

4. Kultur-Fit ist wichtiger als Leistung;

5. Mitarbeiterentwicklung wird großgeschrieben.

Damit Innovationskultur in die aktive Unternehmensstrategie aufgenommen
wird, muss der mittleren Flughöhe die größte Aufmerksamkeit zugeteilt werden. Auf dieser Ebene bleibt die Innovationskultur weder ein Schlagwort im
Geschäftsbericht noch eine Ansammlung von Einzelmaßnahmen auf operativer Ebene. Innovationskultur muss ganzheitlich angegangen werden und von
der Geschäftsleitung getragen werden.

Betrachtungshöhe nach der Fluganalogie	Gestaltungsmaßnahmen für Innovationskultur (Beispiele)
10 000 m (Grundwerte)	1. Teamwork und Bereitschaft zu Veränderung
1 000 m (Gestaltungsfelder)	2. Offener Umgang mit Informationen im Unternehmen 3. Rolle der Kultur im Unternehmen 4. Bewertung von Verhalten versus Leistung 5. Gestaltung der Hierarchieebenen 6. Bedeutung der Mitarbeiterentwicklung
10 m (Konkrete Maßnahmen)	7. Erfolge unmittelbar feiern (*IDEO, Kienbaum*) 8. Aus Fehlern in After-Action-Reviews lernen (*Dell*) 9. Kultur-Fit ist wichtiger als die erbrachte Leistung selbst (*Goldman Sachs, Hilti*) 10. Erfinder auf dem Geschäftsbericht mit Foto abbilden (*Endress+Hauser*)

Bild 1.2 Der verborgene Erfolgsfaktor Innovationskultur – einige Beispiele

1.8 Wie innovativ ist mein Unternehmen? 50 Fragen zum Selbstcheck

Der Erfolg von ständig innovierenden Unternehmen zeigt, dass Innovation nicht reines Ergebnis von Zufall ist. Wie schaffen es aber Unternehmen wie *Apple* und *3M*, permanent neue Produkte zu entwickeln und sich selbst neu zu erfinden? Dies ist die Gretchenfrage, der wir in unserer Innovationsforschung mit den beteiligten Unternehmen nachgehen. Die Antworten hierzu sind komplex. Dies soll uns aber nicht davon abhalten, diese Fragen zu stellen.

Folgende Fragenblöcke helfen Führungskräften, ihr Unternehmen bezüglich Innovation einzuschätzen und konkrete Handlungsfelder zu identifizieren. Eine selbstkritische, offene Reflexion ist für die Erkenntnis von zentraler Bedeutung.

A. Bedeutung von Innovation im Unternehmen identifizieren

Innovative Unternehmen sind im Durchschnitt profitabler als weniger innovative Unternehmen, wie zahlreiche empirische Studien zeigen. Es gibt keine Politikerrede an Festanlässen ohne den Verweis auf die Bedeutung von Innovation. Auch die meisten Geschäftsberichte verwenden das Wort Innovation mehrfach, zumindest in der Einführung des Verwaltungsratspräsidenten oder Geschäftsführers. Doch dies sagt wenig über die tatsächliche Wertschätzung von Innovation im Unternehmen aus. Das Handeln ist entscheidend, nicht die Ankündigungen.

1. Ist Innovation nur ein Lippenbekenntnis oder wird sie als eines der wichtigsten Elemente zur Wertsteigerung eines Unternehmens anerkannt?

2. Ist das Unternehmen im Vergleich zu den Wettbewerbern überdurchschnittlich innovativ? Gibt es Indizien, dass sich die externen Rahmenbedingungen rascher verändern, sodass eine Steigerung der Innovationsraten erforderlich sein könnte?

3. Besteht Commitment seitens der Geschäftsleitung für Innovation? Ist das Thema regelmäßig auf der Agenda des Topmanagements? Ist Innovation im Leitbild des Unternehmens verankert? Sind Innovationsziele auch in den Zielvereinbarungen konkretisiert und festgeschrieben?

4. Werden ausreichend Ressourcen zur Verfügung gestellt? Gibt es einen langen Atem, um die initiierten Innovationsaktivitäten zu Ende zu führen oder herrscht Stop-and-go-Politik?

B. Technologie- und Innovationsstrategie entwickeln und verankern

Eine Strategie definiert die grobe Richtung, in welche das Unternehmen sich bewegt. Sie setzt Leitplanken als Orientierungsrahmen und ermöglicht eine konzeptionelle Gesamtsicht des Unternehmens und seiner Umwelt. Jedes Unternehmen hat eine Strategie, auch wenn diese in KMU häufig nur implizit im Kopf des Unternehmers steckt. Für eine gemeinsame Ausrichtung aller Unternehmensaktivitäten ist eine explizite Strategieformulierung wichtig.

5. Gibt es eine ausformulierte Technologie- und Innovationsstrategie im Unternehmen? Ist diese ein integraler Bestandteil der Unternehmensstrategie?

6. Wird die Technologie- und Innovationsstrategie auch kommuniziert oder findet diese nur implizit in den Köpfen des oberen Führungskreises statt?

7. Sind Wettbewerbs- und Marktanalyse hinreichend verknüpft mit der Technologie- und Innovationsstrategie? Wie systematisch werden veränderte Branchengrenzen und neu eintretende, häufig junge Wettbewerber analysiert?

8. Werden Timing-Elemente in der Strategie adressiert? Sind Aussagen getroffen zur Innovationsführerschaft?

9. Existiert ein Konzept zum Plattformmanagement? Sind die Potenziale von Produkt- und Technologieplattformen evaluiert worden?

10. Sind die Kernkompetenzen in Technologie und Innovation identifiziert und werden diese regelmäßig überprüft und weiterentwickelt?

11. Gibt es eine explizite Intellectual-Property-Strategie, welche grundsätzliche Aussagen darüber macht, wo, wann und wie Innovationen geschützt werden?

C. Strategie konsequent umsetzen

Jede Strategie ist nur so gut, wie sie umgesetzt wird. Gerade hier haben einige Unternehmen große Schwächen. Die jährliche, ritualisiert durchgeführte Strategieübung reicht nicht aus, wenn sich im Tagesgeschäft nichts verändert. Es muss verhindert werden, dass nach der Strategiefestlegung wieder gleich „weitergewurstelt" wird.

12. Wird die Strategie umgesetzt und gelebt? Gibt es Transmissionsriemen zwischen Strategieentwicklung und operativen Projektentscheidungen?

13. Werden Innovations- und Technologieportfolios heruntergebrochen in operative Roadmaps, in denen die geplanten Innovationsvorhaben zeitlich gestaffelt werden?

14. Findet eine Verknüpfung dieser Strategievorgaben mit Ressourcenverbindlichkeiten statt?

D. Operatives Projektmanagement verstärken

Engpass der meisten F&E-Abteilungen sind gute Projektmanager. Oft müssen sie Übermenschen sein: Auf die versprochenen Ressourcen kann nicht zugegriffen werden und die Projektziele ändern sich permanent.

15. Werden die Projektziele zu Beginn hinreichend definiert?

16. Werden die Probleme im Projekt frühzeitig adressiert (Frontloading)?

17. Stimmt beim Projektmanager die Kongruenz von Verantwortung, Aufgabe und Kompetenzen? Hat er genügend Zugriff auf Ressourcen der Linienorganisation?

18. Werden die Projektziele zu einem definierten Zeitpunkt eingefroren und wird damit das häufige Moving Target reduziert?

19. Wie wird mit Änderungen bei den Projektzielen oder bei Anforderungen umgegangen? Ist das Konfigurationsmanagement effizient?

20. Wie effizient und effektiv ist die Projektarbeit? Werden schlanke und effektive Prozesse voll gelebt oder werden schwerfällige Handbücher halbherzig im Projekt mitgetragen?

21. Stimmt die Balance zwischen temporären Projekten und nachhaltiger Linie? Wird dem projektübergreifenden Wissensmanagement und der Fähigkeitenentwicklung genügend Aufmerksamkeit zugebilligt?

E. Innovationen aktiv schützen

Patente gewinnen zunehmend an Bedeutung. Allein die Anzahl der Patente wächst jährlich im zweistelligen Bereich. 2006 musste *Research in Motion* für die Verletzung eines dem BlackBerry zugrunde liegenden Patents über 612,5 Millionen US-Dollar an das kleine Unternehmen *NTP* bezahlen. Aber auch die Anmeldungen selbst kosten enorm. *Dow Chemical* hat in den 90er-Jahren Schutzrechte bewusst aufgegeben und damit Kosten in Höhe von 50 Millionen US-Dollar eingespart.

22. Werden Innovationen erfolgreich geschützt?

23. Gibt es einen integrierten Schutz in Form von juristischen Schutzstrategien durch Patente und Trademarks sowie faktischen Schutzstrategien wie Plattformen oder Geheimhaltung?

24. Ist der Patentierungsprozess systematisch mit dem Innovationsprozess verknüpft? Findet ein regelmäßiger Austausch zwischen F&E-Ingenieuren und Patentanwälten statt?

25. Werden Patentportfolios regelmäßig bezüglich Aufrechterhaltung über-
    prüft?

26. Gibt es Patentportfolios und werden diese strategisch mit den Unterneh-
    mens- und Innovationsportfolios verknüpft?

F. Den Erfolg von F&E und Innovationen messen

„You can't manage what you can't measure." Dies gilt im Innovationsbereich
nur teilweise. Innovationen sind gesteuerter Zufall, aber zumindest einige
Input- und Outputgrößen lassen sich messen. Wichtig: Nur Entscheidungsrele-
vantes messen. Die Auswahl eines Controllers mit Augenmaß ist hier von großer Bedeutung.

27. Sind die richtigen Key-Performance-Indikatoren (KPI) identifiziert, welche
    die Wertsteigerung des Unternehmens beeinflussen? Wird damit das
    Richtige gemessen?

28. Werden F&E-Kosten, Zeiten und Ressourcen adäquat gemessen? Gibt es
    ein Overshooting in der Administration oder findet zu wenig Informati-
    onsaufbereitung und Steuerung statt?

29. Gibt es Post Project Reviews, in denen beispielsweise zwölf Monate später
    evaluiert wird, ob der Business Case eingetroffen ist, welche Annahmen
    zutreffend waren und welche nicht? Wird für das Management zukünfti-
    ger Innovationsprojekte gelernt?

30. Findet über die reine F&E-Inputmessung hinaus auch eine Outputmes-
    sung statt? Wird damit das F&E-Controlling zum umfassenden Innova-
    tions-Controlling?

G. Ideen fördern

Das betriebliche Vorschlagswesen ist heute zu Recht kaum mehr akzeptiert.
Der Output ist oft beschränkt auf Nebensächlichkeiten oder Alltagsprozesse
wie der Standort der Kaffeemaschine oder Mountainbike-taugliche Fahrrad-
ständer. Die Herausforderung, nach den richtigen Ideen mit großer Geschäfts-
bedeutung zu suchen, wird erfolgreicher mit einem systematischen
Ideenmanagement angegangen.

31. Gibt es genügend konkrete und umsetzbare Ideen im Unternehmen? Wie
    werden Ideen erfasst und weiterverfolgt?

32. In welcher Konstellation entstehen die wertvollsten Ideen für das Unter-
    nehmen? Gibt es Anreizsysteme zur Förderung von Ideen?

33. Werden Innovationsimpulse von außerhalb des Unternehmens wahrgenommen und fair bewertet? Werden externe Partner aktiv im Innovationsprozess wahrgenommen?

34. Wird das allgegenwärtige Not-Invented-Here-Syndrom aktiv angegangen? Sind Mitarbeiter für Ideen von Externen sensibilisiert?

35. Werden systematisch industrieübergreifende Innovationsimpulse für die Eignung im eigenen Produkt- und Leistungsspektrum evaluiert? Gibt es Beispiele, in denen bewährte Technologien aus anderen Industrien in das eigene Unternehmen integriert worden sind?

36. Werden ausgewählte Kunden erfolgreich in die Frühphase des Innovationsprozesses eingebunden?

37. Werden die Innovationspotenziale von Lieferanten hinreichend ausgenutzt? Werden den Lieferanten genügend Plattformen gegeben, damit diese ihre Innovationsimpulse eingeben können?

38. Werden Universitäten und Wissensbroker effektiv genutzt für die frühen Innovationsphasen?

39. Werden Innovationsnetzwerke aktiv analysiert und entwickelt (Crowdsourcing)?

H. Talente anziehen und Innovationskultur entwickeln

Wissen wandert mit den Köpfen. Der Mensch ist der zentrale Treiber für Innovation. Ein guter Programmierer kann hundertmal produktiver sein als ein durchschnittlicher. Die Produktivitätslücke hat nach Ansicht von David Gelernter weniger mit der technischen, mathematischen oder der Programmierausbildung zu tun als vielmehr mit der Fähigkeit zu guter Beurteilung und Reflexion. Doch woher holt sich ein Unternehmen die besten Talente?

40. Wird Innovationsfähigkeit und Initiativgeist bei der Rekrutierung und Beförderung von Mitarbeitern an zentraler Stelle berücksichtigt?

41. Gibt es Maßnahmen, um neue Talente für das eigene Unternehmen anzuziehen?

42. Bietet das Unternehmen genügend, um exzellente technische Mitarbeiter im Unternehmen zu halten?

43. Gibt es unternehmerischen Freiraum für Talente? Wie wird mit Querdenkern umgegangen?

44. Gibt es eine offene, direkte Kommunikation im Unternehmen? Werden Informationen frühzeitig geteilt?

45. Werden Fehler aktiv als Chance zur Weiterentwicklung genutzt? Gibt es die zweite Chance für unternehmerische Projektleiter?

46. Wird Innovation von der Geschäftsleitung vorgelebt?

I. Governance für Innovation sensibilisieren

Innovation und Risiko sind zwei Seiten einer Medaille. Diese beiden Seiten sind auch auf der Ebene von Corporate Governance zu adressieren. Häufig ist die Innovationsseite stark unterrepräsentiert in diesen Gremien, da Finanzaspekte und die Aversion gegenüber Risiken zu stark dominieren.

47. Werden Innovationsrisiken auch auf der Ebene der Unternehmensleitung adressiert?

48. Werden im Verwaltungs- bzw. Aufsichtsrat die richtigen Fragen bezüglich Innovation gestellt?

49. Sind die VR-Entscheide hinsichtlich Unternehmensentwicklung effektiv?

50. Ist der Verwaltungsrat (CH) bzw. Aufsichtsrat (D) bezüglich Innovation und Unternehmensentwicklung kompetent besetzt?

Selbsterkenntnis als erster Schritt zur Besserung

Bei der Beantwortung dieser Fragen sollte eine Gruppe unterschiedlicher Führungskräfte und Mitarbeiter gemeinsam arbeiten, um blinde Flecken zu reduzieren. Nicht alle Fragen sind für alle Unternehmen wichtig. Vielmehr sind der Fit zum Unternehmen sowie dessen Anforderungen seitens des Wettbewerbs und des Markts von Bedeutung. Ehrliches und kritisches Hinterfragen ist entscheidend. Am Institut für Technologiemanagement nutzen wir solche Innovations-Audits für eine erste Bestandsaufnahme der Stärken und Schwächen eines Unternehmens hinsichtlich Innovation.

Die hier vorgestellte Checkliste hat bewusst nicht den Anspruch, quantitativ einen Innovations-Score zu ermitteln und damit die Innovationsbewertung auf eine absolute Zahl zu reduzieren. Vielmehr dient eine solche Stärken-Schwächen-Analyse als Basis für die kritische Diskussion im Unternehmen. Das Hinterfragen von gemeinsam geteilten Grundsätzen und die Identifizierung von blinden Flecken im Unternehmen sind wichtiger.

Der Schritt von der Beantwortung der Fragen hin zur Entwicklung eines Innovations-Audits mit quantifizierbarem Innovations-Score ist klein.

Folgende Schritte sind hierfür notwendig:

- Beantwortung der 50 Fragen im interdisziplinären Team;
- Festlegung eines Gewichtsfaktors x pro Frageblock (A bis I);
- Vergabe einer Bewertung y (0 für negative Beantwortung; 0,5 für neutrale und 1 für positive Beantwortung der Fragen);
- Score-Ermittlung: Innovations-Score = $\Sigma x \cdot y$.

Achtung: Die Aussagekraft von solchen Scores ist beschränkt.
Der Weg ist wichtiger als das Ziel.

1.9 Übersicht zu den weiteren Kapiteln

Die besten Managementsysteme und Innovationsprozesse helfen jedoch nicht, wenn die Mitarbeiter nicht ihre Kreativität zum Unternehmenswohl entfalten können. Kreativität erfordert drei Dinge: Fachwissen, kreative Denkfähigkeiten und Motivation. Während die ersten beiden aus Sicht der Manager nur mit hohem Aufwand zu verändern sind, können Mitarbeiter leichter motiviert und – selten wahrgenommen – noch leichter demotiviert werden.

Auf der Suche nach dem Glück stellte der amerikanische Verhaltensforscher Gregory Berns fest: „Befriedigung bedarf des Unerwarteten." Fehlschläge sind unmittelbar verbunden mit Innovation. Erneuerung ist nur möglich über stetiges Scheitern. Wie sagte doch bereits Thomas Edison bei der Erfindung der Glühbirne: „Ich habe nicht versagt. Ich habe nur 10 000 Wege gefunden, die zu keinem Ergebnis führen." Die Möglichkeit des Scheiterns erfordert ein starkes Unternehmertum. Nur Unternehmen mit mutigen, unternehmerischen Mitarbeitern sind in der Lage, stetig zu innovieren und damit den Wettbewerbern stets einen Schritt voraus zu sein.

Innovatoren sind nicht homogen – in KMU müssten sie noch stärker Unternehmerpersönlichkeiten sein, in Großunternehmen kann ein adäquates Management ausreichen. Wichtig ist jedoch in beiden, dass die Zukunft in die Gegenwart gebracht wird. Klare Bilder der Zukunft – auch wenn sie falsch sind – helfen in der Innovation. Es genügt sicherlich nicht, Innovationspreise zu gewinnen, Techniken einzusetzen und über Innovation zu sprechen. Nur die marktgerechte Umsetzung gibt der Kreativität einen Wert und Visibilität.

Die folgenden Kapitel behandeln die zentralen Bausteine eines modernen Innovationsmanagements. Die Kapitel bewegen sich im Spannungsfeld zwischen Markt, Technologie, Führung und Initiativen. Es wurde darauf verzichtet, sämt-

liche F&E-Methoden lehrbuchhaft aufzuführen. Hier sei auf die gängigen Lehr-
bücher für Einführungen verwiesen (z. B. Brockhoff 1999 für F&E-Management,
Hauschildt/Salomo 2007 für Innovationsmanagement oder Gassmann 2006 für
Projektmanagement).

Ziel dieses Buches ist es vielmehr, die Führungskräfte aus der Praxis mit ausgewählten Schwerpunkten abzuholen.

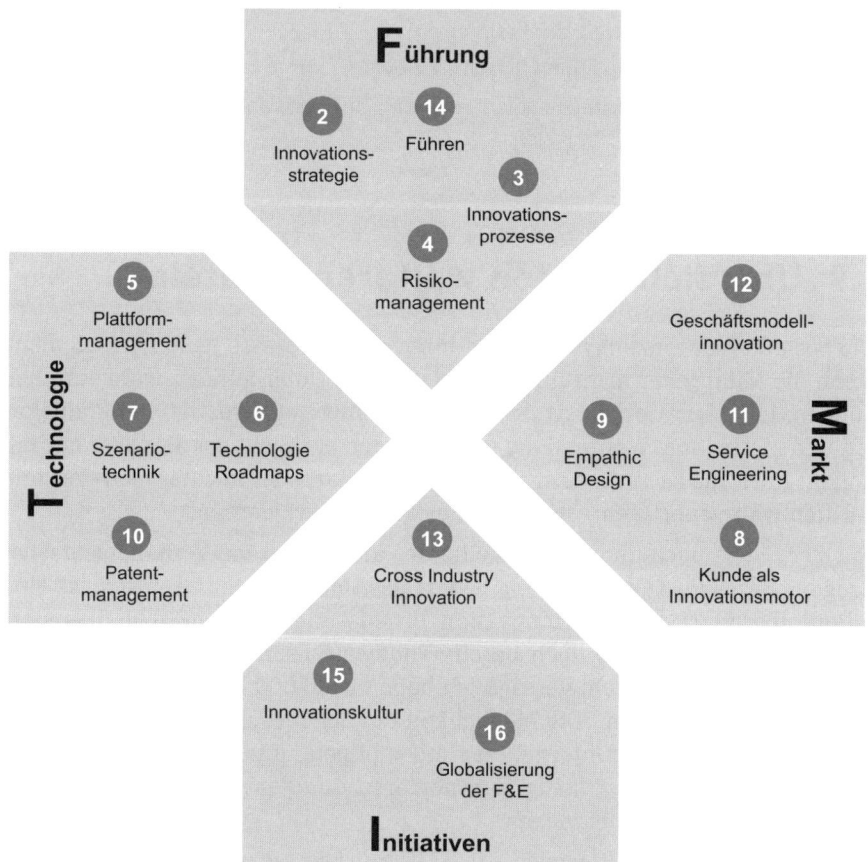

Bild 1.3 Übersicht der 16 Kapitel

2 TECHNOLOGIESTRATEGIE: VON DER VISION ZUR AKTION

Oliver Gassmann, Christoph H. Wecht

2.1 Wozu eine Innovationsstrategie?

Jedes Unternehmen hat eine Strategie, aber nicht jedes Unternehmen hat diese explizit. Auch diejenigen Elemente einer Strategie, welche Aussagen zu neuen, zukünftigen Produkten bzw. Dienstleistungen treffen, sind nicht immer klar formuliert und verfügbar. Deshalb erscheint für viele Mitarbeiter Innovation als chaotisch und unplanbar. Es stimmt zwar, dass die Unsicherheit hoch ist, aber trotzdem können die Ziele und Rahmenbedingungen des Handelns beschrieben werden. „Planung ersetzt Zufall durch Irrtum" (Albert Einstein) und genau darum geht es: Für eine Innovationsstrategie müssen Annahmen getroffen werden bezüglich der technologischen Machbarkeit, der Marktentwicklung, des Wettbewerberverhaltens, des Kundenverhaltens und anderem. Trifft eine Annahme nicht zu, kann daraus für die Zukunft gelernt werden. Um nachhaltig innovativ zu sein, muss eine Organisation lernfähig sein. Sonst bleibt es bei der ursprünglichen Innovation, bei KMU ist dies oft die Umsetzung einer Gründeridee, ein Zufallstreffer.

Apple, *Swatch* oder *Sonova* mit *Phonak* wiederholen Innovationen und betreiben diese systematisch. Selbst das Chaos in definierten Feldern wird konsistent betrieben. Es ist auch unwahrscheinlich, dass *Apple* plötzlich Autos entwickelt – wenngleich nicht unmöglich, wie *Swatch* gezeigt hat. Aber *Apple* hat eine Strategie und definierte Grundwerte zu Innovation im Unternehmen. Es liegt nicht nur an der Person von Steve Jobs, wie es uns manche Leadershipgurus weismachen wollen. Eine Strategie definiert die grobe Richtung, in welche das Unternehmen sich bewegt. Sie setzt Leitplanken als Orientierungsrahmen und ermöglicht eine konzeptionelle Gesamtsicht des Unternehmens und seiner Umwelt. Für eine gemeinsame Ausrichtung aller Unternehmensaktivitäten des Technologie- und Innovationsmanagements ist eine explizite Strategieformulierung wichtig.

Die wesentlichen Elemente einer Strategie sind die Betrachtung sowohl der Organisation als auch deren Umgebung, der komplexe Inhalt und ihr Einfluss auf das übergeordnete Wohlergehen des Unternehmens. Dazu beschäftigt sie sich mittels analytischer und konzeptueller Denkprozesse auf verschiedenen Ebenen mit inhaltlichen und prozessualen Fragen. Ein wichtiger Aspekt jeder Strategie ist die Beschreibung der internen Ressourcen im Sinne von Kernkompetenzen oder strategischen Erfolgspositionen.

Jede Strategie – so auch die Innovationsstrategie – kann nach Mintzberg aus fünf Perspektiven betrachtet werden (1998):

1. *Strategie als Plan*, durch den die Richtung bzw. der Kurs für Aktionen in der Zukunft vorgegeben wird.

2. *Strategie als Muster*, d. h. Konsistenz im Verhalten über die Zeit, welches aus einem retrospektiven Blickwinkel identifiziert werden kann.

3. *Strategie als Position* zur Platzierung spezifischer Produkte in speziellen Märkten oder Marktsegmenten zur Schaffung einer einzigartigen und wertvollen Position.

4. *Strategie als Perspektive* auf die fundamentale Art und Weise, wie eine Organisation ihr Geschäft organisiert („theory of the business" Peter Drucker).

5. *Strategie als Manöver*, um einen Wettbewerber zu übertrumpfen.

2.2 Veränderte Rahmenbedingungen

Die Globalisierung des Wettbewerbs, welche noch in den 90er-Jahren eine Domäne der multinationalen Großunternehmen war, wird derzeit durch schnelle, flexible und schlagkräftige Unternehmen weiter vorangetrieben. Fast Mover haben in dynamischen Branchen immense Wettbewerbsvorteile. In zahlreichen Branchen haben im letzten Jahrzehnt Transformationsprozesse begonnen, welche von dramatischer Bedeutung für das jeweilige Kerngeschäft sein werden. Die Geschwindigkeit und die Breite dieser Transformationsprozesse müssen verstanden werden. Für zahlreiche Unternehmen verändern sich die Spielregeln, die sie bislang eingehalten haben, wie einige Megatrends zeigen:

Verlagerung des Denkplatzes: Die kostengetriebene Verlagerung von Werkplätzen in die Niedriglohnländer von Osteuropa und vor allem nach Asien schreitet weiter voran. Für die nationale Wettbewerbsfähigkeit der westlichen Volkswirtschaften wirkt sich jedoch noch stärker aus, dass die Schwellen- und Entwicklungsländer schneller als erwartet auch eigene Innovationsfähigkeiten aufbauen. Folgt auf den Verlust des Werkplatzes auch der Verlust des Denkplatzes, wird es in Hochlohnländern wie der Schweiz und Deutschland kritisch, da Know-how und Forschung bislang noch deren komparative Vorteile waren. Schweizer Unternehmen gaben laut Bundesamt für Statistik im Jahr 2005 bereits 49 % ihrer F&E-Aufwendungen im Ausland aus – trotz der starken Wissenschaftsorientierung der Schweiz.

Innovation in Entwicklungsländern: Bislang schien sich die F&E-Internationalisierung auf die Triadenländer zu beschränken. Entgegen der herrschenden Lehrmeinung und der medialen Diskussion findet immer stärker Innovation in Entwicklungs- und Schwellenländern statt. China hat im Jahr 2005 bereits 700 ausländische F&E-Labore aufgebaut; der Trend setzt sich weiter fort. Indien ist heute bereits das führende Land für Software-Outsourcing weltweit – nicht nur quantitativ, sondern auch bezüglich der Qualität der Softwareentwicklungen. Dies wird jedoch dadurch kompensiert, dass die auftretenden Kommunikationsprobleme zu hohen versteckten Kosten und Qualitätsproblemen führen, welche häufig nicht zu Beginn antizipiert wurden. Virtuelle Teams sind nicht einfach zu führen. Aus Sicht eines westlichen F&E-Standortes ist ein Outsourcing nur bei hinreichender Managementkapazität zu empfehlen.

Branchenerweiterung: Die portersche Branchenanalyse muss sich immer stärker auf die Gefahr der Neueintretenden ausrichten. Dabei darf nicht nur das unbekannte Garagenunternehmen betrachtet werden. Auch Großunternehmen können sich diversifizieren und schlagkräftig in neuen Feldern mitspielen. Das IT-Unternehmen *IBM* hat beispielsweise 2004 bezüglich der Anzahl Patente in der Biotechnologie weltweit Platz acht eingenommen.

Industrie-Rekonfiguration: Größere Restrukturierungen gesamter Industriebereiche sind zu erwarten, Branchengrenzen werden neu definiert. So wurde die traditionelle Tankstelle zum 24-Stunden-Shop, welcher den Benzinverkauf als Nebengeschäft beibehält. Die Verschmelzung der bisher autonomen Sektoren Computer, Telekommunikation und Entertainment zur allumfassenden Multimediabranche zeigt als weiteres Beispiel, dass die Unternehmensgrenzen zunehmend verwischen. Treiber für die Neudefinitionen von Branchen ist manchmal die Regulierung, häufiger jedoch eine neue Technologie oder Technologiekombinationen.

Konsumentenverwirrung: Wachsende Sparquoten (in Deutschland 10,7 % im Jahr 2005) führen zu einer „Aldisierung" des Konsummarkts. Dabei lassen sich die Konsumenten immer weniger klar segmentieren: Die Frau mit Pelzmantel im *Porsche* jagt im *Aldi* nach fünf Cent günstigeren Joghurts. Dieses sogenannte Smart Shopping weicht bisherige Kategorisierungen auf. Gleichzeitig wird der Konsument durch die zunehmende Variantenvielfalt verwirrt; *Migros* und *Coop* erkennen, dass mit zunehmendem Angebot statt einer Konsumsteigerung eher eine Konsumentenverwirrung erreicht wird.

Downstream-Fokus: Die Geschäftsprozesse werden neu konfiguriert und zum Teil sogar radikal erneuert, z. B. bei *Federal Express* oder *Amazon*. Serviceanbieter fokussieren auf mehr Wertschöpfung in Downstream-Aktivitäten, z. B. *eBay* oder *Apple* mit iTunes. Gleichzeitig werden aufgrund der Erfahrungen des Internet-Hypes die Geschäftsmodelle stärker hinsichtlich Nachhaltigkeit und Robustheit hinterfragt. In der F&E zeigt sich dieser Downstream-Fokus durch eine verstärkte Anwendungsorientierung in der industriellen Forschung. Die Grundlagenforschung wird wieder an die Hochschulen zurückdelegiert. Unternehmen konzentrieren sich auf die Wissensumsetzung in neue Produkte und Dienstleistungen.

Knowledge Broker: Wissen wird zur wichtigsten Ressource, der Kampf um die weltweit besten Köpfe verschärft sich. Dabei wird der Wissensarbeiter zunehmend zum Portfolioarbeiter, welcher mehrere Tätigkeiten gleichzeitig für unterschiedliche Organisationen durchführt. Unternehmen öffnen dabei zunehmend ihre Innovationsprozesse: Externes Wissen und vorhandene Kompetenzen werden in das Unternehmen transferiert. Technische Dienstleister und Know-how-Lieferanten erleben in diesem Paradigma von offenen Innovationsprozessen, dass eine neue Dienstleistung neue Fähigkeiten im Unternehmen erfordert: Es werden weniger eindimensionale Technologiefachexperten benötigt, sondern vielmehr interdisziplinäre Systemspezialisten.

Die Bedeutung von solchen Trends für das einzelne Unternehmen ist sehr unterschiedlich: Der lokale Friseur und die Bäckerei sind weniger betroffen als produzierende Unternehmen mit international handelbaren Gütern. Unabhängig von den Megatrends hat jedes Unternehmen eine Strategie. Nicht alle Unternehmen haben diese jedoch explizit formuliert und gehen systematisch vor. Im Folgenden wird mit den elf Schritten ein bewährtes Vorgehen zur Strategieentwicklung aufgezeigt.

2.3 Die elf Schritte der Strategieentwicklung

Eine Technologie- bzw. Innovationsstrategie sollte vor allem ganzheitlich aufgebaut sein. Statt einer aufwendigen, einmaligen Übung sollte die Strategie ein gelebter Prozess sein. Der Weg der Strategiefindung ist so wichtig wie das Ziel. Eine Technologie- bzw. Innovationsstrategie ist zudem nie losgelöst von der Unternehmensstrategie, sondern ein integraler Bestandteil derselben. Unser Verständnis eines strategischen Managements von Technologie und Innovation beginnt stets bei der Unternehmensstrategie und trägt zu deren Weiterentwicklung bei. Die Innovationsstrategie ist derjenige Teil der Unternehmensstrategie, welcher Aussagen über die Zukunftsfähigkeit der Unternehmung macht. Als wesentliches Element enthält diese Ziele und Aktivitäten für die zukünftige Positionierung im Wettbewerbsumfeld und damit für die angestrebten Innovationen bei Produkten und Prozessen.

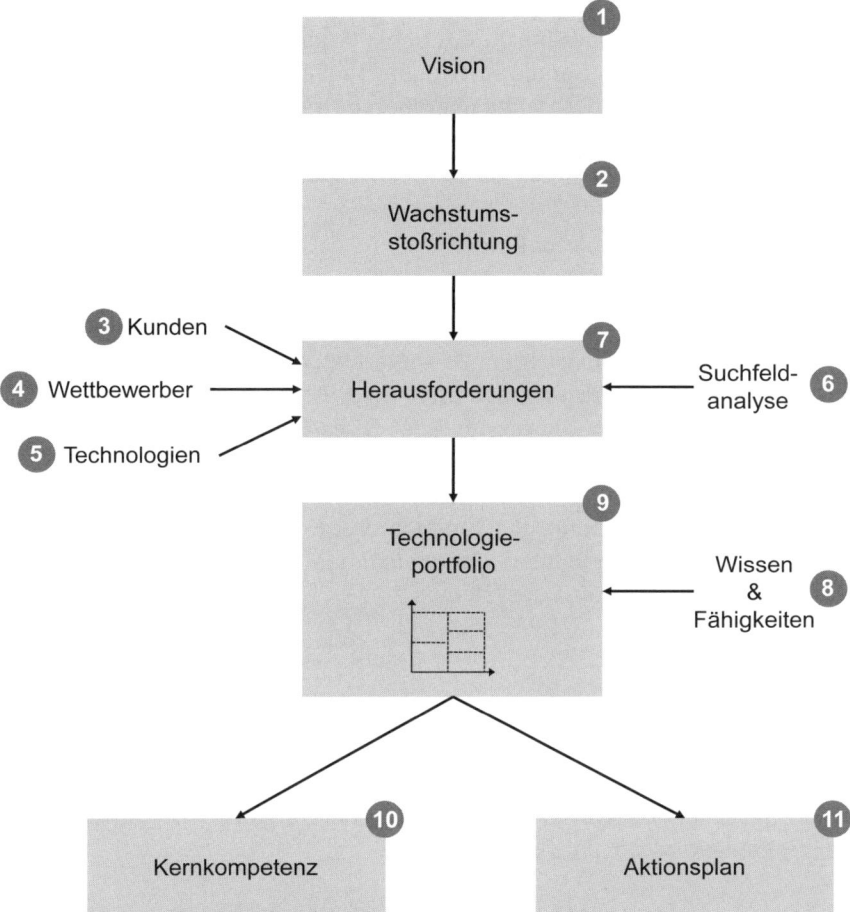

Bild 2.1   11 Schritte der St.Galler Technologie- und Innovationsstrategie

Der Prozess zur Aufstellung und regelmäßigen Anpassung einer Technologie-
und Innovationsstrategie setzt sich aus elf zentralen Bausteinen zusammen
(Bild 2.1). Methodisch empfiehlt es sich, so viele einzelne Schritte wie möglich
als Workshop zu organisieren, um von einer offenen, interdisziplinären Perspektive profitieren zu können.

Schritt 1: Vision

Eine Vision ist ein „dream with a deadline". Sie zeigt auf, was in einem abseh-
baren Zeitraum erreicht werden soll. Dabei ist sie konkret und umsetzbar. Die
Kraft des normativen Managements wird häufig unterschätzt. Die Auswirkungen auf die gelebte Unternehmenskultur können, positiv wie negativ, sehr

stark sein. Eine Vision koordiniert und bündelt die Energie der Mitarbeiter ineine Richtung, ohne dass hierzu ein hoher Administrations- oder Planungsaufwand notwendig ist. Gerade in frühen Innovationsstadien hat die Vision eine wichtige Bedeutung. Sie sollte in größeren Organisationen auch auf Divisions- bzw. Bereichsebene formuliert werden, um Zielsetzungen für die jeweiligen spezifischen Ausprägungen der Innovationsstrategie zu bilden.

Schritt 2: Wachstumsstoßrichtungen

Das strategische Technologie- und Innovationsmanagement muss sich an den grundsätzlichen Unternehmensstoßrichtungen für Wachstum orientieren. Dabei werden nur die Stoßrichtungen aufgezeigt, ohne dass der Lösungsraum für Innovationen zu stark eingeschränkt wird. Beispiele: *Heidelberger Druckmaschinen* möchte mehr Umsatz im After Sales Business erzielen, da dieses überdurchschnittlich profitabel ist. *Nestlé* strebt einen stärkeren Umsatz im Life-Science-Sektor an. Der weltweit führende Getriebehersteller *ZF* zielt auf eine stärkere Systemorientierung, um nicht nur Komponenten für Automobile zu liefern. Der Reifenhersteller *Continental* identifiziert große Wachstumspotenziale bei intelligenten Subsystemen.

Schritt 3: Kunden

Auf Basis einer Marktanalyse und/oder Workshops mit ausgewählten Kunden werden die Herausforderungen an das Unternehmen aus Sicht der Kunden analysiert. Dabei ist es wichtig, dass die klassische Marktforschung, welche in der Regel auf dem Gesetz der großen Zahl basiert, ergänzt wird durch qualitative direkte Gespräche mit Kunden.

BMW hat dies als Kernaufgabe des Innovationsmanagements formuliert: „Unsere Aufgabe ist es, dem Kunden etwas zu geben, was er haben möchte, von dem er aber nie wusste, dass er es suchte, und von dem er sagt, dass er es schon immer wollte, wenn er es bekommt."

Hier sei auf mehrere Methoden beispielhaft verwiesen:

- Lead-User-Workshops, bei denen ausgewählte Kunden mit den Entwicklern eng interagieren. Diese Kunden sind in der Regel innovationsfreudig, sind oft visionär, haben ein ausgeprägtes Problembewusstsein und sind häufig Meinungsführer oder Trendsetter. Unternehmen, welche diese Methode erfolgreich eingesetzt haben, sind *Hilti, Schindler, ABB* und *Siemens*.
- Die anthropologische Expedition, bei der ein Kunde in seiner Lebens- und Arbeitsumwelt beobachtet wird. Wichtig ist die weitgehend unbemerkte Beobachtung ohne Interaktionseffekt. Konsumgüterhersteller wie *Henkel*

und *Procter & Gamble* arbeiten oft mit diesem Ansatz. Die amerikanische Designfirma *IDEO* ist bekannt für eine intensive Beobachtung des Kunden zum Zweck der raschen Entwicklung eines ersten Prototyps.

Wichtig: Hier muss darauf geachtet werden, dass nicht konkrete Produktvorschläge, sondern die Anforderungen aus Sicht des Kunden betrachtet werden. Dies können generelle Trends in der Branche des Kunden sein, veränderte Wahrnehmungen oder sophistisierte Anforderungen. Falls geeignet, können speziell für Konsumgüter auch Megatrends, wie diese vom New Yorker Unternehmen *Popcorn* identifiziert werden, als Basis herangezogen werden, z. B. Cocooning, Feminisierung und Alterung der Gesellschaft.

Schritt 4: Wettbewerber

Ein wichtiger Faktor für den Unternehmenserfolg ist die richtige Positionierung innerhalb der Branche. Es reicht nicht aus, exzellente Produkte anzubieten. Nur wenn die eigenen Leistungen in der subjektiven Wahrnehmung des Kunden einen höheren Nutzen stiften bzw. ein besseres Preis-Leistungs-Verhältnis aufweisen, werden diese erfolgreich abgesetzt. Besser als der Wettbewerber zu sein, heißt die Devise. Dabei müssen aber nicht nur die derzeitigen Konkurrenten analysiert werden, sondern vermehrt auch potenzielle Neueinsteiger der Branche beobachtet werden. In der Vergangenheit haben oft junge oder branchenfremde Unternehmen mit überragender Value Proposition eine ganze Branche auf den Kopf gestellt, z. B. *Amazon* den Buchhandel, *Google* das Internet, *Apple* den Online-Musikhandel und mit dem iPhone den Markt für Mobiltelefone.

Eine einfache Wettbewerbsanalyse umfasst eine Darstellung der zentralen wettbewerbsrelevanten Dimensionen beispielsweise auf einer fünfstufigen Likert-Skala, bei der die eigene Position in Relation zu den wichtigsten Wettbewerbern aufgezeigt wird. Dimensionen sind beispielsweise „Kundenorientierung", „Flexibilität", „Produktqualität", „Leistungsspektrum", „Reaktionsfähigkeit", „Kostenführer". Eine bildliche Darstellung ist in jedem Falle zu empfehlen.

Schritt 5: Technologien

Bei der Technologieanalyse werden die wichtigsten technologischen Trends erfasst. Der Konkretisierungsgrad kann dabei unterschiedlich sein. Er reicht von Megatrends, wie Miniaturisierung, Computerisierung, „Software ersetzt Mechanik", Biomechanik bis zu konkreten Trends, welche eine einzelne Technologie beschreiben, z. B. Linearmotoren, RFID, intelligente Wartung oder Remote-Diagnostik.

In Dienstleistungsunternehmen sind dies häufig IT-Trends, welche Backbone-Prozesse unterstützen oder eine Dienstleistung neu erfinden können, z. B. E-Government in der Verwaltung, Internet-Hypothekarbank der *Credit Suisse*, Online-Tracking bei *FedEx* oder *DHL*.

Basis für eine solche Technologieanalyse kann ein moderiertes Brainstorming mit ausgewählten Experten sein. Es kann aber auch das Resultat einer systematischen Technologiefrühaufklärung sein; Methoden hierfür sind z. B. Patent- und Zitationsanalyse bei kurzem oder Szenarioanalyse und Roadmapping bei mittel- bis langfristigem Zeithorizont.

Schritt 6: Suchfeldanalyse

Für radikale Innovationen und im Umfeld von disruptiven Entwicklungen bietet sich zusätzlich eine Suchfeldanalyse an.

Es gilt, für die generellen Wachstumsstoßrichtungen oder sonstige übergeordnete strategische Themenfelder relevante spezifische Markt- und Technologietrends zu erfassen. Diese können in Form einer Matrix aufgetragen werden, um an den Schnittstellen spannende Felder zu identifizieren, in denen ein Markttrend mit einem Technologietrend so kombiniert wird, dass sich großes Innovationspotenzial ergibt. Die grundsätzlichen strategischen Stoßrichtungen sind in den meisten Fällen noch zu allgemein, um dafür direkt Ideen zu generieren. Suchfelder ermöglichen eine weitere Fokussierung und damit eine Bündelung der kreativen Ressourcen. So hat beispielsweise ein Automobilzulieferunternehmen aus dem marktseitigen Bedürfnis der Kunden nach mehr Komfort und dem boomenden Technologiefeld der Sensorik das Suchfeld „intelligente Schaltstrategien" für die Entwicklung von Automatikgetrieben aufgestellt.

Alternativ kann die Suche nach lukrativen neuen Märkten auch über die bewusste Infragestellung der grundsätzlichen Annahmen erfolgen, welche den meisten Strategien zugrunde liegen. Dazu gehört, die Aufmerksamkeit quer über alternative Industrien zu lenken (Cross-Industry-Innovation) und auch andere Marktsegmente bzw. strategische Gruppen zu betrachten. Weiter kann die gesamte Kette auf der Kundenseite analysiert werden: vom Käufer über den Nutzer bis hin zu möglichen Beeinflussern. Komplementäre Produkt- und Serviceangebote sollten im Sinne einer Gesamtlösung in Erwägung gezogen werden und es sollte die jeweils typische funktionale oder emotionale Orientierung des Marktsegmentes hinterfragt werden. Schließlich gilt es, Trends zu analysieren und heute die Weichen strategisch zu stellen.

Schritt 7: Herausforderungen für das Unternehmen

Aus den vorherigen Analysen zu Kunden-, Markt-, Wettbewerbs- und Technologietrends sowie gegebenenfalls einer Suchfeldanalyse werden die Herausforderungen für die Organisation abgeleitet. Um bei hoher Unsicherheit bezüglich des Eintretens und Verlaufs eines Trends trotzdem Planungsgrundlagen zu schaffen, eignet sich die Szenarioanalyse. Bei dieser werden in sich konsistente Zukunftsbilder entwickelt, welche die Basis für die weitere Analyse darstellen. Wichtig ist die Darstellung der Herausforderungen aus den drei Perspektiven Kunden, Wettbewerber und Technologie. In diesem Schritt wird geklärt, wie wichtig eine Aktivität oder Kompetenz für das Unternehmen ist.

Dabei werden die technologischen Herausforderungen, mit denen das Unternehmen konfrontiert wird, mit Teilnehmern aus F&E, Produktion, Marketing und Topmanagement diskutiert. Basierend auf Porters System der fünf konkurrierenden Kräfte werden alle wichtigen äußeren Einflussbereiche analysiert. Relevante Veränderungen, die voraussichtlich innerhalb der nächsten fünf bis zehn Jahre stattfinden, sind aus einer interdisziplinären Perspektive zu betrachten. Es kann dazu hilfreich sein, die neuesten Informationen aus Markt- und Wettbewerbsanalysen im Vorfeld des Workshops aufzubereiten.

Schritt 8: Wissen und Fähigkeiten

Während die Herausforderungen aus Kunden-, Wettbewerbs- und Technologieperspektive die externe Perspektive widerspiegeln, weisen Wissen und Fähigkeiten auf die interne Perspektive hin. Große Unternehmen führen hier oft Key-Know-how-Holder-Listen, bei denen die Schlüsselpersonen im Unternehmen mit erfolgskritischem Know-how aufgeführt sind.

Ziel ist, für das erfolgskritische Know-how im Unternehmen Redundanzen aufzubauen, damit im Fall eines ungeplanten Ausfalls einer Person durch Kündigung, Krankheit oder Unfall keine gefährliche Lücke entsteht.

Schritt 9: Technologieportfolio

In diesem Schritt werden die technologischen Kompetenzen gesammelt, die Antworten auf die gefundenen Herausforderungen liefern können. Die Methode wurde am Institut für Technologiemanagement der Universität St.Gallen entwickelt und wird inzwischen seit mehreren Jahren erfolgreich in zahlreichen europäischen Unternehmen eingesetzt (vgl. Boutellier, Hallbauer, Locker 1995).

Die Technologien und Fähigkeiten werden in einem Technologie- bzw. Innovationsportfolio organisiert, das der Analyse und Visualisierung strategischer Positionierungen und Stoßrichtungen dient (Bild 2.2). Die Workshopteilnehmer sollen einen Konsens über die Position jeder Kompetenz in diesem Portfolio erzielen. Es ist daher sehr wichtig, die Bedeutung der beiden Dimensionen des Portfolios richtig zu verstehen.

Die vertikale Achse spiegelt die strategischen Auswirkungen einer technischen Kompetenz wider: die langfristige Bedeutung der Technologie oder der Fähigkeit sowie ihr Beitrag zur Bewältigung der Herausforderungen, die definiert wurden. Die horizontale Achse zeigt die Perspektive der internen Ressourcen: Die technologiebezogenen Fähigkeiten des Unternehmens wie Mitarbeiter, Know-how, Patente und Infrastruktur werden berücksichtigt sowie relativ zum Wettbewerb bewertet. Die Ressourcenachse repräsentiert somit die Verfügbarkeit einer Technologie für das Unternehmen und seine inneren Stärken.

Falls bei der Aufstellung des Portfolios einzelne Technologien zu abstrakt behandelt werden (z. B. Softwaretechnologie), müssen sie aufgespalten und entbündelt eingeordnet werden (z. B. objektorientierte Programmierung, UML, C++). Dieser Schritt stellt sicher, dass sich alle Kompetenzen im Portfolio auf der gleichen Aggregationsebene befinden. Zusätzlich müssen selbstverständlich auch redundante Kompetenzen im Rahmen der Portfoliobereinigung eliminiert werden.

Das Technologie- bzw. Innovationsportfolio lässt sich in fünf Felder einteilen, hinter denen die folgenden Normstrategien liegen: Identifizieren, Experimentieren, Investieren, Optimieren und Abbauen. Wie durch den dahinter liegenden Pfeil dargestellt, durchlaufen technische Kompetenzen dabei typischerweise sequenziell im Sinne eines natürlichen Lebenszyklus die einzelnen Felder (Bild 2.2).

Quelle: In Anlehnung an Boutellier, Gassmann, von Zedtwitz (2008)
Bild 2.2   St. Galler Technologieportfolio

In diesem Schritt wird zunächst eine erste Version des Technologieportfolios erstellt. Dabei handelt es sich um den Status quo der technologischen Kompetenz des Unternehmens. Dieser wird dann revidiert, um die zukünftige Position darzustellen, welche in drei bis fünf Jahren angestrebt wird. Für diese Zukunftsperspektive kann es notwendig sein, auf Technologie- oder Produkt-Roadmaps zurückzugreifen. Eine Roadmap ist eine Managementsicht, wohin eine Reise führen soll, wie man dort hinkommt oder wie diese Ziele erreicht werden. Es ist eine Informationsaufbereitung und visuelle Darstellung über die geplanten Produktlinien, Plattformen und Technologien. Dabei werden zeitliche Abhängigkeiten berücksichtigt und wird ein grober Zeitplan für die nächsten drei bis acht Jahre beigefügt. Die zentralen geplanten Entwicklungen werden so in einem Balkendiagramm mit Zeitstrahl aufgezeigt.

Schritt 10: Kernkompetenzen

Der anspruchsvollste Schritt ist die Definition der Kernkompetenzen. Kernkompetenzen schaffen Wettbewerbsvorteile, werden über einen langen Zeitraum entwickelt und basieren auf internem, geschütztem Know-how („tacit knowledge"). Sie lassen sich als marktorientierte Bündel von Technologien, angereichert mit Prozessen, Fähigkeiten und Werten verstehen.

Ziel dieses Schrittes ist es also, alle Technologien und Fähigkeiten zu finden, die zu derselben Kernkompetenz gehören, und diese im Anschluss kohärent zu beschreiben. Dabei ist darauf zu achten, dass jede technische Kernkompetenz die folgenden Kriterien erfüllt:

- Schafft sie Nutzen für den Kunden?
- Ist sie schwierig zu imitieren und bildet daher ein Hindernis für den Eintritt neuer Wettbewerber?
- Bietet sie Potenzial für die Anwendung und Nutzung in neuen Produkten?

Diejenigen Technologien und Fähigkeiten, welche technische Kernkompetenzen definieren, befinden sich hauptsächlich in der oberen rechten Ecke des Portfolios, also in denjenigen Bereichen, welche sich durch eine hohe strategische Bedeutung und ein hohes Maß an interner Ressourcenstärke auszeichnen.

Die Identifizierung von Kernkompetenzen ist ein zentraler Aspekt der Innovationsstrategie. Ziel ist die Konzentration knapper F&E-Ressourcen auf jene Bereiche, in denen das Unternehmen gut positioniert ist, um seinen Wettbewerbsvorteil zu nutzen. Alle anderen Aktivitäten von untergeordneter Bedeutung können extern beschafft werden. In dieser ressourcenbasierten Sicht des Unternehmens stellen spezifische Technologien und Fähigkeiten die wichtigsten Quellen für den Unternehmenserfolg dar.

Die Identifizierung, Bewirtschaftung und Nutzung ihrer Kernkompetenzen ermöglicht Firmen, sich von Wettbewerbern zu unterscheiden und sich im globalen Wettbewerb durchzusetzen. Die Ermittlung der technischen Kernkompetenzen ist die Voraussetzung für strategische Aussagen über Technologien, Make-or-buy-Entscheidungen, organisatorische Fragen und internen Ressourcenaufbau.

Schritt 11: Aktionsplan

Keine Strategie ohne Aktion – jede Strategie muss in konkrete Handlungen münden, sonst ist sie wertlos.

Basierend auf einer Analyse des Gaps zwischen den tatsächlichen und den zukünftigen Kernkompetenzen werden Maßnahmen definiert, um die erforderlichen Kompetenzen zu entwickeln (Technologien, Prozesse, Fähigkeiten und Wissen). Diese Maßnahmen beinhalten das Überdenken bestehender Roadmaps, eine Überarbeitung der Allokation von F&E-Ressourcen, Fragen der (Re-) Organisation der F&E sowie Pläne zum Aufbau zukünftiger Fähigkeiten und Humanressourcen.

Die Analyse hat also einen Einfluss auf:

- Roadmapping;
- Projektselektion;
- Kompetenzentwicklung;
- Investitionsplanung;
- Make-or-buy- bzw. Keep-or-sell-Entscheidungen;
- Ressourcenallokation;
- Personalentwicklung und Trainings.

Kernkompetenzen müssen in einem laufenden Prozess verfeinert, aktualisiert und weiterentwickelt werden. Daher stellt der einmalige Durchlauf des vorgestellten Prozesses nur den Einstieg in ein systematisches Technologiemanagement dar.

Jede Strategie ist letztlich nur so gut wie ihre Umsetzung. Die Umsetzung einer neuen Strategie erfordert häufig Begleitmaßnahmen auf der Verhaltensseite. Eine Strategie, welche ritualisiert jährlich entwickelt wird, aber nicht umgesetzt wird, ist wertlos. Es ist daher wichtig, dass die geeigneten Prozesse, Strukturen, Maßnahmen und vor allem die richtige Kultur entwickelt werden, um eine rasche Umsetzung zu gewährleisten. Innovationsmanagement ist eine umfassende permanente Managementaufgabe rund um den zentralen Baustein der Innovationsstrategie samt einem daraus abgeleiteten Aktionsplan.

CHECKLISTE FÜR DIE ENTWICKLUNG EINER INNOVATIONS- UND TECHNOLOGIESTRATEGIE:

- Dem Technologieportfolio kommt zentrale Bedeutung zu. Es ist darauf zu achten, dass es konkret, machbar und verbindlich ist.
- Aufgaben und Rollen für die Strategiefindung und -umsetzung klar definieren.
- Verankerung in der Organisation: Strategieentwicklung als Bottom-up- und Top-down-Prozess.
- Strategiefindung nicht notwendigerweise auf die Geschäftsleitung beschränken. Ausgewählte Wissensträger aus dem Unternehmen hinzuziehen.
- Einbindung externer Impulsgeber können Distanz zu eigenen Paradigmen schaffen und helfen Denkblockaden zu überwinden.
- Strategie auch mit der normativen Ebene (Vision, Werte, Verhalten) abgleichen.
- Prozesserfahrung ist wichtig. In kritischen Fällen einen neutralen Moderator zur Strategiebegleitung hinzuziehen.
- Eine Strategie ist kein Dokument, sondern ein lebender Prozess. Der Weg ist häufig wichtiger als das Ziel; eine regelmäßige Durchführung der Strategiefindung ist daher wichtig.
- Eine Strategie muss umgesetzt werden. Transmissionsmechanismen sind innerhalb der Organisation zu etablieren. Für die Umsetzung des Portfolios ist dessen Übersetzung in ein verbindliches Roadmap mit klaren Zeitzielen.
- „Plan-do-check-act"-Kreislauf ist einzuhalten.
- „AVK-Prinzip": Übereinstimmung von Aufgabe, Verantwortung und Kompetenz sicherstellen.
- Verantwortlichkeiten regeln und organisatorisch abbilden.

3 INNOVATIONSPROZESSE

Oliver Gassmann, Philipp Sutter

3.1 Warum scheitern Innovationsprojekte?

Innovation hat einen hohen Stellenwert auf der Agenda des CEO. Die Erwartungen an die F&E werden jedoch häufig nicht erfüllt: zu hohe Kosten, Projekte in Verzug, schwache Innovations-Pipelines, enttäuschte Geschäftserwartungen. Kritische Innovationsprojekte sind zahlreich, die Gründe für die Flops sind scheinbar unterschiedlich:

- Beim Airbus A380 wurden Änderungen zu lange zugelassen. In späten Projektphasen wurden neue Anforderungen der Airlines an das Infotainment im Flugzeug zugelassen. Dies führte zu einer nicht beherrschten Komplexität im Kabelbaum des A380. Zusätzliche Systemumstellungen in der Simulation wurden nicht berücksichtigt.

- Beim Mautsystem *Toll Collect* wurden die Reviews unter dem hohen politischen Termindruck, der direkt vom auftraggebenden Ministerium kam, nicht sauber genug durchgeführt. Es kam zu großen Verspätungen und damit verbunden zu enormen Einnahmeausfällen des Staates. Ursprüngliche Schadensersatzforderungen beliefen sich auf über fünf Milliarden Euro.

- Bei der Gasturbine GT 24/26 wurden die technischen Grundlagen nicht hinreichend abgeklärt. Ein falsch verstandenes Simultaneous Engineering führte zu einer Parallelisierung von Forschung und Entwicklungsaktivitäten. Diese Unsicherheit führte zu einem schweren Start der neuen Produktfamilie, welche zwar zu über 100 Patenten geführt hat, aber kommerziell lange ein Hemmschuh für die spätere *Alstom* war.

Diese Art von Projektfehlern gibt es nicht nur in medienwirksamen Großprojekten. Gerade KMU arbeiten häufig chaotisch im Innovationsprozess: Nach dem Prinzip Management-by-muddling-through. Durchwursteln und permanente Krisen sind an der Tagesordnung zahlreicher Unternehmen. Auf der anderen Seite gibt es zahlreiche erfolgreiche Innovatoren, welche überdurchschnittlich hohe Erfolgsquoten in Entwicklungsprojekten haben, z. B. bei *App-*

les iPod und iPhone. In jedem Fall gilt: Erfolgsfaktor der Innovation ist nicht *der dokumentierte* Innovationsprozess. Entscheidend für Erfolgsquoten, Entwicklungszeiten und -kosten ist der von den Innovationsakteuren *gelebte* Prozess.

Nebenprodukte der ISO-Zertifizierungen sind häufig hoch differenzierte, aber nicht gelebte F&E-Phasenkonzepte. Gleichzeitig fordern aber die betroffenen Entwickler mehr kreativen Freiraum und weniger Administrationstätigkeiten. Eine Zweiteilung des Innovationsprozesses in eine kreative Wolkenphase und eine klar strukturierte Bausteinphase kommt den Anforderungen entgegen. Klar unterscheidbare, deterministische Projektphasen, die termingerecht ausgeführt und reviewt werden, sollten das Ziel jedes F&E-Managements sein. Mit den Methoden des Systems Engineering können F&E-Manager den Prozess nur begrenzt in linear verlaufende, abtrennbare Projektphasen strukturieren. Die Nichtlinearität von frühen Phasen in F&E-Projekten setzt diesem schnell ein Ende.

TYPISCHE FEHLER IN INNOVATIONSPROZESSEN

- Die Innovationsprozesse sind in Handbüchern umfangreich dokumentiert, aber sie werden nicht im Unternehmen gelebt. Disziplin und Commitment fehlen.
- Prozesse sind zu dominant und detailliert und erlauben keine Freiräume. Dabei sind definierte Freiräume in Unternehmen Voraussetzung für echte Innovation.
- Projektmanager werden nicht hinreichend mit Kompetenzen ausgestattet. Führen ohne Schwert ist eine Kunst, welche nur wenige Führungskräfte beherrschen. Aufgabe, Verantwortung und Kompetenz müssen übereinstimmen.
- Die Schnittstelle zum strategischen Management ist ungenügend definiert. Häufig werden Strategien entwickelt, aber nicht im Alltag des Multiprojektmanagements umgesetzt. Projektselektion muss direkt von der Strategie abgeleitet sein. Die propagierten „wilden Ideen", losgelöst von jeglicher Stoßrichtung oder Rahmen, können zwar in seltenen Fällen auch eine Durchbruchinnovation fördern, aber die Erfolgswahrscheinlichkeit ist gering. Es lohnt sich, die Stoßrichtungen vorzugeben.
- Innovationsprozesse sind zu stark auf F&E beschränkt. Abteilungssilos gilt es zu überwinden, crossfunktionale Teams sind enorm wichtig für den Projekterfolg.
- Grundlagen sind nicht genügend geklärt. Simultaneous Engineering wird falsch verstanden, wenn das Engineering gestartet wird, ohne dass die technische Machbarkeit hinreichend geklärt ist.
- Checkpoints werden übergangen. Eine Reduktion der Entwicklungszeiten führt dazu, dass der Druck zur Erreichung von Meilensteinen enorm hoch wird. Wenn ganze Projekt-Review-Teams und Checkstellen übergangen werden, führt dies zu gefährlichen Lücken. Zu Projektbeginn muss definiert werden, welche Gates oder Checkpoints angegangen werden müssen.

- Gute Ideen werden nicht aufgenommen. Ein systematisches Ideenmanagement wirbelt Ideen auf, motiviert Mitarbeiter zur Kommunikation ihrer Ideen, filtert diese effektiv, überprüft regelmäßig die Tauglichkeit und Strategiekonformität des Filters und rezykliert abgelehnte Ideen. Für einige Ideen ist nur der Zeitpunkt bezüglich Machbarkeit oder Markt zu früh.

- Unklare Projektselektion und Messkriterien sowie intransparente Entscheidungen führen zur Demotivation der Mitarbeiter. Sie können nicht nachvollziehen, warum ihr Projekt nicht ausgewählt wurde. Die Motivation, sich für Ideen zu engagieren, sinkt drastisch.

- Mangelndes Training in den Innovationsprozessen führt dazu, dass die Entwicklungshandbücher und Richtlinien zwar immer detaillierter werden, aber gleichzeitig immer weniger Mitarbeiter nach den Prozessen leben.

3.2 Zweiteilung des Prozesses

Eine Verbindung der klassischen Phasensegmentierung mit dem Prozessdenken der modernen Managementforschung findet sich im Konzept der Stage-Gate-Prozesse^{TM} (Cooper, Kleinschmidt 1990). Die Phasen, in denen die Projektfortschritte erzielt werden ("Stages"), sind durch diverse Tore ("Gates") unterbrochen. Die Tore sind unumgehbare Entscheidungszäsuren, die aber im Gegensatz zu traditionellen Meilensteinen zeitlich und inhaltlich flexibel sind. Bewusste Parallelisierungen, Verschiebungen und Umgruppierungen von Stufen sind möglich, sofern diese vor Projektbeginn festgelegt werden. Das gesamte F&E-Projekt wird beim Durchlaufen eines Tores mit einem Review ganzheitlich hinterfragt. Das Review umfasst idealerweise auch Konkurrenzaktivitäten, Markt- und Technologieentwicklungen. Die Anzahl der Stufen und Tore variiert in Abhängigkeit von Branche und Projekt. Ex-ante-Rahmenvereinbarungen regeln die Zusammenarbeit der Projektakteure.

Die frühen Innovationsphasen, auch „Wolkenphase", dauern lange, kosten relativ wenig, benötigen Kreativität und erfordern viel Geduld. Führung bedeutet in einem solchen Umfeld, eine Vision zu setzen, Leitplanken zu schaffen und die Detailarbeit den kreativen Mitarbeitern zu überlassen. Die späten Innovationsphasen, auch „Bausteinphase", umfassen die Materialisierung, sind kostenintensiv, aber auch klar strukturierbar. Diese sollten möglichst kurz gehalten werden; dem Controlling kommt hier ein weit größerer Stellenwert zu.

Die späten Innovationsphasen sind straffer zu führen als die frühen Phasen, da der Bedarf an Kreativität abnimmt und die Umsetzung an Bedeutung gewinnt. Kreativität zum falschen Zeitpunkt ist schädlich für das Projekt. Gegen Projektende wird die disziplinierte, termingerechte Umsetzung immer wichtiger; statt divergenten Denkens ist Konvergenz im Handeln gefragt.

Zu Projektbeginn besteht häufig nur eine vage Idee über das zu entwickelnde Produkt, wobei die Vorstellungen der Projektmitarbeiter über die Ziele noch stark differieren. Durch das Kommunizieren von Ideen, die in den Köpfen verankert sind, wird im Projektverlauf eine gemeinsame Wissensbasis aufgebaut. Die frühen Projektphasen dienen der raschen Erarbeitung von Grundlagen. Der Schwerpunkt liegt in der Umwandlung von implizitem zu explizitem Wissen. Konstruktionszeichnungen sowie Lasten- und Pflichtenhefte aus Anwendersicht spielen hier eine große Rolle.

Hoch differenzierte Phasenkonzepte mit streng linear-sequenziellem Ablauf der Projektaktivitäten erweisen sich in der Praxis als weit verbreitet, aber oft als unpraktikabel. Hier werden Stage-Gate-Systeme häufig zu rigide angewendet. Werden F&E-Projekte hingegen ohne Zäsur und Reviews durchgeführt, besteht die Gefahr einer geringen Effektivität bei der Projektselektion und einer mangelnden Effizienz in der Projektdurchführung. Das richtige Maß an Planung ist hier gefragt.

In Unternehmen, die über die reine Applikationsentwicklung hinausgehen und im intensiven Innovationswettbewerb bestehen wollen, ist eine Zweiteilung des F&E-Prozesses erforderlich: In der Wolkenphase findet die kreative Vorentwicklung statt. Den Wünschen der Entwickler hinsichtlich Freiheit und kreativer Spielwiese ist hier nachzukommen. Dabei stehen Zeitdruck und Kreativität nicht notwendigerweise im Gegensatz zueinander: Bei klarem Fokus auf ein Projekt zeigt sich, dass Zeitdruck sogar kreativitätsfördernd sein kann. Wichtig ist hierbei, dass die Voraussetzungen gegeben sind: wenig Ablenkung durch parallele Aktivitäten und Routine, volle Konzentration auf das zeitkritische Projekt.

Aufgrund unserer Studien und Erfahrungen mit Unternehmen wird im Folgenden ein generischer Innovationsprozess vorgestellt. Elemente dieses Innovationsprozesses sind in vielen Unternehmen vorhanden. Die Schwerpunkte sind jedoch unterschiedlich zu gestalten. So wie die Köpfe von Menschen verschieden geformt sind und es daher keine erfolgreichen Haarschneideautomaten gibt, so sind auch Unternehmen unterschiedlich. Den universell für alle Unternehmen gleich anwendbaren Innovationsprozess gibt es daher auch nicht. Gleichwohl können einige Elemente von erfolgreichen Innovationsprozessen identifiziert werden. Diese sind in unserem generischen Innovationsprozess zusammengefasst (Bild 3.1).

Die Wolken- und Bausteinphase für die Entwicklung des Produktionsprozesses starten in Bezug auf die Produktentwicklungsphasen zu sehr unterschiedlichen Zeitpunkten, die stark von der Art der Produktentwicklung abhängen. Der generische Innovationsprozess schließt deshalb den Produktionsprozess

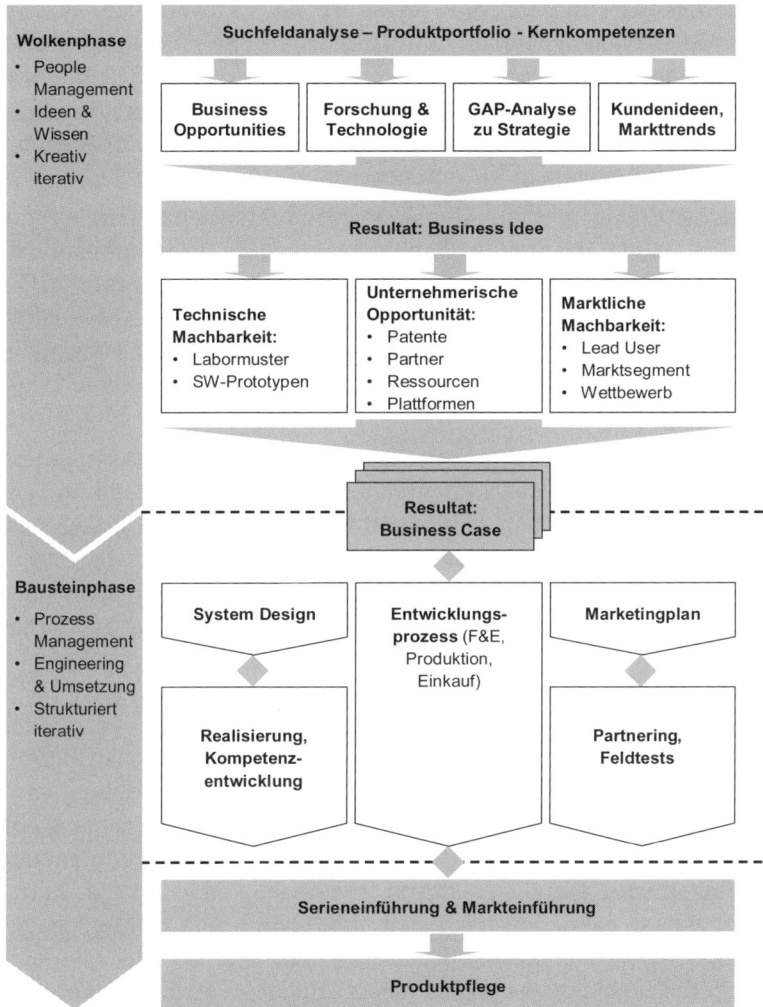

Bild 3.1 Die Zweiteilung des Innovationsprozesses fördert den Projekterfolg

nicht ein – obwohl er sehr wichtig ist. Denn bei einigen Unternehmen liegt die Innovation im Herstellprozess und nicht unbedingt im Produkt, so z. B. bei der Herstellung von Kontaktlinsen.

3.3 Kreativität in der Wolkenphase

Die Wolkenphase kann in folgende Elemente unterteilt werden: Auf strategischer Ebene führt die Suchfeldanalyse zur Identifikation der richtigen

Innovationsgebiete. Die *Suchfeldanalyse* ist ein systematischer Prozess, der Markttrends, Technologietrends und Wettbewerb untersucht. In jüngster Zeit hat das Element der branchenübergreifenden Innovation an Bedeutung gewonnen. Unsere Forschungs- und Anwendungsprojekte mit dieser sogenannten „Cross-Industry-Innovation" haben gezeigt, dass radikale Innovationen damit deutlich leichter erfolgreich zu generieren sind.

Im *Produktportfolio* werden die neuen Produktprojekte und -programme abgetragen. Um die langfristige Planung zu ergänzen, können hier auch Technologie- und Produkt-Roadmaps eingesetzt werden. Im zentralen Bereich Corporate Technology bei Siemens basieren sämtliche Ressourcenallokationen auf diesen Roadmaps. Klar definierte *Kernkompetenzen* sind ebenfalls eine Quelle für Innovationsideen. Zudem stellen diese auch Leitplanken für Innovationsprojekte dar.

Das Resultat der ersten Teilphase ist die *Business-Idee*, welche vor allem zwei Dinge sicherstellen soll: Werte kreieren und Werte sichern. In dieser Teilphase wird eine Idee in den Business-Kontext des Unternehmens gestellt. Es wird festgelegt, welchen Nutzen sie für wen liefert und wie hoch der zu erwartende Preis ist, der auf dem Markt dafür bezahlt wird. Doch Vorsicht mit sophistizierten Formeln zur Bewertung des Projekts; es gilt auch hier „garbage-in-garbage-out". Die Quelle für die *Business-Idee* sind *Ideen* von Mitarbeitern, wissenschaftliche *Forschung & Technologie*, strategisch abgeleitete *Gap-Analysen* sowie *Kundenideen und Markttrends*. Die Bereiche Forschung und Technologieentwicklung sind heute in den meisten Unternehmen aus Ressourcengründen schlank gestaltet. Statt vollständiger Eigenentwicklung und Elfenbeinturm-Mentalität wird stärker mit externen Partnern zusammengearbeitet. 80 % des weltweit verfügbaren technologischen Wissens sind in Patentdatenbanken öffentlich zugänglich – davon ist übrigens mehr als die Hälfte nicht geschützt, da das Patent abgelaufen ist oder nicht erteilt wurde. Idealerweise sind Projektideen das ausgewogene Ergebnis von Technologieschub und Marktsog. Die Dominanz von technologieverliebten Entwicklern fördert Overengineering, das vom Markt nicht angenommen wird. Ein ungesundes Übergewicht von kurzfristigem Umsatzdenken des Vertriebs und Marketings ohne technologische Visionen höhlt die Innovationsfähigkeit des Unternehmens langfristig aus.

Ist die Business-Idee definiert, muss die Machbarkeit aufgezeigt werden. Um die *technische Machbarkeit* zu klären, werden Labormuster und Softwareprototypen entwickelt. Das Projektumfeld wird eingehend beleuchtet. Dazu gehören eine grobe Patentübersicht und die Definition der wichtigsten Randbedingungen sowie der wichtigsten funktionalen und nicht funktionalen Anforderungen an das zu entwickelnde Produkt. Ziel ist, bei Abschluss der Phase zu wissen, was entwickelt werden soll. Eine rasche, aber realistische Abklärung ist hier von großer Bedeutung.

Die *marktliche Machbarkeit* verifiziert bei bestehenden Märkten mit Marktsegment- und Wettbewerbsanalysen die Umsatzprojektionen. Bei radikal neuen Produkten werden Lead User identifiziert und aktiv in den Innovationsprozess mit einbezogen. Wichtig ist hier die anschließende Verifikation durch repräsentative Kunden; ansonsten besteht die Gefahr, dass zwar hervorragende Produkte entwickelt werden, aber der Markt nicht folgt.

Häufig vernachlässigt, aber für die Profitabilität des Projekts sehr wichtig, ist die *unternehmerische Opportunität*. Hier wird die Handlungsfreiheit durch die Patente abgeklärt, potenzielle Partner werden evaluiert und mit ins Boot genommen. Zudem wird die Kompatibilität mit der Plattformstrategie sichergestellt und die Projekte werden unter der Ressourcenverfügbarkeit evaluiert. Eine geringe Kapazitätsauslastung eines Standortes, beispielsweise aufgrund von Produktionsverlagerungen, fördert die aktive Suche nach neuen Geschäftsfeldern. An Standorten, die über einen längeren Zeitraum Verluste und geringen Cashflow aufweisen, herrscht ein höherer Veränderungsdruck als an Standorten, die profitable Produkte führen. So konnte beobachtet werden, dass an Entwicklungsstandorten, die – im Rahmen von globalen Effizienzsteigerungsprogrammen – durch Rationalisierung bedroht waren, eine hohe Kreativität zur Initiierung neuer F&E-Projekte die Folge war. Gelingt es dem Management jedoch nicht, trotz Krisenstimmung klare Rahmenbedingungen und Visionen zu verbreiten, kann eine lähmende Unsicherheit entstehen. So war z. B. der radikale Personalabbau bei einer deutschen Turbinenunternehmung verbunden mit langer Unsicherheit und mehrmaligem Führungswechsel. Im Gegensatz zu kreativen Krisen, wie diese *IBM* und *ABB* durchlebt haben, konnte bei diesem Unternehmen eine lähmende Unsicherheit und ideenfeindliche Resignation festgestellt werden.

Ergebnis der Abklärungen der Wolkenphase ist der *Business Case*, welcher als Dokument die zentralen Ergebnisse zusammenfasst und die Grundlage für den Investitionsentscheid bildet. Der Business Case legt fest, was zu welchen Randbedingungen (Preis, Märkte, Technologien, Rendite) entwickelt und vermarktet werden soll. Zudem beinhaltet er eine Chancen-Risiken-Beurteilung über das Gesamtvorhaben.

3.4 Disziplin in der Bausteinphase

In der Bausteinphase steht das Prozessmanagement im Vordergrund. Leitplanken werden zunehmend ersetzt durch strukturierte Projektphasen. Das Controlling wird vermehrt eingesetzt, um den Projektfortschritt zu begleiten. Das

Risikomanagement wird zum zentralen Erfolgsfaktor. Die Geschäftsleitung erhöht aufgrund wachsender Investitionen die Aufmerksamkeit, obwohl die Beeinflussbarkeit der Projektziele (Zeit, Kosten, Qualität und Funktionen) im Projektverlauf abnimmt. Der *interdisziplinäre Entwicklungsprozess*, bei dem die F&E mit Produktion, Einkauf und Marketing eng zusammenarbeitet, beginnt hier.

Die Anforderungen werden detailliert und mit einem „Preistag" bewertet. Dieses umfasst sowohl die Entwicklungs- als auch die Herstellkostenabschätzung. Die Wünsche nach Funktionalität sind oft grenzenlos – die Bereitschaft der Kunden, dafür zu bezahlen, ist jedoch meist gering. Oft ist weniger mehr. Das iPhone von *Apple* glänzt nicht mit der Anzahl der Funktionen, sondern mit der Attraktivität von wenigen benutzerfreundlichen Funktionen. Eine enge Zusammenarbeit im interdisziplinären Entwicklungsprozess ist deshalb ein wichtiger Erfolgsfaktor.

Auf technischer Seite erfolgt zunächst das *Systemdesign*, bei dem die wesentlichen Produktmerkmale auf Konzeptebene ausgearbeitet und die größten technischen Risiken gelöst werden. Anschließend folgt die Phase *der Realisierung und Kompetenzentwicklung*. Ziel des Systemdesigns ist zu bestimmen, wie das Produkt entwickelt respektive umgesetzt wird. Dies umfasst in einem ersten Schritt z. B. die Ausarbeitung und Beschreibung der Systemarchitektur, der Umsetzung und Aufteilung der geforderten Funktionalität in Software und Hardware oder das Festlegen der einzusetzenden Technologien und Werkstoffe. In einem zweiten Schritt werden diese Konzepte verifiziert. Dazu wird ein (virtuelles oder physisches) Funktionsmuster aufgebaut und gegen die größten Konzeptrisiken getestet. Mit Abschluss des Systemdesigns ist die technische Umsetzbarkeit des definierten Produktkonzeptes gewährleistet.

Um den modularen Ansatz erfolgreich implementieren zu können, braucht es einen hochkarätigen Systemarchitekten, respektive ein Architektenteam. Der Systemarchitekt ist verantwortlich für die technische Lösung. Dies im Gegensatz zum Projektleiter, der eine kommerzielle Führungsfunktion innehat. Der Projektleiter braucht ein klares Marktverständnis und ein Systemverständnis, damit er in der Lage ist, Lösungskonzepte bezüglich Kosten und Kundennutzen zu bewerten und zu beurteilen. Dazu muss er den gesamten Produktlebenszyklus im Auge behalten. Der Systemarchitekt bündelt die funktionalen Elemente des Systems zu Komponenten und definiert klare Schnittstellenstandards und -protokolle. Der Projektleiter weist anschließend die definierten Entwicklungsaktivitäten einzelnen Spezialistenteams zu.

Die Einführung von strukturierten Prozessen führt zu einer höheren Innovationsrate. Strukturiert heißt aber nicht immer sequenziell. Der Innovationsalltag ist gekennzeichnet von zahlreichen Schleifen, Iterationen und Sprüngen. Ist die Strukturierung zu detailliert oder zu wenig flexibel an das Projekt anpassbar, droht eine Bürokratisierung des Prozesses. Das Team arbeitet für den Prozess und nicht für die Lösung. Aus diesem Grund sind heutige Entwicklungsprozesse skalierbar und stark iterativ, Letzteres vor allem in der Softwareentwicklung. Das Projektteam erstellt möglichst schnell eine minimale Gesamtlösung und konfrontiert den Kunden damit, um rasches User-Feedback zu erhalten. Dies ist auch die Basis des agilen Projektmanagements Es ist gekennzeichnet durch zahlreiche Iterationen, kurze Planungshorizonte und möglichst rasche Materialisierung mit lauffähigen Iterationen, um bereits Grundfunktionalitäten frühzeitig mit den Kunden verifizieren zu können.

3.5 Software: Agil oder plangesteuert?

Softwareentwicklungsprozesse sind heutzutage mit wenigen Ausnahmen iterative Prozesse. Analog den Stage-Gate-Prozessen ist der Prozess in Phasen (Stages) gegliedert, die mit einem Meilenstein (Gate) abgeschlossen werden. Die einzelnen Phasen werden in Teilschritte (Iterationen) zerlegt, die eine fixe Zeit dauern (time boxed) und definierte Ziele haben. Wenn sich während der Iteration herausstellt, dass Ziele nicht erreicht werden können, werden diese angepasst – der Termin bleibt jedoch unverändert. Im Gegensatz zu den Iterationszielen können die Phasenziele nicht angepasst werden. Wird ein Phasenziel nicht erreicht, hat das Projektteam den Meilenstein verpasst und muss versuchen, ihn mit einer zusätzlichen Iteration zu erreichen. Das Resultat einer Iteration ist ein lauffähiges Softwaremodul, das verifiziert wird. Darauf baut die nächste Iteration auf.

Bei Softwareentwicklungsprozessen wird zwischen agilen und plangesteuerten Prozessen unterschieden:

(1) Agile Softwareentwicklungsprozesse sind iterativ und legen den Fokus auf die Unterstützung der Entwickler: Sie definieren nicht zahlreiche Dokumente und Vorgaben, sondern sind darauf ausgelegt, die Softwareentwickler möglichst optimal in ihrer Arbeit zu unterstützen. Agile Prozesse setzen deshalb ein erfahrenes Entwicklungsteam voraus, das sich selbst organisieren kann und selbstverantwortlich arbeiten will.

AGILE ENTWICKLUNGSPROZESSE (SCRUM, EXTREME PROGRAMMING)

Sie erlauben eine schnelle Reaktion auf Änderungen und setzen auf die Selbstdisziplin im Team. Damit sind sie ideal für:

- Projekte mit instabilen und unvollständigen Anforderungen;
- Entwicklungsabteilungen mit wenig Formalismen (Know-how in den Köpfen, wenig Dokumente);
- erfahrene Entwickler, die sich selbst organisieren können und wollen;
- Projekte, bei denen die Einbindung des Kunden in die Entwicklung ein Haupterfolgsfaktor ist.

Stolpersteine:

- Agilität ohne Disziplin führt zu Chaos;
- Der Prozess wird zu oft geändert. Die kurze Prozessbeschreibung muss während des Projekts angepasst und erweitert werden, jedoch nicht zu oft.

(2) Plangesteuerte Softwareentwicklungsprozesse sind ebenfalls iterativ. Sie fokussieren auf den Prozess. Dank normierter Dokumentation und standardisiertem Vorgehen erlauben sie eine einfache Qualitätsprüfung und fördern den Know-how-Transfer unter den Entwicklern. Die Prozesse sind oft sehr umfangreich und müssen unbedingt auf das jeweilige Projekt und das Unternehmen angepasst werden (tailoring). Dies erfordert viel Erfahrung.

PLANGESTEUERTE PROZESSE, Z. B. V-MODELL XT, RATIONAL UNIFIED PROCESS, SETZEN DEN FOKUS AUF DEN PLAN, DER VERFOLGT WIRD. DAMIT SIND SIE IDEAL FÜR:

- Projekte, die eine bestimmte Stabilität und Planbarkeit erfordern;
- Entwicklungsabteilungen mit viel dokumentiertem Wissen und formaler Kommunikation;
- Projekte, bei denen die Anforderungen früh bekannt sind, präzise formuliert werden können und stabil bleiben;
- Projekte im regulatorischen Umfeld wie FDA oder MIL.

Stolpersteine:

- Planverfolgung ohne Flexibilität ist Bürokratie;
- Wenn das Prozess-Framework nicht maßgeschneidert ist, arbeitet das Team für den Prozess und nicht für das Produkt. Das Prozess-Framework muss auf das Projekt zurechtgeschnitten werden (tailoring).

Nach dem Prinzip „best of both" werden die Prozesse oft auch kombiniert. Dafür eignen sich z. B. RUP und Scrum. Wie bei allen agilen Prozessen fehlt auch bei Scrum die Gliederung in Phasen. Der Rational Unified Process (RUP) stellt die Phasen und Meilensteine zur Verfügung und ist daher die ideale Ergänzung zu Scrum. Das Vorgehen innerhalb der einzelnen Iterationen wird dabei nach Scrum gelebt. Bei großen Projekten wird das Hauptprojekt z. B. nach RUP organisiert und die Unterprojekte werden nach Scrum bearbeitet.

Software- und Hardwareentwicklungsprozesse basieren auf der gleichen Philosophie. Sie unterscheiden sich primär in der Anzahl und der Dauer der Iterationen. Die meisten Produktentwicklungsprojekte haben zudem einen Softwareanteil. Damit drängt sich eine Integration eines agilen Softwareentwicklungsprozesses in den Produktentwicklungsprozess auf. Die Integration erfolgt über die Phasenenden (Gates), denn sie sind für beide Prozesse identisch. Der Inhalt der Meilensteine wird aus Sicht des Gesamtsystems definiert. Sinnvoll ist eine Synchronisation über bestimmte Iterationen. Doch die Anzahl der Iterationen pro Phase bleibt sehr unterschiedlich. Zusammenfassend gilt für alle Prozesse: Nicht der *dokumentierte* Prozess, sondern der im Unternehmen von den Innovationsakteuren *gelebte* Prozess ist entscheidend für Erfolgsquoten. Der Prozess ist dem Unternehmen und dem Projekt anzupassen. Der Ausbildungsstand des Projektteams, die Anzahl der Entwickler, die Projektart, die Firmenkultur und die Branche definieren die Rahmenbedingungen.

3.6 Markteinführung und Post-Projekt-Reviews

Der *Marketingplan* wird parallel zur Systementwicklung hinreichend detailliert ausgearbeitet: Preispolitik, Markteintrittsstrategien, Distributionskanal, Werbung etc. Das *Partnering* und die *Feldtests* folgen anschließend. In der Automobilindustrie werden die Produktkliniken zum Test der Kundenakzeptanz zunehmend ersetzt durch virtuelle Tests in der Frühphase und Empathic Design. Insgesamt kann hier von einem starken Frontloading gesprochen werden: Statt zunächst ein Produkt zu entwickeln und anschließend zu testen, werden die Kunden bereits aktiv in die frühe Wolkenphase mit einbezogen.

Diese Aktivitäten der Bausteinphase sind detaillierter, strukturierter und klarer in Arbeitspakete zu packen als in der Wolkenphase. In der kostenintensiven Bausteinphase steht die effiziente Konzeptumsetzung im Vordergrund. Multiprojektmanagement und eine gute Ressourcenplanung gewinnen an Bedeutung. Für die Sicherstellung des Zugriffes auf seine Ressourcen ist es notwendig, dass der Projektleiter auf ein starkes Commitment seitens der Unternehmensleitung zählen kann. Ein hochrangiger Lenkungsausschuss erhöht die Wahrscheinlichkeit einer erfolgreichen Kommerzialisierung der Projektergebnisse.

Das Projekt erfährt nochmals die größte Aufmerksamkeit vor der Freigabe der *Serienproduktion* und *Markteinführung*. Im Anlagen- und Maschinenbau wird zu häufig auf Kundendruck hin zu früh ausgeliefert. Die Produkte werden hier beim Kunden auf dessen Kosten zu Ende entwickelt. Das Ergebnis: statt der Kunden kommen die Produkte wieder zurück ins Unternehmen. Die Kosten eines fehlerhaften Produkts steigen im Automobilbereich oder gar bei der Produktion von Prozessoren deutlich an. Nullfehlertoleranz ist hier ein Muss (siehe auch Kapitel 4 zu Risikomanagement).

Von großer Bedeutung für das organisationale Lernen ist das *Post-Projekt-Review*. Statt Schuldzuweisungen über den fehlerhaften Projektverlauf sollten zwei Dinge gelernt werden: (1) Direktes Projektlernen: Welche Annahmen waren unrealistisch? Welche Umsatzprognosen waren zu optimistisch, welche zu konservativ? (2) Lernen auf der Metaebene: Wie kann der Innovationsprozess noch weiter verbessert werden? Was sind systembedingte Schwachstellen des Prozesses? Es empfiehlt sich, das Review nicht zu früh durchzuführen, um einen angemessenen Überblick zu bekommen. Ideal sind je nach Branche sechs bis 18 Monate nach Projektende.

3.7 Situativ anpassen: Beispiele für die Umsetzung

Auch in der Pharma- und Chemieindustrie wird der Innovationsprozess häufig zweigeteilt. *BASF* unterstreicht die Differenzierung in Wolkenphase und Bausteinphase, indem sie in den frühen Phasen des F&E-Prozesses nicht von einem „Projekt", sondern nur von „Aktivitäten" spricht. Auch *Bayer* setzt formale Meilensteine und Entscheidungssitzungen erst in der präklinischen Phase ein, bei der das Projekt formell gestartet wird. Wichtige Meilensteine ab dieser Phase sind:

1. Präsentation des Wirkstoffes, Projekt-Go;
2. Antrag auf Freigabe zur klinischen Prüfung;
3. Klinische Prüfung: Genehmigung, Beginn, Abschluss;
4. Zulassungsantrag;
5. Zulassungserteilung;
6. Preis- oder Erstattungsgenehmigung;
7. Ausbietung.

Der Hersteller von Kabelverarbeitungsautomaten *Komax* hat ebenfalls einen zweiteiligen Innovationsprozess. Zusätzlich trennt *Komax* klar Plattform- und Grundlagenprojekte von den Produktentwicklungsprojekten, welche wiederum in Basis-, Ergänzungs-, Teil- und Release-Projekte unterteilt sind. Der Input für die Plattform- und Grundlagenprojekte kann sowohl aus der Technologie als auch vom Kunden oder vom Markt kommen. Im Unterschied zu den forschungsnahen Grundlagenprojekten wird bei Plattformprojekten besonderer Wert auf Skalierbarkeit und Standardisierung gelegt. Bei Kundenprojekten wird sorgfältig differenziert, ob es sich um Applikationen oder plattformbasierte Entwicklungen handelt.

Die neue Innovationsstrategie von *Procter & Gamble* betont die Öffnung des Innovationsprozesses, auch bekannt als Open Innovation. 50 % aller Innovationen sollen zukünftig von außen kommen. Nicht vom Unternehmen aufgenommene und kommerzialisierte Ideen werden nach nur drei Jahren extern vermarktet. Der gesamte Innovationsprozess wurde auf diese Strategie hin massiv umgearbeitet. Externe Partner werden frühzeitig evaluiert und aktiv eingebunden. Da die Öffnung des Innovationsprozesses in der Regel mit hohen psychologischen Barrieren verbunden ist – vom einfachen „Not-invented-here" Syndrom bis zur existenziellen Angst um den Arbeitsplatz – ist eine Umsetzung im Innovationsprozess zwingend.

Siemens hat in der Wolkenphase das inzwischen von einigen Unternehmen übernommene Picture of the Future: Eine intelligente Mischung aus Extrapolation der bisherigen Technologie-, Markt- und Gesellschaftstrends einerseits und einer Retropolation der aus der Szenariotechnik gewonnenen Ergebnisse anderseits (siehe zur Szenariotechnik Kapitel 7). Das Picture of the Future ist in der Essenz über das Internet offen zugänglich; mit begrenztem Aufwand sind solche Konzepte auch auf andere Unternehmen übertragbar.

General Motors hebt die Interdisziplinarität der frühen Wolkenphase speziell als „Bubble-up"-Stadium hervor. In diesem Stadium müssen parallel nicht nur technologische und marktliche Machbarkeit grob geklärt werden. Das Team aus Vorentwicklung, strategischer Beschaffung und strategischem Marketing erarbeitet zudem die Einbindung in die Unternehmensstrategie, die Grundlagen für Intellectual Property einschließlich Branding bis hin zur Organisation des Entwicklungsteams.

Geberit hat eine interessante Outsourcing-Strategie für die Vorstudie, bei der es um die technische Machbarkeit von Business-Ideen geht. Die Vorstudie wird parallel intern sowie durch ein oder mehrere unabhängige externe Partner durchgeführt. Das Resultat ist jeweils ein Labormuster, das die Machbarkeit beweist. Die Resultate werden intern bewertet und der beste Lösungsansatz, oft auch eine Kombination, wird intern umgesetzt. Geberit steigert damit die Effektivität durch die Integration externer Wissensträger, bildet die eigene Mannschaft weiter und beschleunigt diese unsichere Wolkenphase signifikant.

Wie zahlreiche Unternehmen erlaubt auch *Ericsson* U-Boot-Projekte, welche nicht konsistent mit der Strategie sind und durch kein Budget abgesegnet sind.

Es wird gesagt, dass bei *BMW* durch ein solches Projekt eines besessenen Ingenieurs in der Freizeit, entgegen der *BMW*-Strategie, der Kombi entwickelt wurde, welcher später als Touring enorm erfolgreich wurde. Es gibt weitere zahlreiche Beispiele für U-Boot-Projekte, welche sich im Nachhinein als sehr erfolgreich erwiesen. In der Managementliteratur werden diese Beispiele oft hervorgehoben als echtes Unternehmertum. Es liegt jedoch in der Natur der Sache, dass erfolglose U-Boot-Projekte nie die Oberfläche erreichen, daher wird auch nicht darüber berichtet. Es ist zu überlegen, ob man, statt U-Boot-Projekte zuzulassen, eher einen strategisch definierten Freiraum zubilligen sollte. Es werden dadurch Konsistenz und Offenheit im Unternehmen gefördert.

Der Triebwerkhersteller *MTU München* hat mit der Einführung von ABC-Teams eine Trennung zwischen den teamfeindlichen Spezialisten und den Projekttreibern vorgenommen: Das A-Team ist auf der Managementebene angesiedelt und setzt die strategischen Rahmenbedingungen für das Projektteam (Programmentscheidungen, Reviews zentraler Meilensteine). Die B-Teams, die eigentlichen „Macher" des Projekts, entwickeln die Bauteile und Komponenten. Die C-Teams bestehen aus hochrangigen Experten, wie z. B. Materialtechnologen für Rotoren; diese erstellen die fachspezifischen Richtlinien und können auf Anfrage zu bestimmten Problemen von den B-Teams hinzugezogen werden. Durch eine solche Aufgabenteilung im Innovationsprozess wird die umfangreiche Erfahrung von Mitarbeitern genutzt und gleichzeitig nicht die Geschwindigkeit der jungen Projektleiter gebremst.

Schindler hat einen ausgeprägt strukturierten Produktentwicklungsprozess (Bild 3.2). Zwei Merkmale seien hier hervorgehoben: Erstens: Projekte werden erst gestartet, wenn die Ressourcen vorhanden sind. So lange verbleiben die Business Cases in der Idea Backlog. Damit werden eine überlastete Innovationspipeline und die damit verbundenen stetigen Verspätungen weitgehend verhindert.

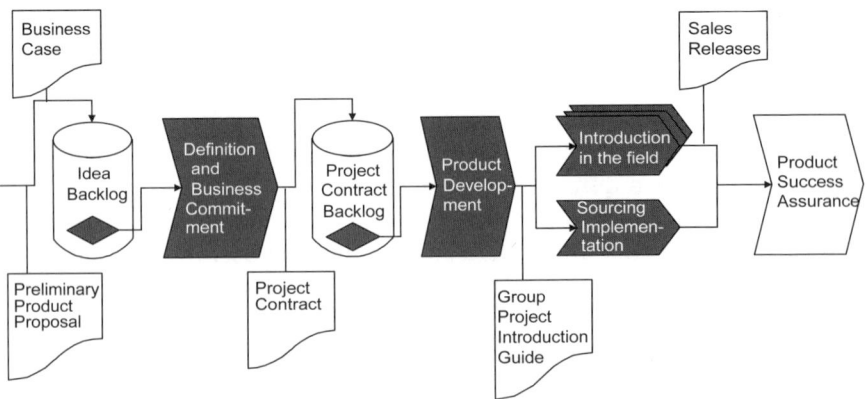

Bild 3.2 Schindler: Product-Creation-Process

Zweites: sofern die technischen und marktlichen Abklärungen erfolgt sind, wird zwischen dem Produktmanagement und der F&E ein Projektvertrag erstellt. Die Freigabe des Projekts ist mit einer hohen Hürde verbunden. Es wird nicht automatisch weitergearbeitet, sondern genau geprüft, ob mit den Spezifikationen die gewünschten Zielmärkte abgedeckt sind. Dieses stärker globale Denken hat dazu geführt, dass die Probleme in den frühen Phasen disziplinierter angegangen werden. Änderungen werden kaum mehr zugelassen.

3.8 Erfolgsfaktoren

Klar definierte Prozesse gelten seit der Reengineering-Welle als Garant für erfolgreiche Zielerreichung. Dies trifft auf die F&E nur teilweise zu, die Erfolgswahrscheinlichkeit von Innovation wird jedoch in jedem Falle erhöht. Innovationsprozesse müssen unternehmensspezifisch angepasst werden, einige Erfolgsfaktoren lassen sich jedoch festhalten:

1. Es besteht immer das Risiko, auch zu scheitern – dies zu berücksichtigen, ist eine wichtige Voraussetzung für Innovation. Erweist sich ein eingeschlagener Weg als Irrweg, muss auch der Mut aufgebracht werden, diesen Weg zu verlassen. Michael Dell machte dies zur Devise: „Fail earlier, suceed sonner." *Bell Labs* beispielsweise stoppte kaum mehr Projekte, dadurch entstanden enorm lange Entwicklungszeiten, die zur Stärkung von Cisco und letztendlich zum Untergang von *Bell Labs* geführt haben.

2. In zahlreichen kleinen und mittleren Unternehmen existiert kein Prozedere für den Stopp von Projekten. Oft gibt es keine klaren Stop-and-go-Kriterien an den Gates. Wenn solche Kriterien nicht eindeutig ex ante definiert sind, beginnt bei ungenügendem Projektfortschritt die Diskussion darüber. Zudem nehmen die falschen Personen an den Projektreviews teil; häufig fehlt es an Detailwissen und Seniorität.

3. Durch eine Zweiteilung des Innovationsprozesses kann die Innovationsrate deutlich erhöht werden. Effektivität und Effizienz können gesteigert werden, wenn die frühe Innovationsphase (Wolkenphase) von der späten Umsetzungsphase (Bausteinphase) getrennt wird.

4. Die Phasenziele im Innovationsprozess sind so zu definieren, dass sie sämtliche Resultate umfassen, die für den Business-Entscheid „Starten wir die nächste Projektphase" notwendig sind – nicht mehr und nicht weniger.

5. Heutige Vorgehensweisen sind iterativ. Die einzelnen Iterationen im Prozess sind time boxed. Werden die angestrebten Ziele nicht erreicht, wird eine zusätzliche Iteration eingefügt.

6. Das Moving Target (sich verändernde Zielbedingungen) ist häufig selbst verschuldet. 80 % aller Zieländerungen sind zurückzuführen auf schwache Marktabklärungen zu Projektbeginn. Es heißt nicht umsonst: Sag mir, wie ein Projekt beginnt, und ich sage dir, wie es endet.

7. Stop-and-go-Politik ist dringend zu vermeiden. Innovationsprojekte haben hohe versteckte „Rüstkosten". Wird ein Projekt erst einmal gestoppt, ist es später aus psychologischen Gründen schwierig, es anschließend wieder auf hoher Priorität laufen zu lassen. Konstanz und Kontinuität sind hier wichtig.

8. Die Produktentwicklung läuft in der Regel parallel zur Produktionsprozessentwicklung. Dies ist eine zentrale Erkenntnis aus Simultaneous Engineering. Aber: Parallelisierung von Wolken- und Bausteinphase ist unbedingt zu vermeiden. Erst nach Klärung der Grundlagen ist mit der Produktentwicklung zu starten. Der Aufwand für die Änderungen, die aufgrund der fehlenden Grundlagenabklärungen nötig werden, ist nicht abschätzbar.

9. Auch die besten Ideen benötigen Unterstützung in der Geschäftsleitung. Zu oft werden gute Ideen nicht weiterverfolgt, weil es keine Promotoren im Unternehmen gibt. Bei der Promotorensuche wird versucht, einflussreiche Mitarbeiter von der Projektidee zu überzeugen. Der Einfluss von Personen kann auf ihrer hierarchischen Stellung, ihrem Wissen oder ihrer Kommunikationsfähigkeit beruhen. Das Triumvirat von Macht-, Fach- und Prozesspromotor setzt die Voraussetzung für Erfolg. Realisiert wird der Erfolg jedoch von der interdisziplinären Zusammenarbeit aller Mitarbeiter eines Projekts. Das schwächste Glied einer Kette bestimmt die Bruchfestigkeit, umgesetzt wird ein Projekt durch alle beteiligten Mitarbeiter.

CHECKLISTE FÜR INNOVATIONSPROZESSE

- Führt der derzeitige Innovationsprozess zu den erwarteten Ergebnissen, z. B. Projektzielerreichung, Innovationsrate im Vergleich zum Wettbewerber, F&E-Produktivität?
- Wurde der Innovationsprozess analysiert und dokumentiert?
- Gibt es eine Zweiteilung des Innovationsprozesses?
- Wird der Prozess gelebt oder existiert dieser nur auf dem Papier?
- Werden Iterationen berücksichtigt?
- Werden Moving Targets aktiv angegangen oder nur passiv verwaltet?
- Werden Promotoren explizit im Prozess berücksichtigt?
- Wie viel Parallelisierung im Innovationsprozess macht Sinn? Wo macht Parallelität Sinn?
- Wie viele Projekte laufen außerhalb des Prozesses und warum?

4 RISIKOMANAGEMENT IN DER INNOVATION

Roman Boutellier, Berthold Barodte, Adrian Fischer

4.1 Wie entstehen Risiken?

Am 17. Juli 1981 stürzte die Vorhalle des 40-stöckigen *Hyatt Regency Hotels* in Kansas City zusammen (Kaminetzky 1991). 113 Todesopfer und rund 200 Verletzte waren die Folge. Die Untersuchung hinsichtlich der Ursache dieser Katastrophe kommt zu einem eindeutigen Schluss: Das blinde Vertrauen in die Meinung von Experten war für den Einsturz verantwortlich.

In der Vorhalle des *Hyatt Regency Hotels* gab es drei Übergangsbrücken, über welche man zu den einzelnen Zimmern gelangen konnte. Jede dieser Brücken war mit insgesamt sechs an der Decke aufgehängten Stäben befestigt. Kräftebestimmung einer solchen Verbindung ist selbst für einen unerfahrenen Bauingenieur keine Hexerei. Geplant waren Verbindungen, bei welchen die Tragelemente auf großen Muttern auflagen. Die bauliche Umsetzung dieser Verbindung zeigt schnell zwei gravierende Nachteile: Die Muttern müssen auf einer Länge von einigen Metern hochgeschraubt werden und die Stäbe müssen auf der gesamten Länge ein präzises Gewinde haben (Bild 4.1).

Diese beiden Nachteile führten dazu, dass man kurzfristig die Verbindungsart änderte. Die neue Lösung sah vor, die Tragelemente mit zwei Stäben zu verbinden. Dadurch konnten die Muttern viel schneller montiert und die Aufwendungen für die mechanische Bearbeitung der Stäbe gespart werden. Die genauere Betrachtung dieser Verbindung zeigt, dass das Tragelement zusätzlich zum Eigengewicht jetzt auch die Last der darunter hängenden Übergangsbrücke aufnehmen muss. Eine Redimensionierung des Tragelementes wurde von allen beteiligten Experten nicht für notwendig befunden und stattdessen von allen beglaubigt. Auf ähnliche Ursachen können auch aktuellere Beispiele von Katastrophen in der Schweiz wie z. B. der Einsturz eines Hallenbades in der Nähe von Zürich oder der Einsturz einer Tiefgarage in Solothurn zurückgeführt werden. Diese Risiken, insbesondere auch in der Produktentwicklung, entstehen durch:

- fehlende Kommunikation zwischen Spezialisten;
- viele Vereinbarungen ohne präzise Verantwortungszuweisung;
- blindes Vertrauen in andere Spezialisten.

Jegliche Handlung von Menschen ist unweigerlich mit Chancen und Risiken verbunden. Sei es bei der wohldurchdachten Übernahme eines Unternehmens oder beim Joggingtraining am Wochenende. Jede rationale Handlung ist von der Erwartung getrieben, dass die Chancen, welche durch die Handlung realisiert werden können, größer sind als die mit der Handlung verbundenen Risiken. Bewusst oder unbewusst werden Chancen und Risiken in die Waagschale gelegt, um damit einen Entscheid zu begründen. Positive und negative Erlebnisse bezüglich des geplanten Vorhabens werden gegeneinander abgewägt und führen je nach Situation zu einer risikofreudigeren oder risikoscheueren Entscheidung. Jeder Mensch hat sein individuelles Risikoprofil geprägt durch Erfahrungen und Erwartungen.

Sind Chancen und Risiken einer Handlung auf unterschiedliche Personen oder Instanzen verteilt, wird Risikomanagement besonders wichtig. Ein Produktionsleiter strebt selbstverständlich eine bestmögliche Auslastung seiner Maschinen an. Gleichzeitig ist er bestrebt, nie zu viele Fertigfabrikate in seinem Lager zu haben, da dieses gebundene Kapital die Herstellkosten in die Höhe treibt. Konfliktpotenzial entsteht aus den Leistungskriterien des Verkaufsleiters. Sein Ziel ist es, den Kunden möglichst zuverlässig mit Produkten zu beliefern. Eine hohe Verfügbarkeit der eigenen Ware hat für ihn höchste Priorität. Umfangreiche Lager, welche auch in Spitzenmonaten nie leer sind, wären sein Traum. Das Risiko, dass Produkte aufgrund eines raschen Umsatzrückganges obsolet werden könnten, liegt aber in der Verantwortung des Pro-

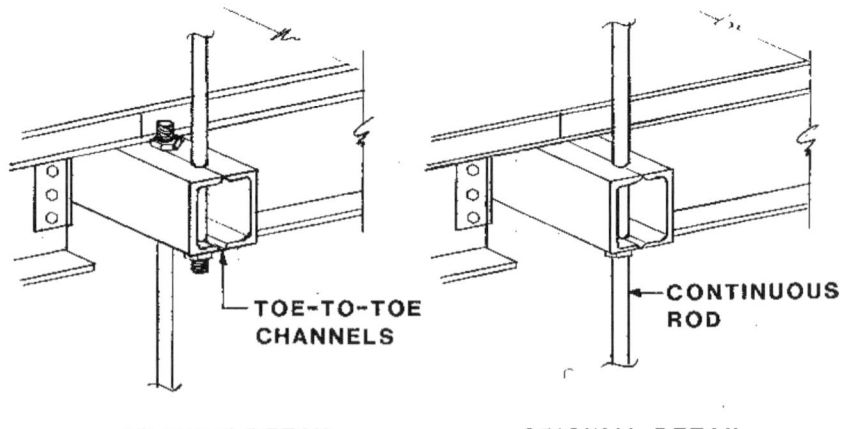

Bild 4.1 Geplante (rechts) und realisierte (links) Verbindung

duktionsleiters. Jeder der beiden Akteure versucht, seine Prioritäten in den Vordergrund zu stellen und seine Risiken zu minimieren. Die objektiv für das Unternehmen zu favorisierende Entscheidung kann erst durch Risikomanagement mittels einer sorgfältigen Beurteilung von Chancen und Risiken auf Unternehmensstufe entstehen.

In der Automobilindustrie werden neue Automodelle häufig mit noch stärkeren Motoren und effizienteren Bremstechnologien entwickelt. Diese Merkmale verleiten den Fahrer zu einer höheren Bereitschaft, an die Grenzen der eigenen Fahrfähigkeiten zu gehen oder die Straßenverkehrsregeln zu missachten. Es eröffnet sich eine Chance, welche wir aus dem Alltag als Fahrspaß kennen. Auf der anderen Seite geht das damit verbundene Risiko über den Fahrer hinaus: Er gefährdet durch seine „Innovationen" andere Verkehrsteilnehmer. Sind die Chancen und Risiken nicht bei der gleichen Person, entsteht die Notwendigkeit für Risikomanagement. Im Verkehr übernimmt die Polizei die Aufgaben eines Risikomanagers, indem sie mit verschiedenen Vorschriften versucht, die Risiken im Straßenverkehr zu minimieren.

Sei es die Polizei, jeder für sich oder ein professioneller Risikomanager in einem Unternehmen, es gibt verschiedene Arten von Risiken, mit welchen sich Unternehmen in der Innovation konfrontiert sehen. Jede Art von Risiken bedarf eines spezifischen Handlings. Es können nicht immer die gleichen Maßnahmen zur Begrenzung oder Kontrolle des Risikos herangezogen und umgesetzt werden. Grundsätzlich kann man bei Risiken zwischen vier Typen unterscheiden (Lewis 1990):

- Bekannte Risiken, welche mit präzisen Daten und Statistiken unterlegt sind: Hierzu kann beispielsweise das bereits herbeigezogene Autofahren gezählt werden. Über viele Jahre wurden umfangreiche Statistiken angelegt, welche es ermöglichen, die Risiken des Autofahrens in Zahlen und Wahrscheinlichkeiten zu fassen. Es können aussagekräftige, statistisch fundierte Angaben über Unfälle, Unfallarten und Fahrergruppen gemacht werden. Sie zeigen, dass junge, männliche Fahranfänger die größten Risiken eingehen. Dies gilt nicht nur für das Führen von Automobilen, sondern für fast alle Tätigkeiten, auch für Innovationsprojekte. Diese Risiken lassen sich bei konstanten Rahmenbedingungen leicht managen: Es können vorab Maßnahmen getroffen und die entstehenden Schäden prognostiziert werden. So hat Holcim beispielsweise den weltweiten Zementkonsum über viele Jahre genauestens überwacht und analysiert. Heute ist Holcim in der Lage, diesen Konsum für die nächsten Jahre gut zu prognostizieren und kann damit die eigene Innovationstätigkeit steuern.

- Risiken mit geringer Eintrittswahrscheinlichkeit, aber hohem Schaden: Ein typisches Risiko dieser Kategorie ist ein Erdbeben. Erdbeben treten weltweit nur mit geringer Wahrscheinlichkeit auf, jedoch bei Eintritt ziehen sie einen immensen Schaden nach sich. Zu diesen Risiken werden ebenso Statistiken aufgestellt und es wird versucht, Vorhersagen zu treffen. Aufgrund der geringeren Datenbasis ist dies jedoch deutlich schwieriger als im ersten Fall, was zu einer geringeren Genauigkeit der Vorhersagen führt. In der Wirtschaft können dieser Risikokategorie beispielsweise die „Konkurse von mittelständischen Unternehmen" zugerechnet werden. Auch wenn glücklicherweise nur selten, so kommen solche Konkurse trotzdem vor und verursachen große Schäden sowohl für die Belegschaft als auch die Wirtschaft als Gesamtes. Statistiken zeigen, dass etwa 70 % aller Neuunternehmen nicht älter als fünf Jahre werden. Innovation ist anspruchsvoll: Höchster Erfolgsfaktor sind graue Haare. Spin-offs aus Unternehmen, geführt durch erfahrene Manager, sind weit erfolgreicher als Spin-offs aus Universitäten.

- Risiken mit sehr geringer Eintrittswahrscheinlichkeit, welche noch nie aufgetreten sind, jedoch extreme Konsequenzen hätten: Typisches Beispiel eines derartigen Risikos ist der Super-GAU, der Störfall, bei welchem in einem Nuklear-Kraftwerk Radioaktivität austritt. Dies ist, abgesehen von der Katastrophe von Tschernobyl, noch nie vorgekommen und daher können keine Statistiken herbeigezogen werden, um das Risiko in Zahlen zu fassen. Eine Quantifizierung derartiger Risiken ist mit heutigen Methoden und Modellen nicht möglich. Die immer wieder aufgeführten Prozentzahlen – wie „mit 80 % Sicherheit wird die Herztransplantation ein Erfolg" – sind deshalb nicht Wahrscheinlichkeiten, sondern stellen einen persönlichen Glauben an den Erfolg dar. Der südafrikanische Arzt Barnard beruhigte die Frau des ersten Herztransplantationspatienten vor der Operation mit dieser Angabe. Einige Wochen später starb der Patient. Experten in Innovationsprojekten tendieren dazu, ihre Fähigkeiten zu überschätzen.

- Risiken, welche zu anderen Risiken hinzukommen und nicht ohne Weiteres separiert werden können: Die Krebserkrankungen in Deutschland oder in der Schweiz aufgrund der Katastrophe von Tschernobyl gehören in diese Risikoklasse. Es ist sehr schwer, genaue Zahlen und Daten zu erheben, welche die Auswirkungen aufzeigen. Es ist unmöglich auszusagen, inwieweit Tschernobyl die Zahl an Krebserkrankungen gesteigert hat. Man kann nur mithilfe theoretischer Modelle schätzen, in welcher Höhe der Schaden sein müsste. Eine exakte Aussage ist jedoch unmöglich. Wird beispielsweise ein einzelnes Innovationsprojekt gestoppt, kann man kaum präzise Aussagen machen, ob sich das langfristig negativ auf das Unternehmen auswirkt. Deshalb fällt der Verzicht auf Innovationsprojekte so leicht: Führt man es durch, entstehen Kosten und man riskiert zusätzlich einen Flop am Markt. Führt man es nicht durch, kann man immer behaupten, es sei zu wenig erfolgversprechend.

Wie man sieht, kann man nur gewisse Risiken tatsächlich mit Zahlen und Statistiken beschreiben. Je weniger Daten vorhanden sind, desto weniger kann man sich auf Modelle verlassen. Der Risikodialog, die kontinuierliche Auseinandersetzung im Team mit einem Risiko und die Vorbereitung auf den möglichen Eintritt eines Risikos sind dann die einzigen Möglichkeiten, um Risiken zu managen. Es macht wenig Sinn, von einem Projektleiter präzise Angaben zu Kosten, Terminen und Produktfunktionalitäten zu verlangen, wenn er vor einer radikalen Innovation steht und daher ihm und seinem Team Erfahrungswerte fehlen. In einem solchen Fall führen präzise Zahlen zu einer falschen Sicherheit, ein intensiver Risikodialog kann aber aufzeigen, wo Prioritäten zu setzen sind und wo man ohne größere Schäden Flexibilität zeigen kann: Häufig sind Entwicklungskosten viel weniger wichtig als Markteintritt und Produktfunktionalitäten.

Grundsätzlich gibt es im Umgang mit Risiken vier verschiedene Handlungsmöglichkeiten (Bild 4.2):

- *Vermeiden*: Man entscheidet sich bewusst dazu, Risiken zu vermeiden und verzichtet beispielsweise aufs Autofahren. Oder man entscheidet sich als Unternehmen gezielt dazu, den chinesischen Markt mit eigenen Produkten nicht zu beliefern, da die Risiken zu groß sind.

- *Reduzieren*: Man entscheidet sich für den Kauf eines sehr sicheren Autos. Oder das Unternehmen führt vor dem geplanten Produkt-Launch eine umfangreiche Marktanalyse durch und holt weitgehende Informationen über den chinesischen Markt ein, um ihn besser zu verstehen.

- *Versichern*: Man schließt eine Versicherung für das Auto ab, um bei Schäden diese erstattet zu bekommen. Oder das Unternehmen ist auf vielen unterschiedlichen Märkten tätig, sodass das Scheitern auf einem einzigen Markt kein großes Risiko darstellt.

- *Akzeptieren*: Man entscheidet sich bewusst dazu, das übrig gebliebene Restrisiko zu akzeptieren, wie es z. B. bei der Vereinbarung des Selbstbehaltes mit der Versicherung oft geschieht. Oder das Unternehmen beschließt, dass der Markt in China eine große Chance darstellt und diese verglichen mit dem Restrisiko insgesamt überwiegt.

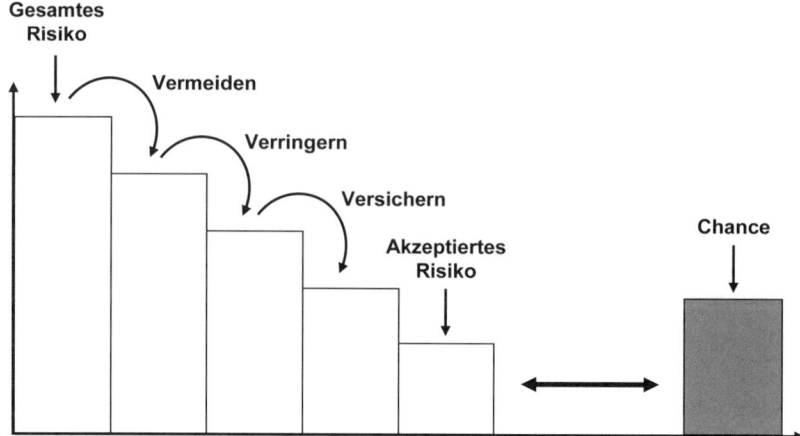

Bild 4.2 Die Risikobewertung vergleicht das akzeptierte Risiko mit der Chance

4.2 Typische Risiken im Innovationsmanagement

Innovationen haben typische Risiken, dazu gehören nicht nur Kosten- oder Terminüberschreitungen und Produktqualität, sondern auch subtile Risiken wie Markteintritt oder Technologiesubstitutionen. Hier gelten zwar einige Grundsätze, die Risiken muss ein F&E-Team aber immer spezifisch beurteilen: Konkurrenz, Lieferanten, Kunden und vor allem die eigene Leistungsfähigkeit sind immer situationsspezifisch.

Pionierleistung zahlt sich nicht immer aus

Die Untersuchungen von Golder und Tellis haben gezeigt, dass es ganz im Gegensatz zu der Aussage, welche aus der PIMS-Datenbank abgeleitet werden kann, keinen Vorteil verspricht, wenn man in einen spezifischen Markt als Pionier eintritt (Golder, Tellis 1993). Selbstverständlich ist diese Gegebenheit branchenabhängig und kann nicht auf alle Industrien ausgeweitet werden. So stellt insbesondere die Pharmaindustrie mit ihren Patenten eine Ausnahme dar. Neue Wirkstoffe sind zu Beginn durch Patente geschützt und auch Generika können nicht sofort kopiert werden, sondern unterliegen in der Regel für 18 Monate einem Imitationsschutz. Doch in den meisten anderen Industrien zahlt es sich nicht aus, Marktpionier zu sein, denn der Early Follower ist meistens erfolgreicher.

Der Irrtum des Pioniererfolgs, welcher von der PIMS-Studie suggeriert wird, unterliegt dem „Survivor Bias". In der PIMS-Datenbank befinden sich nur diejenigen Pioniere, welche am Markt überlebt haben, die gescheiterten Unternehmen sind nicht berücksichtigt. Die Statistik wird stark zugunsten der Pioniere verzerrt. Ebenso gibt es meist bei Befragungen einen gewissen „Pioneer Bias": Ingenieure verbinden mit dem Genre des Pioniers eine Aura von gutem Unternehmertum und positiven Empfindungen. In den Augen des F&E-Mitarbeitenden wird die Rolle des Pioniers grundsätzlich geschönt und mit einem Renommee versehen, welches sie, betrachtet man die harten Zahlen und Fakten, nicht verdient hat. Eine exakte Untersuchung von Golder und Tellis belegt, dass es für ein Unternehmen vorteilhaft ist, wenn es nicht als Pionier, sondern als Early Follower in den neuen Markt eintritt. Diese Marktposition verspricht viel größere Erfolgschancen: Die Fehlerquote ist niedriger. Auch wenn der Pionier zuerst im Markt ist, bietet ein wachsender Markt genügend Platz für Early Follower. Golder und Tellis haben aufgezeigt, dass im Durchschnitt der Marktanteil des Early Followers dem dreifachen Marktanteil des Pioniers entspricht und er sehr häufig die führende Marktposition innehat. Dies, obwohl erfolgreiche Follower im Durchschnitt erst 13 Jahre nach den Pionieren in den Markt eingetreten sind.

> ▪ Es ist nicht immer ein Vorteil, ein Pionier zu sein. Man muss auch bereit sein, andere zu kopieren.

Market-Research ist bei neuen Produkten fragwürdig

Untersuchungen von Haley und Case sowie von Infosimo zeigen, dass man sich bei neuen Produkten auf Ergebnisse von Marktuntersuchungen meist nicht verlassen kann (vgl. Haley, Case 1979 sowie Infosimo 1986). Die mit Umfragen ermittelten potenziellen Käufer sind bei Marktstudien oft um Größenordnungen zahlreicher als die tatsächlichen Käufer. Die Studien zeigen, dass selbst bei 85 % positiven Kaufabsichten, nur etwa 18 % dann tatsächlich das Produkt später kaufen (Bild 4.3). Zu oft verlassen sich Manager auf die Zahlen, welche ihre Marketingabteilung ihnen prognostiziert. Geschieht dies, werden anscheinend nachgefragte Produkte entwickelt und produziert, welche später vom Markt nicht im erwarteten Ausmaß angenommen werden. Kapital wird den falschen Produkten zugewiesen, das Potenzial des Unternehmens wird nicht ausgeschöpft. Ein positives Beispiel stellt Sonys Entwicklung des Walkmans dar. Es war nicht klar, ob der Markt ein derartiges Produkt akzeptieren würde. Deshalb wurden Holzattrappen angefertigt, welche mit dem späteren Produkt sowohl in Größe als auch in Gewicht übereinstimmten. Erst als zahlreiche zusätzliche Markttests die Akzeptanz eines derartigen Produkts bewiesen, wurden Produktion und Vermarktung aufgenommen.

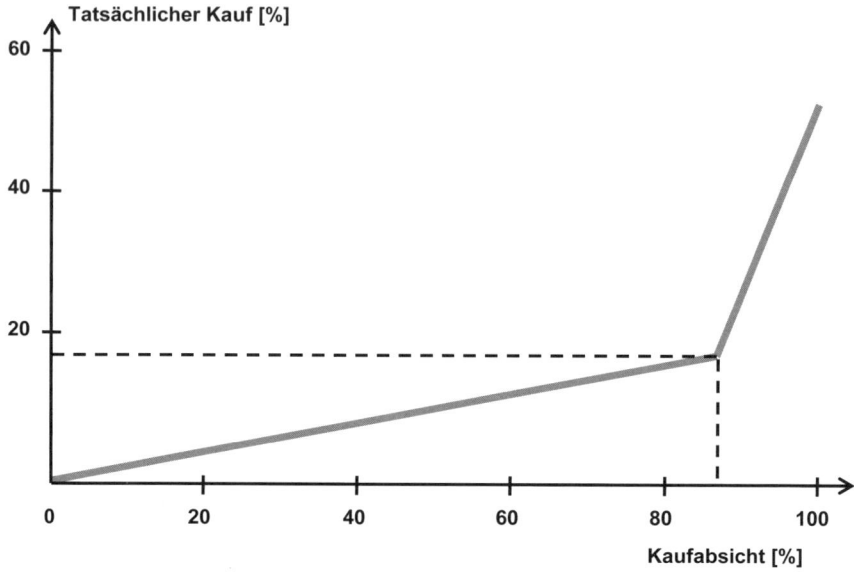

Bild 4.3 Auch wenn 85 % die Absicht zu kaufen haben, so werden doch nur etwa 18 %
tatsächlich das Produkt kaufen

- Marktuntersuchungen insbesondere bei neuen Produkten führen nicht zu präzisen
  Verkaufszahlen, sondern sind Wegweiser für eine vorsichtige Planung.

Business-Pläne missachten Markteinbrüche in frühen Phasen

Unternehmerische Vorhaben werden grundsätzlich ab einer bestimmten Tragweite in Geschäftsplänen festgehalten. Diese Business-Pläne beleuchten auf
einer strategischen und operativen Ebene die betriebswirtschaftlichen und
finanziellen Aspekte einer geplanten Innovation. Der typische Business-Plan
zeigt den erwarteten Umsatz über die Zeit. Der Verlauf des erwarteten Umsatzes wird dabei häufig als linear oder exponentiell wachsend dargestellt. Verschiedene Beispiele aus der Praxis zeigen, dass die Umsätze von Innovatoren
jedoch ab einem gewissen Zeitpunkt rückläufig werden, und dass sich auch der
Gesamtmarkt für einige Zeit, nach einem anfänglichen Marktwachstum, negativ entwickelt.

Der Umsatz steigt, bis einige der Konkurrenten das Potenzial der Innovation
erkennen und mit dem Nachahmen des Produkts beginnen. Solche Konkurrenten sind häufig größere Unternehmen, welche ihre kleinen Mitbewerber intensiv verfolgen. Sobald diese Konkurrenten erste Umsätze und damit Sicherheit
erlangt haben, spielen sie ihre Marktvorteile aus: Große Investitionen und

Preissenkungen sind die Folge. Ähnliches gilt für die Kunden: Zuerst greift zu, wer im neuen Produkt eine unmittelbare Problemlösung erkennt. Dieses Potenzial ist nicht allzu groß und deshalb rasch erschöpft. Die Masse der Kunden und vor allem die größeren Kunden steigen erst ein, wenn sich das neue Produkt mehrfach bewährt hat. Große Kunden sind zwar nicht risikoscheu, aber es ist ein Unterschied, ob ein KMU einen PC für die Buchhaltung einsetzt oder ob eine Großbank ihre 10 000 Kundenbetreuer mit Laptops ausrüstet.

Dieses Phänomen des Umsatzrückgangs entdeckt man nicht nur im Dienstleistungsbereich, sondern auch in technologieintensiven Branchen. Häufig dauert dieser Sattel je nach Beispiel drei bis sieben Jahre. In der PC-Industrie blieb der Gesamtmarkt während sieben Jahren 30 % unter dem ersten Maximum. In der Telekommunikation sackte der Gesamtumsatz von Mobiltelefonen in drei Jahren um 36 % ab. Auch der Verkauf von Videorekordern wies dasselbe Muster auf: Umsatzrückgang von 30 % innerhalb von drei Jahren.

- Business-Pläne für neue Produkte zeigen häufig ein konstantes Wachstum. Markteinbrüche von über 30 % innerhalb mehrerer Jahre sind aber keine Seltenheit.

Neue Technologien haben es nicht leicht

Fälschlicherweise gehen Innovatoren davon aus, dass eine neue, von ihnen entwickelte Technologie, sofern sie der alten zumindest ebenbürtig ist, innerhalb kurzer Zeit die alte Technologie ablöst und sich im Markt etabliert. Dahinter steckt das S-Kurven-Modell. Es beschreibt, dass die Leistung einer neuen Technologie einer S-Kurve folgt. Sobald sich das Wachstum der Leistung einer Technologie stark abschwächt, ergibt sich ein großes Potenzial, mit einer innovativen Technologie die alte zu verdrängen.

Dieser Ansatz vernachlässigt jedoch einen maßgeblichen Effekt: Sobald eine neue Technologie entsteht und die alte, weitverbreitete unter Druck gerät, werden von allen Seiten Anstrengungen unternommen, die alte Technologie maßgeblich zu verbessern. Dieser Effekt trägt den Namen *Sailing-Ship-Effekt,* da er beim Aufkommen der ersten Dampfschiffe an der Weiterentwicklung der Segelschiffe beobachtet wurde. Man bezweifelt heute, dass die Verbesserung der alten Technologie durch den Druck der neuen Technologie ausgelöst wird. Unbestritten ist aber, dass sich die alte Technologie viel rascher weiterentwickelt, als man erwartet (Bild 4.4).

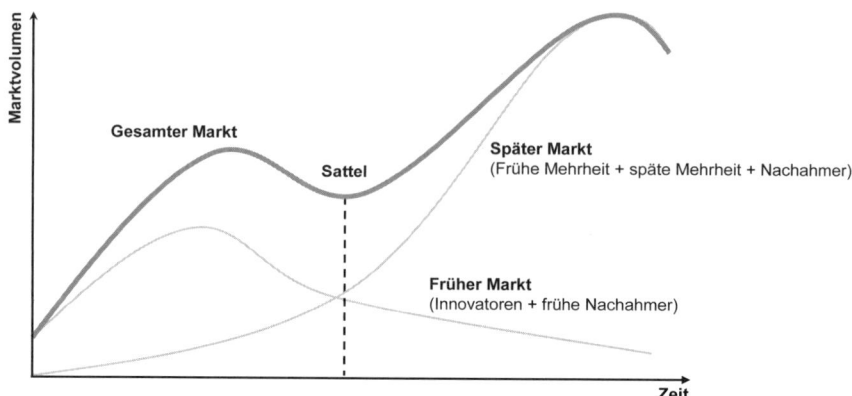

Bild 4.4 Der Gesamtmarkt wächst nicht konstant

Die Ingenieure verschiedenster Unternehmen konzentrieren sich auf die Überarbeitung und Weiterentwicklung der alten Technologie. Dies hat zur Folge, dass große Verbesserungen erzielt werden und die alte Technologie der neuen auf längere Zeit überlegen bleibt. Die neue Technologie kann sich nicht so schnell wie angenommen durchsetzen und die alte vom Markt verdrängen. Es bedarf großer Anstrengungen und Verbesserungen an der neuen Technologie, um die alte in puncto Leistungsfähigkeit einzuholen. Dieses Phänomen konnte sehr gut an Edisons Erfindung der Glühbirne beobachtet werden. Die bis dahin verwendete Technologie der Gaslampen schien auf einen Schlag überholt, wurde jedoch in den nächsten Jahren derart weiterentwickelt, dass sie eine zweite Renaissance auf Kosten der Glühbirne erlebte.

Innerhalb von nur etwa sieben Jahren wurde die Gaslampe so stark verbessert, dass sie das 15-fache ihrer bei Erfindung der Glühbirne vorhandenen Leistungsfähigkeit besaß. Dies führte dazu, dass sie der Glühbirne viel länger überlegen war, als zu Beginn angenommen wurde. Die Glühbirne konnte die Technologie der Gaslampe erst deutlich später einholen und sie auch ablösen (Bild 4.5).

- Eine neue Technologie nützt oft der alten Technologie zu Beginn mehr als sich selber.

Die Arbeitsteilung in Märkten nicht vergessen

Sehr häufig wird angenommen, dass kleine Unternehmen viel innovativer sind als große. Die Frage ist allerdings, welche Innovationstypen man anspricht: Innovationen von großen und kleinen Unternehmen finden in verschiedenen Bereichen statt. Abernathy und Utterback haben mit ihren Untersuchungen zum Aufkommen eines dominanten Designs maßgebliche Aufklärungsarbeit

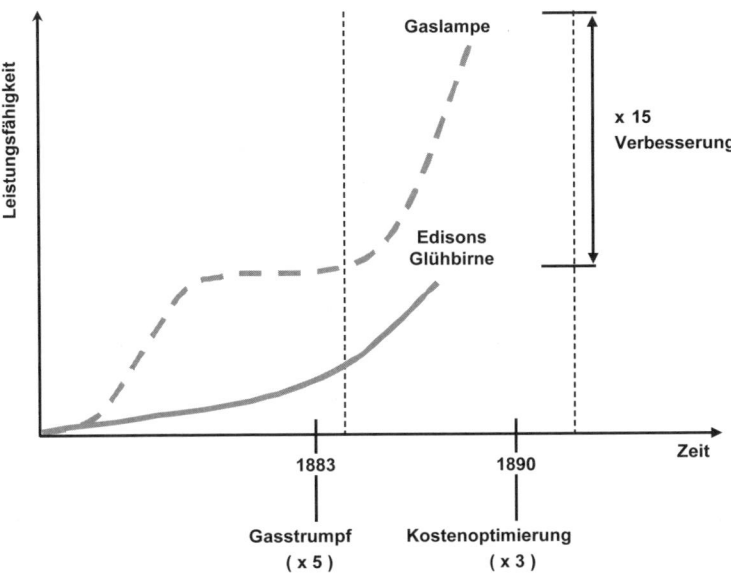

Bild 4.5 Die Leistungsfähigkeit der Gaslampe verbesserte sich um einen Faktor 15 innerhalb von sieben Jahren

geleistet (Utterback, Abernathy 1975). Betrachtet man den Verlauf einer Technologie und insbesondere der Firmen, welche sie ausschöpfen, stellt man fest, dass ganz zu Beginn wenige, meist kleine Firmen eine neue Technologie vorantreiben, aktuelles Beispiel ist die Biotechnologie. Die anfängliche Phase ist von Unsicherheit geprägt. Diese Unsicherheiten erlauben kaum große Investitionen, was eine Serienfertigung zu großen Teilen ausschließt. Daher halten sich große Firmen zu Beginn eher zurück und setzen nicht sofort auf die innovative Technologie. Die Flexibilität von kleinen und mittelständischen Unternehmen erlaubt ihnen jedoch, neue, kleine Märkte zu erschließen und die Technologie mit zusätzlichen Innovationen voranzutreiben. In dieser Zeit steigt die Anzahl der im Markt tätigen Unternehmen stark an. Sowohl kleine, mittlere als auch große Unternehmen verfügen über die gleichen Chancen, am Markt erfolgreich zu sein. Sind diese anfänglichen Produktinnovationen so weit fortgeschritten, dass ein dominantes Design erreicht ist, setzt Konsolidierung ein, die Anzahl der Unternehmen geht zurück, die Produktinnovation nimmt ab. Sie wird nun von der Prozessinnovation abgelöst: Die Zementindustrie konsolidiert heute. Sie bringt kaum neue Produkte auf den Markt, steigert aber ständig ihre Produktivität. Hier haben die großen Unternehmen einen klaren Vorteil. Nun geht es darum, die Fertigungstechniken zu optimieren und die Herstellungskosten zu senken. Hierzu bedarf es großer Investitionen, welche von kleinen Unternehmen nicht zu bewerkstelligen sind. Die Zeit der großen

Unternehmen ist gekommen. Erreicht die Technologie ein gewisses Reifesta-
dium, sind nur noch wenige spezialisierte Großfirmen im Markt tätig (Bild 4.6).
Diese Entwicklung kann gut an der Automobilindustrie der USA verdeutlicht
werden. Zu Beginn des 20. Jahrhunderts wuchs die Anzahl an Automobilfirmen
in den USA rasant. Beim Markteintritt von *Ford*, um 1910, waren bereits über
500 Firmen in diesem Markt tätig, in den 30er-Jahren wuchs die Zahl auf über
1000 an. Dann setzte eine starke Konsolidierung ein, welche in den 70er-Jahren
ihren Höhepunkt erreichte. In den USA gab es nur noch drei große Automobilhersteller: *General Motors, Ford* und *Chrysler*. Ein weiteres Beispiel, welches
die Arbeitsteilung zwischen großen und kleinen Unternehmen verdeutlicht,
zeigen Biotech- und Pharmaunternehmen. Kleinere Biotech-Firmen treiben die
Entwicklung eines bestimmten Wirkstoffs bis zu einem bestimmten Zeitpunkt
voran. Erreicht er Marktreife, so wird das Unternehmen meist von einem großen Pharmakonzern übernommen, da nun die Markteinführung und Produktion und insbesondere die Distribution von einem großen Unternehmen besser
bewältigt werden können. Große Unternehmen haben in vielen Bereichen eine
größere Glaubwürdigkeit als kleine Unternehmen und eine globale Präsenz, die
es ermöglicht, hohe Innovationsinvestitionen über große Umsätze abzudecken.

- Auch große Unternehmen sind innovativ: Eine spezifische Arbeitsteilung drängt sich
  auch für Innovationen auf.

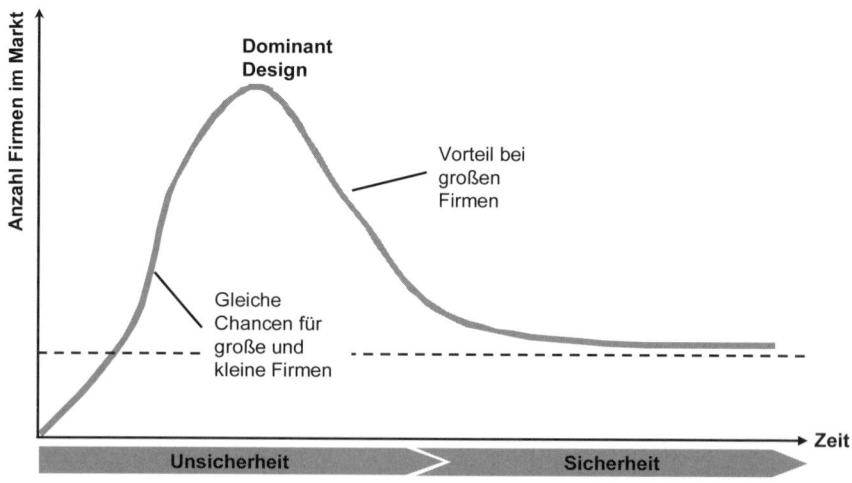

Bild 4.6 Es findet eine Arbeitsteilung zwischen großen und kleinen Unternehmen statt

Massenmärkte nicht einfach aufgeben

Etablierte Marktteilnehmer fragen sich immer wieder, ob neue Technologien das Potenzial besitzen, zu einer disruptiven Technologie heranzureifen. Eine disruptive Technologie ist eine technologische Innovation, welche eine bereits vorhandene, aktuell dominierende Technologie verdrängt und zu grundsätzlich neuen Konstellationen im Markt führt. Disruptive Innovationen sind meist am unteren Ende des Markts oder in neuen Märkten zu finden. Zu Beginn sind diese disruptiven Technologien den etablierten Technologien und Produkten unterlegen und werden deshalb von etablierten Unternehmen kaum beachtet. Jedoch verbessern sich diese Technologien laufend und können nach einiger Zeit zu einer großen Gefahr für angestammte Technologien werden. Neue Marktteilnehmer setzen sich mit der neuen Technologie zu Beginn in einer unbedeutenden Nische fest und entwickeln sie laufend weiter. Sie erschließen oder generieren neue Märkte, in welchen die alte Technologie keine Chance hat. Auf diese Weise sammeln sie wichtige Erfahrungen, welche ihnen die Möglichkeit geben, ihre Technologie weiterzuentwickeln. Der zu Beginn vorhandene Nachteil bezüglich der dominierenden Technologie verschwindet Schritt um Schritt und die neuen Marktteilnehmer stoßen in die altangestammten Märkte vor.

Ein aktuelles Beispiel, welches das Potenzial zu einer disruptiven Technologie besitzt, ist die Technologie der Flash-Speicher. In Bezug auf Kapazität, Zuverlässigkeit und Preis liegen Flash-Speicher heute noch gegenüber Harddisks zurück. Daher werden auch weiterhin Harddisks in Laptops und PC als Speicher verwendet. Weil Flash-Speicher jedoch sehr klein sind und wenig Energie verbrauchen, setzt man sie in neuen Gebieten ein, wie beispielsweise als USB-Sticks, als Speicher in Digitalkameras und in MP3-Playern. Der große Erfolg in diesen neuen Märkten begünstigt ihre weitere Entwicklung. Durch steigende Absatzzahlen fallen die Preise und die Speicher werden immer besser. Innerhalb kurzer Zeit könnten die Flash-Speicher die Bedürfnisse des Massenmarkts abdecken. Auch dann werden die Harddisks immer noch „besser" sein, allerdings nicht mehr für den durchschnittlichen Kunden, sondern nur noch für Kunden mit sehr hohen Ansprüchen bezüglich Datenmengen. Es ist anzunehmen, dass bald die ersten Flash-Speicher in Notebooks die konventionellen Harddisks ersetzen und in Zukunft vielleicht sogar den größten Teil des Harddisk-Markts übernehmen könnten.

> ▪ Verwandte Märkte und minderwertige neue Technologien müssen überwacht werden. Sie können nach einiger Zeit im eigenen Markt zur Gefährdung werden.

Technologien haben oft zu Beginn unbekannte Nebenwirkungen

Neue Produkte oder neue Technologien haben immer wieder unerwartete Nebenwirkungen. Zwei bekannte Beispiele, welche in den letzten Jahren für große Einbrüche an den Kapitalmärkten gesorgt haben, waren die Rückrufaktion von *Merck & Co.* für Vioxx und die Sammelklagen von Asbestopfern gegenüber der *ABB* in den USA. Die Untersuchung dieser beiden Fälle zeigt, dass Nebenwirkungen nicht immer zu Beginn abzuschätzen sind. Häufig wird ihr Ausmaß erst nach einiger Zeit deutlich: Beim Asbest wurden beispielweise die Folgen erst nach 50 Jahren im größeren Maße sichtbar.

Das Unternehmen *Merck & Co.* erhielt 1999 die Marktzulassung für das Schmerzmittel Vioxx. Die Erwartungen an dieses neue Produkt waren extrem groß und wurden auch erfüllt: Merck & Co. generierten bereits im Jahr 2003 über 10 % des Umsatzes aus dem Verkauf von Vioxx. Nachdem eine Studie belegen konnte, dass Vioxx kardiovaskuläre Nebenwirkungen aufweist, verlor die Aktie an einem Tag ein Drittel ihres Wertes. Wie kam es zu diesem steilen Fall der Aktie? Der Hauptgrund war sicherlich die Tatsache, dass die Betroffenen mit Sammelklagen in den USA hohe Schadensersatzzahlungen einforderten. Allein im Fall *Merck & Co.* geht man von insgesamt 40 000 Klagen aus. Experten schätzen die Höhe der Schadensersatzzahlungen auf bis zu 25 Milliarden US-Dollar.

Solch tief greifende Konsequenzen können ganze Industrien in die Verlustzone treiben. Über 70 Firmen gingen beispielsweise an den Folgen von Asbestklagen in Konkurs. An den Rand des Ruins geriet auch die *ABB* im Jahr 2002. Der Aktienkurs fiel von 20 Euro auf 0,96 Cent: Das Überleben war ernsthaft gefährdet. Die Schadensersatzzahlungen werden im Fall der *ABB* auf 1,5 Milliarden US-Dollar geschätzt. Dank dem Verkauf ganzer Sparten und tief greifenden Umstrukturierungen ist die *ABB* heutzutage wieder auf Erfolgskurs.

Die beiden Beispiele zeigen, dass selbst nach mehreren Jahrzehnten der Anwendung einer Technologie eine gewisse Wahrscheinlichkeit besteht, dass es zu Klagen infolge unerwünschter Nebenwirkungen kommt. Es ist daher für Unternehmen unumgänglich, etwaige negative Folgen der selber verwendeten Technologien möglichst früh zu erkennen, auf schwache Signale zu achten und etablierte Produkte auf dem Markt zu beobachten.

> ▪ Technologien müssen stetig überwacht werden. Nur so können unerwünschte Nebenwirkungen frühzeitig erkannt werden.

Eingriffe der Politik können das Wachstum einer Technologie maßgeblich beeinflussen

Neue Technologien steigern unsere Lebensqualität – sei es in der Kommunikation im Unternehmen, im Gesundheitswesen oder in der Freizeit. Der Drang von Unternehmen nach stetiger Verbesserung bringt sie dazu, bekannte Wirkungsprinzipien auf neue Weise zu testen und zu nutzen. Resultat sind neue Produkte, welche ihre Vorgängermodelle manchmal innerhalb kürzester Zeit ablösen. Die Beherrschung solcher Wirkungsprinzipien ist heutzutage jedoch erschwert, da technische Systeme viel komplexer und vernetzter geworden sind. Es ist daher verständlich, dass die OECD im Jahr 2003 technologische Risiken als die größten Herausforderungen der kommenden Jahrzehnte bezeichnete.

Sobald sich die Schattenseiten einer Technologie stärker auswirken und die Gesellschaft sie als problematisch einstuft, schreitet der Gesetzgeber mit regulatorischen Vorschriften ein. Er möchte zwar Innovationen fördern, ist aber auch verantwortlich für den Schutz seiner Bürgerinnen und Bürgern vor Nebenwirkungen. Diese Vorschriften dienen dazu, den Umgang mit der Technologie einzuschränken oder generell zu verbieten. Viele Beispiele aus der Vergangenheit zeigen, wie der Gesetzgeber das Wachstum einer Technologie maßgeblich beeinflussen kann (Bild 4.7). So haben z. B. in den USA die Unternehmen etwa 70 Milliarden US-Dollar für Nukleartechnologie in den Sand gesetzt.

Technologie	Negative Nebeneffekte	Konsequenzen für die Unternehmen
Insektizid DDT	Unfruchtbarkeit	Verbote ab 1972; WHO empfiehlt ab 2006 erneut Einsatz von DDT zur Bekämpfung von Malaria (WHO 2006)
Asbest	Schleichender Tod stark exponierter Menschen	Erste Verbote ab 1970er Jahre, EU-weites Verbot ab 2005, wenige Ausnahmen. (SUVA 2005)
Fluorchlorkohlenwasserstoff (FCKWs)	Schädigung der Ozonschicht	Verwendung stark eingeschränkt, Verbote ab 1989 (Powell 2002)
Bleihaltige Lote in der Elektronik	Freisetzung von Blei aus Mülldeponien	Weitgehendes EU-Verbot ab 2006. (Klee 2005)
Quecksilber-Zelle zur Chlorherstellung	Quecksilber-Kontamination von Umwelt und Chlor	Verbot für neue Anlagen. (Watanabe und Satoh 1996)
Elektromagnetische Strahlung von Mobilkommunikations-Antennen	Vermutete Auswirkung auf exponierte Menschen	Einzuhaltende Grenzwerte. Aufwändige Bewilligungsverfahren
Polychlorierte Biphenyle (PCB)	Gesundheitsschädigend Reproduktionstoxisch	Einsatz stark eingeschränkt, EU-Phase-Out-Ziel: 2010 (Koppe und Keys 2001)
Röntgenstrahlung	Gesundheitliche Auswirkungen	Einsatz stark eingeschränkt. (Lambert 2001)

Quelle: Biedermann (2007)
Bild 4.7 Beispiele für umstrittene Technologien

In der Gentechnologie führen die unterschiedlichen, länderspezifischen Vorschriften der Gesetzgeber zur Konsequenz, dass sich heutzutage der Anbau von gentechnisch veränderten Produkten auf wenige Länder konzentriert: Einige Entwicklungsländer weisen daher in diesen technischen Gebieten ein stärkeres Wachstum auf als die klassischen Industriestaaten: Die Industriestaaten verlagern ihre F&E in technologiefreundliche Länder.

Die entscheidende Herausforderung von Unternehmen ist es, erste Indikatoren für regulatorische Vorschriften von Technologien früh zu erkennen und richtig zu deuten.

- Politischen Veränderungen und Entwicklungen können neue Technologien rasch zu Problemfällen werden lassen (Bild 4.8).

4.3 Risiken managen

Will ein Unternehmen seine Innovationsrisiken systematisch angehen, empfiehlt es sich, einen Risikomanagementprozess zu etablieren. Die heute weitverbreitete Praxis baut auf der altbekannten FMEA auf: Ein Team diskutiert Fehlermöglichkeiten und deren Effekte in mehreren Schritten.

Der Prozess für den methodisch fundierten Umgang mit Technologie- und Innovationsrisiken besteht aus vier Phasen: Risikoanalyse, Ursachenanalyse, Maßnahmenanalyse und Integration & Umsetzung. In diesen Phasen werden das Wissen und die Erfahrungen der Mitarbeitenden aller Unternehmensstufen mit einbezogen (vgl. Bild 4.9).

Der Risikomanagementprozess beginnt bei der Geschäftsleitung. Sie hat in der Regel den Überblick über die ganzheitliche Risikoexposition des Unternehmens und ist in der Verantwortung, diese mit Maßnahmen anzugehen und zu reduzieren, bis die Chancen überwiegen. In diesem Sinne gibt die Geschäftsleitung die Stoßrichtung vor, wie die Ressourcen eingesetzt werden sollen, und legt damit die Prioritäten fest. Risiken sind Ereignisse, die das Unternehmen davon abhalten, seine Ziele zu erreichen. Sobald diese Prioritäten klar bestimmt sind, werden die größten Risiken den Experten der einzelnen Abteilungen übergeben, das Wissen der Linienmitarbeitenden wird aufgenommen und aggregiert. Häufig haben nur diese Personen die Möglichkeit, das Schadensausmaß oder die Eintrittswahrscheinlichkeit eines Risikos zu beeinflussen. Zum Schluss werden die größten Risiken mit abgeleiteten Maßnahmen, neu oder bestehend, zusammengefasst und der Geschäftsleitung vorgelegt.

Technologie	Negative Effekte	Anzeichen für Kontroverse
Videofone	Verbreitung von Gewaltvideos	Bayrische Regierung erlässt Handyverbot an Schulen
Computer-Tastaturen	Schleichende Schädigung des Nervensystems durch Tippen	Diskussion in der Fachwelt Auswirkungen unsicher
Toner in Laserdruckern	Toxische Substanzen, Nanopartikel in der Raumluft	Diskussion in der Presse Aufbau von Interessenverbänden
Autoreifen	Möglicherweise krebserregende Substanzen, Gefahr durch Abrieb auf Straßen.	Bestrebungen für einen EU-weiten Grenzwert

Quelle: Biedermann (2007)
Bild 4.8 Beispiele für potenziell umstrittene Technologien

Bei einem Unternehmen aus der Informatikbranche wurde von der Geschäftsleitung beispielsweise erkannt, dass die neuen Produkte sehr häufig am Markt vorbeientwickelt werden. Obwohl die Produkte technische Meisterleistungen waren, wurden sie von den Kunden nicht angenommen. Die Analyse dieses Risikos machte deutlich, dass das Zusammenspiel zwischen den Kundenbedürfnissen, welche von der Verkaufsmannschaft aufgenommen werden, nicht mit der notwendigen Präzision an die Entwicklung weitergegeben wurde. Die Ursache dieses Problems fand man auf persönlicher Ebene zwischen den beiden verantwortlichen Abteilungsleitern.

Die einzelnen Phasen kann man wie folgt charakterisieren (Bild 4.9):

* In der ersten Phase werden die Unternehmensrisiken in Bezug auf die Ziele des Unternehmens analysiert. Dieser erste Schritt ist entscheidend, da definitionsgemäß nur Ereignisse, welche die Zielerreichung negativ beeinflussen können, als Risiken bezeichnet werden. Innerhalb der F&E kann ein solches Ziel die erwartete Innovationsrate darstellen. Risiken, welche dieses Ziel negativ beeinflussen können, sind beispielsweise: Kultur des Unternehmens, der Abgang von Schlüsselpersonen, Schwächen im Ideenmanagement etc. Die Identifikation und Bewertung der Risiken findet in Anwesenheit der Geschäftsleitung oder des Kaders einer Abteilung im selben Workshop statt. Die Resultate dieses Workshops sind eine Risikolandkarte mit den auf die Verantwortungsbereiche aufgeteilten Risiken sowie eine Risikomatrix, nach Eintrittswahrscheinlichkeit und Schadensausmaß bewertet. Bei der Identifikation der Risiken wird häufig unterschieden in „interne, eher beeinflussbare Risiken" und „externe, eher beschränkt beeinflussbare Risiken".

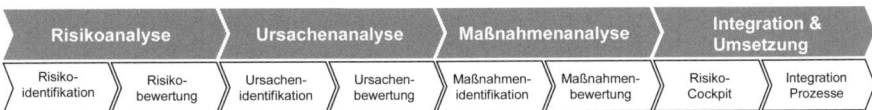

Bild 4.9 Die vier Phasen des Risikomanagements

- In der nächsten Phase wird mit beeinflussbaren Risiken eine Ursachen-analyse durchgeführt. Bei jedem Risiko wird ein Ursachen-Wirkungs-Baum erstellt, um die letzte Ursache, bei welcher das Unternehmen mit einer Maß-nahme ansetzen kann, zu eruieren. Die Ursachen werden anschließend in der Gruppe nach ihrer Eintrittswahrscheinlichkeit bewertet. Hierzu hat sich bewährt, die Risiken einer Abteilungen mit den Kadermitarbeitenden dieser Abteilung in einem Workshop zu besprechen. Für die relevanten, externen Risiken werden Indikatoren identifiziert, welche von der Firma regelmäßig überwacht werden. Damit wird sichergestellt, dass Veränderungen frühzei-tig erkannt werden können. So hat beispielsweise ein Baumaschinenherstel-ler das Risiko der Substitution des Asphalts als ein für ihn relevantes externes Risiko identifiziert. Es wird nun mittels eines Indikators überwacht, welcher die weltweit verbrauchte Bitumenmenge, das Verhältnis von Beton- zu Asphaltstraßen und die Preise für Beton und Asphalt stetig auf Verände-rungen untersucht und beobachtet.

- In der dritten Phase werden Maßnahmen zur Steuerung der Risiken eruiert. Dieser Schritt wird in derselben Workshopkonstellation wie Phase 2 durch-geführt. Es werden bestehende Maßnahmen aufgeführt und anschließend neue identifiziert. Die neuen Maßnahmen werden von den Workshopteilneh-mern nach Kosteneffizienz bewertet. Bei einem Unternehmen aus der Kon-sumgüterindustrie wurde beispielsweise als Maßnahme ein Punktesystem erarbeitet, um die Mitarbeitenden in den Ideenentwicklungsprozess stärker einzubinden. Jeder Mitarbeitende besitzt eine Punktekarte, auf der die Anzahl sinnvoller Ideen zur Verbesserung von Prozessen und Produkten festgehalten ist. Sobald die eigene Karte mit fünf von einer kleinen Jury akzeptierten Ideen versehen ist, erhält dieser Mitarbeitende zu seinem Monatslohn einen Obolus.

- Die vierte und letzte Phase beschäftigt sich mit der Integration in die Ma-nagementprozesse und der Umsetzung der erarbeiteten Maßnahmenpläne. Die erarbeiteten Resultate werden in ein Werkzeug für die Geschäftsleitung integriert und die Periodizitäten der Überwachung der Risiken definiert. Diese letzte Phase stellt in diesem Sinne sicher, dass der Risikomanagement-prozess in einem regelmäßigen Zyklus durchgeführt wird und eine Sensibili-sierung der Mitarbeitenden hinsichtlich der Gefahren stattfindet. Bei einem KMU aus der Halbleiterindustrie wird der Risikomanagementprozess durch das strategische Review angestoßen. Sind die strategischen Ziele bekannt, kann definiert werden, welche Faktoren das Unternehmen davon abbringen können.

4.4 Fazit

Risikomanagement versteht sich nicht nur als Umgang mit dem Unbekannten, Rumsfelds „unknown unknowns". Vielmehr bewirkt Risikomanagement, zukünftige Ereignisse mit negativen Folgen zu diskutieren und auf besser schätzbare Parameter wie Eintrittswahrscheinlichkeit und Schadensausmaß zurückzuführen. Muster, welche sich abzeichnen, sowie die Erfahrungen möglichst vieler Mitarbeitenden müssen ins Risikomanagement integriert werden, damit eine kontinuierliche Sensibilisierung über die aktuelle Risikoexposition eines Unternehmens gewährleistet werden kann.

Das Risikowissen soll der Führung helfen, sich auf unerwünschte Situationen vorzubereiten. Risikomanagement ist ein Arbeitsinstrument zur Führung und Steuerung betriebswirtschaftlicher Abläufe, insbesondere auch innerhalb der Innovation.

5 PLATTFORMMANAGEMENT: HOHE HÜRDE – GROSSES POTENZIAL

Christoph Dürmüller

Die stärkere Segmentierung der Absatzmärkte, eine zunehmende Individualisierung der Produkte und die Verkürzung der Produktlebenszyklen stellen viele Unternehmen vor große Herausforderungen. Die Fähigkeit, eine steigende Zahl neuer Produkte wesentlich schneller auf den Markt zu bringen und die Variantenvielfalt mit vertretbaren Komplexitätskosten zu meistern, wird dabei immer entscheidender für den wirtschaftlichen Erfolg.

Darüber hinaus sehen sich die Unternehmen durch den beschleunigten Technologiewandel und zunehmende Systemkomplexität mit steigendem personellem Ressourcenbedarf, höheren Entwicklungskosten und größeren Entwicklungsrisiken konfrontiert. Damit öffnet sich eine eigentliche Schere in der Produktentwicklung.

In vielen Fällen versprechen Plattform- und Modulstrategien große Optimierungspotenziale und damit einen Ausweg aus dieser Problematik. Die Idee der Wiederverwendung von Entwicklungsresultaten ist bestechend einfach. Ihre erfolgreiche Umsetzung ist jedoch häufig komplex und erfordert viel Disziplin und langfristigen Durchhaltewillen. Nur wenigen Unternehmen gelingt es, das Potenzial dieser Strategien voll auszuschöpfen – sie haben sich nachhaltige Wettbewerbsvorteile erobert und sind heute führend im Markt. Vielfach fehlt in den Unternehmen aber die notwendige Erfahrung in Plattformstrategieprojekten. Dabei scheitert die erfolgreiche Umsetzung oftmals, weil das Management die notwendige Transformation stark unterschätzt und der unternehmensweiten Organisationsentwicklung zu wenig Beachtung schenkt.

5.1 Plattformstrategien ein Allheilmittel?

Unter Plattform- und Modulstrategien versteht man die Wiederverwendung von Basisentwicklungen in einer Vielzahl einzelner Produkte. Das einzelne Produkt besteht damit immer aus einem Rückgrat, das vielen Produkten gemeinsam ist, sowie einem produktspezifisch entwickelten Anteil. Das gemeinsame Rückgrat kann dabei aus mehreren einzelnen Plattformen und/oder Modulen bestehen und der Anteil an wieder verwendeten Elementen kann unterschiedlich hoch sein. Im Wesentlichen können folgende Ausprägungsformen unterschieden werden:

▪ Physische Plattformen, welche für sich allein noch kein funktionsfähiges Teilsystem darstellen, da sie für den Einsatz im Produkt innerhalb eines vordefinierten Spielraumes angepasst respektive vervollständigt werden (z. B. Karosserieplattform eines Automobilherstellers).

▪ Physische Module, welche ohne weitere Anpassungen als funktionsfähiges Teilsystem mit definierten Schnittstellen im Produkt eingesetzt werden (z. B. verschiedene Steckkarten in einem PC).

▪ Virtuelle Plattformen in Form einheitlicher Gestaltungsregeln, Baupläne oder Lösungskonzepte.

▪ Verwendung einheitlicher Technologien.

Obschon Begriffe wie „Plattformen", „Module" und „Komponenten" oder „Gleichteile" in aller Munde sind, fehlt eine klare Sprachregelung. Dies sei hier nachgeholt (Bild 5.1).

Ob Plattform- oder Modulstrategien zum gewünschten Erfolg führen oder ob sich eine integrale Produktarchitektur aufdrängt, hängt ganz wesentlich von der spezifischen Produkt- und Marktlogik und den individuellen Rahmenbedingungen eines Unternehmens ab. Mit einer Plattformpotenzialanalyse kann die Eignung der verschiedenen Architekturansätze in den Dimensionen Markt, Produktsortiment, Produktcharakter, Technologie und Unternehmen ganzheitlich beurteilt werden. Damit können insbesondere auch wichtige Spannungsfelder aufgezeigt werden. Das Beispiel (Bild 5.2) stellt die Ausgangssituation in einem Unternehmen der Messtechnik dar. Leistungsangebot, Markt und Technologie sprachen klar für eine konsequente Modul- respektive Plattformstrategie, aber das Unternehmen hatte bezüglich Organisation, Prozessen und Führungskultur keine guten Voraussetzungen für eine erfolgreiche Umsetzung. In einem solchen Fall sind die Gestaltungs- und Stützungsmaßnahmen in den Bereichen Organisation und Führung sehr wichtig.

Plattformstrategie	Modulstrategie	Gleichteilestrategie
Bündelungsstrategie: Zusammenfassung von mehrfach verwendbaren physischen oder virtuellen Strukturen, die für sich allein noch keine funktionsfähige Einheit bilden	Spaltungsstrategie: Zerlegung des Gesamtprodukts in für sich allein funktionsfähige Einheiten	Mehrfachverwendung von Bauteilen
komplex, viele Abhängigkeiten, anspruchsvolles Schnittstellenmanagement	Komplexitätsreduktion durch Trennung und definierte Schnittstellen	Suchen und Finden statt Neukonstruktion - Norm- & Standardteile - Eigenkonstruktionen
erst im Produktkontext verifizierbar	als abgeschlossene Funktionseinheit verifizierbar	
oft technologieorientiert	funktionsorientiert	logistikorientiert
definierter Spielraum in der Plattform, Differenzierung über Nichtplattformteile während der Produktentwicklung	Spielraum und Differenzierung primär in der Kombinatorik (Baukasten)	

Bild 5.1 Begriffsdefinitionen

Die ideale Architektur des Produktangebotes muss unternehmensspezifisch erarbeitet werden. In der Praxis drängt sich oftmals eine geschickte Kombination von Plattformarchitekturen und modularen Konzepten auf, insbesondere bei Produkten mit verschiedenen, vom Kunden wählbaren Optionen.

In der Praxis gibt es zahlreiche Beispiele für erfolgreiches Plattformmanagement. Neben den sehr bekannten Automobilherstellern sind dies häufig sehr erfolgreiche Unternehmen aus dem Mittelstand. Ein eindrückliches Beispiel ist *Phonak (Sonova Holding)*, die heute als unbestrittener Innovationsführer in der Hörgeräteindustrie anerkannt ist. Mit einer konsequent plattformbasierten Architektur, darauf abgestimmten Geschäftsprozessen und einer angepassten F&E-Organisation gelang es dieser Firma, die Time-to-Market zu halbieren und die jährliche Anzahl neuer Produkte zu verdreifachen. Damit wurde nach einer strategischen Krisensituation die Basis für rasantes Wachstum mit sehr guten Margen gelegt.

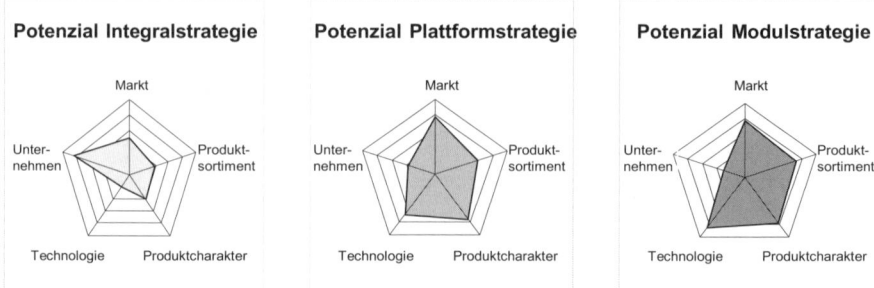

Bild 5.2 Plattformpotenzialanalyse für ein Unternehmen der Messtechnik

5.2 Ziele des Plattformmanagements

Mit Plattform- und Modulstrategien können verschiedenartige Ziele verfolgt werden:

- Erhöhung der Innovationsrate, d. h. der Anzahl neuer Produkte pro Jahr bei gleichbleibendem Ressourceneinsatz in der F&E;
- Reduktion von Time-to-Market durch Nutzung von vorhandenen Entwicklungsresultaten und damit auch schnellere Reaktion auf Marktveränderungen und -trends;
- Kostenreduktion in Produktion und Logistik, Marketing und Vertrieb sowie After Sales Service durch Economies of Scale und Reduktion der variantengetriebenen Komplexitätskosten in den Geschäftsprozessen;
- Kostenreduktion in der Produktentwicklung durch die Wiederverwendung von Entwicklungsresultaten;
- Reduktion der Durchlaufzeiten und flexible Reaktion auf individuelle Kundenbedürfnisse mit vertretbaren Kosten;
- Steigerung der Produktqualität durch Einsatz von erprobten Plattformen und Modulen.

Um Plattform- und Modularisierungsprojekte in die richtige Richtung zu lenken, müssen vorher die Optimierungsziele und Prioritäten geklärt werden. Dabei bilden die Geschäftsstrategie, der Ertragsmechanismus und die sich abzeichnenden Marktveränderungen den Ausgangspunkt.

In reifen Branchen mit dominanten Designs, in denen die grundlegenden Technologien ausgereift und weitgehend standardisiert sind, stehen meist Kostenreduktion oder Qualitätsverbesserung im Vordergrund. Ein Beispiel hierfür ist der Aufzughersteller *Schindler*, der 2001 mit zunächst großem Aufwand stringent und heute mit großem Erfolg das Plattformmanagement eingesetzt hat.

Längere Erfahrung hat der Automobilhersteller *Volkswagen*: Auf einer Plattform werden unterschiedliche Produkte wie Audi A3, VW Golf, Škoda und
Audi TT entwickelt.

In Unternehmen, die sich auf hochgradig kundenspezifische Produktvarianten
spezialisiert haben, liegt der Fokus primär auf der hohen Flexibilität und auf
der Reduktion der Durchlaufzeiten. Ein gutes Beispiel dafür ist die Firma Festo,
ein weltweit führender Anbieter in der Automatisierungstechnik.

In Hightech-Branchen mit hohem Innovationspotenzial stehen dagegen, wie bei
Phonak, meistens die Reduktion der Time-to-Market und die Erhöhung der
Innovationsraten im Vordergrund.

5.3 Der Paradigmenwechsel

Sowohl im Produktgeschäft als auch im Projektgeschäft stellt Plattformmanagement einen wichtigen Stellhebel für rentables Wachstum dar. Plattformmanagement kann aber nicht einfach verordnet werden, sondern verlangt
einen tief greifenden Paradigmenwechsel, der sämtliche Unternehmensfunktionen betrifft. Die Konsequenzen werden vom Management vielfach
unterschätzt. Im Denken und Handeln der Organisation stehen neue plattformbasierte Produktfamilien im Vordergrund, während die einzelnen Produkte,
welche früher im Zentrum standen, in den Hintergrund treten müssen. Der
Freiheitsgrad auf der Produkt- oder Projektebene wird bewusst eingeschränkt,
im Interesse der wirkungsvollen Gesamtoptimierung.

Beispielsweise darf die Optimierung der Herstellungskosten nicht mehr auf
der Basis eines einzelnen Produkts erfolgen, sondern muss unter Berücksichtigung des Stückzahlen-Mix über das ganze Sortiment oder die Produktfamilie
durchgeführt werden. Diese Optimierung nimmt bewusst Nachteile bei einzelnen Produkten in Kauf, wenn sich über das ganze Sortiment Vorteile ergeben.
Zudem werden dabei nicht nur die Herstellungskosten betrachtet, sondern
auch die Folgen der Variantenvielfalt in sämtlichen Geschäftsprozessen. Diese
Wirkung wird in der Praxis massiv unterschätzt, weil die Kostenfolgen in der
traditionellen Kostenrechnung nicht transparent ausgewiesen werden. Die
Variantenvielfalt ist jedoch einer der Haupttreiber für die indirekten Produkt-
kosten.

Ebenso muss beispielsweise im Vertriebsprozess eines Anlagenbauers die Prüfung der Plattformkompatibilität von individuellen Kundenwünschen einen
sehr hohen Stellenwert haben. Das löst gerade in abschlussorientierten Ver-
kaufsorganisationen nachvollziehbare Widerstände aus, die aufgrund der
bestehenden Anreizsysteme oft noch verstärkt werden. Der Etikettendruckma-
schinenhersteller Gallus, Weltmarktführer, hat konsequent einen sogenannten

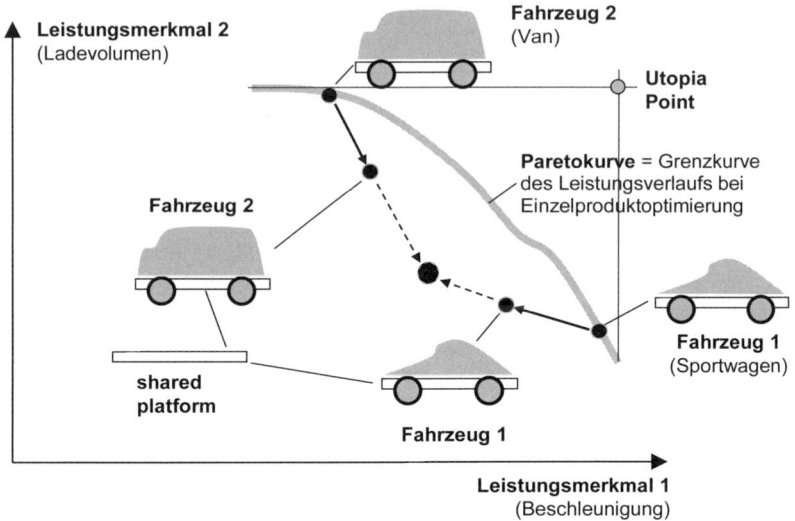

Quelle: de Weck, MIT
Bild 5.3 Paretokurve und Leistungsnachteile durch Nutzung gemeinsamer Plattformen

„aktiven Standard" eingeführt, welcher auf Plattformen beruht. Alle Varianten außerhalb des aktiven Standards werden kostenmäßig penalisiert. Damit wird auf einfachem Wege der mangelnden Transparenz in den Lebenszykluskosten entgegengewirkt.

Häufig müssen gewisse Nachteile bei den Leistungsmerkmalen von plattformbasierten Produkten gegenüber einer konsequenten Einzelproduktoptimierung in Kauf genommen werden. Die sogenannte Paretokurve (Bild 5.3) zeigt diesen Effekt anschaulich. Aus diesem Grunde wird z. B. ein Rennwagen in der Formel 1 immer eine integrale Produktarchitektur aufweisen. In den meisten Märkten sind diese Nachteile aber durchaus vertretbar, solange die Plattformen nicht zu breit definiert werden.

5.4 Erfolgsfaktoren

Plattformmanagement verlangt die Entwicklung neuer Sichtweisen, Fähigkeiten und Verhaltensmuster. Im Folgenden werden einige spezifische Erfolgsfaktoren kurz beleuchtet. Diese sind zu einem großen Teil nicht-technischer Natur.

Plattformstrategien sind Chefsache

Wie der Name schon sagt, handelt es sich um eine strategische Entscheidung des Unternehmens, ob eine Plattform- oder Modulstrategie verfolgt werden soll oder nicht. Die Auswirkungen sind vielfältig und weitreichend. Es geht um viel mehr als um technische Architekturentscheidungen. Nicht nur die Prozesse und Strukturen im Innovationsbereich sind davon betroffen. Eine verstärkte multidisziplinäre Zusammenarbeit und wesentliche Verhaltensänderungen aller Unternehmensfunktionen sind gefordert – ein langfristiger Prozess, der vom Topmanagement geführt werden muss. Bei *Schindler* wurde vom damaligen CEO angekündigt: „Die Plattformstrategie hat Toppriorität, wer dagegen arbeitet, schadet dem Unternehmen." Bei *Volkswagen* führte der CEO selbst das regelmäßig tagende Plattformmanagement-Komitee.

Roadmaps, die den Namen verdienen

Damit eine konsequente Wiederverwendung möglich wird, müssen die Plattformen und Module eine Vielzahl zukünftiger Produkte unterstützen, deren Anforderungen zum Zeitpunkt der Plattformdefinition im Detail noch nicht bekannt sind. Deshalb ist die vorausschauende, weitsichtige Definition und Entwicklung der Plattformen und Basismodule eine große Herausforderung.

Den Schlüssel zum Erfolg bilden aussagekräftige Produkt-Roadmaps. Die einzelnen Produkte müssen darin in Form von kurzen, aber aussagekräftigen Produktvisionen beschrieben sein. In diesen werden die wesentlichen Funktions-, Leistungs- und Differenzierungsmerkmale definiert. Damit spannen die Produktvisionen den Lösungsraum auf, der durch die zu entwickelnden Plattformen unterstützt werden muss. Häufig ist die Qualität der anzutreffenden Produktvisionen ungenügend, sodass diese im Rahmen der Strukturierungsphase zu klären sind. Wird der Lösungsraum zu eng definiert, so ist die Wahrscheinlichkeit hoch, dass die Plattformen zukünftige Produkte nicht oder nur unzureichend unterstützen. Wird er zu breit definiert, so muss eine Plattform mit höchster Flexibilität entwickelt werden, womit diese ihre Wettbewerbsfähigkeit verliert.

Der Zeithorizont der Roadmaps muss die gegenüber Produkten längere Entwicklungszeit und die wesentlich längere Lebensdauer der Plattformen und Module berücksichtigen. Ebenso ist eine Abstimmung mit den Technologie-Roadmaps wichtig. Damit wird die Frage beantwortet, wann welche neue Technologie in einer Plattformentwicklung eingesetzt werden soll. Da die Technologieentwicklung einerseits mit hohen Unsicherheiten verbunden ist und anderseits nur verifizierte Technologien in neuen Plattformen eingesetzt werden sollten, ist hier die Definition von Fallbackszenarien empfehlenswert. Bild 5.4 zeigt ein Beispiel für die Vernetzung der Roadmaps.

In vielen Unternehmen arbeitet das Marketing heute eher kurzfristig operativ und reaktiv. Ein erfolgreiches Plattformmanagement erfordert jedoch eine viel strategischere, langfristige und proaktive Arbeitsweise. Dies verlangt eine anspruchsvolle Transformation. In der Tat ist auch die Prognostizierbarkeit bei

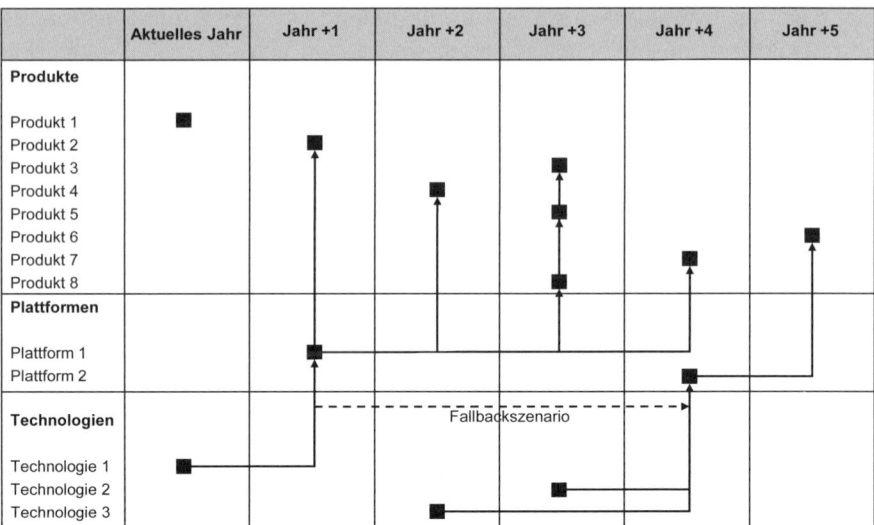

	Aktuelles Jahr	Jahr +1	Jahr +2	Jahr +3	Jahr +4	Jahr +5
Produkte						
Produkt 1						
Produkt 2						
Produkt 3						
Produkt 4						
Produkt 5						
Produkt 6						
Produkt 7						
Produkt 8						
Plattformen						
Plattform 1						
Plattform 2						
Technologien			Fallbackszenario			
Technologie 1						
Technologie 2						
Technologie 3						

Bild 5.4 Vernetzung Produkt-, Plattform- und Technologie-Roadmaps

sehr dynamischen Märkten beschränkt. Hier hilft die Arbeit mit verschiedenen Szenarien.

Vielfach haben die Schwierigkeiten bei der strategischen Produktplanung ihren Grund aber nicht nur in der beschränkten Prognostizierbarkeit. Vielmehr treten häufig bestehende Schwächen in Produktmanagement und Marktintelligenz schonungslos zutage. In diesem Sinne stellt die Umsetzung von Plattformstrategien auch eine Chance dar, um das Produktmanagement zu professionalisieren.

Häufig werden über die Produktplattformen die langfristigen Konzepte sowie die Infrastruktur in Produktion und Logistik definiert. Fehlentscheide sind deshalb folgenschwer und können kaum kurzfristig korrigiert werden. Damit wird die Bedeutung der strategischen Produktplanung zusätzlich unterstrichen.

Scharfes Produktprofil sicherstellen

Erfolgreiche Produkte haben eines gemeinsam: Sie haben ein einzigartiges, für den Kunden erlebbares Profil und damit eine klare Differenzierung vom Wettbewerbsangebot. Eine exzessive Nutzung von Synergieeffekten durch Vereinheitlichungsstrategien im Bereich der äußeren, vom Kunden wahrgenommenen Produktmerkmale führt zu einem Verlust an Profil, was sich negativ auf die möglichen Margen und Absatzmengen auswirkt. Diese Problematik lässt sich in der sehr kostensensitiven Automobilindustrie gut beobachten.

Die systematische Erarbeitung der Vereinheitlichungs- und Differenzierungsmerkmale im Spannungsfeld zwischen Markt und Technik ist anspruchsvoll
und bedingt eine intensive Zusammenarbeit von Vertrieb, Produktmanagement und Entwicklung. Eine Plattform- oder Modularchitektur muss optimal
auf das Produktportfolio und die anvisierten Marktsegmente ausgelegt werden. Die verbreitete Ansicht, Produktarchitekturen seien ein Thema für die
F&E-Abteilung, erweist sich als sehr gefährlich.

Gewachsene Produktarchitektur verlassen

Da sich die Schlüsselpersonen in der Entwicklung sehr stark mit den von ihnen
geschaffenen und bewährten Systemarchitekturen identifizieren, werden diese
in der Anfangsphase von Plattformprojekten meistens verteidigt. Manchmal
geschieht das offen, sehr oft aber auch versteckt hinter Sachargumenten. Um
die vorhandenen Potenziale zu nutzen, ist es jedoch wichtig, von den bestehenden Lösungen Abstand zu nehmen und die Systemarchitekturen radikal infrage
zu stellen.

In Hightech-Branchen werden integrale Produktkonzepte häufig mit dem Argument verteidigt, dass das Produkt möglichst nahe an die technischen Mach-
barkeitsgrenzen heranreichen muss, um erfolgreich zu sein. Ferner wird
eingewendet, dass die technischen Abhängigkeiten zwischen den verschiedenen Teilsystemen viel zu komplex sind, um wiederverwendbare Plattformen
oder Module auszuscheiden. Diese Argumente halten einer kritischen Betrachtung selten Stand. Insbesondere wird in vielen Fällen die vom Kunden hono-
rierte Differenzierung durch das Ausreizen der technologischen Grenzen stark
überschätzt.

Qualifizierte Systemarchitekten

Die Entwicklung von Plattformkonzepten erfordert eine hohe Abstraktionsfähigkeit und einen signifikant erhöhten Planungs- und Konzeptionsaufwand
auf der Systemebene. Die gemeinsamen Strukturen und Elemente der Produkte müssen unabhängig von der konkreten, konstruktiven Realisierung erkannt
werden. Dabei empfiehlt sich auch der Einsatz bewährter Methoden wie z. B.
der „Design Structure Matrix" (DSM) oder der „Object Process Methodology"
(OPD). Die bestehende integrale Produktarchitektur und die über Jahre festge-
fahrene Sichtweise auf die eigenen Produkte erschweren die Abstraktionsauf-
gabe. Je höher die Komplexität des Produkts, z. B. durch Technologievielfalt
und hohe Abhängigkeiten, desto anspruchsvoller wird das Vorhaben.

Dabei erweist sich der in den meisten Unternehmen vorhandene Mangel an
qualifizierten Systemarchitekten als Fallgrube. Selbst in großen Entwicklungsabteilungen mit mehreren Hundert hoch qualifizierten Ingenieuren findet man

meistens nur ganz wenige Mitarbeiter, die über das entsprechend tiefe und breite Systemverständnis verfügen. Und weil dieses Systemverständnis immer sehr domainspezifisch ist, lassen sich diese Experten im Gegensatz zu guten Projektmanagern kaum auf dem Arbeitsmarkt rekrutieren, sondern müssen über interne Entwicklungsprogramme langfristig aufgebaut werden.

Wirkungsvolles Plattform-Lifecycle-Management

Die meisten Unternehmen betreiben heute ein aktives Lifecycle-Management ihrer Produkte. Die Funktion des Produktmanagers hat sich etabliert, wenn auch mit unterschiedlichen Ausprägungen. Im Fall von Plattform- und Modulstrategien kommt nun aber eine zusätzliche Ebene hinzu, die den einzelnen Produkten und Produktgenerationen übergeordnet, aber mit diesen intensiv vernetzt ist. Die Weiterentwicklung und Anpassung von Plattformen und Basismodulen hat weitreichende Auswirkungen auf eine Vielzahl von bereits eingeführten und zukünftigen Produkten, auch in Produktion, Logistik und Service. Das Management dieser Plattformebene über die im Vergleich zu den Produkten wesentlich längeren Lebenszyklen ist entscheidend für den nachhaltigen Erfolg der Strategie. Es muss ein kompetentes und durchsetzungsstarkes Plattformmanagement etabliert werden (Bild 5.5).

Trotzdem verpassen es viele Unternehmen, die organisatorischen und personellen Voraussetzungen für diese anspruchsvolle Aufgabe zu schaffen, was zu einem unkontrollierten Ausfransen von Plattformen bis hin zum Scheitern aufgrund der nicht mehr beherrschten Abhängigkeiten führen kann.

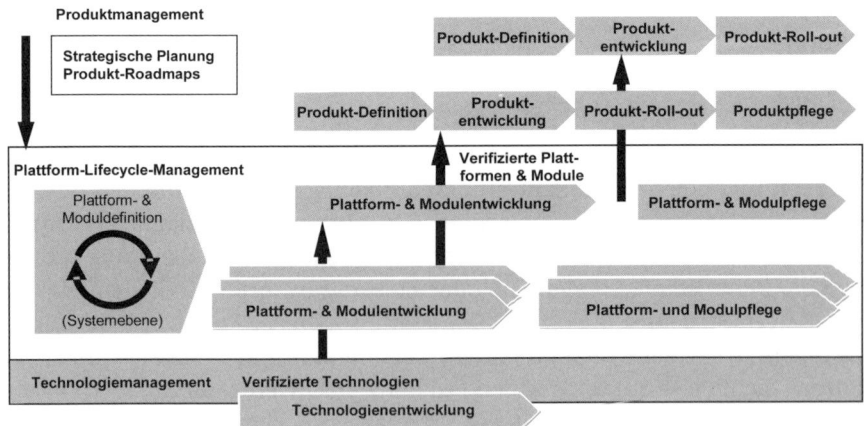

Bild 5.5 Plattformmanagement entscheidet über nachhaltigen Erfolg

Megaplattformen vermeiden

Jede Übertreibung ist schädlich. Neben dem Extremfall, dass in jeder Produktentwicklung das Rad neu erfunden wird, ist in der Praxis auch der andere Extremfall, nämlich der gefährliche Trend zu „Megaplattformen" zu beobachten. Dafür gibt es mehrere Gründe.

Wie bereits erwähnt, fehlen häufig klare Produktvisionen. Statt diese mit dem Produktmanagement zu klären, wird eine Plattform definiert und entwickelt, die sämtliche Optionen offenhält. Diese Flexibilität führt schließlich zu Megaplattformen, welche nicht wettbewerbsfähig sind.

Zudem mangelt es oft an einer klaren Differenzierung zwischen produktspezifischen Eigenschaften und gemeinsam genutzten Plattforminhalten, sodass zu viel Funktionalität in die Plattform gepackt wird.

Eine typische Schwachstelle ist auch eine fehlende weitere Unterteilung der Systeme in mehrere sinnvoll abgrenzbare Plattformen und Module mit klar und detailliert spezifizierten Schnittstellen, die eine sinnvolle Entkoppelung der Entwicklung der verschiedenen Plattformen und Module ermöglichen.

ACHTUNG

Die Gefahr von „Megaplattformen" besteht insbesondere bei Software(teil)systemen, weil dort gegenüber Hardwareplattformen die Leistungsgrenzen später sichtbar werden und die klassischen Produktionskosten irrelevant sind. Das Resultat sind komplexe monolithische Strukturen, die mit Hunderten von Parametern konfigurierbar sind. Im Systemkontext besteht damit auch die Gefahr, dass eine schnell und unkontrolliert wachsende Softwareplattform die Hardware an die Grenzen der Leistungsfähigkeit treibt und schließlich überfordert.

Zeithorizont und Ressourcenbedarf

Plattformstrategien lassen sich meistens nur langfristig und stufenweise umsetzen. Wichtig ist dabei, dass die finale Zielarchitektur klar definiert wird, um anschließend sinnvolle Migrationsstufen auf dem Weg zu diesem Ziel zu definieren. Plattformmanagement ist kein wirksames Mittel für kurzfristige Verbesserungen der Unternehmensresultate, bietet dafür aber mittel- bis langfristig sehr großes Potenzial. Der notwendige Initialaufwand wird häufig unterschätzt. Schlüsselpersonen müssen die nötigen Freiräume erhalten. Anderseits darf das laufende Geschäft nicht beeinträchtigt werden. Dies führt oft zu Ressourcenkonflikten und einer zeitweisen Überforderung der Organisation – auf die anfängliche Euphorie folgt eine Phase mit hohem Frustrationspotenzial. Gerade in dieser Zeit muss das Topmanagement den Prozess unterstützen und den nötigen Durchhaltewillen sichern.

Projektmarketing

Ein gutes Projektmarketing ist gerade bei Projekten zur Definition und Entwicklung von zukunftsgerichteten Plattformen und Modulen sehr wichtig.
Einerseits entfalten diese Projekte ihre positive Wirkung erst mittel- bis länger-
fristig und anderseits sind sie gegenüber der Produktebene weniger fassbar
und oft visionär. Zudem muss die Organisation normalerweise einen tief greifenden Transformationsprozess bewältigen, um das Plattformmanagement
erfolgreich umsetzen zu können.

5.5 Architekturzentrierte Organisations-formen

Bei der Gestaltung von F&E-Organisationen sollten neben den Strukturen und
Prozessen zusätzlich die Interaktionen im Kontext der Produktarchitektur
berücksichtigt werden. Um eine effektive und effiziente Funktionsweise sicherzustellen, müssen Organisationsstruktur, Prozesse und Systemstrukturen optimal aufeinander abgestimmt sein (Bild 5.6).

Als wissensbasierte Organisationen sind F&E-Abteilungen häufig nach Fachdisziplinen strukturiert. Mit steigender Komplexität und Multidisziplinarität der
Produktentwicklung entstehen damit jedoch sehr viele Interaktionen über die
Grenzen von Organisationseinheiten hinaus. Bild 5.7 zeigt ein Beispiel für eine
systematische Interaktionsanalyse. Dargestellt werden die Intensität und die
Art der Interaktion (einseitige Information, gegenseitiger Informationsaustausch und gemeinsame Lösungsfindung/Zusammenarbeit) zwischen den verschiedenen Organisationseinheiten. Zudem zeigt die Grafik sowohl die
Eigenbeurteilung als auch die Fremdbeurteilung.

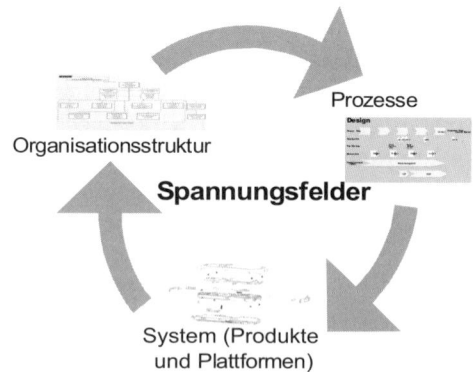

Bild 5.6 Abhängigkeiten zwischen Struktur, Prozessen und Systemarchitektur

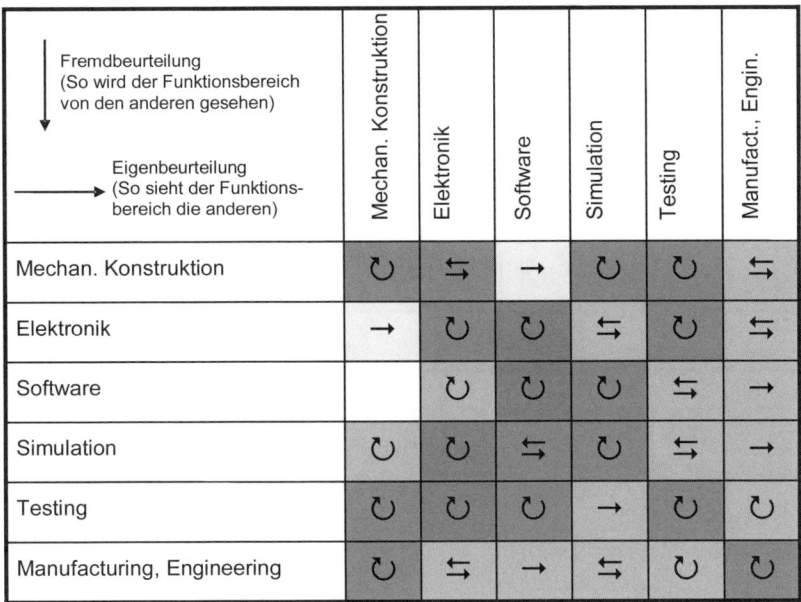

Fremdbeurteilung (So wird der Funktionsbereich von den anderen gesehen) Eigenbeurteilung (So sieht der Funktions- bereich die anderen)	Mechan. Konstruktion	Elektronik	Software	Simulation	Testing	Manufact., Engin.
Mechan. Konstruktion	↻	⇄	→	↻	↻	⇄
Elektronik	→	↻	↻	⇄	↻	⇄
Software		↻	↻	↻	⇄	→
Simulation	↻	↻	⇄	↻	⇄	→
Testing	↻	↻	↻	→	↻	↻
Manufacturing, Engineering	↻	⇄	→	⇄	↻	↻

Interaktionstyp
- → einseitige Information oder Dienstleistung Lieferant oder Empfänger
- ⇄ Informationsaustausch (z.B. bei Schnittstellendefinition)
- ↻ Zusammenarbeit, gemeinsame Lösungsfindung

Häufigkeit
- sporadische Wechselwirkung
- häufige Wechselwirkung
- konstante Wechselwirkung

$$\text{Grad der Interaktion} = \frac{\text{Anzahl Interaktionen}}{\textbf{Anzahl möglicher Interaktionen}}$$

Bild 5.7 Interaktionsanalyse der bestehenden Organisationsstruktur

eine systematische Interaktionsanalyse. Dargestellt werden die Intensität und die Art der Interaktion (einseitige Information, gegenseitiger Informationsaustausch und gemeinsame Lösungsfindung/Zusammenarbeit) zwischen den verschiedenen Organisationseinheiten. Zudem zeigt die Grafik sowohl die Eigenbeurteilung als auch die Fremdbeurteilung.

Zudem lassen sich Schwerpunkte identifizieren, welche die Systemarchitektur abbilden. Vor diesem Hintergrund stellen architekturzentrierte Organisationsformen einen interessanten Lösungsansatz dar, um die Abhängigkeiten und den Abstimmungsbedarf zwischen den verschiedenen Fachabteilungen und damit die Komplexität zu reduzieren. Bild 5.8 zeigt ein Beispiel für eine architekturzentrierte Organisation.

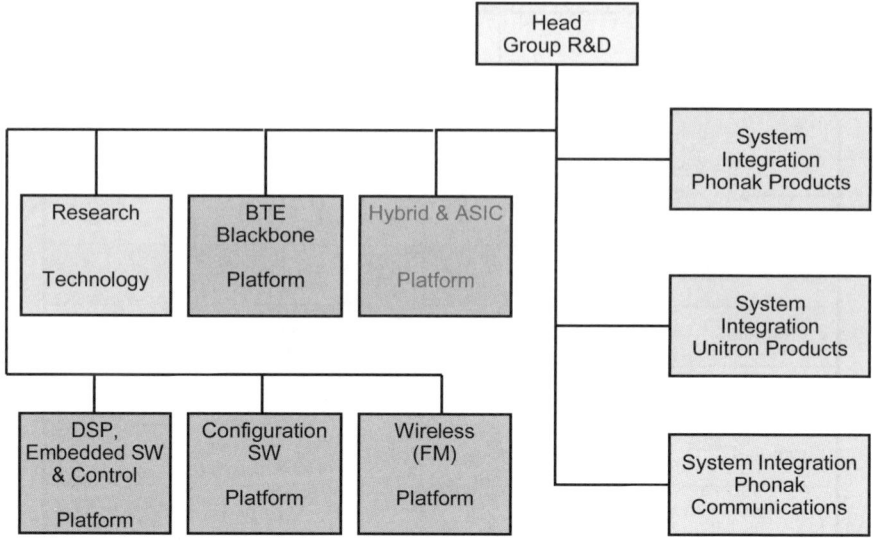

Bild 5.8 Organisation bei Sonova

Auffallend ist die klare organisatorische Trennung von Technologie-, Plattform-
und Produktentwicklung, welche sich von Arbeitsinhalt, Prozessen, Kultur und
Kompetenzprofil der Mitarbeiter wesentlich unterscheiden. Damit entsteht
auch eine hohe Kongruenz von Projekt- und Linienorganisation.

Zudem verantworten die einzelnen interdisziplinär zusammengesetzten Organisationseinheiten Teil- oder Gesamtsysteme und damit physisch greifbare
und testbare Entwicklungsresultate. Dies im Gegensatz zu einer funktionalen
Organisation, die nur die fachlich kompetente Ausführung von Teilaufgaben
im Projekt verantworten kann.

Die Prüfung von architekturzentrierten Organisationskonzepten drängt sich
dann auf, wenn das abzudeckende Produktportfolio wenig Varianz zeigt, insbesondere bei einer „One Product Company". Zusätzlich muss eine minimale
kritische Größe der Einheiten und Fachdisziplinen in den Einheiten gegeben
sein. Da der Ressourcenbedarf von Plattformentwicklung und Produktentwicklung über der Zeit variiert, muss die Organisation auch atmen können,
indem Ressourcen temporär ausgetauscht werden. Dieser Austausch ist ebenfalls wichtig, um den Know-how-Transfer bei der erstmaligen Anwendung
neuer Plattformen in Produktentwicklungen sicherzustellen.

Durch das Aufbrechen der Fachdisziplinen fehlt in architekturzentrierten
Organisationen die Basis für Pflege, Austausch und Weiterentwicklung des
fachlichen Know-hows. Diesem Mangel muss mit geeigneten Kompensations-
maßnahmen wie funktionsübergreifenden Fokusgruppen begegnet werden.

5.6 Phasen zur Umsetzung des Plattformmanagements

Plattformstrategieprojekte lassen sich in verschiedene Phasen gliedern. Bild 5.9 zeigt das von *Zühlke* in Beratungsprojekten angewendete Vorgehen. Es handelt sich dabei um einen ganzheitlichen Ansatz, der neben der Plattform an sich auch die organisatorischen Anpassungen und das Change Management einschließt.

Auf der Ebene der eigentlichen Plattformprojektebene werden dabei vier Phasen unterschieden:

- In einer kurzen ersten Phase wird das Potenzial der verschiedenen Architekturansätze auf Basis einer speziell entwickelten Bewertungsmethode abgeschätzt und eine erste Grobplanung für das Projekt erstellt.

- In der zweiten Phase werden die wesentlichen Grundlagen für die Gestaltung des neuen Architekturkonzeptes erarbeitet. Dazu gehören beispielsweise die Strukturierung der Marktsegmente und Marktanforderungen, die Analyse der heutigen Architektur des relevanten Produktsortiments sowie die Überprüfung und Ergänzung der Produkt-Roadmap.

- In der dritten Phase, der sogenannten Definitionsphase, wird das zukünftige Plattform- und Modulkonzept stufenweise, iterativ erarbeitet und optimiert. Dazu gehören die Grobdimensionierung und häufig auch die Durchführung von Machbarkeitsstudien für ausgewählte Themen sowie natürlich der Nachweis der Wirtschaftlichkeit. Zudem werden die einzelnen Entwicklungsprojekte zur Realisierung der Plattformen und Module definiert, grob terminiert und mit der Produkt-Roadmap abgestimmt.

- Die vierte Phase dient der eigentlichen Implementierung. Dabei werden die einzelnen Plattformen und Module entwickelt und verifiziert sowie in den ersten Produktentwicklungen eingesetzt.

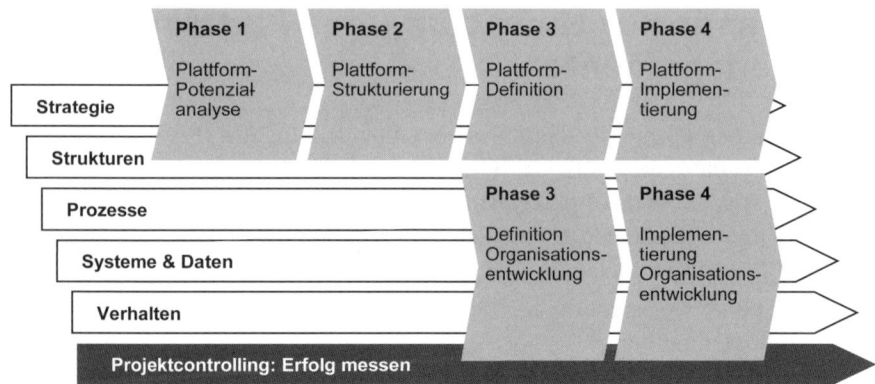

Bild 5.9 Phasenmodell eines Plattformstrategieprojekts (Zühlke)

Auf der Ebene der Organisation werden zwei Phasen unterschieden:

- In der ersten Phase werden die notwendigen organisatorischen Maßnahmen, insbesondere die Anpassung der Prozesse erarbeitet. Zudem werden die unterstützenden Maßnahmen im Rahmen des Change Management definiert. Ebenso gehört die Gestaltung eines wirkungsvollen Strategiecontrollings dazu.

- Die zweite Phase dient der Implementierung der angepassten Prozesse und Zusammenarbeitsmechanismen und der nachhaltigen Verankerung der neuen Denk- und Verhaltensweisen in der Organisation.

5.7 Erfolgsfaktoren

Die Abkehr von einer Einzelproduktorientierung hin zu einer konsequenten Orientierung auf ganze Produktsortimente und Produktlebenszyklen bedingt tief greifende Veränderungen von Einstellungen und Verhalten. Davon betroffen sind sämtliche Unternehmensfunktionen und sowohl Mitarbeiter als auch Management. Vielfach sind dabei große, teils offen zutage tretende, teils auch verdeckte Widerstände zu überwinden. Die aktive und vorausschauende Führung der notwendigen Veränderungsprozesse ist deshalb von zentraler Bedeutung. Leider wird dies in der Unternehmenspraxis oftmals unterschätzt und vernachlässigt.

Grundsätze des Veränderungsmanagements

Diese Veränderungsprozesse gehorchen allgemeinen Gesetzmäßigkeiten. Für eine erfolgreiche Unternehmensentwicklung sind die Kenntnis der entsprechenden Mechanismen und die Erfahrung im Management dieser Veränderungsprozesse eine wichtige Erfolgsvoraussetzung (Bild 5.10).

Die Konfrontation mit dem Unerwarteten führt zu Verunsicherung und Lähmung bis hin zu einem Schock. Das Zutrauen in die eigenen Fähigkeiten sinkt (1). Anschließend folgt eine Phase der Ablehnung. Bisherige Werte und Glaubenssätze werden aktiviert, um sich zu beruhigen. Die Realität wird ignoriert und das Zutrauen in die eigenen Fähigkeiten steigt wieder (2). Wenn der Druck anhält, wird schließlich die Unwiderruflichkeit der Veränderung und damit die eigene Ohnmacht erkannt (3). Da die Konsequenzen unklar sind, führt die Einsicht zu einem sinkenden Vertrauen in die eigenen Fähigkeiten bis hin zu Existenzängsten. Vor dem Betroffenen türmt sich ein Berg auf, aber schließlich akzeptiert er die Veränderung (4). Ansonsten scheidet er aus dem Prozess aus und die anderen gehen den restlichen Weg ohne ihn. Diejenigen, die den Weg weitergehen, lernen und üben neue Verhaltensweisen ein (5). Sie gewinnen neues Vertrauen in die eigenen Fähigkeiten und neue Erkenntnisse, wobei dieser Lernprozess auch durch temporäre Rückschläge und Zweifel geprägt wird (6). Schließlich wird jedoch das neue Verhalten erfolgreich be- herrscht und integriert (7). Erreicht werden eine stärkere Wahrnehmung der eigenen Kompetenz und damit Vertrauen und Zuversicht, verbunden mit einem höheren Selbstwertgefühl.

Dieses Muster liegt jeder Veränderung zugrunde, nur die Ausprägungen sind abhängig von der Art der Veränderung und dem Persönlichkeitsprofil der Betroffenen unterschiedlich. Insbesondere das Management sollte sich auch bewusst sein, dass es dabei keine Abkürzung gibt. Bei größeren Veränderungen lohnt es sich, neben der Projektleitung spezielle Change-Verantwortliche zu definieren. Um den Prozess erfolgreich zu führen, müssen die konkreten Täler und Berge im Voraus durchdacht werden.

Gutes Change Management bedingt auch die richtige Einschätzung der Typologie der Betroffenen. Untersuchungen zeigen, dass im Allgemeinen nur rund 15 % echte Gegner, aber rund 80 % Bremser oder Skeptiker sind. Dies verdeutlicht den hohen Stellenwert der kleinen Gruppe der Promotoren als Change Agents und Multiplikatoren im Unternehmen. Skeptiker dagegen sind äußerst wertvoll, wenn sie gezielt für Reviews und zur Verbesserung des Vorhabens eingesetzt werden.

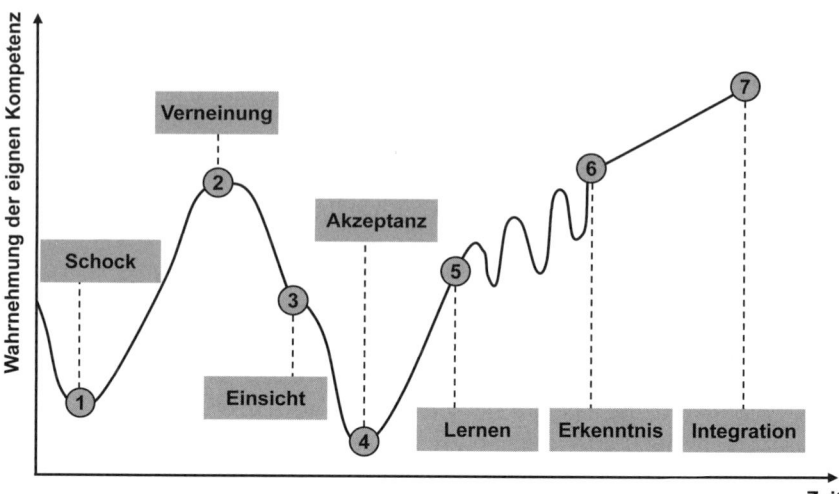

Bild 5.10 Phasen in Veränderungsprozessen

ERFOLGSFAKTOREN IM PLATTFORMMANAGEMENT

- Vom Markt aus starten: Was ist unterschiedlich aufgrund der unterschiedlichen Marktanforderungen, was kann vereinheitlicht werden.
- Transparenz in den Lebenszykluskosten herstellen. Über Prozesskosten wird in vielen Unternehmen geredet, aber meist wird noch nach den Herstellkosten über ein Projekt entschieden.
- Plattformstrategie systematisch und explizit definieren.
- Verantwortlichkeiten klären zwischen Produktmanagement und Plattform-management. Plattformmanagement erfordert in der Regel auch eine Organisationsanpassung.
- Quick Wins realisieren und kommunizieren. Die Erfolge mit Plattformmanage-ment sind häufig nicht kurzfristig zu erzielen. Zunächst gibt es immer Kosten-steigerungen.
- Auch Bereiche klar definieren, welche außerhalb des Plattformmanagements liegen, z. B. hoch integrierte High-End-Lösungen, welche in geringer Stückzahl erscheinen.
- Megaplattformen vermeiden, Transitionsprozess definieren.
- Topmanagement-Commitment sicherstellen. Plattformmanagement als unternehmensweites Konzept verankern und nicht auf F&E beschränken.
- Systemkompetenz und Systemdenken verbessern. Systemarchitekten als zentrale Rolle neben den Projektmanagern etablieren.
- Klaren Managementprozess etablieren. Aktives Change Management, um den Umsetzungserfolg zu sichern.

6 TECHNOLOGIE-ROADMAPPING

Günther Schuh, Stephen Beckermann, Sascha Klappert

6.1 Motivation für das Technologie-Roadmapping

Erfolgreiche Unternehmen dürfen, wenn sie nachhaltig erfolgreich bleiben wollen, nicht von neuen Technologien und Marktentwicklungen überrascht werden. Aus dieser Perspektive ergibt sich ein erhöhter Planungsbedarf für alle Bereiche des Unternehmens. Vor allem müssen die notwendigen Technologieplanungen zunehmend bereichsübergreifend abgestimmt werden, damit der bestmögliche Nutzen aller Ressourcen für das gesamte Unternehmen erzielt werden kann. Als Gegenpol für diesen sicherheitsgetriebenen Ansatz ist das zunehmend komplexere Umfeld der Unternehmen zu betrachten. Die fortschreitende Globalisierung z. B. macht es für hiesige Unternehmen schwerer, Risiken vorherzusagen; so sind neue Technologien schwer einzuschätzen und eventuell noch nicht einmal erkannt. Eine bis ins letzte Detail und auf mehrere Jahre ausgelegte starre Technologieplanung kann daher recht unerwartet hinfällig werden.

Ein wichtiger Ansatz, um diesem Dilemma zu begegnen, ist das Technologie-Roadmapping, das die Aufgabe hat, technologiebezogene Informationen zu sammeln und auszuwerten, das relevante technologische Umfeld (intern und extern) zu strukturieren, die Kommunikation bereichsübergreifender Themen zu fördern, um Transparenz in technologieorientierten Entscheidungssituationen zu schaffen und somit die Planungssicherheit zu erhöhen (Bild 6.1).

Beim Technologie-Roadmapping werden alle technologierelevanten Planungsobjekte (Produkte, Produkt-, Fertigungs- und Informationstechnologien) aufeinander abgestimmt. Megatrends, Markt- und Kundenforderungen sowie Produkte sind dabei als wichtige Einflussgrößen berücksichtigt. Eine Technologie-Roadmap stellt somit das zentrale Element der strategischen Technologieplanung dar.

strukturieren

**Förderung der
Kommunikation**

**Informationssammlung
und -auswertung**

**Transparenz schaffen
(intern und extern)**

**Erhöhung der
Planungssicherheit**

| Technologie-Roadmap als zentrales Element
der strategischen Technologieplanung |
|---|

Bild 6.1 Aufgaben des Technologie-Roadmappings

6.2 Nutzen des Technologie-Roadmappings

Mit Hilfe des Technologie-Roadmappings sollen Unternehmen in die Lage versetzt werden, sich effektiv an eine sowohl marktseitig wie auch technologisch hochkomplexe Umgebung kontinuierlich anzupassen. Das zentrale Element des Technologie-Roadmappings liegt zu Recht in der Schaffung von Transparenz, die durch den kommunikativen Austausch der verschiedenen Unternehmensbereiche (z. B. Forschung, Entwicklung, Produktion, Vertrieb, Produktmanagement, Marketing) bei der Erstellung der Roadmaps erzeugt wird. Daraus resultiert eine effektivere und effizientere Technologieplanung, die die Quote an Fehlentscheidungen reduziert und die Reaktionszeit bei unerwarteten Marktveränderungen verkürzt. Bei unvorhergesehenen Situationen erlaubt diese Transparenz, mögliche Handlungsalternativen schneller zu erkennen und zu evaluieren. Mit einem zielgerichteten Technologie-Roadmapping werden schwierige und komplexe Technologieentscheidungen diskutierbar, sodass Fehlentscheidungen vermieden werden können. Technologie-Roadmapping ersetzt dabei keine Planungsaktivität, sondern koordiniert schon existierende Planungen und stellt die Ergebnisse in diskutierbarer Form dar. Im Einzelnen haben sich in der industriellen Praxis folgende Vorteile durch den Einsatz des Roadmappings erschlossen:

- **Zielgerichtete Diskutierbarkeit:** Die Darstellung eines Technologieplans als Roadmap erhöht das Verständnis über die Zusammenhänge zwischen den einzelnen Planungsebenen. Dies ermöglicht die Diskussion des gesamtheitlichen Technologieplans eines Unternehmens, ohne sich zu schnell in Detaildiskussionen zu verlieren.

- **Integrierte Ausrichtung der Planungsebenen:** Technologie-Roadmapping erlaubt es, verschiedene Ebenen eines Technologieplans (Markt, Produkt und Technologie) aufeinander abzustimmen. Wesentlich ist dabei die Visualisierung der Wirkungszusammenhänge zwischen den einzelnen Ebenen, sodass die Auswirkungen von Änderungen in einer Ebene auf die übrigen Ebenen schnell erkannt werden können. Eventuelle bereichsübergreifende Planungslücken können schneller identifiziert werden. Anstatt optimale, jedoch isolierte Planungen für jede Planungsebene durchzuführen, wird die Technologieplanung durch ein ganzheitliches Roadmapping unternehmensweit optimiert.

- **Stakeholder Commitment:** Technologie-Roadmapping ist ein ganzheitlicher Ansatz, der alle für den Technologieplan relevanten Akteure (Entwicklung, Produktion, Marketing etc.) einbinden sollte. Dadurch wird eine hohe Verbindlichkeit erzeugt, da alle Stakeholder an der Erstellung der Roadmap beteiligt sind und dieser final zustimmen. Die Roadmap wird somit zum Basisdokument der strategischen und operativen Technologieplanung.

- **Denken in Alternativen:** In einer Roadmap können alternative zukünftige Entwicklungen (z. B. Kundenforderungen, technologische Fähigkeiten) berücksichtigt werden und alternative Technologiepfade abgeleitet werden. Technologiebezogene Planspiele werden somit möglich. Daraus resultiert die Fähigkeit, schnell auf Veränderungen zu reagieren und sich somit in einem dynamischen und komplexen Umfeld besser zu positionieren.

- **Planungseffizienz:** Eine Roadmap hilft, sich bei der Technologieplanung auf die wesentlichen Aspekte zu konzentrieren, gegensätzliche Erwartungen werden aufgedeckt und konträre Planungen können leichter festgestellt werden. Ohne eine bereichs- und funktionsübergreifende Planung würden viele Unstimmigkeiten bis zu einem späteren, ungünstigeren Zeitpunkt verborgen bleiben.

- **Integration der Früherkennung:** Dabei gilt es, durch eine systematisierte Erfassung und Bündelung von Expertenwissen sowie durch die Abstimmung divergierender Meinungen und Erwartungen die zukünftigen technologischen Entwicklungen in einem Handlungsfeld vorherzusagen und zu bewerten. Basierend auf den Richtungsvorgaben der Roadmap können Suchfelder für eine zielorientierte Früherkennung abgeleitet werden.

6.3 Was ist eine Technologie-Roadmap?

Roadmaps geben Auskunft über aktuelle und geplante Vorhaben, vorangegangene Entscheidungen, Abhängigkeiten und Kausalitäten. Wie der Name schon andeutet, unterstützt die Roadmap den am Steuer sitzenden Manager dabei, sein unternehmerisches Gefährt zielgerichtet durch unbekanntes Terrain zu steuern (Möhrle, Isenmann 2005). Es wird nicht nur ermöglicht, die aktuelle Position zu bestimmen, sondern auch den Weg zum Ziel mitsamt seinen Zwischenschritten und alternativen Routen eindeutig zu planen und darzustellen. Eine Technologie-Roadmap stellt somit die Operationalisierung der Technologiestrategie eines Unternehmens dar.

Die beiden wesentlichen Elemente des Technologie-Roadmappings sind zum einen die Darstellungsform der Roadmap und zum anderen der Prozess zur Erstellung der Roadmap. Beide Aspekte werden im Folgenden diskutiert.

Roadmaps gibt es in vielen Ausführungen. So identifizierten Phaal, Farrukh und Probert (2004) 40 verschiedene Arten von Roadmaps im produzierenden Gewerbe und im Dienstleistungssektor. Sie werden zur Produktplanung, Kapazitätsplanung, strategischen Planung, langfristigen Planung oder Integrationsplanung eingesetzt, wobei viele verschiedene Darstellungsformen existieren.

Eine generische Darstellungsform der Technologie-Roadmap wird von der European Industrial Research Management Association (EIRMA 1997) vorgeschlagen. Diese Roadmap ist in dem folgenden Bild dargestellt und zeigt die konstituierenden Elemente einer Roadmap (Bild 6.2). Dies ist zunächst die Zeitachse, die unterschiedlichen Ebenen (Markt, Produkt und Technologie), die Verknüpfungen zwischen den Ebenen und die Darstellung der Planungsobjekte in Balkenform.

Diese konstituierenden Elemente einer Roadmap befinden sich auf einer sehr abstrakten Ebene. Daher verwundert es nicht, dass eine Vielzahl an unterschiedlichen Darstellungsformen für Roadmaps in der industriellen Praxis existieren. Ursache dafür ist, dass Roadmaps für verschiedenste Anwendungsfälle eingesetzt werden und somit teilweise weitaus detailliertere Informationen dargestellt und herausgestellt werden. Die Darstellungsform hängt somit neben unternehmensspezifischen Randbedingungen im Wesentlichen vom geplanten Einsatz der Roadmap ab. Eine optimale Darstellungsform für alle Einsatzgebiete von Roadmaps ist somit nicht sinnvoll. Bei der Wahl der richtigen Darstellung muss deshalb die richtige Balance zwischen Detaillierungsgrad und Übersichtlichkeit der Roadmap im situativen Kontext gefunden werden.

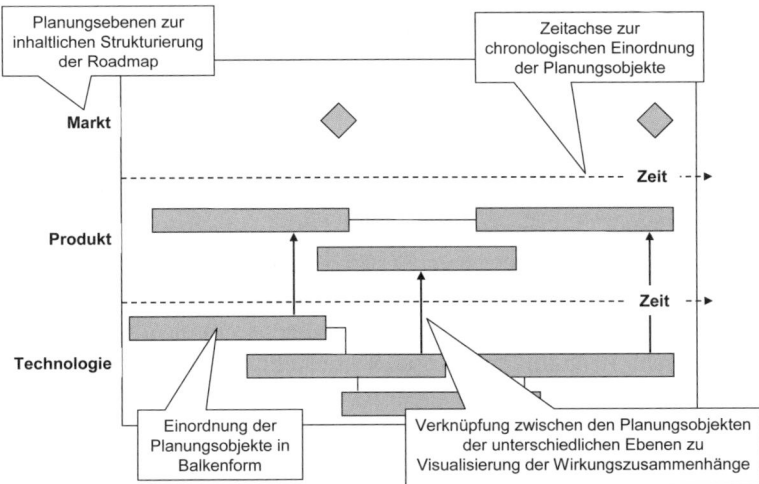

Bild 6.2 Konstituierende Elemente einer Technologie-Roadmap in Anlehnung an EIRMA

Eine verbreitete Technologie-Roadmap ist beispielsweise der Technologiekalender (Schmitz 1995). Ähnlich der generischen Roadmap von EIRMA zeigt er das geplante Produktportfolio über und die zugeordneten Produktions-, Material- und Produkttechnologien unter der Zeitleiste (Bild 6.3). Diese Darstellung hilft, Produkte mit den relevanten Technologien zu synchronisieren, mögliche Anwendungen für neue Produktionstechnologien zu finden und sowohl Technology-Push wie auch Market-Pull zu unterstützen (Schuh, Schröder, Gawatsch 2006).

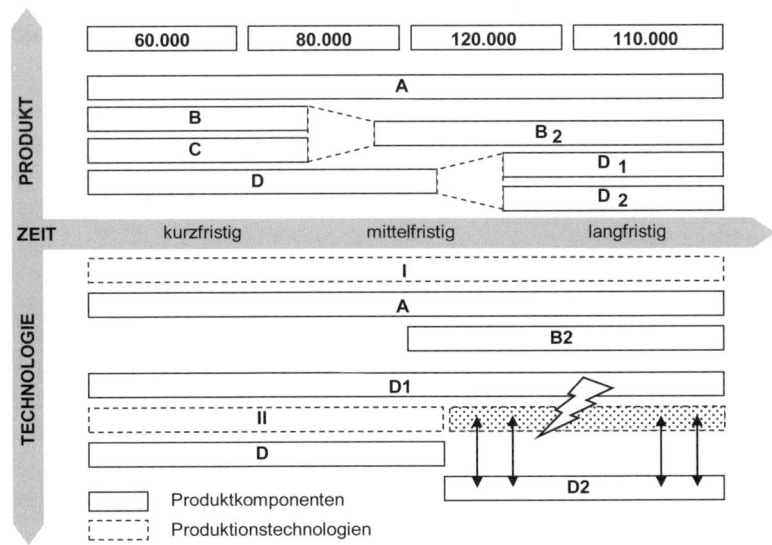

Bild 6.3 Beispiel eines Technologiekalenders

6.4 Planungsebenen beim Technologie-Roadmapping

Die drei Ebenen Markt, Produkt und Technologie, wie in Bild 6.2 dargestellt, gelten als Basisebenen. Jedoch ist es gerade für Unternehmen im produzierenden Gewerbe ratsam, eine feinere Unterscheidung zwischen den verschiedenen Technologiearten zu machen. Technologie kann sowohl Produkt-, Material-, Produktions- oder Informationstechnologie bedeuten. Produzierende Unternehmen müssen alle vier Technologiearten sorgfältig planen und einsetzen, um im Wettbewerb zu bestehen. Die verschiedenen Technologiearten haben sehr unterschiedliche Bedeutungen für das Unternehmen und werden in der Regel unterschiedlichen Verantwortungsbereichen zugeordnet. Das Wissen über Produktionstechnologien befindet sich meist im Umfeld der Produktion, über Produkt- und Materialtechnologien sind die F&E-Bereiche am besten informiert. Informationstechnologien sind unterstützende Technologien, die sowohl für F&E (z. B. CAD-Programme, PLM), Produktion (CAM-Programme) wie auch für unternehmensweite Themengebiete (Enterprise Resource Planning, Customer Relationship Management etc.) wichtig sind.

Ein Modell mit fünf Ebenen, welches Produkt- und Fertigungstechnologien als separate Technologieebenen behandelt, kann als Basis für das Roadmapping bei technologieorientierten Unternehmen genutzt werden. Falls sich die relevanten Informationstechnologien den beiden Technologiegruppen Produkt- und Produktionstechnologie nicht zuordnen lassen, jedoch eine Schlüsselrolle im Unternehmen einnehmen, so lässt sich eine IT-Ebene hinzufügen.

Folgende Hauptebenen sind bei der Zusammenstellung einer Technologie-Roadmap zu berücksichtigen:

- Megatrends,
- Kunden- und Marktforderungen,
- Produkte,
- Produkttechnologien,
- Produktionstechnologien.

Die fünf Ebenen können in drei kommerzielle (Megatrends, Kunden- und Marktforderungen und Produkte) und zwei technische (Produkt- und Produktionstechnologien) Ebenen gruppiert werden (Bild 6.4). Zentraler Fokus des Technologie-Roadmappings liegt auf den Produkten, Produkt- und Produktionstechnologien. Zur Vereinfachung wird an dieser Stelle davon ausgegangen, dass Material- und IT-Technologien sich den technologieorientierten Planungsebenen zuordnen lassen.

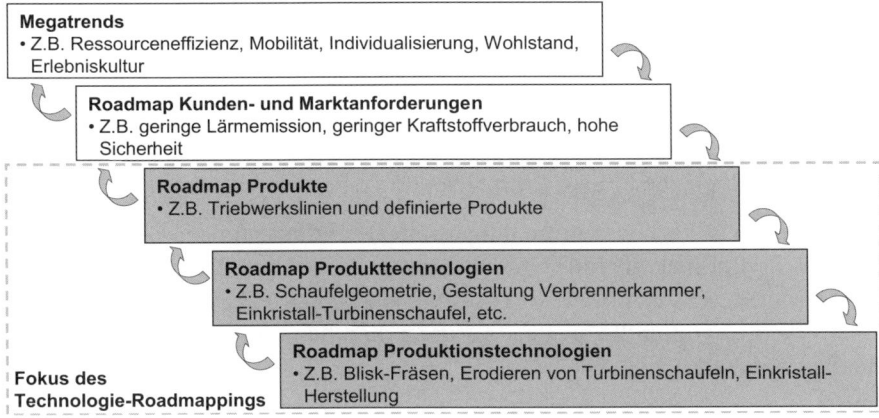

Bild 6.4 Roadmap-Kaskade am Beispiel der Triebwerksentwicklung

Erste und zweite kommerzielle Ebene: Megatrends sowie Markt- und Kundenforderungen

In den Ebenen Megatrends sowie Markt- und Kundenforderungen werden die relevanten Entwicklungen im Unternehmensumfeld dargestellt und daraus die relevanten marktseitigen Herausforderungen für die Produkte und Technologien des Unternehmens abgeleitet. Im Betrachtungsbereich liegen dabei sowohl existierende als auch potenzielle Märkte, innerhalb derer grundsätzliche Trends, die die Zielgruppen des Unternehmens betreffen, zu identifizieren sind.

Um diese Roadmap-Ebene mit Inhalten füllen zu können, müssen Informationen zu Megatrends, Entwicklungen der Märkte, Kundenforderungen, potenziellen neuen Märkten, Entwicklungen der Konkurrenz und potenziellen neuen Wettbewerbern analysiert und muss ihr Einfluss auf das eigene Unternehmen identifiziert werden.

Dritte kommerzielle Ebene: Produkte

Die Hauptaufgabe der Produktebene ist es, einen Überblick über das Produktportfolio eines Unternehmens zu geben. Die Informationen in der Produktebene sind essenziell, da sie die aktuelle Aufstellung am Markt sowie die Marktstrategie darstellen. Eine Beurteilung des zukünftigen Produktportfolios benötigt eine Berücksichtigung der anderen Ebenen. Anders als die vorherigen Ebenen hat die Produktebene nicht ausschließlich die Aufgabe, Inhalte auf einer zeitlichen Achse darzustellen, damit diese als Eingangsinformation woanders genutzt werden können. Die Produktebene ist sowohl Informationsquelle für wie auch -empfänger von anderen Ebenen, sie unterstützt Market-Pull sowie Technology-Push, indem sie Signale von anderen Ebenen aufnimmt und berücksichtigt. So können z. B. Lücken im Produktportfolio mithilfe von Technologien aus der Ebene „Produkttechnologie" gefüllt werden.

Einige Informationen, die beispielsweise in der Produktebene enthalten sein sollten, sind Angaben zu früheren, aktuellen und zukünftigen Produkten, deren Spezifikationen, deren Verankerung zu übergeordneten Plattformen sowie deren Preisniveau und Marktpositionierung.

Erste technologische Ebene: Produkttechnologie

Die technologischen Ebenen benötigen interne Informationen aus Bereichen wie z. B. Produktentwicklung, Forschung und Produktion. Externe Informationen werden durch Früherkennung mithilfe von Scouts, informellen Mitarbeiternetzwerken, Veröffentlichungen, Patentrecherchen, Messen oder anderen Quellen beschafft.

Die Ebene Produkttechnologie muss vor allem zwei Aufgaben erfüllen. Sie muss beim Aufbau von technologischen Kompetenzen sowie der Entwicklung von spezifischen Technologien unterstützen, und sie stellt Informationen zu Leistungsfähigkeit und Verfügbarkeit von Technologien den anderen Abteilungen transparent dar. Eine transparente Darstellung dieser Informationen macht es Mitarbeitern anderer Unternehmensbereiche einfacher, die Leistungsfähigkeit von einzelnen Produkttechnologien sowie deren zeitliche Realisierung einzuschätzen. Dazu müssen unter anderem Informationen zu Funktion, Leistungsfähigkeit, Technologiereife, erwartetem Technologielebenszyklus, Technologiequelle und Einsatzzeitpunkt der Technologie aufgeführt werden.

Zweite technologische Ebene: Produktionstechnologie

Die Ebene Produktionstechnologie soll Informationen über eigene Produktionstechnologien, geplante Investitionen und relevante externe Produktionstechnologien enthalten. Die Bedeutung von Produktionstechnologien für die Innovationsfähigkeit eines Unternehmens wird häufig unterschätzt. Unzureichendes Verständnis und die daraus resultierende Über- oder Unterschätzung der Fähigkeiten der schon eingesetzten und zukünftigen Produktionstechnologien kann die Innovationsfähigkeit jedoch negativ beeinflussen. Produktentwickler, die sich der Entwicklungen im Bereich der Produktionstechnologie nicht bewusst sind, versäumen es eventuell, die Vorteile neuer Produktionstechnologien auch für Verbesserungen im Produktdesign zu nutzen. Um Entwicklern die maximale Freiheit bei der Produktentwicklung zu geben und gleichzeitig eigene Produktionstechnologien so gut wie möglich zu nutzen, ist es daher wichtig, den Status quo sowie zukünftige Entwicklungen in der Produktion anderen transparent darzustellen.

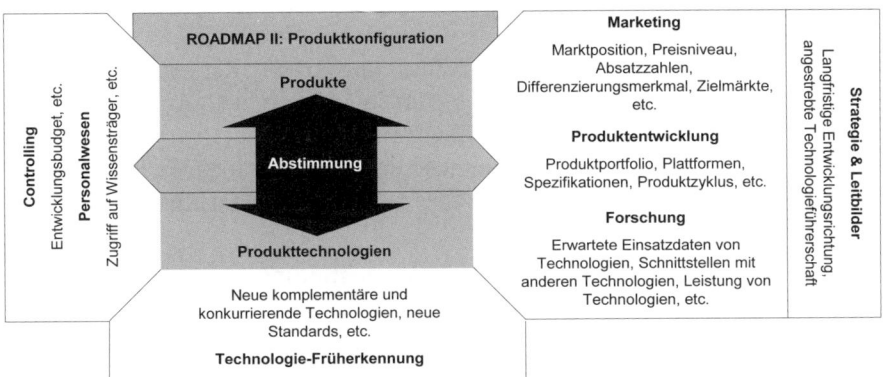

Bild 6.5 Zusammenführung zweier Ebenen zu einer Roadmap

Informationen, die in der Ebene Produktionstechnologie angegeben werden sollten, sind Funktion, Leistungsfähigkeit der Technologie, Technologiereife, einzigartige Merkmale, erwarteter Technologielebenszyklus und die Technologiequelle.

Welche Planungsebenen in einer Roadmap zusammengeführt werden sollten, hängt vom jeweiligen Einsatz ab. Es hat sich aber in der Praxis gezeigt, dass sich die verschiedenen Roadmaps immer aus mindestens zwei Ebenen zusammensetzen sollten, um den wesentlichen Nutzen der Roadmap zu erhalten, denn nur so kann ein ebenenübergreifender Abgleich erfolgen. Je nach unternehmensspezifischen Anforderungen können Informationen für zusätzliche Ebenen gesammelt und daraus neue Roadmaps erzeugt werden. Es ist nicht das Ziel, in einer Roadmap alle zur Verfügung stehenden Informationen darzustellen. Die Roadmap soll eher situationsgerecht aufbereitet werden, wobei nur ausgewählte Informationen dargestellt werden. Falls zusätzliche Informationen gebraucht werden, kann auf die entsprechende Planungsebene zurückgegriffen werden. Bild 6.5 zeigt, wie zwei Ebenen, hier „Produkte" und „Produkttechnologien", zu einer Roadmap zusammengeführt werden.

6.5 Erfolgsfaktoren

Das Technologie-Roadmapping ist mittlerweile schon weitverbreitet und etabliert. Dabei hat sich gezeigt, dass die Einführung und die Nutzung dieser Roadmaps oftmals mit großen Schwierigkeiten verbunden sind. Im Folgenden sollen daher die wesentlichen Erfolgsfaktoren für ein zielgerichtetes Roadmapping beschrieben werden; diese basieren auf langjähriger Erfahrung bei der Implementierung des Roadmappings in unterschiedlichen Industrien und auf einer Vielzahl an Expertengesprächen.

Crossfunktionale Zusammenarbeit

Ein zentraler Erfolgsfaktor ist die enge Zusammenarbeit aller technologieorientierten Bereiche eines Unternehmens (Forschung, Entwicklung, Einkauf, Produktion, Marketing etc.) bei der Erstellung einer Roadmap. Dies ermöglicht die schnelle Identifikation von Fehlplanungen und die Ableitung von Lösungsmöglichkeiten. Darüber hinaus steigt die Verbindlichkeit der Roadmap.

Unternehmens- und situationsgerechte Ausgestaltung

Ein Vergleich von Technologie-Roadmaps in der Industrie offenbart, dass keine Standard-Roadmap existiert. Dies ist auch nicht verwunderlich, da jedes Unternehmen unterschiedlichen Rahmenbedingungen unterliegt und somit auch unterschiedliche Schwerpunkte in ihren Roadmaps abbildet. Somit bedarf es einer situationsgerechten Aufbereitung der Roadmaps beispielsweise für Geschäftsfeldplanungen, Make-or-buy-Entscheidungen oder die Planung von Technologieeinsatz und -entwicklung. Eine auf situationsgerechte Inhalte fokussierte Darstellung der Roadmaps führt zur Handhabbarkeit und Akzeptanz.

Bewertung nach eigenen Maßstäben

Die Bewertung der Technologien in einer Roadmap ist ebenso abhängig von den jeweiligen Randbedingungen als auch von den Zielsetzungen des Unternehmens. Es ist leicht nachvollziehbar, dass beispielsweise Technologieführer andere Bewertungskriterien nutzen als Technologiefolger. Wichtig ist allerdings die unternehmensweite Nutzung einheitlicher Bewertungsverfahren und -kriterien beim Technologie-Roadmapping im zeitlichen Verlauf von der Früherkennung bis zur operativen Planung. Des Weiteren ist von Anfang an und mit zunehmender Konkretisierung bei abnehmendem Zeithorizont eine wirtschaftliche Bewertung zu berücksichtigen.

Fokus auf Roadmap-Darstellung und -Prozess

Der eigentliche Mehrwert einer Technologie-Roadmap hängt weniger von der Darstellungsform ab, denn es gibt mehrere praktische und nützliche Roadmaps, solange durch die Roadmap mehrere Ebenen – Produkte, Technologien etc. – abgestimmt werden können. Zu viel Aufwand hinsichtlich der Darstellung bringt daher nicht den erwarteten Mehrwert. Der Grund dafür ist, dass der größte Mehrwert durch die Koordinationsmaßnahmen im Rahmen der Roadmap-Erstellung entsteht. Der Roadmapping-Prozess bringt Verantwortliche aus verschiedenen Bereichen zusammen und fördert somit die Diskussion über den Technologieplan. Dies führt zu einer gemeinsamen Ausrichtung der Ressourcen, die ohne die prozessgetriebenen Abstimmungen schwer zu erreichen wäre. Des Weiteren sorgt es für Verbindlichkeit, da die Erstellung des Plans eine Optimierung des Gesamten zugrunde legt und von hoher Akzeptanz und Unterstützung der Verantwortlichen profitiert.

Zentrale Prozessgestaltung – dezentrale Ausarbeitung

Für den Roadmapping-Prozess stellt sich die Frage der Verantwortlichkeiten und der Prozessteilnehmer. Ein bewährter Ansatz ist es, die Prozessverantwortung zentral zu steuern, z. B. in einer Stabsabteilung, und die Verantwortung für die Inhalte der Roadmap dezentral den jeweiligen Abteilungen zu übergeben. Der Prozessverantwortliche organisiert die Roadmapping-Treffen und ist für die Aktualität der Roadmaps verantwortlich. Er setzt Standards für den Prozess und schlägt eine Basis-Roadmap-Version vor, damit alle Roadmaps unternehmensintern vergleichbar sind. Er stellt über den Prozess sicher, dass alle Stakeholder (z. B. Marketing, Produktion, Forschung, Entwicklung, Controlling, etc.) an der Erstellung der Roadmaps beteiligt sind. Die Teilnehmer sind für das Beisteuern der Inhalte und die offene Kommunikation verantwortlich. Diese Trennung der Aufgaben in Prozess und Inhalte ist von Vorteil, da der Prozessverantwortliche eine neutrale Position einnimmt und den Prozess treiben kann. Trotz dieser Aufteilung ist das Roadmapping eine zentrale Führungsaufgabe und muss von der Geschäftsleitung geführt werden.

Orientierung an technologischen Leitbildern

Der Roadmapping-Prozess kann durch das Verwenden von technologischen Leitbildern sinnvoll unterstützt werden. Diese Leitbilder beschreiben die generelle technologische Orientierung des Unternehmens und unterstützen somit Entscheidungen im Roadmapping-Prozess (Schuh et al. 2006). Zum Beispiel können abstrakte Kundenforderungen durch Leitbilder unternehmensgerecht in Lösungskonzepte umgewandelt werden. In der Automobilindustrie können beispielsweise die abstrakten Kundenanforderungen Beschleunigung und Effizienz durch das Leitbild Leichtbau in allen Technologiebereichen maximiert werden, indem alle Technologien in der Roadmap auf ihren Beitrag zum Leichtbau hin überprüft werden.

Internes und externes Know-how explizieren

In eine Technologie-Roadmap sollte zunächst das interne Wissen der Unternehmensbereiche aufgenommen und anschließend durch externe Erkenntnisse ergänzt werden. Die Erfahrung zeigt, dass mindestens 80 % des notwendigen Wissens zur Erstellung einer Roadmap bereits intern vorliegen, aber ein direkter Zugriff nicht möglich ist, da dieses Wissen sich auf viele Köpfe verteilt. Erfolgreiches Roadmapping ist daher abhängig von der zielgerichteten Einbindung relevanter Experten und bedarf einer offeneren Unternehmenskultur.

Zur Integration externer Informationen haben sich sogenannte Früherkennungsnetzwerke als hilfreich erwiesen.

Ungewissheit akzeptieren – in Alternativen denken

Ziel des Roadmappings ist es, auch in ungewissen Situationen möglichst genau zu planen und auf eventuelle Veränderungen flexibel zu reagieren. Flexibilität ist beim Roadmapping dadurch gegeben, dass eine schnelle Abstimmung mit allen Unternehmensbereichen möglich ist. Um eine schnelle Reaktion zu ermöglichen, sollten beim Roadmapping verschiedene Szenarien berücksichtigt werden. Dies kann mit Hilfe der Szenariotechnik erreicht werden. Werden den verschiedenen Szenarien Wahrscheinlichkeiten zugeordnet, so bekommt das Unternehmen die Möglichkeit, seine Planung vor dem Hintergrund eines alternativen Szenarios zu bewerten. Lässt sich ein alternatives Szenario, dessen Eintritt mit hoher Wahrscheinlichkeit vorausgesagt wird, nicht mit der aktuellen Planung bewältigen, so sollte eine alternative Roadmap erstellt werden, um zu ermitteln, was nötig wäre, um sich an die veränderten Bedingungen anzupassen.

Technologie-Roadmaps zur sich selbst erfüllenden Prophezeiung nutzen

Da auch das Roadmapping auf ungewissen Vermutungen basiert, stellt sich die Frage des Mehrwerts der Roadmap. Zwar müssen Roadmaps in der Tat häufig an interne und externe Veränderungen angepasst werden, jedoch macht dies die bis dahin geltende Planung nicht wertlos. Durch das Roadmapping sollte ein langfristiges Ziel festgelegt werden, um alle Unternehmensbereiche so zu koordinieren, dass dieses Ziel erreicht wird. Auch wenn die geplante Entwicklung nicht sicher ist, so trägt vor allem die Roadmap dazu bei, dass diese Zukunft eintritt. Ohne Roadmapping wäre der Eintritt der gewünschten Zukunft oftmals eine Glückssache, werden jedoch das Ziel und der Weg dahin für alle festgelegt, so erhöht sich die Wahrscheinlichkeit, dass das Geplante auch wirklich eintritt.

Ein gutes Beispiel hierfür sind die „International Technology Roadmap for Semiconductors (ITRS)" und das dazugehörige Mooresche Gesetz. Zwar handelt es sich hierbei um eine Branchen-Roadmap, jedoch verstärkt der Glaube an die Roadmap, dass die vorhergesehene Entwicklung auch wirklich eintritt. Die Erwartung, dass gewisse Technologien zu einem bestimmten Zeitpunkt zur Verfügung stehen, hält alle Beteiligten dazu an, den Anschluss nicht zu verlieren. Durch klare Verbindlichkeiten und gemeinsame Planung lässt sich dieser Effekt auch innerhalb eines Unternehmens erzeugen.

Keine Fokussierung auf IT-Lösungen

Es existiert eine Vielzahl an IT-Programmen zur Erstellung von Roadmaps. Diese können den Prozess strukturieren, sind aber selbst nicht die Lösung. Die Analyse der ebenenübergreifenden Wirkungszusammenhänge kann nur durch Experten erfolgen und ist nicht automatisierbar.

ZEHN ERFOLGSFAKTOREN FÜR EIN ZIELGERICHTETES TECHNOLOGIE-ROADMAPPING

- Crossfunktionale Zusammenarbeit
- Unternehmens- und situationsgerechte Ausgestaltung
- Bewertung nach eigenen Maßstäben
- Fokus auf Roadmap-Darstellung und -Prozess
- Zentrale Prozessgestaltung – dezentrale Ausarbeitung
- Orientierung an technologischen Leitbildern
- Internes und externes Know-how explizieren
- Ungewissheit akzeptieren – in Alternativen denken
- Technologie-Roadmaps zur sich selbst erfüllenden Prophezeiung nutzen
- Keine Fokussierung auf IT-Lösungen

7 SZENARIOTECHNIK

Horst Geschka, Heiko Hahnenwald, Martina Schwarz-Geschka

7.1 Zukunftsinformationen für die Innovationsausrichtung

Der Innovationsprozess lässt sich in fünf Phasen gliedern: strategische Orientierung, Konzeptfindung, Entwicklung des Innovationsbündels, Schaffen der Marktbereitschaft, Markteinführung.

Für die erste Phase „strategische Orientierung" können verschiedene methodische Instrumente eingesetzt werden, z. B. SWOT-Analyse, Suchfeldmatrix, Szenariotechnik, Technologie-Monitoring. Für die Festlegung von Innovationsstrategien hat sich die Szenariotechnik als besonders geeignet erwiesen. Szenarien sind auch für die Gewinnung und Bewertung von Innovationsideen eine hilfreiche Grundlage.

Um eine Innovationsstrategie aufzustellen, sollten Informationen über zukünftige Entwicklungen ausgewertet werden: Welche Problemfelder werden auftreten oder an Bedeutung gewinnen? Mit welchen politischen Maßnahmen oder Gesetzen ist zu rechnen? Werden sich Kunden bzw. Konsumenten in Zukunft anders verhalten als heute? Welche Technologien stehen zur Verfügung? Zeichnen sich neue Organisationskonzepte für den Vertrieb und die Logistik von Gütern ab? Könnte es Engpässe in der Versorgung von Rohstoffen oder Komponenten geben?

Auf der Grundlage solcher Informationen kann ein Unternehmen Leitsätze für die eigenen Innovationsaktivitäten aufstellen. Die erforderlichen Informationen sollen weit in die Zukunft reichen und sind überwiegend qualitativer Art. Einzelne quantitative Prognosen reichen nicht aus; sie erzeugen kein ausreichendes Bild der zukünftigen Rahmenbedingungen.

Natürlich kann Zukunft nicht exakt vorausgesagt werden. Mithilfe der Szenariotechnik werden jedoch fundiert begründete, in sich stimmige Zukunftssituationen beschrieben, die hohe Plausibilität und eine relativ hohe Wahrscheinlichkeit aufweisen. Sie zeigen Tendenzen auf, aus denen Strategien, insbesondere Innovationsstrategien, abgeleitet werden können.

Um zukünftige Entwicklungen für Zwecke des Innovationsmanagements zu erkunden, hat sich die Szenariotechnik deshalb bewährt, weil sie – zum Teil im Gegensatz zu anderen Zukunftsforschungsmethoden – folgende Charakteristika aufweist:

- Sie fixiert nicht auf einen festen Zustand, sondern lässt Alternativen zu.
- Sie kann qualitative Informationen ebenso verarbeiten wie quantitative Daten.
- Sie berücksichtigt Wirkungsvernetzungen von Einflussfaktoren.
- Sie kann auch mit Trendbrüchen und Extrementwicklungen umgehen.
- Sie ist in ihrem Aufwand weitgehend skalierbar.

7.2 Zum Verständnis von Szenarien

Der Wunsch, in die Zukunft zu sehen und Bilder der Zukunft aufzuzeigen, ist wohl so alt wie die Geschichte des intelligenten Menschen. In den frühen Epochen aller Kulturvölker finden sich meist kultische Formen der Schau in die Zukunft (Wahrsager, Seher). Im Laufe der Geschichte haben Religionsgründer und Poeten, aber auch Philosophen, Soziologen und Politiker immer wieder Bilder der Zukunft gezeichnet. Viele dieser Zukunftsbilder sind zwar denkbar, aber in ihrem Entwurf und ihrer Entwicklung nicht plausibel nachvollziehbar. Es gehört ein gutes Stück Glaube dazu, sich bei Entscheidungen an solchen Zukunftsvisionen zu orientieren.

Szenarien werden dagegen systematisch aus der gegenwärtigen Situation he-raus entwickelt; es sind nachvollziehbare und begründete Zukunftsbilder. Unter einem Szenario versteht man sowohl die Beschreibung einer möglichen Situation als auch das Aufzeigen des Pfades, der zu dieser zukünftigen Situation hinführt. Es ist nicht nur *ein* plausibler Weg in die Zukunft vorstellbar, sondern mehrere Wege sind möglich. Alternative Pfade in die Zukunft und somit alternative Zukunftsbilder sind zu betrachten.

Das Denkmodell des Bildes 7.1 verdeutlicht, was unter Szenarien zu verstehen ist: Die Gegenwart ist durch bestehende Grenzen, Bauten, Infrastruktureinrichtungen, Normen, Gesetze, Kenntnisse und Verhaltensmuster geprägt, die sich kurzfristig nicht ändern. Die Entwicklung der nahen Zukunft (zwei bis drei Jahre) ist durch diese Strukturen der Gegenwart weitgehend festgelegt. Versucht man aus dem Heute heraus die fernere Zukunft auszuleuchten, dann nimmt der Einfluss der Gegenwartsstrukturen ab und das Möglichkeitsspektrum öffnet sich wie ein Trichter zur ferneren Zukunft hin. Dieser Trichter weitet sich exponentiell, je weiter man in die Zukunft blickt; in der ganz fernen Zukunft ist nahezu alles möglich.

Die verschiedenen Zukunftsbilder befinden sich zu einem Zeitpunkt auf der Schnittfläche durch den Trichter. Ein Entwicklungspfad (gestrichelte Linie), der durch die wirksamen Einflussfaktoren bestimmt wird, führt zu einem bestimmten Zukunftsbild (Szenario) hin.

Da für die Einflussfaktoren teilweise unterschiedliche, alternative Projektionen aufzustellen sind, lassen sich unterschiedliche Konstellationen der Einflussfaktoren bilden; daraus ergeben sich auch unterschiedliche Zukunftsbilder. Das Denkmodell für zukünftige Entwicklungen (Bild 7.2) verdeutlicht dies ebenfalls. Es hat sich allerdings gezeigt, dass es wenig Sinn macht, mehr als zwei oder drei Szenarien zu entwickeln. Die Szenarien sollen deutlich unterschiedliche Entwicklungen beschreiben.

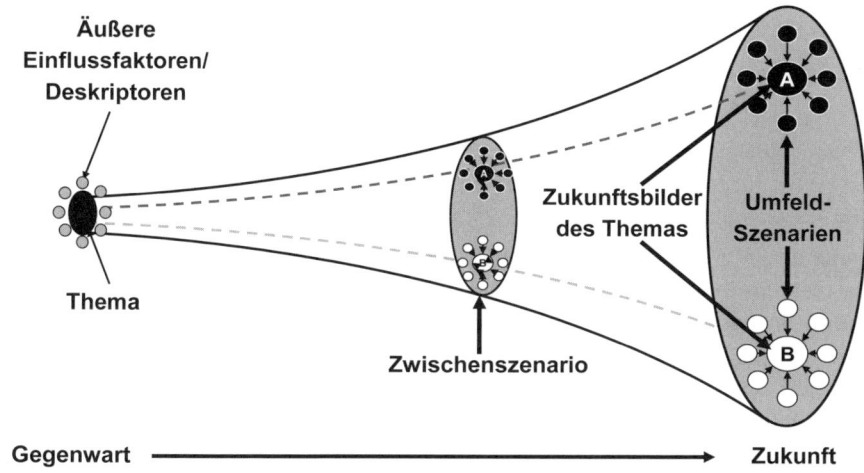

Bild 7.1 Ein Denkmodell für Szenarien

7.3 Philosophie der Szenariotechnik

Die Szenariotechnik geht davon aus, dass das Thema der Zukunftsanalyse wesentlich durch Einflüsse von außen (exogene Einflussfaktoren) geprägt wird (Bild 7.2). Will man die Zukunftssituation eines Themas erkennen, so muss man Prognosen der exogenen Einflussfaktoren erstellen. Daraus leitet sich dann die zukünftige Situation des Themas ab.

Bei der Erstellung von Prognosen für die einzelnen Einflussfaktoren wird man erkennen, dass in vielen Fällen mehrere Entwicklungsverläufe denkbar und

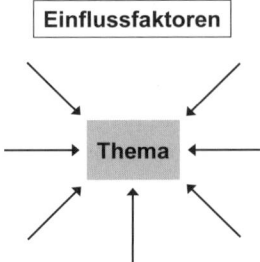

Bild 7.2 Exogene Einflussfaktoren bestimmen die Entwicklung eines Themas

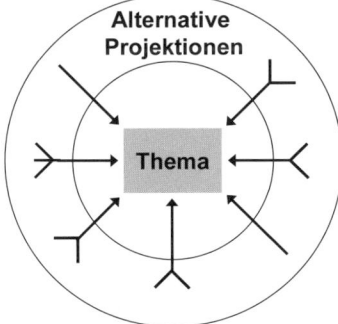

Bild 7.3 Begründete alternative Entwicklungen sind denkbar

plausibel begründbar sind; sie sind gesondert zu betrachten (Bild 7.3). Liegen
für viele Einflussfaktoren alternative Projektionen vor, so können die verschiedenen Projektionen nicht mehr beliebig zu einem Zukunftsbild zusammengefügt werden. Vielmehr sind die Projektionen so zu kombinieren, dass ein in
sich stimmiges (konsistentes) Bild entsteht (Bild 7.4). Aus dem so entwickelten
Umfeldszenario ist das Zukunftsbild des Themas bzw. sind die Konsequenzen
und Auswirkungen auf das Thema abzuleiten (Bild 7.5).

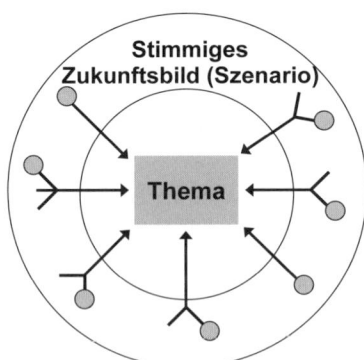

Bild 7.4 Alternative Projektionen sind zu einem stimmigen Zukunftsbild zu bündeln

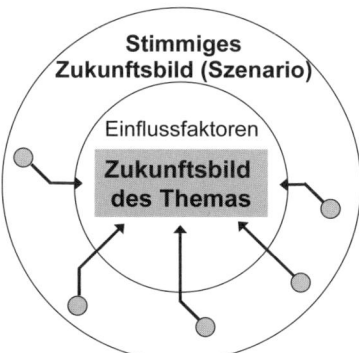

Bild 7.5 Die Zukunft des Themas leitet sich aus den Umfeldentwicklungen ab.

Für die Szenariotechnik gelten folgende Grundsätze:

- Ausgangspunkt ist eine gründliche Analyse der gegenwärtigen Situation, die zu einem guten Verständnis der Wirkungszusammenhänge führt.
- Für Einflussfaktoren mit unsicherer Zukunftsentwicklung werden begründete alternative Projektionen getroffen.
- Es werden mehrere alternative Zukunftsbilder entwickelt, die in sich konsistent (stimmig) sind.
- Szenarien lassen sich für jedes abgrenzbare Thema erarbeiten.

Auch die Szenariotechnik kann nicht den Anspruch erheben, ein treffsicheres Zukunftsbild auszuweisen. Sie ist jedoch ein Instrument für das Umgehen mit den Unsicherheiten der Zukunft. Dies beruht vor allem auf dem Denken in Alternativen.

7.4 Schritte der Szenariotechnik

Die Szenariotechnik geht in acht Schritten vor (Bild 7.6).

Schritt 1: Strukturieren und Definieren des Themas

Als Erstes muss eine möglichst exakte Abgrenzung des Themas vorgenommen werden. Thema kann ein Geschäftsbereich, eine Technologie oder ein Marktsegment sein. Was ist Gegenstand der Analyse und was nicht? Hintergrundinformationen zum Thema sind zusammenzutragen und zu analysieren; Strukturmerkmale und Probleme sind zu identifizieren. Hierfür haben sich tabellarische Darstellungen, morphologische Analysen, Baumdarstellungen, Prozessschemata und Ähnliches bewährt.

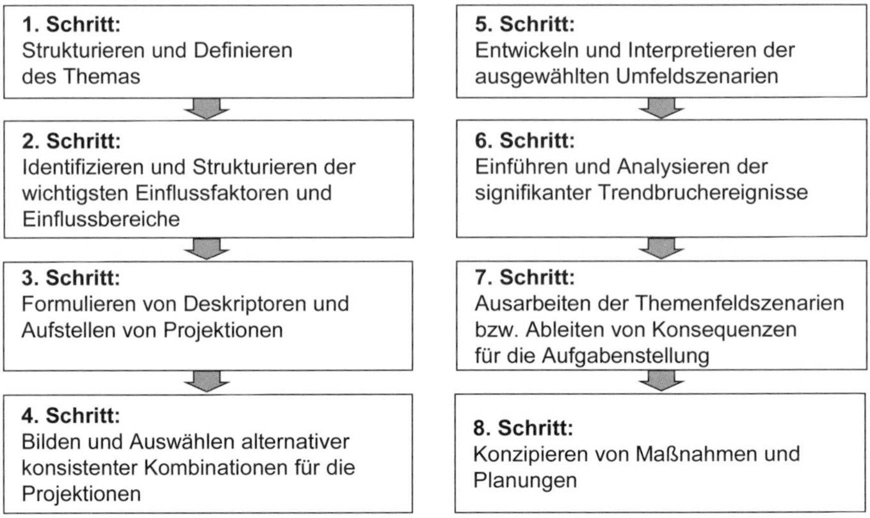

1. Schritt: Strukturieren und Definieren des Themas	**5. Schritt:** Entwickeln und Interpretieren der ausgewählten Umfeldszenarien
2. Schritt: Identifizieren und Strukturieren der wichtigsten Einflussfaktoren und Einflussbereiche	**6. Schritt:** Einführen und Analysieren der signifikanter Trendbruchereignisse
3. Schritt: Formulieren von Deskriptoren und Aufstellen von Projektionen	**7. Schritt:** Ausarbeiten der Themenfeldszenarien bzw. Ableiten von Konsequenzen für die Aufgabenstellung
4. Schritt: Bilden und Auswählen alternativer konsistenter Kombinationen für die Projektionen	**8. Schritt:** Konzipieren von Maßnahmen und Planungen

Bild 7.6 Die Schritte der Szenariotechnik

Schritt 2: Identifizieren und Strukturieren der wichtigsten Einflussfaktoren und Einflussbereiche

Zunächst werden exogene Einflussfaktoren auf das Thema gesammelt. In der Regel kommen viele Einflussfaktoren zusammen. Sie werden sortiert, bewertet und zu Einflussbereichen zusammengefasst.

Schritt 3: Formulieren von Deskriptoren und Aufstellen von Projektionen

Für die wichtigsten Einflussfaktoren werden Deskriptoren formuliert. (Deskriptoren sind qualitativ beschreibende oder quantitativ kennzeichnende Kenngrößen der Einflussfaktoren.) Die Deskriptoren sollen alle als wichtig erkannten Einflüsse abdecken. Die Zahl der Deskriptoren liegt meistens zwischen 20 und 50. Durch die Deskriptoren können quantifizierbare Entwicklungen erfasst werden. Der größte Teil der Einflussfaktoren ist jedoch von qualitativer Art; auch dafür müssen Deskriptoren aufgestellt werden. Die Ausprägungen dieser Deskriptoren sind entweder Indexwerte (z. B. 2010 = 100; 2020 = 120) oder knappe beschreibende Aussagen (z. B.: „Den Anwendern ist funktionale Qualität sehr wichtig").

Für alle Deskriptoren ist zunächst der Istzustand zu kennzeichnen. Darauf aufbauend werden Projektionen für das Szenariozieljahr aufgestellt. Dabei ist auf bekannte Prognosen und auf Expertenwissen zurückzugreifen. Für manche Deskriptoren werden sich klare, eindeutige Trends abzeichnen (eindeutige Deskriptoren). Für eine Reihe von Deskriptoren wird sich dagegen herausstellen, dass unterschiedliche Entwicklungen eintreten könnten (Alternativ-

Deskriptoren). In diesem Falle sollten keine Überzeugungsargumentationen begonnen oder Kompromisse gesucht werden, sondern die unterschiedlichen möglichen Entwicklungsverläufe sollten als alternative Projektionen festgehalten werden. Sowohl für die eindeutigen als auch für die alternativen Projektionen sind einsichtige, fundierte Begründungen anzugeben.

Schritt 4: Bilden und Auswählen alternativer konsistenter Kombinationen für die Projektionen

Die alternativen Projektionen der Alternativ-Deskriptoren passen nicht beliebig zusammen; zum Teil sind sie widersprüchlich. Die verschiedenen alternativen Projektionen müssen also zu in sich weitgehend stimmigen Bündeln zusammengefügt werden. Dazu ist ein Rechenalgorithmus einzusetzen. Der Konsistenzansatz geht von einer Matrix aus, in der die Ausprägungen aller Alternativ-Deskriptoren einander gegenübergestellt werden (Konsistenzmatrix). Es wird dann abgeschätzt, ob sich die Ausprägungen gegenseitig verstärken, neutral oder widersprüchlich zueinander sind. Die Szenariosoftware INKA stellt daraus mehrere konsistente Projektionenbündel zusammen. Aus diesen Bündeln werden zwei bis drei Kombinationen nach den Kriterien „hohe Konsistenz" und „hohe Unterschiedlichkeit" ausgewählt. Sie bilden das Gerüst für die im nächsten Schritt zu formulierenden Szenarien.

Schritt 5: Entwickeln und Interpretieren der ausgewählten Umfeldszenarien

Zu den ausgewählten Projektionenbündeln müssen nun die in Schritt 3 erarbeiteten Projektionen der eindeutigen Deskriptoren, die nicht am Bündelungsprozess beteiligt waren, hinzugefügt werden.

Um auch den Verlauf von der Gegenwart zur Szenarioendsituation aufzuzeigen, werden Zwischenszenarien erstellt. Jetzt geht man von der Gegenwart aus und entwickelt die Szenariostruktur – immer im Blick auf das Endszenario – in Zeitschritten von vier bis sechs Jahren bis hin zum Endzeitpunkt. Zu jedem Zwischenzeitpunkt wird ein inhaltlicher Abgleich aller Szenarioausprägungen vorgenommen und im neuen Zeitabschnitt werden Reaktionen auf Entwicklungen in der vorangehenden Periode verfolgt. So entsteht ein vernetzter Entwicklungsablauf von der Gegenwart bis zum Szenariozieljahr.

Die eigentlichen Szenarien können entweder durch einen Satz prägnant formulierter und illustrierter Thesen beschrieben werden oder man arbeitet einen ausformulierten Text aus. In diesem Fall wird eine anschauliche, spannende „Story" geschrieben, die in der Regel vier bis sechs Seiten umfasst. Außerdem versucht man die Zukunftsbilder durch Illustrationen, Videosketche, Lebensdarstellungen, Interviews oder Ähnliches zu verdeutlichen.

Schritt 6: Einführen und Analysieren signifikanter Trendbruchereignisse

Ein Trendbruchereignis tritt unerwartet ein und war vorher trendmäßig nicht erkennbar; es lenkt einen Trend in eine andere Richtung um. Trendbruchereignisse müssen nicht unbedingt Katastrophen wie Erdbeben, Reaktorexplosionen, terroristische Anschläge oder neue Seuchen sein, sondern es kann sich auch um positive Ereignisse wie politische Aussöhnungen oder technologische Durchbrüche handeln. Trendbruchereignisse werden während des gesamten Szenarioerstellungsprozesses gesammelt; insbesondere werden Projektionen, die wegen geringer Wahrscheinlichkeit unberücksichtigt bleiben, als Trendbruchentwicklungen festgehalten. Außerdem werden Kreativitätstechniken, insbesondere Brainwriting-Verfahren, zur Ermittlung von Trendbruchereignissen angewandt.

In einer anschließenden Bewertung wird ermittelt, welche Ereignisse die Szenarien am stärksten beeinflussen und gleichzeitig eine relativ hohe Eintrittswahrscheinlichkeit aufweisen. Die so ausgewählten wirkungsintensiven Trendbruchereignisse werden ausführlicher ausgearbeitet und dann in die Szenarien eingeführt; ihre Auswirkungen werden verfolgt. So entstehen Varianten der Umfeldszenarien.

Schritt 7: Ausarbeiten der Themenszenarien bzw. Ableiten von Konsequenzen für die Aufgabenstellung

Für diesen Schritt gibt es zwei Vorgehensweisen: Bei Aufgaben allgemeineren Charakters (z. B. Erstellen eines Unternehmensleitbildes) ist es zweckmäßig, Szenarien auch für das Thema auszuarbeiten. Wenn eine konkrete strategische Fragestellung vorliegt (z. B.: Welche neuen Geschäftsfelder wollen wir aufbauen?) genügt es in der Regel, aus den Umfeldszenarien direkt Konsequenzen und Auswirkungen abzuleiten, die sich in Maßnahmen umsetzen lassen.

Schritt 8: Konzipieren von Maßnahmen und Planungen

Dieser Schritt ist im engeren Sinne nicht mehr Gegenstand der Szenariotechnik. Für die Aufstellung einer Innovationsstrategie und die Generierung von Innovationsideen wird die Umsetzung in den folgenden Abschnitten ausführlich dargestellt. Wichtig ist, dass die an der Szenarioerarbeitung beteiligten Personen möglichst direkt im Anschluss an die Szenarioentwicklung für die Umsetzung herangezogen werden. Vieles Angedachte, zwischen den Zeilen der Dokumente Stehende sowie das erlangte hohe Verständnis der Wirkungszusammenhänge kann so genutzt werden. Gruppenarbeit hat sich auch für diesen Schritt bewährt.

7.5 Praktische Hinweise für das Erstellen von Szenarien

Hinweise für Gruppenarbeit im Szenarioerstellungsprozess

Zwei Vorgehensweisen sind bei der Erstellung von Szenarien zu unterscheiden: Erarbeiten als Studie oder Erarbeiten in strukturierter Gruppenarbeit.

Bei der Studie gibt es einen oder wenige Hauptbearbeiter, die ihr Wissen einbringen und Recherchen, Expertenbefragungen und Datenanalysen zur Beschaffung relevanter Informationen vornehmen. Als Ergebnis wird ein Bericht vorgelegt.

Baut die Szenarioerarbeitung in erster Linie auf Gruppenarbeit auf, so wird das benötigte Wissen im Wesentlichen durch die bearbeitende Gruppe selbst eingebracht. Gruppenarbeitsmethoden unterstützen den Prozess der Szenarioerstellung.

Unternehmen bevorzugen die Szenarioerstellung in Gruppenarbeit. Dabei wechseln sich vor- und nachbereitende Sitzungen in einem kleinen Arbeitsteam und Workshops in einem größeren Kreis ab. Die Erarbeitung von Szenarien in Arbeitssitzungen und Workshops bringt eine Reihe von Vorteilen mit sich:

- Das unterschiedliche Fachwissen zum Thema wird bei der Bearbeitung simultan eingebracht und kann sofort abgestimmt werden; dadurch wird der Prozess beschleunigt, Einseitigkeiten werden vermieden, ein Sichverrennen in eine Richtung wird schnell erkannt und korrigiert.

- Das vertretene Expertenwissen deckt bereits einen großen Teil des Informationsbedarfs ab.

- Relativ viele Mitarbeiter werden in den Prozess eingebunden, was die Verbreitung der Ergebnisse erleichtert und die Akzeptanz der daraus abgeleiteten Maßnahmen im Unternehmen fördert. Insbesondere können auch höhere Manager partiell in den Prozess eingebunden werden.

- Die am Szenarioprozess Beteiligten werden mit neuen Fakten und Meinungen konfrontiert und in neuartige Denkweisen eingeführt. Sie werden so für die Wirkungszusammenhänge und die Dynamik im bearbeiteten Themenbereich sensibilisiert.

- Das Arbeiten mit bewährten Gruppentechniken nach einem straffen Gesamtplan vermeidet Verzettelung in Nebensächlichkeiten, ausufernde Diskussionen und unnötigen Tiefgang in Teilschritten oder Teilbereichen.

Damit diese Vorteile auch zum Tragen kommen, ist darauf zu achten, dass in der Gruppe keine Spannungen bestehen oder sich im Prozess entwickeln. Der Moderator sollte Erfahrung in der Leitung von Gruppensitzungen haben und die Szenariomethodik beherrschen. Er muss dafür sorgen, dass ein gemeinsames einheitliches Problemverständnis entsteht, Spannungen wieder abklingen und die Arbeitsanweisungen und Zeitpläne eingehalten werden.

Die Szenariogruppe sollte fachlich heterogen, jedoch aus Mitarbeitern mit Vorkenntnissen und Beziehung zum Thema zusammengesetzt werden (Unternehmensentwicklung, Marketing, Forschung und Entwicklung etc.). Führungskräfte aus dem höheren Management sollten nicht fehlen, wobei häufig nur eine phasenweise Einbindung in den Erstellungsprozess infrage kommt. Für Themen, für die im Unternehmen wenig Fachkompetenz vorhanden ist, sollten externe Experten hinzugezogen werden.

Es hat sich bewährt, den Prozess mit einer Gruppe von vier bis sechs Mitarbeitern zu beginnen und nach Festlegung der Einflussbereiche (also nach Schritt 2) weitere Mitarbeiter oder externe Experten hinzuzuziehen, sodass die Workshopgruppe bis zu 20 Personen zählen kann. (Diese Experten können nach Schritt 5 oder 6 wieder „abgekoppelt" werden.) Im ersten Workshop wird die Methode erläutert, werden die ersten zwei Schritte bearbeitet sowie Zwischen- und Abschlusspräsentationen in der Gesamtgruppe durchgeführt. Den zeitlich größten Teil des Workshops arbeiten Kleingruppen von drei bis vier Teilnehmern parallel, wobei jede Gruppe bestimmte Einflussbereiche bearbeitet.

Für die Erarbeitung der Einflussfaktoren und Einflussbereiche in Schritt 2 hat sich folgendes Vorgehen bewährt: Mithilfe der Brainwriting-Methode „Kartenumlauftechnik" werden zunächst die Einflussfaktoren gesammelt. Dabei notiert jeder Teilnehmer auf je einer Karte einen Einflussfaktor; die Karten werden dann zur Assoziation unter den Teilnehmern reihum weitergereicht. Mit diesem Verfahren können in kurzer Zeit 30 bis 50 Einflussfaktoren generiert werden. Die Einflussfaktoren werden im Anschluss sortiert und zu Bündeln zusammengefasst. Jedes Bündel stellt einen Einflussbereich dar, der durch einen Oberbegriff gekennzeichnet wird. Die so strukturierten Einflussfaktoren werden dann hinsichtlich ihrer Wirkungsintensität auf das Untersuchungsfeld bewertet. Diese Bewertung dient einerseits der Einschätzung der Bedeutung der Deskriptoren im späteren Auswertungs- und Analyseprozess, andererseits kann das Ergebnis dieser Einschätzung dazu genutzt werden, Einflussfaktoren mit nur geringer Wirkung für die weitere Bearbeitung zurückzustellen, um die Zahl der zu bearbeitenden Deskriptoren und damit den Bearbeitungsaufwand in Grenzen zu halten.

Die Erarbeitung und Beschreibung der Deskriptoren (Schritt 3) erfolgt in Tabellenform. In diesen Deskriptorentabellen werden für jeden Deskriptor, die Istsituation, mögliche (auch alternative) Zukunftsprojektionen und die Begründungen für diese Projektionen erfasst (Bild 7.7). In der weiteren Bearbeitung werden dann gegebenenfalls Projektionen für Zwischenzeitpunkte sowie die Auswirkungen der Umfeldszenarien auf das Thema in diese Tabelle eingetragen. Der Vorteil liegt darin, dass alle wesentlichen Informationen auf einen Blick zu sehen sind und die Tabellen im Zeitablauf immer weiter ausgearbeitet werden. Diese Tabellen bilden das Herzstück der Szenarioarbeit, da

Technologien zur Verkehrssteuerung im Fahrzeug

Ist-Situation

- Unzureichende Stauwarnungen bzw. –vermeldung über Radio oder Verkehrsinformationssysteme bzw. Verkehrsleitsysteme.
- Verbreitung von Navigations- bzw. Telematiksystemen hat in der Vergangenheit jedoch stetig zugenommen.
- Systeme mit Stauumfahrungsinformationen finden ebenfalls zunehmen Verbreitung. Am häufigsten werden vor allem Rundfunkverkehrsinformationen RDS/TMC (Radio Data System Traffic Message Channel) genutzt. Daneben existieren konkurrierende private Systeme. Diese haben jedoch nur eine geringe Verbreitung (fehlende Kundenakzeptanz). Sie bieten vor allem für das Autobahnstreckennetz Vorteile.

Projektion 2025

a) Hohe Durchdringung von Kommunikations- und Steuerungstechnologien	b) Partielle Durchdringung von Kommunikations- und Steuerungstechnologien
• Grosser Anteil des Automobilbestands ist mit verkehrsbezogenen Kommunikations- und Steuerungstechnologien (z.B. Telematiksysteme) ausgestattet. • Breite Einführung von Fahrerassistenzsystemen zur Unterstützung beim Fahren in dichtem Verkehr (z.B. Abstandsregler) Ausstattung der technologischen Infrastruktur vorhanden oder überflüssig durch Integration der „Intelligenz" ins Fahrzeug. • W = 60 %	• Automobilbestand nur teilweise mit verkehrsbezogenen Kommunikations- und Steuerungstechnologien (z.B. Telematiksysteme) ausgestattet. • Geringe Durchsetzung von Fahrerassistenzsystemen zur Unterstützung beim Fahren in dichtem Verkehr. Technologische Infrastruktur lückenhaft. • W = 40 %

Begründungen

• Technische Stauvermeldung und- minderung hat sich wesentlich verbessert: Niedriger Preis der Navigationssyteme im Pkw infolge grosser Stückzahl. • Wesentlich verbesserte Parkleitsysteme in Städten.	• Mangelnde Verfügbarkeit technologischer Infrastruktur aus finanziellen Gründen (z.B. Parkleitsysteme, Verkehrsleitzentralen in Kommunen). • Wirtschaftliche Möglichkeiten der Nachfrager als limitierenden Faktor. • Juristische Hürden nicht eindeutig gelöst (z.B. Haftung).

Auswirkungen auf den Verkehr   Wirkungsintensität auf Verkehr: 2,5 (Skala 1,2,3)

• Verkehrsflussoptimierung und starke Reduzierung des Suchverkehrs in Grossstädten. • Verkürzung der Reisezeiten in Ballungsräumen. • Keine wesentlichen Reisezeitverlängerungen im europäischen und innerdeutschen Fernverkehr trotz zunehmenden Güterverkehrs. • Weiterhin Stauneigung zu Hauptreisezeiten • Voraussetzung für Attraktivitätssteigerung des intermodalen Verkehrs. • Gesamtwirkung: Erhöhtes Verkehrsaufkommen und technische Innovationen kompensieren sich in ihrer Wirkung.	• Erhöhtes Stauaufkommen • Tendenzielle Verlängerung der Reisezeiten • Keine signifikante Veränderung der Reisezeiten

Bild 7.7 Beispiel einer Deskriptorendarstellung

hier alle relevanten Informationen für die Beschreibung der Deskriptoren (inklusive erläuternder Statistiken, Literaturquellen bzw. Hinweise zu vertiefenden Studien) enthalten sind. Sie sind zudem die Basis für das Beschreiben und Ausformulieren der ausgewählten Szenarien. Es hat sich bewährt, bei der Erarbeitung der Deskriptoren im Workshop diese Tabellen online zu präsentieren und die Ergebnisse der Gruppendiskussion direkt in die Tabellen einzugeben. So kann die Erarbeitung direkt und übersichtlich von den Teilnehmern verfolgt werden und Formulierungen können sofort korrigiert werden. Da die Tabellen die Grundlagen für den weiteren Szenarioprozess bilden, können die Inhalte ohne Medienbruch und damit verbundene Fehler direkt weiterverarbeitet werden.

Um Szenarien in Gruppenarbeit zu erstellen, sind idealerweise sechs bis acht ganztägige Sitzungen erforderlich; es ist zweckmäßig, mehrere Termine zu zweitägigen Workshops zusammenzuziehen. Zwischen den Arbeitstreffen und Workshops sollte ein Abstand von etwa drei Wochen geplant werden, um Informationslücken zu schließen oder andere „Hausaufgaben" erledigen zu können. Daraus ergibt sich eine Mindestprojektlaufzeit von vier Monaten, die sich aber nur selten einhalten lässt, da die Termine so gelegt werden müssen, dass alle wichtigen Teilnehmer dabei sein können. So erstrecken sich Szenarioprojekte in der Regel über fünf bis sechs Monate.

Für Klein- und Mittelunternehmen ist der aufgezeigte Aufwand zu hoch und die übliche Projektlaufzeit eher zu lang. Hier muss man pragmatisch vorgehen: Diese Unternehmen haben überschaubare Produkte, Kundengruppen und Produktions- bzw. Leistungserstellungsprozesse. Somit kann die Zahl der Deskriptoren auf die Größenordnung von 13 bis 15 begrenzt und dadurch der Aufwand erheblich reduziert werden. Szenarien können dann in zwei zweitägigen Workshops mit Zwischenkontakten erarbeitet werden.

Schwierigkeiten bei der Szenarioerarbeitung und Hinweise für ihre Behandlung

Schwierigkeiten bei der Durchführung von Szenarioprojekten sind im Wesentlichen auf zwei ungünstige Rahmenbedingungen zurückzuführen:

- Sehr knappes finanzielles Budget für die Durchführung; oft werden daher keine externen Experten hinzugezogen.
- Mangelnde Erfahrung der Teilnehmer in zukunftsorientierten, strategischen Prozessen.

Diese Rahmenbedingungen gelten häufig in Klein- und Mittelunternehmen, sind aber auch in größeren Unternehmen anzutreffen. Daher treten die nachfolgend aufgeführten Schwierigkeiten zwar in der Regel bei Klein- und Mittelunternehmen auf, gelten aber grundsätzlich auch für andere Projekte mit vergleichbaren Rahmenbedingungen.

Einige Schwierigkeiten im Einzelnen

- Themen außerhalb der spezifischen Tätigkeitsfelder der Workshopteilnehmer (Unternehmensvertreter) können im Workshop in der Regel nicht ausreichend vertieft werden, da die Teilnehmer auf diesen Gebieten oft nur über oberflächliche Kenntnisse verfügen. (Häufig tritt dies bei gesellschaftlichen und politischen Entwicklungen sowie Entwicklungen in „entfernten" Technologiefeldern auf.)
  - Externe Experten auf diesen Gebieten hinzuziehen, selbst wenn sie nicht im Workshop teilnehmen können (z. B. durch Interviews).
  - Überprüfen der Ergebnisse in unsicheren Einflussfeldern durch Fachinformationen (Recherchen).
- Alternative Projektionen werden eher selten aufgestellt, da die Teilnehmer aus dem Unternehmen oft sehr mit ihrem Geschäft verhaftet sind. Das Denken in Entwicklungen, die aus der gegenwärtigen Situation heraus „zu positiv" oder „zu negativ" sind, also außerhalb des Trends liegen, fällt vielen ungeübten Teilnehmern schwer.
  - Auch hier hilft die Einbindung externer Experten oder „offener Denker".
  - Der Moderator sollte in solchen Fällen die Bildung von Alternativen durch Fragen und eigene Inputs anregen.
- Deskriptoren bzw. Projektionen sind oft nicht trennscharf formuliert; daraus entstehen in späteren Arbeitsschritten Schwierigkeiten bei der Bestimmung von Wirkungen und Konsistenzen.
  - Der Moderator sollte korrigierend eingreifen, um die Formulierungen von Deskriptoren und Projektionen zu schärfen.
- Es werden zu viele Deskriptoren bearbeitet.
  - Nur für direkte Einflusswirkungen sollten Deskriptoren aufgestellt werden. Indirekte Einflüsse können in der Regel als Begründungen aufgenommen werden.
- Die Erwartungshaltung der Unternehmen ist oft zu hoch. Die Ausarbeitung der Zukunftsbilder im Rahmen eines Workshops und weniger Kernteam-Arbeitsphasen ermöglicht es nicht, die gewünschte Detailtiefe in den Szenarien herzustellen. Die Inhalte der Szenarien sind daher oft nur eine Annäherung an Entwicklungen, die es zu vertiefen gilt, was aus Kostengründen dann oft vernachlässigt wird.
  - Weniger ist mehr! Eine Fokussierung auf wenige, aber vertiefte Faktoren ist oft besser als eine große Zahl oberflächlich ausgearbeiteter Faktoren.

Die Einschätzung der Wirkungsintensität identifizierter Deskriptoren auf das Thema ist dafür ein bewährtes Filterinstrument.

- Wenn eine möglichst breite Betrachtung des Themas wichtig ist, sollten Arbeitsphasen zur Vertiefung der Workshopergebnisse von Anfang an in der Projektplanung vorgesehen werden.

▪ Trendbruchereignisse werden in der Praxis zu wenig betrachtet. Dieser Schritt erschöpft sich meist in einer Liste möglicher, oft „unrealistischer" Ereignisse, die dann nicht weiter ausgearbeitet werden. Dies betrifft vor allem Ereignisse im weiteren Unternehmensumfeld (Gesellschaft, Technologie, Umwelt, wirtschaftliche oder gesetzliche Faktoren). Vor allem bei eher „konservativen" Szenarien können sich durch die Betrachtung von Trendbruchereignissen wichtige strategische Ansatzpunkte ergeben.

- Die Wirkungen von Trendbruchereignissen in den Szenarien sollten systematisch analysiert und nach einem bestimmten dramaturgischen Schema beschrieben werden; dies erfordert in der Regel weitere Recherchen und hilft dabei, unrealistische oder „utopische" Ereignisse auszusondern.
- Bei der Auswahl von Trendbruchereignissen ist zu unterscheiden zwischen punktuellen Ereignissen, die die in den Szenarien beschriebenen Zukünfte beeinflussen können, und extremeren Entwicklungen für bereits behandelte. Letztere können als weitere Projektionen behandelt und in den Prozess integriert werden und somit die Auswahl eines Gegenszenarios unterstützen.

▪ Vielfach wird die Kommunikation der Szenarien an die betroffenen Mitarbeiter im F&E-Bereich (gegebenenfalls auch im Marketing) vernachlässigt. Die erarbeiteten Zukunftsbilder und damit die Hintergründe für Innovationsstrategien und Produktideen sind nur dem Szenarioteam und dem höheren Management vertraut. Dadurch fehlt oft ein Verständnis der Mitarbeiter für bestimmte Maßnahmen. Außerdem werden aus den Szenarien keine weiteren Vorschläge angeregt. Beispiele aus Unternehmen, die die Szenariokommunikation sehr aufwendig gestalten, zeigen, dass hier die Identifikation mit den Innovationsstrategien oder den Innovationsprojekten deutlich höher ist als in Unternehmen, bei denen dieser Schritt eher vernachlässigt wurde.

- Präsentation der Szenarioergebnisse für alle Entwickler bzw. für alle Entscheidungsträger aus Forschung und Entwicklung und strategischem Marketing durch das Szenarioteam. Die Spannweite reicht dabei von Broschüren, Multimediapräsentationen bis zu „Großveranstaltungen", in denen die Teilnehmer aktiv bei der Ausgestaltung der Ergebnisse eingebunden werden.

7.6 Beispiele von Szenarien

Im Folgenden wird anhand von Praxisbeispielen aufgezeigt, wie die beschriebenen Vorgehensweisen in realen Projekten umgesetzt wurden. Das erste Beispiel beschreibt die Anwendung in einem Großunternehmen. Das zweite Beispiel beschreibt das Vorgehen in einem Unternehmen mittlerer Größe; es sollte mit geringstmöglichem Aufwand durchgeführt werden und wurde daher sehr pragmatisch angelegt.

Fallbeispiel 1: Innovationsstrategie für technische Kunststoffe eines Großunternehmens

Ausgangssituation
Ein Hersteller technischer Kunststoffe wollte für einen Anwendungsbereich seiner Kunststoffe die Entwicklungen in den Produkttechnologien sowie Trends im Endkundenmarkt erkunden. Ziel war es, Leitsätze für Innovationsstrategien zu erarbeiten und daraus Anregungen und Ideen für Innovationsprojekte abzuleiten.

Organisation des Szenarioprojekts
Für die Bearbeitung des Projekts wurde ein Kernteam aus fünf Mitarbeitern des Unternehmens aus den Bereichen Innovationsmanagement, F&E, Marketing, Anwendungstechnik und Vertrieb sowie einem externen Szenariospezialisten gebildet. Dieses Team übernahm die Organisation sowie die inhaltlichen Ausarbeitungen im Projektverlauf.

Für die Szenarioworkshops wurden zusätzlich zum Kernteam sieben weitere Experten (Leuchten- und Lampenhersteller sowie Technologieexperten aus Universitäten) hinzugezogen.

Die Projektdauer betrug insgesamt sieben Monate. Dies lag neben Terminfindungsschwierigkeiten vor allem an den intensiven und sorgfältigen Nachbearbeitungen und Überprüfungen der Workshopergebnisse im Kernteam; diese Nacharbeiten wurden als zwingend notwendig erachtet, um die Qualität der Ergebnisse zu gewährleisten und damit auch die Akzeptanz der Methode zu erhöhen.

Durchführung des Szenarioprojekts
Nach Projektstart wurde in zwei Kernteamsitzungen zunächst die genaue Aufgabenstellung festgelegt, das Thema wurde eindeutig abgegrenzt sowie die Beschreibung der gegenwärtigen Situation des Unternehmens für das zu untersuchende Thema ausgearbeitet. Im Weiteren wurden dann mögliche externe Experten für die Workshops identifiziert und eingeladen. Erst dann wurde der erste Workshoptermin für die Erarbeitung der Deskriptoren fixiert. Die Identifizierung und Verpflichtung geeigneter bzw. gewünschter externer Experten

ist, wie in vergleichbaren Fällen auch, verhältnismäßig aufwendig, sodass zwischen den Kernteamsitzungen und dem ersten Workshop ca. fünf Wochen eingeplant wurden.

Ein weiterer Workshoptermin wurde für zwei Monate später festgelegt; dieser fand in einem verkleinerten Teilnehmerkreis statt und diente einerseits der Ausarbeitung von Lücken bzw. Ergänzungen zu den Deskriptorentabellen und anderseits dem Ausfüllen der Konsistenzmatrix. In diesen beiden Workshops wurden die zentralen Schritte der Szenariotechnik (Schritt 2 bis 4) bearbeitet. Dazwischen wurden im Kernteam die Workshopergebnisse nachbearbeitet und für die Arbeit im zweiten Workshop aufbereitet.

Insgesamt wurden in diesen Workshops neun Einflussbereiche mit insgesamt 48 Deskriptoren erarbeitet. Nach der Konsistenzanalyse (Schritt 4) wurden im Kernteam zwei Szenarien für die weitere Bearbeitung ausgewählt. Für diese Szenarien wurden dann Zwischenszenarien beschrieben und drei Trendbruchereignisse analysiert. Anschließend wurden die Szenarien in Form von visualisierten Thesen ausgearbeitet. Diese bildeten die Grundlage für den Umsetzungsworkshop.

In diesem Workshop wurden von ca. zehn Mittelmanagern des Geschäftsbereichs Konsequenzen aus den Szenarien abgeleitet. Anschließend haben die Teilnehmer dafür Vorschläge für Innovationen erarbeitet; diese Vorschläge konnten abstrakt strategisch formuliert sein oder sehr konkrete Projekte betreffen. Insgesamt wurden in diesem Arbeitsschritt 30 Vorschläge entwickelt und strukturiert. Zusätzlich zu den inhaltlichen Ergebnissen hatte dieses Vorgehen auch den Zweck, die Ergebnisse des Szenarioprozesses auch im Mittelmanagement zu kommunizieren und durch die aktive Einbindung in den Prozess die Akzeptanz des Vorgehens und der Ergebnisse im Unternehmen zu erhöhen.

Abschluss des Projekts war eine Präsentation des internen Projektleiters im Rahmen einer internationalen Konferenz des höheren Managements des Geschäftsbereichs.

Ergebnisse des Szenarioprozesses

- Mehrere Verbesserungsentwicklungen für Kunststoffe: Entwicklungen für Massenproduktion, Neuentwicklungen für den Markt der Schwellenländer.
- Entwicklung von Kunststoffen für spezielle Anwendungsfelder.
- Aufbau von anwendungstechnischer Kompetenz in neu erkannten Marktsegmenten.
- Identifikation von Technologiefeldern, die vorher nicht bekannt waren oder bisher nicht beachtet wurden: tiefere Durchdringung dieser Felder im Sinne von Monitoring und Kontaktaufbau; sodann Spezialentwicklungen und Pilotanwendungen.

- Darüber hinaus hatte das Unternehmen mit der Szenariotechnik ein neues methodisches Werkzeug kennen und schätzen gelernt, das seitdem intensiv angewendet wird.

Fallbeispiel 2: Innovations- und Marktstrategie eines Sanitärunternehmens

Ausgangssituation
Das Unternehmen aus der Sanitärbranche wollte nach Abschluss einer Umstrukturierungsphase nun auch eine Erneuerung des Produktprogramms sowie eine Neupositionierung am Markt erreichen. Die erforderlichen Maßnahmen sollten auf der Grundlage unternehmensspezifischer Szenarien erarbeitet werden.

Organisation des Szenarioprojekts
Für die Bearbeitung des Szenarioprojekts wurde ein Kernteam aus drei Führungskräften des Unternehmens sowie einem externen Szenariospezialisten gebildet. Dieses Team übernahm alle organisatorischen und methodischen Fragen und sorgte für die Projektdurchführung.
Zentraler Arbeitsschritt war ein Szenarioworkshop, an dem die gesamte Führungsmannschaft des Unternehmens, insgesamt 16 Personen, teilnahm.

Umsetzung des Szenarioprojekts
In dem zweitägigen Workshop wurden abwechselnd in der Gesamtgruppe und in vier Kleingruppen insgesamt 14 Deskriptoren in vier Einflussbereichen erarbeitet und wurde eine Konsistenzbewertung der alternativen Projektionen vorgenommen. Die Auswahl von zwei Szenarien und deren Ausarbeitung übernahm das Kernteam.

Die Ableitung von Konsequenzen und strategischen Maßnahmen wurde in zwei halbtägigen Sitzungen vom Kernteam (erweitert durch zwei Manager aus den Bereichen Vertrieb und Entwicklung) durchgeführt. Daraus resultierten Leitsätze für die Innovationssuche, Vorschläge für mehrere attraktive neue Geschäftsfelder sowie eine Fülle von Ideen für neue Produkte. Darüber hinaus wurde eine Arbeitsgruppe damit betraut, die Ergebnisse des Szenarioprojekts zügig umzusetzen.

8 DER KUNDE ALS INNOVATIONSMOTOR

Patricia Sandmeier

8.1 Erfolgstreiber Kundenintegration

Kunden und ihre Anforderungen entwickeln sich im heutigen Marktumfeld rasant. Deshalb werden neue Produkte und Dienstleistungen in immer schneller aufeinanderfolgenden Zyklen gefordert. Der Kunde wird zum Innovationsmotor: Er treibt mit seinen Bedürfnissen und seiner stets gesteigerten Nachfrage nach innovativen Lösungen die unternehmerische Innovationstätigkeit marktseitig an. Diesem durch Kunden erzeugten Innovationsdruck können Unternehmen heute nicht entweichen. Der Markterfolg all ihrer Innovationstätigkeiten ist entscheidend, denn Erfindungen ohne Erfolg beim Kunden können sich Unternehmen heute nicht mehr leisten. Zudem zeigen viele Beispiele und Erfahrungen, dass Kunden häufig selbst die Erfinder innovativer neuer Produkt- und Dienstleistungslösungen sind.

Das Bewusstsein für die Notwendigkeit der Marktorientierung von entwickelnden Firmen entstand bereits in den 1970er-Jahren: Technologiegetriebene Unternehmen stellten fest, dass es ineffizient ist, zuerst neue Produkte und Technologien zu entwickeln und erst anschließend dafür einen Markt mit zahlenden Abnehmern zu finden. Diese frühe Erfolgsorientierung unterscheidet die Innovation von der Invention, der genialen Erfindung aus dem „Elfenbeinturm Forschung und Entwicklung (F&E)", wo wirtschaftliche Aspekte noch nicht interessierten. Die Erfolgswahrscheinlichkeit ist in diesen Fällen erst spät absehbar, wenn teure Investitionen bereits getätigt sind.

Die unternehmerische Herausforderung liegt durch die beschleunigten Innovationszyklen also darin, heute an denjenigen Entwicklungsprojekten zu arbeiten, welche bei ihrer Fertigstellung genau den Puls der Zeit treffen und bei ihrem Launch nicht bereits schon veraltet sind. Als Resultat forcierten Unternehmen zunehmend Aktivitäten, welche Kundenbedürfnisse und die Anforderungen des Zielmarktes so früh wie möglich in den Entwicklungsprozess neuer Produkte und Dienstleistungen einfließen ließen. Um effektiv sowie auch effizient zu innovieren, müssen heute nicht nur Marketing- und Verkaufsmitarbeitende, sondern bereits auch Forscher und Entwickler den Markt und seine Kunden in all ihren Tätigkeiten aktiv berücksichtigen.

In dem vorliegenden Beitrag werden die Chancen und Risiken der Integration von Kunden erläutert (Abschnitt 8.2). Der Fokus liegt auf der Forschungs- und Entwicklungsabteilung im Kontext von Industriegütern. Als Basis für die erfolgreiche Umsetzung der Kundenintegration wird eine Auswahl von Methoden präsentiert (Abschnitt 8.3) sowie als Kundenintegrations-Erfolgsfaktoren (1) der geeignete Integrationszeitpunkt, (2) Kennen der Kundenposition in der Innovationswertschöpfung, (3) Kenntnis der Kundenmotivation, (4) Fokussieren des Kundenbeitrags und (5) Zuweisen einer Kundenrolle diskutiert (Abschnitt 8.4).

8.2 Chancen und Risiken der Kundenintegration

Chancen

Das Verständnis für den Markt und seine Käufer gelangt am wirkungsvollsten in die Entwicklungsabteilung, wenn Entwickler möglichst direkt mit Kunden interagieren können. Die direkte Interaktion unterscheidet die Kunden*integration* von der bloßen Kunden*einbindung*: Im Gegensatz zur Kundeneinbindung, wo der Kunde primär Informationen über seine Bedürfnisse via Marketing und Vertrieb in Neuproduktentwicklungen einspeist, profitieren Produktmanager und Entwickler bei der Kundenintegration direkt von der technischen und Entwicklungsexpertise des Kunden. Dies wird meist erst durch den direkten Austausch zwischen Produktmanagern und Entwicklern mit dem Kunden ermöglicht.

Als Resultat fließt das qualifizierte Wissen von Kunden von Beginn an in ein Innovationsprojekt ein, dies ohne „Übersetzungsfehler" oder firmeninterne, eventuell politische, Reibungsverluste. Forscher und Entwickler verstehen so besser, was Kunden wirklich brauchen und wollen, wodurch es besser gelingt, Produkte und Dienstleistungen als Antworten auf die Kundenbedürfnisse und -wünsche zu entwickeln. Diese direkte, zeitgerechte und zuverlässige Information über die wahren Kundenanforderungen ist für erfolgreiche Innovationsaktivitäten entscheidend.

Neben der „on-time"-Informationsvermittlung gelingt es Entwicklern durch die Kundenintegration auch, innovative neue Produktmöglichkeiten und Marktopportunitäten zu erkunden, welche erst im Entstehen begriffen sind. Gemeinsam mit den Kunden entstehen kreative neue Lösungen: Neue, bisher unbekannte Perspektiven kommen zusammen und neue Herangehensweisen an Entwicklungsprojekte können ausprobiert werden. Es ist sogar möglich, dass durch das vom Kunden eingebrachte Wissen die gesamte Entwicklungsaufgabe neu definiert wird, weil das eigentliche Problem durch die Interaktion erst richtig erkannt und adressiert werden kann.

Resultieren kann ein verbessertes Verständnis des erforderlichen Designs und damit ein Produkt oder eine Dienstleistung, welche die Kundenbedürfnisse besser befriedigen kann. So wird auch das Risiko von Anfang an minimiert, dass Produkt- oder Dienstleistungsentwicklungen den Marktansprüchen nicht entsprechen werden. Zudem sind Kunden empfänglicher für Neuheiten, wenn sie selbst zu deren Entwicklung oder Design beigetragen haben.

Im Extremfall können Kunden als Erweiterung der Forschungs- und Entwicklungsabteilung (F&E) zum Einsatz kommen. Werden sie von einem Unternehmen als zusätzliche Entwicklungsressource eingesetzt, können ihnen Aufgaben zugewiesen werden, welche traditionell in der Verantwortung des Herstellers liegen würden.

Weitere Benefits der Kundenintegration, speziell im Business-to-Business-Kontext, bestehen in der Erleichterung von Beziehungen zwischen beteiligten Abteilungen, wie z. B. Marketing und F&E: Kunden können dazu beitragen, die Kommunikation zu verbessern und etwaige Konflikte zu schlichten.

CHECKLISTE FÜR DIE INTEGRATION VON KUNDEN

Die Antworten auf folgende Fragen unterstützen die systematische und erfolgreiche Integration von Kunden in den Innovationsprozess:

- Was ist das Ziel der Kundenintegration?
- Welcher Beitrag wird vom Kunden benötigt?
- Welches ist der richtige Zeitpunkt für die Integration des Kunden?
- Wer sind die Kunden oder Produktanwender, mit denen am besten zusammengearbeitet werden kann, dies
  - bezüglich der Position in der Innovationswertschöpfungskette (z. B. Hersteller, Distributor, Anwender),
  - bezüglich eines einfachen Zugangs (z. B. bestehende Kontakte) oder eines bestehenden Vertrauensverhältnisses,
  - bezüglich des benötigten und vom Kunden „lieferbaren" Beitrags.
- Welche Methode ist am besten geeignet?
- Soll mit einem Kunden separat gearbeitet werden oder mit verschiedenen Kunden gleichzeitig, um Unterschiede deutlich zu machen?
- Wer ist in der Zusammenarbeit mit dem Kunden, um die Kontinuität für eine langfristige Zusammenarbeit mit dem Kunden sicherzustellen?

- Sind diejenigen Personen, die für die Umsetzung des Inputs vom Kunden in der Entwicklung verantwortlich sind, tatsächlich beteiligt, oder riskiert man „Übersetzungsverluste"?
- Wie werden Kunden und Mitarbeiter aufeinander vorbereiten, um das vorhandene Wissen effizient abzuholen?
- Gibt es verfügbare oder leicht erstellbare Grundlagen (z. B. Mock-ups oder Prototypen), die als Basis für einen Workshop mit einem Kunden dienen und seinen Beitrag auf die Fragestellung zu fokussieren helfen?
- Wie wird der Kundenkontakt zum Erhalt des gewonnenen Wissens dokumentiert?

Risiken

Neben den genannten Chancen beinhaltet die Integration von Kunden in die Innovationsaktivitäten auch Risiken:

- Der konstante Druck, welcher vom Kunden ausgeht, kann die Kreativität des Entwicklers, z. B. bei der Generierung neuer Ideen, stören. Dieser kann sich dadurch zur Entwicklung von Eigenschaften genötigt sehen, die technisch nicht ideal sind.
- Die Reduktion der direkten Kontrolle des Entwicklers über den Innovationsprozess (vgl. oben) kann so weit führen, dass Entwickler den Input seitens der Kunden in Folgeprojekten verneinen oder ablehnen, auch bekannt unter dem Begriff Not-Invented-Here-Syndrom. Der Innovationserfolg kann dadurch gefährdet werden.
- Aufgrund kultureller Unterschiede zwischen Kunden und Mitarbeitenden des Entwicklers können „Reibungsverluste" entstehen. Es gibt keine Garantie, dass der Entwickler die Kundenanforderungen auch wirklich versteht und dass der Kunde überhaupt in der Lage ist, seine Bedürfnisse und Wünsche zu artikulieren.
- Zudem besteht die Gefahr des Generierens von wenig repräsentativem oder gar falschem Wissen, dies z. B. als Konsequenz von limitierter Erfahrung des Kunden mit Entwicklungsprojekten.
- Die frühe Kundenintegration kann anstelle von radikal neuen Durchbruchentwicklungen zu Produkten oder Dienstleistungen führen, welche zu inkrementell und zu sehr ausgehend vom bereits Bekannten sind.
- Ein zu starker Fokus auf den Kunden kann ein Unternehmen gefährlich weit von seinen eigentlichen Kernkompetenzen entfernen.
- Häufig führt die Kundenintegration zu einem verhältnismäßig großen Aufwand: Zusätzlich erforderlich sind finanzielle sowie zeitliche Ressourcen,

welche mit aufwendigem Management der Kundenbeziehung zusammen-
hängen.

- Die Auswahl von Kunden, welche wirklich dafür geeignet sind, zu Neuentwicklungen beizutragen, stellt in der Praxis eine Herausforderung dar. Es
gibt keine Garantie, den richtigen Partner zu finden. Die Konsequenzen einer
schlechten Zusammenarbeit, z. B. aufgrund von Opportunismus seitens des
Kunden, sind sowohl schädlich als auch gefährlich.

- Schließlich bestehen bei der Kundenintegration das Risiko des Abflusses
proprietärer Information oder Schwierigkeiten bei der Allokation von Eigen-
tumsrechten.

Viele dieser Risiken können eingegrenzt werden, wenn bei der Integration von
Kunden in die Innovationsaktivitäten von Anfang an die richtigen Fragen
adressiert werden, wie z. B. in der Checkliste aufgelistet.

Entscheidend ist es zudem, mittels Kenntnis der existierenden Kundenintegra-
tionsmethoden die richtige auszuwählen und anzuwenden – auch dies trägt
dazu bei, dass viele Risiken kontrolliert oder abgewendet werden können. Eine
Auswahl dieser Methoden wird nachfolgend vorgestellt.

8.3 Methoden der Kundenintegration

Als Grundlage für die Interaktion der Mitarbeitenden, welche in Innovationsprojekte involviert sind, wurden aus Wissenschaft und Praxis verschiedene
Methoden entwickelt. Diese unterstützten dabei, das relevante Kundenwissen
in die Entwicklungsaktivitäten von Produkt- oder Dienstleistungsinnovationen
einfließen zu lassen. Unterschieden wird generell zwischen direkten und indirekten Methoden der Kundenintegration:

Bei *direkten* Methoden artikuliert der Kunde seine Bedürfnisse und eventuell
seine bevorzugten Lösungen selbst. Der Kunde wird dabei direkt nach Ideen
und Vorlieben gefragt und durch die Methoden geführt. Damit direkte Methoden erfolgreich zur Anwendung kommen, sollten folgende Voraussetzungen
erfüllt werden:

- Den Kunden seine Wünsche und Bedürfnisse formulieren zu lassen setzt
voraus, dass dieser seine eigenen Wünsche und Bedürfnisse selber auch
vollständig kennt und versteht (dies ist weniger selbstverständlich, als generell angenommen).

- Die direkte Formulierung von Kundenwünschen ist nur dann möglich, wenn
Kunden neben der Kenntnis ihrer Wünsche und Bedürfnisse auch in der
Lage sind, diese inhaltlich verständlich zu artikulieren.

▪ Schließlich sollten Kunden auch bereit und willig sein, ihre Wünsche und Bedürfnisse den Mitarbeitenden des Innovationsprojektes mitzuteilen.

Bei *indirekten* Methoden bezieht der Entwickler Kundenwissen indirekt, z. B. durch Beobachtung. Kunden werden somit nicht direkt befragt, ob sie z. B. ein bestimmtes Produkt oder eine Eigenschaft der Neuentwicklung bevorzugen.

Die kombinierte Anwendung direkter und indirekter Methoden der Kundenintegration empfiehlt sich, um ein möglichst breites Spektrum an Kundenwissen zu erhalten. Tabelle 8.1 gibt einen Überblick über diejenigen Methoden, welche nachfolgend vorgestellt werden.

Beispiele direkter Methoden	Beispiele indirekter Methoden
▪ Lead-User-Methode	▪ Empathic Design
▪ Laddering	▪ Anthropologische Vorgehensweisen
▪ User Toolkits	
▪ User-oriented Product Development	

Tabelle 8.1 Direkte und indirekte Methoden der Kundenintegration

Die Lead-User-Methode

Eine direkte und stark verbreitete Methode für die Kundenintegration in den Innovationsprozess ist die Lead-User-Methode. Sie wurde im Jahr 1986 von Eric von Hippel entwickelt und wird in vielen Unternehmen mit großem Erfolg angewendet.

Die Grundannahme dieser Methode liegt darin, dass sich die Innovationstätigkeit im Markt auf wenige führende Kunden, sogenannte Lead Users, konzentriert: In einem Umfeld sich schnell weiterentwickelnder Produktanforderungen – wie es sich in vielen Hightech-Industrien darstellt – haben nur die führendsten Kunden das für die Entwicklung notwendige Wissen. Genau dieses Wissen muss lokalisiert und analysiert werden, um zu wissen, mit welchen Herausforderungen der Gesamtmarkt in Kürze konfrontiert sein wird. Die Lead Users werden somit integriert, um neue Ansätze zu generieren, die das Potenzial der Durchbruchinnovation der nahen oder fernen Zukunft haben.

Die Lead-User-Rolle wird entsprechend von wenigen Kunden eingenommen, welche sich von typischen, durchschnittlichen oder Massenkunden unterscheiden, aber deren aktuelle Bedürfnisse bald für den gesamten Marktplatz relevant sein werden. Mit dieser speziellen Auswahl geht die Lead-User-Methode über das von traditionellen Marketingmethoden Erfasste hinaus: Während die traditionelle Marktforschung Bedürfnisinformationen von repräsentativen Kunden im Zentrum des Zielmarktes berücksichtigt, absorbiert die Lead-User-Methode sowohl Bedürfnis- als auch *Lösungswissen*.

So sind Lead Users Kunden außerhalb des Zielmarktes, welche häufig mit extremeren Konditionen als die Allgemeinheit konfrontiert sind. Lead Users sind technologisch begabt mit einem dringenden Bedürfnis, ihr Produkt oder die Dienstleistung zu verbessern. Beispiele von Lead Usern wären z. B. für die Automobilindustrie die Formel-1-Piloten. Für die Sportindustrie wären es die Spitzensportler, und als Beispiel im Bereich der Konsumgüter könnte ein Lead User der professionelle Reinigungsservice sein, der im Gegensatz zur Privatperson einen ganzen Arbeitstag lang ein bestimmtes technisches Putzgerät anwendet.

Ein Innovationsprojekt, welches die Lead-User-Methode zur Anwendung bringt, beinhaltet die fünf Phasen, welche nachfolgend vorgestellt werden.

FÜNF PHASEN DER LEAD-USER-METHODE

Phase 1 – Zieldefinition und Teambildung:

Das entwickelnde Unternehmen legt eine Zielsetzung für die Ideengenerierung vor und formiert ein Projektteam von Lead Usern. Mögliche Methode: telefonische Kundenumfragen für die Lead-User-Selektion.

Phase 2 – Trendforschung:

Das Lead-User-Team konzentriert sich auf die Identifikation und das Verständnis wichtiger Markt- und Technologietrends im relevanten Zielmarkt. Mögliche Methode: Expertengespräche.

Phase 3 – Lead User „Pyramid Networking":

Um möglichst die „Leader" der Lead User bezüglich der identifizierten Trends zu berücksichtigen, suchen die Lead User nach Personen, welche eventuell mit noch extremeren Konditionen konfrontiert sind als sie selbst.

Phase 4 – Lead-User-Workshop und Ideenverbesserung:

Im Workshop arbeiten die Lead User gemeinsam mit Entwicklern des Unternehmens an neuen Ideen und ersten Konzeptentwürfen.

Phase 5 – Konzepttest:

Die generierten Konzepte werden mit typischen Kunden im Zielmarkt getestet, um herauszufinden, ob das Produkt oder die Dienstleistung als attraktiv und brauchbar empfunden wird. Diese Phase soll dem größten Risiko der Methode begegnen, nämlich dass die generierte Lösung nicht auf einen bereiten und kommerziell attraktiven Benutzerkreis übertragen werden kann. Diese Testphase im breiteren Kundenkreis ist zentral.

Laddering

Der Begriff „Laddering" wurde aus der „Ladder", der Trittleiter, gebildet. Die Methode ist einer Interviewtechnik, welche entwickelt wurde, um die Wissensstruktur des Kunden bezüglich eines bestimmten Produkts oder einer Dienstleistung zu verstehen. „Laddering" entstammt der Theorie der „Means-End", welche Aussagen von Kunden nicht einfach hinnimmt, sondern ihnen bis zu ihrer finalen Bedeutung auf den Grund geht:

Während Kunden sich über Produktcharakteristika äußern, fragt die Methode so lange nach, bis die Hintergründe zum Vorschein kommen, warum der Kunde gewisse Präferenzen geäußert hat. Von diesen Konsequenzen ausgehend fragt die Methode im Interview so lange weiter, bis die Werthaltung des Kunden offen liegt. Auf diese Art und Weise kann der wahre Kundenwert einer möglichen Umsetzung der Aussage in ein Produkt vorneweg besser eingeschätzt werden. Mit dieser Kenntnis des Kundenwertes gelingt es, Innovationen zu entwickeln, welche den Kunden wirklich und umfänglich entsprechen.

BEISPIEL – DIE LEAD-USER-METHODE BEI ABB SCHWEIZ

Die Lead-User-Methode wurde im Rahmen des Innovationsprojekts Elektromobilität verwendet: Die Zielsetzung lag darin, das Geschäftspotenzial möglicher Komponenten- und Systemlösungen für die Infrastruktur zur Aufladung von Elektrofahrzeugen zu prüfen. Lead Users wurden innerhalb von *ABB* in den Forschungszentren in Mitarbeitenden gefunden, welche bereits Jahre zuvor Expertise zum Thema Elektromobilität aufgebaut hatten, als die technologischen Voraussetzungen für die Entwicklung des Gebietes noch nicht günstig waren. Weitere Lead Users fanden sich im Markt bei Elektrizitätsversorgungsunternehmen, die vorausschauend den Einfluss einer großen Elektrofahrzeugflotte auf ihr Elektrizitätsnetz untersuchen. Der Austausch mit diesen Personen wies den Weg in Richtung Konzeptautohersteller, die Prototypen höchst innovativer Elektrofahrzeuge und Fahrzeugkonzepte entwerfen. Der intensive Austausch mit einem dieser Unternehmer und die fahrzeugseitigen technischen Möglichkeiten führten *ABB* dahin, innerhalb weniger Monate einen der auf dem europäischen Markt ersten Prototypen einer gleichstrombasierten Schnellladestation zu entwickeln. Da die Idee hervorragend in das Portfolio der *ABB*-Leistungselektronik passt, ist es wahrscheinlich, dass die Entwicklung von Schnellladestationen ohnehin angestoßen worden wäre. Durch die Zusammenarbeit mit dem Lead User – dem Schweizer Konzeptautobauer – gelang es aber, das Produkt zu jenem Zeitpunkt zu präsentieren, zu dem ein wichtiger „First Mover"-Vorteil in diesem sich schnell entwickelnden Markt geltend gemacht werden kann.

Ein einfaches Beispiel aus der Automobilindustrie verdeutlicht dies: Ein Antiblockiersystem stellt ein Produktattribut dar, welches nicht vordergründig für die Attraktivität eines Autos ausschlaggebend ist. Da es ein Antiblockiersystem aber ermöglicht, ein Auto sicher zu stoppen, zieht es für den Kunden positive Konsequenzen nach sich. Diese Konsequenzen begünstigen das vom Kunden angestrebte Ziel, im Auto sicher zu sein und Unfälle zu überleben. Was zählt, ist deshalb nicht das Antiblockiersystem, sondern die Konsequenz

Sicherheit, welche durch das Produkt entsteht und damit für den Kunden Wert generiert.

In der Umsetzung evaluiert der Kunde erst verschiedene Produkte oder verschiedene Produktattribute, die ihm präsentiert werden. Hat er Präferenzen geäußert, fragt der Interviewer anschließend mit wiederholten „Warum-Fragen" so lange nach, bis das Ende der Bedeutung dieser Präferenzen (Means-End) erreicht ist und der wahre Kundenwert benannt und adressiert werden kann.

User Toolkits

Die Methode der User Toolkits („Benutzerwerkzeuge") basieret auf den Entwicklungsaktivitäten im Bereich integrierter Halbleiter. In diesem Kontext wurde Kunden eine Internetplattform zur Verfügung gestellt, auf welcher sie ihre eigenen Designs der benötigten Schaltschemen konzipieren konnten. Die tiefen Transaktionskosten und die kurzen Feedback-Zyklen sowie die neuen Kapazitäten der Breitbandtechnologie machen das Internet sehr effizient für derartige Anwendungen.

Solche Online-Plattformen ermöglichen es Kunden, selber auf ihre individuellen Bedürfnisse perfekt zugeschnittene Lösungen experimentell zu entwickeln. Ein Vorteil dieser direkten Methode der Kundenintegration liegt darin, dass die Erfahrung und das Wissen des Kunden direkt und vollumfänglich in die Entwicklungsaktivitäten des Herstellers einfließen, ohne jeglichen expliziten Übersetzungsprozess zwischen den Beteiligten. Entwickler profitieren von diesem Ansatz, indem sie innovative und geeignete Lösungen später als Standard auf einen größeren Kundenkreis multiplizieren können.

Neben der Halbleiterindustrie werden User Toolkits heute auch in anderen Branchen angewendet, so z. B. für die Entwicklung neuer Geschmacksstoffe basierend auf einem technischen Set von Grundsubstanzen, das dem Kunden zur individuellen Mischung eines Musters für das spätere Produkt zur Verfügung gestellt wird. Der Kunde hat damit die Möglichkeit, die neuen Mischungen sofort auszuprobieren und selber nach Bedürfnis anzupassen. Entsprechend müssen weniger Proben zwischen Entwickler und Kunde hin und her gereicht werden, bis der richtige Geschmacksstoff kreiert ist, und der Entwicklungsprozess kann deutlich abgekürzt werden.

User-oriented Product Development

Diese direkte Methode, die kundenorientierte Produktentwicklung, ist ein sogenannter „Human Factor"- oder „Ergonomic Engineering"-Ansatz, der speziell auf die Entwicklung von Produktinnovationen ausgerichtet ist. Er fokussiert auf die Berücksichtigung von Anforderungen aus dem Gebrauch des Produkts und nicht auf die Merkmale einer spezifischen Konstruktionslösung. Gemeinsam mit dem Kunden werden evolutionär die am besten geeigneten Produkteigenschaften eruiert und evolutionär entwickelt.

Beginnend mit einer Problemanalyse aus der eigentlichen Gebrauchssituation des Produkts beim Kunden werden als erster Schritt gemeinsam mit dem Kunden die eigentlichen Produktanforderungen formuliert. Die Entwickler übersetzen diese Produktanforderungen anschließend in technische Anforderungen und setzen sie in einfache Prototypen oder Mock-ups (bildliche oder physische Simulationen) um. Indem der Kunde mehrfach mit Prototypen konfrontiert wird, in welchen sein Input kontinuierlich umgesetzt wird, findet der Kunde im Verlauf des Entwicklungsprozesses heraus, was er wirklich benötigt und wo sein wahres Problem liegt – häufig kommt dies erst durch den Einsatz eines Prototypen zum Ausdruck.

Die Methode ist für die frühen Innovationsaktivitäten und vor allem dort geeignet, wo auf einfache Art und Weise innovative Ideen in einfachen Prototypen umgesetzt werden können. Sobald Prototypen kostspielig sind, stößt die Methode an Grenzen. Durch das iterative Vorgehen, das eine Kommunikation zwischen Kunde und Innovationsteam basierend auf konkreten Gegenständen ermöglicht, kann die Kreativität aber maßgeblich gesteigert und eine komplett neue Lösung generiert werden, an die zuvor weder Entwickler noch Kunden je gedacht hätten.

Empathic Design

Empathie bedeutet „einfühlen" und genau dies liegt der Methode zugrunde: Der Entwickler eines neuen Produkts oder einer neuen Dienstleistung soll sich in den Kunden einfühlen, um dessen Situation nicht nur als Betrachter und Lösungslieferant zu kennen, sondern als Betroffener selbst.

Die Empathic-Design-Methode basiert auf den Theorien anthropologischer Untersuchungen sowie den Erkenntnissen des impliziten Wissens. Implizites Wissen unterscheidet sich vom expliziten, indem es schwer artikulierbar und damit für andere Personen als den Wissensträgern schwer zugänglich ist. Ein Beispiel impliziten Wissens illustriert der Wartungsverantwortliche für Rohrleitungen: Nach Jahren im Beruf weiß er genau, wo der Fehler im Rohrleitungssystem liegt, dies durch einfaches Klopfen an bestimmten Rohrstellen. Warum er dies weiß, ist objektiv schwer erklärbar.

Die Grundprämisse liegt darin, dass innovative neue Konzepte im tiefen (empathischen) Verständnis unartikulierter Kundenwünsche zu finden sind. Indem mit dem Kunden Zeit verbracht wird, gelingt es den Projektmitarbeitenden, sich in die Alltagsprobleme des Kunden einzufühlen und dafür „Empathie" zu entwickeln. Dadurch können Lösungen auf Problemsituationen identifiziert werden, welche dem Kunden selbst als Herausforderung gar nicht mehr bewusst waren, weil er sich an umständliche Abläufe bereits gewöhnt hat und sie ihm daher nicht bewusst sind.

Die Methode hilft so die beschränkte Vorstellungskraft des Kunden zu überwinden und ihn in seiner Fähigkeit, Wünsche und Problem zu identifizieren, zu unterstützen.

Anthropologische Vorgehensweisen

Neben Empathic Design wurden weitere Vorgehensweisen aus der Anthropologie erfolgreich auf die Kundenintegration in Innovationsaktivitäten übertragen: Die traditionelle Ethnografie ist die Kunst und Wissenschaft, eine Gruppe von Menschen oder Kultur zu beschreiben. Durch Beobachten, kritisches Hinterfragen und visuelle Aufzeichnungen werden im Feld alle zugänglichen Informationen vom Entwicklungsteam aufgezeichnet. Die so gesammelten Daten werden zwischen den Mitgliedern des Entwicklungsteams diskutiert, um ein allgemein besseres Verständnis sowohl aus einer Marketing- als auch aus einer F&E-Perspektive für den Kunden zu generieren.

Speziell in der Design-Community entstehen neuerdings weitere Typen ethnografischer Kundenrecherchen:

- Die digitale Ethnografie ist die technisch getriebene Weiterentwicklung der traditionellen Ethnografie: Durch die Anwendung von „verkabelter" oder drahtloser Technologie können ethnografische Methoden wie die Beobachtung von Teilnehmern an Kunden-Workshops jenseits von geografischen Restriktionen eingesetzt werden.
- Videobeobachtung von Kundeninteraktionen und Videoethnografie: Diese Recherchen ermöglichen die Erstellung von Datenbanken, welche langfristig für viele verschiedene Arten von Innovationsprojekten genutzt werden.
- Die Hypermedia Ethnography beruht stark auf allen elektronisch basierten Medien, um Bedeutungen umfassend zu erschließen.
- Die Cyber Sociology schließlich untersucht internetbasierte Interaktionen z. B. zwischen Kunden und Entwicklern.

Den neuen ethnografischen Methoden ist gemeinsam, dass sie das Potenzial besitzen, immer tiefere Einblicke in das Leben der Kunden, deren Erfahrungen und deren Interaktionen zu geben, und damit Aufschluss über neue Innovationsfelder und -potenziale zu generieren.

8.4 Kundenintegration umsetzen: Erfolgsfaktoren

Im ersten Teil des Kapitels wurden Chancen und Risiken genannt, welchen bei der Integration von Kunden in den Innovationsprozess Rechnung getragen werden sollte. Um die Chancen zu nutzen und die Risiken möglichst zu vermeiden, tragen neben der Wahl der richtigen Methode die nachfolgend beschriebenen Erfolgsfaktoren dazu bei, Kundenintegration effektiv und effizient umzusetzen:

- Wählen des geeigneten Integrationszeitpunkts.
- Kennen der Kundenposition in der Innovationswertschöpfung.
- Kenntnis der Kundenmotivation.
- Fokussieren des Kundenbeitrags.
- Zuweisen einer Kundenrolle.

Wählen des geeigneten Integrationszeitpunkts

Ein Innovationsprojekt sollte vom Kunden dann beeinflusst werden, wenn das Entwicklungsteam auch in der Lage ist, auf die Kundeninputs zu reagieren. Die beste Einflussmöglichkeit von Innovationsprojekten liegt generell in der Frühphase des Innovationsprozesses. Diese Frühphase beinhaltet folgende Aktivitäten: Identifikation neuer Geschäftsfelder für künftig zu entwickelnde Produkte, Generierung und Selektion von Ideen für neue Produkte und Dienstleistungen sowie die Entwicklung neuer Produktkonzepte (vgl. Bild 8.1).

In dieser Frühphase laufen verhältnismäßig geringe Kosten an, da für die Identifikation von neuen Geschäftsopportunitäten oder Produktideen vor allem kreatives und analytisches Know-how erforderlich ist (vgl. Bild 8.1: Angelaufene Kosten). Davon ausgehend, dass die Infrastruktur für Simulationen computergestützter Modelle und das Material für sehr einfache Prototypen (Mock-ups) vorhanden ist, fallen kaum Investitionskosten an. Auf Beiträge von Kunden kann in dieser Phase deshalb noch flexibel und kostengünstig reagiert und eine andere Variante erprobt werden.

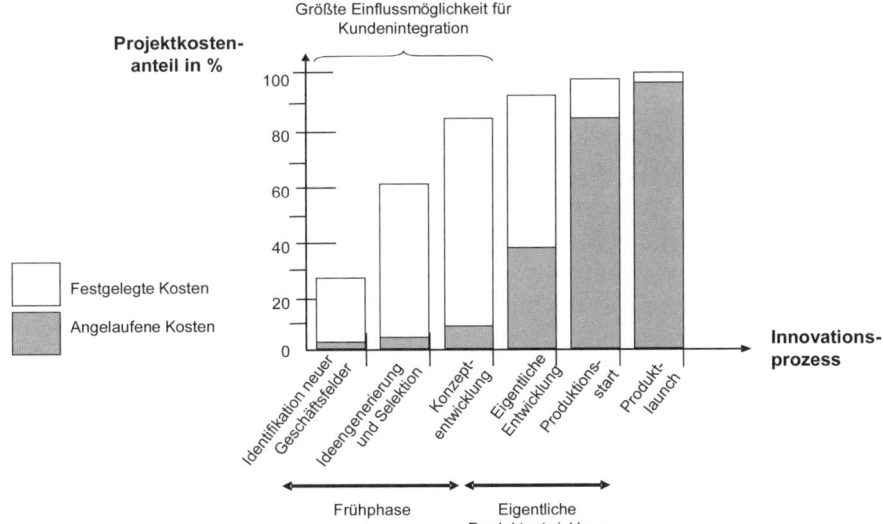

Bild 8.1 Innovationsfrühphase: für Kundenintegration am wirkungsvollsten

Hat sich das Projektteam zum Abschluss der Frühphase schließlich auf ein Konzept geeinigt, sind damit bereits bis zu 85 % der total auflaufenden Entwicklungskosten festgelegt, obwohl die erst in den späteren Entwicklungsschritten effektiv anfallen werden (vgl. Bild 8.1: Festgelegte Kosten). Deshalb lohnt es sich, alle Ideen und Lösungsansätze in der Innovationsfrühphase sorgfältig zu evaluieren und das Kundenwissen hier intensiv zu nutzen.

Erhält ein Entwicklungsteam neue Ideen für die Lösung der Aufgabenstellung von Kunden erst in der eigentlichen Neuproduktphase, welche auf das Konzept folgt, ist deren Berücksichtigung meist nur noch mit erheblichen finanziellen und personellen Aufwendungen möglich. Kundeninputs in dieser Phase sollten sich darauf beschränken, in Detailfragen die richtige Antwort zu liefern oder als regelmäßige Erfolgskontrolle zu dienen.

Obwohl Richtungsänderungen durch neuen Kundeninput nach Möglichkeit vermieden werden sollen, ist eine regelmäßige Konfrontation des Kunden mit dem Entwicklungsfortschritt vorteilhaft: Der Kunde kann sich durch die genaue Kenntnis des Projektes bereits während der Entwicklung optimal auf das neue Produkt oder die neue Dienstleistung einstellen. Dadurch können böse Überraschungen bei deren Lancierung im Markt minimiert werden.

Werden in diesen Erfolgskontrollen mit dem Kunden trotzdem neue und weitreichende Lösungsansätze identifiziert, sollte sichergestellt werden, dass diese nicht verloren gehen und eventuell in Form eines anderen Projektes umgesetzt werden können.

Neben der Berücksichtigung des richtigen Zeitpunkts im Innovationsprozess zeigt ein Praxisbeispiel, dass es auch beim Kunden selbst einen richtigen Zeitpunkt für dessen Integration gibt: Die kleine Abteilung Creative Center der Firma *Bayer MaterialScience*, einer der weltweit größten Hersteller von Polymeren und hochwertigen Kunststoffen, führt regelmäßig professionelle Workshops mit Kunden durch. In diesen Workshops werden höchst innovative Zukunftslösungen im Bereich polymerer Komponenten und Produkte evaluiert. *Bayer* hat dabei die Erfahrung gemacht, dass Kunden meistens dann den größten Wissensstand haben, wenn sie den Workshop verlassen: Dies, weil ihnen meistens dann erst die eigentliche Problematik und Fragestellung der geforderten Zukunftslösungen richtig bewusst und präsent ist.

Aus diesem Grund bereitet *Bayer* die für die Workshops ausgewählten Kunden vor, indem die wesentlichen Workshop-Informationen zuvor verteilt und individuell mit dem Kunden vorbesprochen werden. Durch diese Maßnahmen kommt der Kunde gut informiert in den Workshop und die Meetings sind von Anfang an produktiv: Der Austausch mit dem Kunden startet somit sofort auf dem Niveau, wo für die Firma effektiver Nutzen generiert wird.

Kennen der Kundenposition in der Innovationswertschöpfung

Bei der Frage nach dem geeigneten Kunden gilt es auch, seine Position in der Innovationswertschöpfungskette zu berücksichtigen. Bild 8.2 zeigt drei verschiedene Typen der Kundenintegration im industriellen Kontext, welche unterschiedliche Konstellationen und Akteure in der Innovationskette einbeziehen.

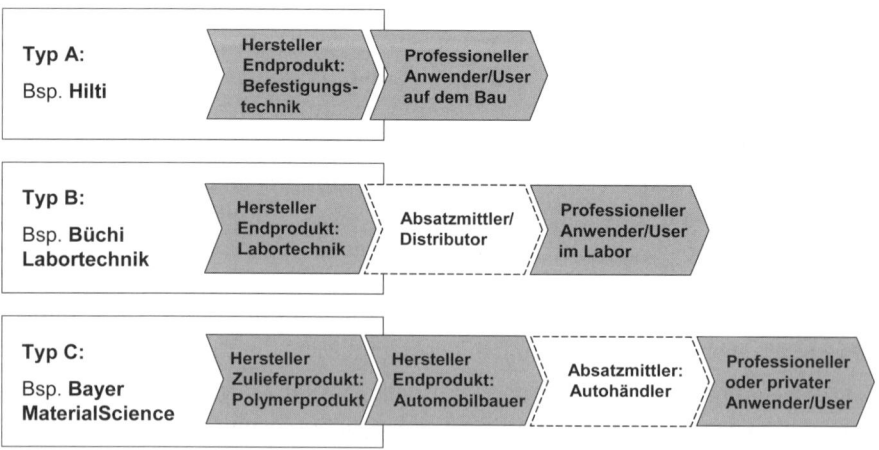

Bild 8.2 Typen der Kundenintegration

Die Firma *Hilti*, führend in Bau- und Befestigungstechnologie, ist ein Beispiel für Typ A

Hiltis Kunden sind Unternehmen in der Bauindustrie. Arbeitet *Hilti* in Innovationsprojekten mit Kunden zusammen (dies langjährig erfolgreich mit der Lead-User-Methode), interagieren die Entwickler sowohl mit Projektverantwortlichen der Kundenorganisation zur Identifikation von Trendthemen als auch mit dem Personal auf dem Bau, wo über konkrete Ideen und neue Lösungen diskutiert wird. Das Kundenwissen fließt so aus erster Hand direkt und ohne Übersetzungsfehler in die Entwicklungsabteilung ein.

Die Firma *Büchi Labortechnik*, führender Hersteller von Laborgeräten, ist ein Beispiel für Kundenintegration des Typs B

Büchi verkauft ihre Produkte nicht direkt an Kunden – dies sind z. B. Labore, wo mit *Büchis* Hightech-Geräten gearbeitet wird –, sondern vertreibt die Produkte via einen Absatzmittler oder Distributor. Diese Konstellation beinhaltet die Herausforderung, dass das Wissen über neue Bedürfnisse bei den Anwendern regulär nur via den Distributor zurück zu *Büchi* gelangt. Aus diesem Grund bezieht *Büchi* den Distributor in die Kundenintegration mit ein und unternimmt mit ihm gemeinsam Besuche in Laboren und organisiert Workshops zusammen mit den Anwendern der Produkte. So gelingt es, auch ohne direkten Endkundenzugang das Wissen der Anwender in Innovationsprojekten einzubeziehen. Die Integration des Distributors ist in diesem Falle wichtig, da dieser entscheidet, ob er ein neues Produkt in seinem Sortiment aufnehmen und vertreiben will.

Die Firma *Bayer MaterialScience*, führend im Bereich von Anwendungen aus Polymeren und Kunststoffen, ist ein Beispiel für Typ C

Das Creative Center von *Bayer MaterialScience* beschäftigt sich mit der Entwicklung höchst innovativer technischer Lösungen. Ein Beispiel dafür ist der Beleuchtungsüberzug für die Innenausstattung von Automobilen: Die Autokabine könnte damit so ausgeleuchtet werden, dass ein angenehmes Ambiente wie im Wohnzimmer entsteht. Für eine erfolgreiche Realisierung dieser Technologie muss die Firma folgende Konstellation berücksichtigen: Zwischen *Bayer* und dem Endkunden, dem Automobilisten, liegen zwei Organisationen 1) der Automobilhersteller (*Bayers* OEM-Kunde) und 2) der Distributor von Automobilen. Die Entwicklung und Einführung der Beleuchtungslösung, welche mit dem Input visionärer Automobilisten entwickelt wurde, funktioniert für *Bayer* also nur dann, wenn ihr OEM-Kunde die Lösung akzeptiert und in seinen Automobilen umsetzt. Aus diesem Grund realisierte *Bayer* diese Innovationen vorher in einem anderen Produkt (einer innen beleuchteten Handtasche!), um dem OEM-

Kunden zu demonstrieren, dass der Endkunde die Technologie akzeptiert. Bayer löst so die Herausforderung, dass trotz keines direkten Zugangs zu allen entscheidenden Elementen der Innovationswertschöpfung die Kunden an der richtigen Stelle berücksichtigt werden.

Die drei Firmenbeispiele zeigen, dass der „richtige" Kunde von Typ zu Typ ein anderer ist. Die Beispiele machen deutlich, dass die Konstellation der Akteure analysiert werden muss und dass alle Einflussnehmer sorgfältig berücksichtigt werden wollen.

Kenntnis der Kundenmotivation

Wie wirkungsvoll die Integration von Kunden in ein Innovationsprojekt ist, hängt natürlich auch von den berücksichtigten Individuen selbst ab. Wählt man „die Falschen" aus, verringern sich die Erfolgsaussichten deutlich. Kriterien, welche die richtige Person beschreiben, sind aber schwierig aufzustellen, da unterschiedliche Situationen unterschiedliche Inputs und Fähigkeiten erfordern.

Ob ein Kunde den Innovationsprozess unterstützt, hängt mitunter von seiner Motivation ab. Generell kann gesagt werden, dass sich ein Kunde nur dann aktiv in einem Innovationsprojekt engagiert, wenn er sich einen Vorteil davon verspricht. Folgende Motive können Kunden zu einer Mitarbeit bewegen:

- Entschädigungen, Vergütungen oder Preisreduktionen, welche für den geleisteten Kundenbeitrag bezahlt werden.
- Früher Zugang zu den zukünftigen Entwicklungen, welche dem Kunden gegenüber seiner Konkurrenz einen Vorsprung verschaffen.
- Extra Service (wie z. B. zusätzliche Garantien, Reparaturen) während der Produkt- oder Dienstleistungseinführungsphase.
- Aufmerksamkeit in der für den Kunden relevanten Öffentlichkeit durch die erfolgreiche Beteiligung an einem Innovationsprojekt.

Sind die Motive des Kunden für das entwickelnde Unternehmen bekannt, kann mit offenen Karten gespielt werden, was den Umgang für beide Seiten erleichtert.

Fokussieren des Kundenbeitrags

Neben der Motivation sollte auch die Frage nach den konkreten Beiträgen gestellt werden, welche individuelle Kunden zu leisten vermögen. Je nach konkreter Entwicklungsherausforderung sind andere Beiträge wertvoll. Folgende können unterschieden werden:

- **Lösungen**, z. B. Ideen-Statements, Vorschläge für neue Konzepte, technische Antworten oder Produktattribute.

- **Spezifikationen**, z. B. Input vom Kunden über gewünschte Größe, Gewicht, Farbe, Form, Aussehen, Gefühl oder Charakteristika zur Produktleistung.

- **Bedürfnisse**, Kundenaussagen, welche häufig als Qualitätswunsch gedeutet werden können. Zum Beispiel äußert der Kunde Bedürfnisse, indem er ausdrückt, dass er ein Produkt gerne „zuverlässig", „wirkungsvoll", „widerstandsfähig", „stabil", „elastisch", „beständig" oder „kraftvoll" haben möchte.

- **Nutzen**, Aussagen wie z. B. „einfach im Gebrauch", „schneller", „besser" oder „billiger", nutzt der Kunde, um zu beschreiben, welchen Wert er von einer neuen Produktlösung geliefert bekommen möchte.

Diese Beiträge sind in unterschiedlichen Phasen und im Kontext unterschiedlicher Fragestellungen wertvoll. Hilfreich ist es, wenn sich ein Entwicklungsteam vor dem Kontakt mit dem Kunden damit auseinandersetzt, welche Art von Beitrag es in der aktuellen Herausforderung weiterbringt. Mit dieser Kenntnis kann z. B. ein einfaches Modell oder ein einfacher Prototyp gebaut werden, welcher das Problem genau adressiert. Der Kundeninput wird so auf den Aspekt fokussiert, der für die Entwicklung wertvoll ist.

Zuweisen einer Kundenrolle

Um die Kommunikation innerhalb eines Entwicklungsprojektes zu vereinfachen, empfiehlt es sich schließlich, dem Kunden eine Rolle zuzuweisen. Die Rolle unterstützt das Team, die Zielsetzung der Kundenintegration in der jeweiligen Entwicklungsphase nicht aus den Augen zu verlieren.

- In der Frühphase nimmt der Kunde primär die Rolle eines Informanten über aktuelle Trends und Bedürfnisse oder die des Ideenlieferanten wahr. Abgeben von Urteilen oder die Konkretisierung von Spezifikationen oder Produktattributen durch den Kunden sollte in dieser Phase nur dann erfolgen, wenn das entwickelnde Team dies explizit wünscht. Ist dies nicht der Fall, läuft das Projektteam Gefahr, dass neue Ideen zu früh verworfen werden.

- Während der Entwicklung des Produktkonzeptes wird der Kunde zum Co-Designer, die Ausarbeitung von Spezifikationen ist jetzt explizit gewünscht. Dasselbe gilt für die Neuproduktentwicklung – je nach Expertise des Kunden kann er zur erweiterten Ressource des Projektteams werden.

- In der Vorbereitung der Markteinführung wird der Kunde zum Tester und schließlich in der Markteinführung wieder zum Informanten, der Erfahrungen und neue Trends aufspürt, welche erneut in die Entwicklungsabteilungen eingespeist werden können.

Die Aufzählung zeigt, dass ein Kunde je nach Phase im Innovationsprozess eine andere Rolle einnehmen kann. Je nach Rolle empfiehlt sich der Einsatz von Methoden der Kundenintegration, wie sie z. B. in Abschnitt 8.3 beschrieben wurden. Bild 8.3 fasst die Rollen des Kunden gemäß Entwicklungsschritt im Innovationsprozess abschließend zusammen und zeigt, welche möglichen Methoden in diesen Schritten angewendet werden können.

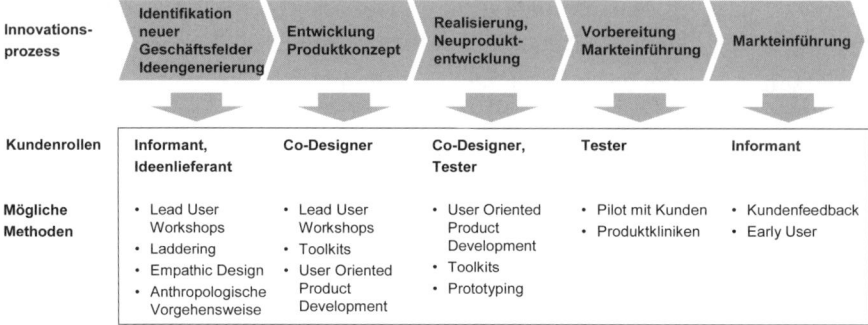

Innovations-prozess	Identifikation neuer Geschäftsfelder Ideengenerierung	Entwicklung Produktkonzept	Realisierung, Neuprodukt-entwicklung	Vorbereitung Markteinführung	Markteinführung
Kundenrollen	Informant, Ideenlieferant	Co-Designer	Co-Designer, Tester	Tester	Informant
Mögliche Methoden	• Lead User Workshops • Laddering • Empathic Design • Anthropologische Vorgehensweise	• Lead User Workshops • Toolkits • User Oriented Product Development	• User Oriented Product Development • Toolkits • Prototyping	• Pilot mit Kunden • Produktkliniken	• Kundenfeedback • Early User

Bild 8.3 Kundenrollen im Innovationsprozess und mögliche Methoden

9 EMPATHIC DESIGN IN DER BMW GROUP

Martin Stahl, Ulrich Meyer-Höllings

9.1 Die Herausforderung: Nachhaltig differenzieren

Wieder einmal steht die Automobilindustrie vor einer neuen Herausforderung. Nachdem die Differenzierung in den letzten Jahren vom Geiste einer Leistungs- bzw. Preisführerschaft getrieben war, rückt nun die Dimension Umweltverträglichkeit stark in den Vordergrund. Dies stellt die Automobilindustrie vor die Frage, wie die globale Debatte über Klimaerwärmung und den Einfluss des Menschen darauf die Nachfrage für Automobile beeinflusst. In dieser Situation liegt es nahe, dass neue Bedürfniskombinationen die entscheidenden Differenziatoren der Zukunft sein werden. Diese zu identifizieren und in Produkte umzusetzen ist die Herausforderung, mit der viele Unternehmen in der führen Phase des Produktentwicklungsprozesses konfrontiert sind. Hierbei kommt einer adäquaten Informationsgrundlage die entscheidende Rolle für den Prozess der strategischen (Produkt-)Planung zu. Besonders in Bezug auf die genauere Erforschung der soziokulturellen Treiber eines Wertewandels werden geeignete Analyseinstrumente menschlichen Verhaltens benötigt. Dabei ist es insbesondere notwendig, die Diskrepanz zwischen Einstellungen und Verhalten von Kunden, die sogenannte „saying-doing-gap" zu überwinden. Dafür können empathische Untersuchungsmethoden einen wesentlichen Beitrag leisten. So können zusätzliche Erkenntnisse über den Kunden erschlossen werden, die einen strategischen Erfolgsfaktor im Produktentwicklungsprozess darstellen können.

Produkteigenschaften sind seit den Anfängen der Automobilindustrie die wichtigsten Differenzierungsfaktoren im Wettbewerb gewesen. Unter Produkteigenschaften werden messbare Attribute wie beispielsweise Leistung (Fahrleistung, Verbrauch), Qualität und Zuverlässigkeit verstanden. Betrachtet man die Konzepte, die in der Automobilindustrie hinter der Mehrheit von Fahrzeugen und technologischen Lösungen liegen, so hat sich offenbar ein dominantes Design

etabliert. So wird die große Mehrheit der Automobile heute von einem Hub-
kolbenmotor angetrieben und verfügt über eine standardisierte Nutzer-
schnittstelle (Lenkrad, Pedale etc.). Wesentliche Unterschiede innerhalb des
Produktspektrums der Automobilindustrie sind nur noch zwischen den verschiedenen Marktsegmenten zu erkennen. Innerhalb dieser Segmente haben
sich jedoch, geprägt durch die Globalisierung der Automobilindustrie, sehr
ähnliche Konzepte und Leistungsniveaus etabliert. So verfügt die Mehrzahl
aller Fahrzeuge in der Kompaktklasse („Golfklasse") aus raumökonomischen
Gründen über Frontantrieb, Vierzylindermotoren und fünf Sitzplätze. Gelegent-
lich wird von einer „qualitativen und technologischen Konvergenz" innerhalb
der Automobilindustrie gesprochen (Ealey, Troyano-Bermúdez 1996). Durch die
hohe Reife der Produkte ist es mit technologischen Innovationen schwierig,
wirkliche und nachhaltige Differenzierungspotenziale zu schaffen, ohne konzeptionell ganz neue Wege zu gehen. Innovative Antriebstechnologien könnten hier
in Zukunft Differenzierungspotenzial bieten, sie erfordern jedoch heute (noch?)
erhebliche Zugeständnisse bei Kosten, Leistungsfähigkeit oder Nutzbarkeit.

Nicht nur die Konzepte und Produkteigenschaften haben sich angeglichen, der
gesamte funktionale Nutzen von Fahrzeugen ist mittlerweile ähnlich. Es
erscheint somit offensichtlich, dass eine weitere inkrementale Verbesserung
von Produkteigenschaften im engeren Sinne keine wesentliche Differenzierung
auf dem wettbewerbsintensiven Markt der Automobilindustrie erlauben wird
(Stahl 2002). Darin liegt unter anderem die Ursache für die herausragende
Bedeutung, die Marken für die Differenzierung auf dem Automobilmarkt
haben. Die Kombination aus erstklassiger Produktsubstanz und dem durch die
Marke gestifteten emotionalen Nutzen ist einer der Erfolgsfaktoren, der die
Premiumfahrzeuge der *BMW Group* auszeichnet.

Um trotz der geschilderten Annäherung von funktionalen Produkteigenschaften neue Absatzpotenziale zu erschließen, haben die Automobilhersteller in
den letzten Jahren verstärkt Nischen erschlossen. Das Besetzen von Nischen
hat in der *BMW Group* eine bis in die 60er-Jahre zurückreichende Tradition.
Der damalige Vertriebsvorstand Paul Hahnemann erkannte, dass es sinnvoll
sei, bisher nicht vom Wettbewerb besetzte Nischen (sportlich orientierte Limou-
sinen) im Markt zu adressieren und dadurch das Profil und die Profitabilität
der Marke nachhaltig zu steigern. Diese Strategie war so erfolgreich, dass
Hahnemann in der Branche bald „Nischen Paule" genannt wurde. Ihm wird
auch der Ausspruch zugeschrieben, BMW müsse sich Nischen suchen, „in
denen wir uns wie die Partisanen bewegen".

Diese Tradition lebt in der *BMW Group* auch heute noch. Mit dem X5 gelang es,
ein völlig neues Fahrzeugsegment zu erschließen, das der Sport Activity Vehicles. Man hatte erkannt, dass die in den USA populären SUV (Sport Utility
Vehicles) für andere als die ursprünglichen, funktional dominierten Einsatz-

zwecke genutzt wurden. Der SUV wurde verstärkt als geräumige und praktische Alternative zur klassischen Limousine genutzt. Der X5 wurde mit dem Ziel entwickelt, genau diese Bedürfnisse der Kunden in einer einzigartigen Interpretation zu erfüllen. Er berücksichtigt ganz bewusst die vorwiegende Onroad-Nutzung durch die Kunden und setzte Maßstäbe in Agilität und Handling. Der aktuelle X6 setzt diese Tradition fort und bietet eine weitere Konzeptinnovation, das weltweit erste Sport Activity Coupé (SAC).

Die Herausforderung liegt somit darin, die Bedürfnisse der Kunden in der Nische genau zu verstehen und perfekt in Produkte umzusetzen. So können Produkte geschaffen werden, die sich weiterhin über ihre Eigenschaften differenzieren. Praktisch bedeutet dies, die richtigen Marktforschungsinstrumente an den richtigen Stellen in den Produktentstehungsprozess zu integrieren. Hierbei hat sich besonders in den frühen Innovationsphasen unter anderem die Nutzung ethnografischer Feldforschungsmethoden zur grundlegenden Weichenstellung und sensiblen Anreicherung der Konzeptentwicklung bewährt.

9.2 Ansätze zur Kundenintegration in der frühen Innovationsphase

Strategische Bedeutung der Kundenintegration

Die Integration des Kunden in die Entwicklung komplexer Produkte ist ein wesentlicher Faktor zur Reduktion von Entwicklungsrisiken. Dies gilt insbesondere für innovative Produkte oder Produkte, die in neue Nischen stoßen. Häufig scheitern gerade komplexe Produkte daran, dass aus Zeit- und Kostengründen die Interaktion zwischen Produkt und Nutzer und der „echte" Nutzenzuwachs durch innovative Produkteigenschaften nicht ausreichend analysiert sind. Durch suboptimale Einzelfunktionen können Barrieren entstehen, die zu einer negativen Gesamteinschätzung eines Produkts führen, obwohl es aus Sicht von Experten brillante Eigenschaften besitzt und dem direkten Wettbewerbsprodukt in vielen Bereichen weit überlegen ist. Daher ist es von hoher Bedeutung, bereits frühzeitig im Produktentstehungsprozess eine Schnittstelle zum Kunden aufzubauen (van Kleef 2005).

Vor dem Hintergrund der Tatsache, dass gerade in der Konzeptphase die wesentlichen Parameter eines Produkts wie z. B. Größe, Kosten, Gewicht, Bedien- und Ergonomiekonzept etc. grundsätzlich festgelegt werden und in der anschließenden Serienentwicklung in der Regel nur noch kleine Produktoptimierungen möglich sind, wird deutlich, dass insbesondere in der frühen Phase der Entwicklung komplexer Produkte die direkte Integration des Kunden eine maßgebliche Rolle für den Produkterfolg spielt.

Die unter dem Begriff der Mass Customization beschriebenen aktuellen Bemü-
hungen vieler Hersteller komplexer Produkte, die Kundenwünsche immer
differenzierter zu befriedigen, vergrößern den Bedarf der direkten Kundenintegration in den Produktentstehungsprozess noch weiter. Zum einen gibt es
durch die fortschreitende Differenzierung des Angebotsspektrums oft kein ver-
gleichbares Vorgängerprodukt, das durch den klassischen marktforschungs-
orientierten Market-Pull-Ansatz optimiert werden kann. Zum anderen werden
durch Mass Customization auch neue Kundengruppen adressiert, über die in
der Organisation noch wenige Kenntnisse vorliegen und folglich das Risiko der
Ressourcenfehlallokation hoch ist. Beide Argumente treffen für die Besetzung
von Nischen in der Automobilindustrie zu.

Konzepte zur Kundenintegration in der frühen Phase des Produktentstehungsprozesses

In den klassischen Ansätzen der Marktforschung werden Kunden über Instrumente wie Clinics oder Befragungen einbezogen. Diese sind in den späteren
Phasen des Entwicklungsprozesses bewährt und liefern dort belastbare
Ergebnisse. Eine direkte Integration der Kunden in die frühe Phase des Entwicklungsprozesses ist jedoch selten und wird von den klassischen Marktfor-
schungsmethoden nicht unterstützt. Darüber hinaus nimmt mit steigendem
Innovations- bzw. Neuigkeitsgrad die Fähigkeit der Kunden, eine Innovation zu
beurteilen, ab. Hier ist es sinnvoller, durch Interaktion mit den Kunden, z. B.
mittels ethnografischer Methoden, ein Verständnis für deren (möglicherweise
noch unbewusste) Bedürfnisse zu erarbeiten.

Neben der ethnografischen Feldforschung haben sich im Kontext des Open-
Innovation-Ansatzes Lead-User-Konzepte als Instrumente zur direkten Integration des Kunden in den Entwicklungsprozess etabliert. Dadurch wird das
kreative Potenzial der Kunden erschlossen und für die Entwicklung marktfähi-
ger Produkte genutzt. Im Unterschied zum klassischen Market-Pull-Ansatz, bei
dem die Nutzer über Marktforschungserhebungen indirekt in die Produktentwicklung bzw. Lastenheftformulierung integriert werden, wird eine Gruppe
von Nutzern direkt in den Entwicklungsprozess involviert.

Ethnografische Forschung und der Lead-User-Ansatz unterscheiden sich dahin
gehend, dass die ethnografische Forschung einen breiten Einblick in die Bedürf-
niswelt des Kunden gewährt, wohingegen es der Lead-User-Ansatz erlaubt, spezifisch zu einer Fragestellung gemeinsam mit den Kunden Lösungen zu
entwickeln.

Ethnografische Feldforschung

Während die fragebogenorientierte Marktforschung von einem weitestgehend rationalen Konsumenten ausgeht, dem seine Bedürfnisse bewusst sind, steht bei der ethnografischen Forschung das beobachtbare Verhalten in alltäglichen Lebenssituationen im Mittelpunkt der Analyse. Bild 9.1 liefert einen Überblick über die wesentlichen Unterschiede zwischen klassischer Marktforschung und ethnografischer Forschung.

Da jedwede Interaktion eines Menschen mit Produkten innerhalb eines sozialen Kontextes stattfindet, stammen die theoretischen Grundlagen der ethnografischen Methode im Wesentlichen aus den Sozialwissenschaften. Da es unterhalb der Oberfläche beobachtbarer Verhaltensmuster diverse Begründungszusammenhänge geben kann, bedarf es spezieller Methoden, um die Komplexitäten des Alltagslebens zu entschlüsseln.

Es macht an dieser Stelle Sinn, einen Blick in die sozialwissenschaftliche Theorie-Toolbox der Anthropologen zu werfen, um deren konkrete Anwendung innerhalb eines kommerziellen Forschungskontextes zu verstehen (Applied Business Anthropology). Viele der Theorien sind anderen Diskursen entlehnt, doch allen Ansätzen gemein ist eine Fokussierung auf die Entdeckung menschlicher Verhaltensmuster (Pattern Recognition) und deren Entschlüsselung. In dieser Weise kann ein Studium der Bedeutung von Interaktionen zwischen Menschen und Objekten innerhalb eines ökonomischen Kontextes einen entscheidenden Beitrag zum Produktentstehungsprozess leisten.

Marktforschung	Ethnografie
Nutzer sprechen über ihr Verhalten/ihre Präferenzen	Das reale, beobachtbare Verhalten bildet die Analysegrundlage
Nutzer antworten danach, was sie für wichtig halten	Nutzer drücken ihre Emotionen, Probleme und Erfahrungen durch Körpersprache und spontane Kommentare aus
Nutzer beantworten Fragen aufgrund von Meinungen und Erfahrungen	Forscher beobachten reale Probleme im Moment ihrer Entstehung
Die Analyse folgt einem festgelegten Themenleitfaden	Die Beobachtung folgt dem Weg, den der Nutzer einschlägt
Angemessen beim Testen von bereits bestehenden Aufgaben	Geeignet zur Aufdeckung von zukünftigen Innovationspotenzialen

Bild 9.1 Unterschied zwischen klassischer Marktforschung und ethnografischer Forschung

a) Diskursanalyse

Theorie: Oftmals kommen uns die Grenzen zwischen dem, was erwünscht/ unerwünscht, legal/illegal oder gesund/ungesund ist, rigider und ausdefinierter vor, als sie es sind. Die meisten Wertvorstellungen unseres Alltags werden kontinuierlich neu ausgehandelt und verändern sich damit ständig. Indem wir verstehen, wie einzelne Menschen und soziale Gemeinschaften durch die Auswahl bestimmter Wörter Konzepten eine Bedeutung und Signifikanz zuschreiben, können wir eine Einsicht in die verhaltenswirksamen Idealvorstellungen erlangen.

Praxis: Es lassen sich mithilfe dieser sprachlichen Bedeutungsanalyse vielfältige Fragestellungen aus dem unternehmerischen Kontext untersuchen. So z. B.: Wie entstehen unter Mitarbeitern in einer Organisation Vorstellungen von dem, was ein „Projekt", „Effizienz", eine „Innovation" oder „gutes Management" ist? Wie und warum hat die Organisation diesen Konzepten eine Bedeutung zugeschrieben? Wer verfolgt welche Interessen bei der Ausgestaltung unterschiedlicher Deutungen dieser Konzepte?

b) Wertecluster

Theorie: Menschen sind weitaus weniger individualistisch, als sie oftmals meinen. Es lassen sich klare Muster erkennen in dem, was wir denken, kaufen oder wertschätzen. Werturteile und Präferenzen lassen sich so zu Clustern zusammenfügen. Wenn jemand z. B. einen ganzen Tag im Wald verbringt, um Pilze zu sammeln, dann ist die Wahrscheinlichkeit sehr hoch, dass er organische Nahrung und selbst genähte Kleidung bevorzugt. Wenn man aber den ganzen Tag im Coffeeshop verbringt und Schuhe von *Dior* trägt, dann wird eine Präferenz für Sushi take away umso wahrscheinlicher. Da sich unsere Wertvorstellungen zu bestimmten Clustern zusammenfügen lassen, kann man eine klare Tendenz ausmachen, auch seine Freundschaften und sozialen Beziehungen mit denjenigen anzubahnen, die unsere Werte teilen.

Praxis: Indem man Konsumenten nach ihren Präferenzen in einem Gebiet (z. B. Nahrung) befragt, ist es recht wahrscheinlich, dass sie auch in einem ganz anderen Bereich (z. B. Kleidung) spezifische Vorstellungen haben und sich diese wiederum mit bestimmten Einstellungen und Werten (z. B. Einwanderungspolitik) korrelieren lassen. Wenn man eine größere Menge an Daten zu diesen Themenclustern gesammelt hat, lassen sich Muster in den Konsumpräferenzen und Wertvorstellungen ausmachen. Diese Erkenntnisse wiederum können die Passgenauigkeit eines Produkts, eines Designs oder einer Kommunikationsbotschaft innerhalb einer Zielgruppe (Wertegemeinschaft) überprüfen.

c) Impression Management

Theorie: Eitelkeit oder Stolz werden oftmals eher negativ bewertet. Dennoch wissen wir, dass diese eine mächtige Triebfeder menschlichen Verhaltens sind. Jeden Tag wählen wir unsere Kleidung so, dass wir uns in eine Gemeinschaft einfügen und dass andere uns mögen; dieser Prozess wird auch „Alltagsinszenierung" genannt. Soziale Beziehungen werden als Bühnenspiel mit einem Drehbuch, einer Kulisse und Kostümen verstanden, in der jeder Beteiligte eine bestimmte Rolle spielt. Mithilfe dieser Mittel möchten wir die Wahrnehmung anderer Menschen von uns kontrollieren. Dennoch gibt es Bereiche in unserem Leben, in denen wir die Masken fallen lassen, und es ist ebenso wichtig, diese Diskrepanz zwischen „front stage" und „back stage" zu verstehen, wenn wir einen ganzheitlichen Einblick in menschliche Verhaltensmuster bekommen möchten.

Praxis: Der Feldforscher nutzt bestimmte Beobachtungstechniken, um zu verstehen, wie Menschen ein Bild von sich vermitteln möchten. Man versucht dann hinter die Kulisse zu kommen, um zu den jeweiligen Begründungen für die gewählte Form der Selbstdarstellung zu gelangen.

d) Ecologies

Theorie: Das Individuum ist bewusst oder unbewusst in vielfache Wirkungsgefüge eingebettet, die sein Verhalten beeinflussen. Bei einer Beschreibung der „Ökologien" geht es darum, die Auswirkungen des Umfeldes und der verschiedenen Kontexte besser zu verstehen.

Praxis: Anstatt das Individuum selber – z. B. einen Arzt – zu untersuchen, fokussiert sich das Forschungsinteresse auf seine Umwelt und wie diese das Verhalten des Arztes beeinflusst. Wie z. B. reagiert ein Arzt auf die Einführung moderner Managementmethoden? Wie ändert der Aufbau einer neuen medizinischen Datenbank das Verhalten und die Einstellungen von Krankenschwestern.

Eine wichtige Voraussetzung bei dieser Art der ethnografischen Feldforschung liegt in der Einnahme eines möglichst realen, unverfälschten Blicks auf die Realität. Eine der Tugenden des Anthropologen ist, dass er sich selbst bzw. seine Wertvorstellungen beiseiteschieben kann. Die Anthropologie wurde von Forschern entwickelt, die sich in fremden Ländern aufhielten, ohne deren Sprache, Kultur, Traditionen oder Gebräuche zu kennen. Diese Erfahrung half bei der Entwicklung eines radikal unvoreingenommenen Blickes auf die Erforschung anderer Kulturen und erlaubte den Forschern die Ausprägung von Empathie. Dieser empathische Ansatz ist eine Vorbedingung zum verständnisvollen Eintauchen in fremde Phänomene, wo es nicht mehr um die Belegführung vorgefertigter Hypothesen geht.

In ihrer langen Geschichte hat die ethnografische Feldforschung einen umfang-
reichen Methodenbaukasten etabliert, aus dem nun einige zentrale Elemente
vorgestellt werden sollen:

1. Teilnehmende Beobachtung

In Rahmen der teilnehmenden Beobachtung oder beobachtenden Teilnahme
bemüht sich der Feldforscher um einen möglichst engen Kontakt zum Studien-
objekt, indem er durch das Eintauchen in ein Studiengebiet selber Teil dessel-
ben wird. Menschen führen eine ganze Reihe von Handlungen aus, die sie in
Interviews nicht erwähnen; zum einen, weil sie unbewusst ablaufen, oder
auch, weil sie nicht speziell danach gefragt wurden. Über die teilnehmende
Beobachtung gewinnt der Forscher Erkenntnisse über diese Handlungen innerhalb ihres Kontextes. Es wird dabei das Ziel verfolgt, die nonverbale Kommunikation zu beobachten und zum Teil auch selber an den Aktionen teilzunehmen.
Bei dieser Art der Forschung geht es aber nicht nur um die Teilnahme selbst,
sondern sie erfordert eine genaue Planung und detaillierte Dokumentation, um
anschließend verwertbare Ergebnisse zu liefern. Der Aufwand lohnt sich aber
meistens, denn man erhält weitaus „reichere" Daten als z. B. bei einem Interview.

2. Tiefen-Interview

Interviews liefern einen Einblick in die „Lebenswelt" der Antwortenden, ihren
Alltag, ihre Träume und Werte. Es gibt eine Vielzahl an Interviewtechniken,
von denen in der ethnografischen Forschung am häufigsten das standardisierte
Interview mit offenen Fragen und das teilstrukturierte Interview eingesetzt
werden.

In der Regel wird bei diesen Interviews der informelle Gesprächsstil bevorzugt. Hierbei werden Fragen dann gestellt, wenn sie sich im Gespräch ergeben.
Der Antwortende erhält vorab lediglich Informationen über das Themengebiet,
es gibt aber keinen festen Fragenkatalog, der chronologisch abgearbeitet werden muss. Das führt zu einem freien Gesprächsfluss, der aus einem Interview
eine Unterhaltung macht und darüber oftmals zu relevanteren Fragestellungen
führt. Diese Form vermindert zudem den Stress, den viele Antwortende ver-
spüren, wenn sie mit einem langen Fragenkatalog konfrontiert werden.

3. Artefakt-Studien

Eine Beobachtung, wie Menschen bestimmte Objekte verwenden, kann ein
sehr wertvolles Instrument sein. Die meisten Menschen positionieren sich und
bauen eine Identität über die Verwendung geeigneter Objekte auf. Objekte
werden so zu Bedeutungsträgern ihrer „Eigentümer", sodass wir beispielsweise

etwas über die sozialen Beziehungen zu anderen Menschen erfahren können. Indem man die Objekte im Umfeld eines Menschen mit entsprechenden Fragen verbindet, lassen sich vielfältige Einsichten über diese Person generieren.

4. Video

Es gibt im Wesentlichen zwei Arten des Einsatzes von Videodokumentationen in der ethnografischen Feldforschung; den verdeckten Einsatz oder den offenen, akzeptierten Einsatz. Wie auch bei einem Tonaufnahmegerät kann man die Nutzung von Video als „demokratisch" bezeichnen, denn es wird alles dokumentiert, wenn die Kamera an ist. Dies steht im Gegensatz zu Fotografie oder Feldnotizen, wo nach Bekanntwerden einer interessanten Information nur diese selektiv erfasst wird. Eine Videoaufzeichnung liefert uns auch eine Vorher-nachher-Perspektive auf bestimmte Ereignisse, sodass wir den Kontext einer Mitteilung in die nachträgliche Analyse mit einbeziehen können. Videodaten sind darüber hinaus auch sehr gut für eine überzeugende Präsentation geeignet.

5. Kartensortierung

Bei der Kartensortierung werden dem Antwortenden verschiedene Karten (oft bebildert) angeboten, die er dann in Bezug auf eine bestimmte Fragestellung sortieren bzw. einordnen soll. Seine Anordnung lässt sich dann fotografisch und mit einem Statement versehen dokumentieren. Hierbei kann die Zielsetzung entweder in einer Priorisierung bestimmter Aspekte – z. B. nach ihrer jeweiligen Bedeutung – liegen, oder darin, bestimmte Karten zu Bedeutungsclustern oder Konzepten zusammenfassen und entsprechend kommentieren zu lassen.

Diese ausschnitthaft dargestellten Methoden werden je nach übergeordneter Fragestellung und Ressourceneinsatz miteinander kombiniert, sodass eine genaue Abwägung der Kosten und des Nutzens erfolgen kann. Darüber hinaus

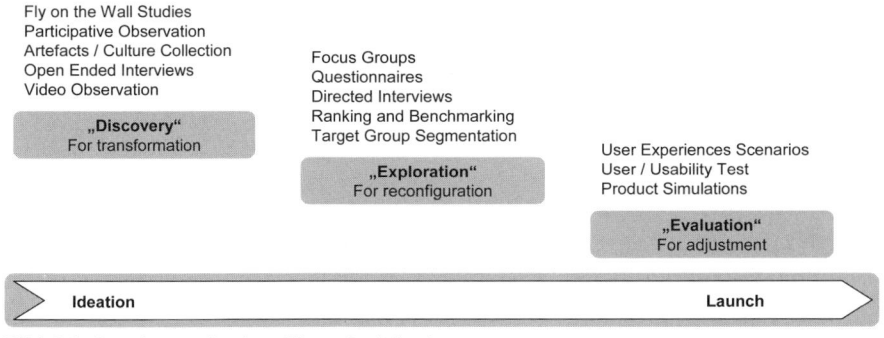

Bild 9.2 Beachtung der jeweiligen Projektphase

gilt es auch die jeweilige Projektphase zu beachten, wie Bild 9.2 verdeutlichen soll.

Zusammenfassend lassen sich die Grundannahmen der ethnografischen Feldforschung wie folgt beschreiben:

- Alles ist Kontext – menschliches Handeln kann nur kontextuell verstanden werden. Von daher sollte man immer folgende Parameter vor Augen haben: Ort, Zeit, konfliktäre Erlebnisse und soziale Konventionen in Bezug auf das, was als normal/richtig oder abnormal/falsch bewertet wird.
- Die Defizite der Sprache – viele bedeutungsvolle Dinge geschehen nonverbal und Kommunikation ist immer eine Mischung aus verbalen und nonverbalen Anteilen. Eine Forschung darf sich von daher nicht nur auf verbale Elemente wie Interviews stützen.
- Wir sind alle voreingenommen – jeder Mensch ist durch seine eigenen Erfahrungen bzw. seine eigene Lebensrealität vorgeprägt. Der Forscher muss sich deshalb ständig seiner eigenen Vorurteile bewusst werden, sodass diese seinen Blick nicht verstellen können.
- Empathie oder der Wunsch zu verstehen – neben der Tatsache, dass man sich seiner Vorurteile bewusst ist, gehört noch etwas mehr dazu, nämlich den anderen wirklich verstehen zu wollen. Bei dieser sogenannten Horizontverschmelzung ist eine aktive Partizipation unabdingbar, um in die Tiefe zu gehen und ein Gefühl der Sichtweise des anderen zu bekommen.

Als Hilfestellung bei der Umsetzung einer ethnografischen Feldforschung können die folgenden zehn Regeln dienen:

1. Immer nachfragen, nie annehmen. Betrachten Sie die Handlungen von Personen nicht als gegeben, sondern fragen Sie stets nach einer detaillierten Begründung. Das Ziel liegt in der Aufdeckung des Unterschieds zwischen dem, was Menschen sagen, und dem, was sie tatsächlich tun.

2. Keine Suggestivfragen. Sobald Sie eine Aussage darüber treffen, wie sich ein Mensch vermutlich fühlt, werden darauffolgende Antworten verzerrt. Menschen widersprechen ungern der „Autorität" eines Interviewers.

3. Stellen Sie keine Fragen, die man mit „Ja" oder „Nein" beantworten kann. Mit offen formulierten Fragen werden Sie dem Antwortenden mehr Informationen entlocken können, da diese Form ihn zum ausschweifenderen Erzählen anregt.

4. Verwenden Sie keine Fachausdrücke. Sprechen Sie mit dem Antwortenden in seiner Sprache. Hiermit locken Sie ihn aus der Reserve und es hilft Ihnen, seine Handlungen besser zu verstehen.

5. Beobachten Sie Handlungen, nicht Einstellungen. Vertrauen Sie stets dem, was Menschen wirklich tun, und bauen Sie nicht auf das, was sie nach eigener Aussage tun, oder besonders nicht, was sie in Zukunft tun werden.

6. Folgen Sie Ihrem Interviewpartner. Tun Sie das, was er gerade tut. Wenn er aufräumt, dann räumen Sie auch auf. Das Ziel liegt darin, seine Perspektive für eine kurze Zeit zu wechseln und die Welt aus dem Blickwinkel des Antwortenden zu sehen.

7. Vermeiden Sie die Rolle als Interviewer, Experte, Gast oder großer Bruder. Sie möchten, dass der Antwortende die Richtung des Gespräches bestimmt. Sie sind nicht da, um Rat oder eine Meinung zu geben. Ihre Rolle liegt nicht in der kritischen Evaluation dessen, was derjenige gerade tut.

8. Empathie ist der Schlüssel. Sie möchten ein möglichst vollständiges Bild vom Leben des Interviewten bekommen. Das Ziel aller Feldforschung ist die radikale Einnahme einer neuen Betrachtungsperspektive, indem man alles durch die Brille des Befragten sieht. Ohne Empathie fällt es Ihnen schwer, genügend Verständnis für den anderen zu entwickeln.

9. Lenken Sie den Blick nicht nur auf Themen, die Sie interessieren. Der Antwortende ist der Schlüssel zur Erkenntnis. Menschen werden ihr Verhalten entsprechend ändern und ihre Antworten auf die Themenfelder fokussieren, wenn Sie diese zu starr vorgeben.

10. Fragen Sie stets: „Warum?" Akzeptieren Sie nie die erste Antwort, denn Ihre Erkenntnisse brauchen Substanz für eine sinnvolle spätere Analyse.

9.3 Die Bedürfnisse des Kunden perfekt befriedigen

Die Entwicklung eines Automobils ist ein komplexer, jahrelang andauernder Prozess, in dem Hunderte von Mitarbeitern unterschiedlicher Fachfunktionen innerhalb eines Automobilherstellers und eine Vielzahl von Lieferanten zielorientiert zu koordinieren und zu synchronisieren sind. Dabei bestehen besonders in der frühen Phase des Entwicklungsprozesses hohe Freiheitsgrade, deren richtige Interpretation über den Markterfolg des künftigen Produkts entscheidet. Die dafür notwendigen Informationen können aus einer Kombination der Methoden der ethnografischen Forschung, des Lead-User-Ansatzes und der klassischen Marktforschung gewonnen werden. Empathic Design besteht in der sinnvollen Integration dieser Methoden in die frühe Phase des Produktentwicklungsprozesses.

Das Ziel eines Empathic-Design-Prozesses ist es, Produkte zu entwickeln, welche die Bedürfnisse des Kunden perfekt befriedigen. In der BMW Group wird die Methodik des Empathic Design angewendet, um Zugang zu folgenden fünf verschiedenen Informationsquellen zu bekommen, die über traditionelle Marktforschung in der Regel nicht adressiert werden können.

▪ Benutzungsimpulse: Was bringt Personen dazu, ein bestimmtes Produkt bzw. eine bestimmte Funktion zu benutzen? Benutzen sie es in der erwarteten Art und Weise?

   Beispiele: In welcher Situation wird das Fahrzeug eines Wettbewerbers aus dem Fuhrpark einer Familie ausgewählt? In welcher Situation wird das Cabrio aus dem Fuhrpark einer Familie ausgewählt? In welcher Situation wird der Radiosender gewechselt?

▪ Interaktionen mit dem Nutzerkontext: Wie passt das Produkt in den in der Regel einzigartigen Kontext des Nutzers?

   Beispiele: Welche Arbeitsmittel nimmt ein Immobilienmakler in der Regel auf eine Cabriofahrt mit? Wie verstaut er diese im Fahrzeug? Wie stellt der Makler das Radio ein, wenn er häufig von Telefonanrufen während seiner Autofahrt unterbrochen wird und das Telefon in der rechten Hand hält?

▪ Ungeplante Produktveränderung durch den Benutzer: Ändert der Benutzer das Produkt ungeplant, um es selbst noch besser nutzen zu können?

   Beispiele: Werden eigene Vorrichtungen erstellt, um z. B. Getränkedosen zu fixieren? Wird das Handy mit einer speziellen Vorrichtung auf dem Beifahrersitz fixiert, damit es beim Bremsvorgang nicht vom Sitz gleitet?

▪ Immaterielle Produkteigenschaften: Gibt es verschiedene immaterielle Produktattribute, die Einfluss auf die Gesamtproduktwahrnehmung haben?

   Beispiel: Welchen Einfluss hat der Innenraumgeruch auf die Attraktivität des Verkaufes beim Verkaufsprozess?

▪ Nicht artikulierte Kundenbedürfnisse: Werden (z. B. ergonomische) Probleme bei der Nutzung des Produkts unbewusst umgangen, ohne dass eine konkrete Problemwahrnehmung besteht?

   Beispiel: Ist die Öffnungsmechanik des Handschuhfaches so angebracht, dass der Nutzer sich (unbewusst) faktisch umständlich verrenken muss, um das Handschuhfach zu öffnen?

Eine wichtige prozessuale Fragestellung stellt die Einbindung der Kundenintegration in den Produktentstehungsprozess dar. Um eine optimale Wirkung der Ergebnisse zu gewährleisten, müssen die Kundenintegrationsprozesse mit dem Entwicklungsprozess eines Fahrzeugprojekts synchronisiert werden. Startet beispielsweise ein Empathic-Design-Prozess zu früh, sind die Fragen, die beantwortet werden sollen, möglicherweise noch nicht hinreichend präzisiert und fokussiert. Startet die Kundenintegration zu spät, erhöht sich das Risiko, dass die Erkenntnisse nicht mehr zu Produktveränderungen führen, wenn der Serieneinsatztermin nicht gefährdet werden soll.

Mit den folgenden Fallstudien sollen Anwendungen eines Empathic-Design-Ansatzes in verschiedenen Unternehmensbereichen und vor dem Hintergrund unterschiedlicher Fragestellungen dargestellt werden. Ebenso wird die prozessuale Integration beschrieben.

Lead-Märkte vor Ort analysieren

Mitte der 90er-Jahre befand sich die Automobilindustrie in einer entscheidenden Veränderung: In den USA hatten die SUV (Sport Utility Vehicles) ihren Siegeszug begonnen. Um die Frage nach Trends und neuen Fahrzeugkonzepten zu beantworten, wurde vom Topmanagement ein Projektteam beauftragt, das entsprechende Entwicklungen analysieren und Vorschläge für neue Fahrzeugkonzepte in diesem Spannungsfeld ausarbeiten sollte. Da die USA als einer der wichtigsten Märkte identifiziert worden waren, sollte der Fokus der Analyse dort liegen.

Der hier angewandte Prozess folgt inhaltlich dem vorgestellten Modell von Leonard/Rayport (1997) und gliedert sich in eine Analysephase (Observation, Capturing Data, Reflection/Analysis) und eine Konzeptphase (Brainstorming for Solutions, Developing Prototypes).

In der Analysephase begann ein interdisziplinäres Team in Kalifornien mit einer Reihe von Interviews bei non-automotive Firmen und Trendsettern. Die Ergebnisse flossen als Input in eine breitere Analyse des gesellschaftlichen Trends ein. So wurde beispielsweise erkannt, dass die demografische Entwicklung und der sich damit verbindende Wertewandel einen signifikanten Einfluss auf die Kaufentscheidungen zukünftiger Kunden haben. Aufbauend auf die gesellschaftliche Analyse wurden besonders relevante Kundengruppen identifiziert. Durch die gezielte Beobachtung dieser Gruppen konnten weitere Erkenntnisse gewonnen werden. So konnten Werte und Aktivitäten der Zielgruppen erkannt werden. In Verbindung mit der gesellschaftlichen Analyse könnte so ein Bild der bevorstehenden Veränderungen in der Kundenwelt gezeichnet werden.

In der Konzeptphase des Projekts lag der Fokus auf der konzeptionellen Umsetzung der Erkenntnisse und der Übersetzung in die Dimensionen Technik, Markt und Design. Dafür wurde ein Umfeld gewählt, das die Lebenswelt der Kunden widerspiegelt: Die konzeptionelle Umsetzung fand in einem kleinen Team von Ingenieuren und Designern in Malibu statt. Das Team war über eine leistungsfähige IT-Infrastruktur an die Entwicklung in München angebunden und konnte dadurch auf alle notwendigen Ressourcen zugreifen.

Im Anschluss an diese Konzeptphase wurden die Ergebnisse in den Produktentstehungsprozess eingebracht und von den übrigen Fachstellen bewertet.
Dabei kristallisierte sich eine Reihe von Erfolgsfaktoren für die Umsetzung
heraus:

- Transfer des gewonnenen Know-hows in die Organisation: Um beim Transfer
  des erarbeiteten Know-hows eine breite Akzeptanz zu erzeugen und das Not-
  Invented-Here-Syndrom zu vermeiden, sollten alle Fachbereiche rechtzeitig
  in das Projekt eingebunden werden. Außerdem sollte das Team regelmäßig
  Zwischenergebnisse in die Organisation bzw. die Fachbereiche berichten, um
  deren Buy-in sicherzustellen und Akzeptanz für die Ergebnisse zu erreichen.

- Geeignete Teamzusammensetzung: Der Empathic-Design-Prozess erlaubt es,
  neue Sichtweisen auf bestehende Themen zu generieren. Das setzt jedoch
  voraus, dass alle Teammitglieder die Offenheit mitbringen, bestehende
  Erkenntnisse zu hinterfragen und neue Sichtweisen zu akzeptieren. Um eine
  hohe Qualität des Teams sicherzustellen, wurden die Teammitglieder in
  einem internen Bewerbungsprozess rekrutiert.

- Einbeziehung des Topmanagements: Um im Entscheidungsprozess die
  Akzeptanz der neuen Erkenntnisse sicherzustellen, sollten die Entscheider
  schon in frühen Phasen des Empathic-Design-Prozesses einbezogen werden.
  Andernfalls besteht das Risiko, dass die Ergebnisse in der Kürze der Gremien-
  behandlung nicht vollständig gewürdigt werden.

Zusammenfassend kann man feststellen, dass der frühe und konsequente
Schritt zu einem Empathic-Design-Prozess für die BMW Group viele wertvolle
Erkenntnisse generiert hat, die bis heute in eine Reihe von Fahrzeugen einge-
flossen sind und sicherlich einen Beitrag zum Erfolg auf dem amerikanischen
Markt leisten.

Der neue Rolls-Royce Phantom

Im Jahr 1998 begann für die Marke *Rolls-Royce* mit der Übernahme durch die
BMW Group eine neue Ära, mit der sich gleichermaßen Chancen wie Risiken
verbanden. Einerseits hatte die Motorenkooperation zwischen der *BMW Group*
und *Rolls-Royce* für den Silver Seraph bereits bewiesen, dass moderne Technologien auf die Marke befruchtend wirken können. Anderseits stand zu befürch-
ten, dass sich die sehr traditionellen Kunden der Marke *Rolls-Royce* abwenden
würden, wenn es nicht gelänge, das erste Fahrzeug unter *BMW-Group*-Ägide als
authentischen *Rolls-Royce* zu verwirklichen. Die *BMW Group* stand vor dem
Problem, in einer sehr frühen Phase des Entwicklungsprozesses die Bedürfnisse von Kunden beschreiben zu müssen. Es gab im Portfolio der *BMW Group*
kein Vorgängerfahrzeug, an dem man sich hätte anlehnen können, und es gab
keine Erfahrungen innerhalb der Organisation mit Kunden der Marke *Rolls-*

Royce. Diese Konstellation legte es nahe, bei der Entwicklung des neuen *Rolls-Royce* Phantom einen Empathic-Design-Ansatz zu nutzen. Auch in diesem Fall wurde wieder zwischen einer Analyse- und einer Konzeptphase unterschieden.

Analysephase: Als die Entwicklung begann, gab es bereits erste technische Konzepte für ein Package, die geometrische Auslegung der Karosserie. Die weitaus schwierigere Aufgabe bestand jedoch darin, einen Prozess zu definieren, der die Erreichung der extrem hohen Erwartungen an das Design erfüllen würde. Um diese Erwartungen greifen zu können, muss man verstehen, dass *Rolls-Royce* eine Ikone der britischen Kultur ist. Und genau diese Kultur musste sich im Design des Phantom wiederfinden. Eine Aufgabe, die von München aus nicht zu bewältigen ist. Daher entschloss man sich, wesentliche Teile der Entwicklung an den Ort des Geschehens zu verlegen und mietete ein Haus in der Bayswater Road in Kensington, einem traditionellen Stadtteil von London. Das Gebäude war früher eine Bank und ein Blick auf die Straße und die wie selbstverständlich vorbeigleitenden, teils historischen *Rolls-Royce* zeigte, dass dies das richtige Ambiente für das Projekt darstellen würde. Doch es würde allein nicht ausreichen, den richtigen Ort gewählt zu haben. Es mussten die Designer und Ingenieure gefunden werden, die in der Lage wären, in dem entsprechenden Ambiente einen authentischen *Rolls-Royce* zu entwickeln. Dafür wurde ein offener Prozess gewählt, Designer konnten sich intern für das Projekt bewerben und wurden durch das Topmanagement ausgewählt.

Das Team tauchte gezielt in die Lebenswelten der Kunden ein: So besuchte das Team einen der ältesten *Rolls-Royce*-Händler, *P&A Wood*, die seit 1904 Fahrzeuge verkaufen, um zu verstehen, wie Kaufentscheidungen für ein solches Luxusprodukt fallen. Aus dem Benutzungskontext des Fahrzeugs leiteten sich weitere Anforderungen für den neuen Phantom ab. Man kann sich beispielsweise leicht veranschaulichen, dass das Aussteigen aus einem *Rolls-Royce* besonders bei repräsentativen Anlässen mit einer gewissen Würde möglich sein muss. Bei konventionellen Fahrzeugen ist dies durch die Anordnung der Schweller und das Türkonzept erschwert. Daher leiteten sich für den Phantom besondere Anforderungen ab, die in der folgenden Konzeptphase durch neue und einzigartige Lösungen wie unter den hinten angeschlagenen Coach Doors und dem ebenen Einstieg im Fond (ohne Schweller) erfüllt werden konnten.

Ein weiteres Beispiel für die Übertragung von Anforderungen aus den speziellen Lebenswelten der Kunden ist die Interieurgestaltung. Das Phantom-Interieur zeigt keine offensichtliche Technik und besticht durch edles und außerordentlich wertiges Ambiente. Es spiegelt die Atmosphäre der traditionellen Gentleman-Clubs in London wider. Um das Ambiente dieser Lebenswelt nicht nur beim Entwicklungsteam, sondern auch bei den Entscheidern im Topmanagement zu erzeugen, wurden die Meetings zu zentralen Produktentscheidungen in London abgehalten. Durch die Einbeziehung der Entscheider in die

Lebenswelt der Kunden wurden die Vorschläge des Entwicklungsteams transparent und nachvollziehbar.

9.4 Erfolgsfaktoren

Die Fallstudien zeigen, dass die Integration der Kunden im Rahmen eines Empathic-Design-Prozesses die Qualität der Entscheidungen in der frühen Phase des Produktentwicklungsprozesses positiv beeinflussen kann. In einer Industrie, in der die weitere Differenzierung der Produktportfolios ein wesentlicher Erfolgsfaktor ist, wird es in Zukunft essenziell sein, noch stärker auf die Kundenbedürfnisse einzugehen. Dies bedeutet für die Entwickler, das eigene Mindset abzulegen und sich voll in die Bedürfnisse und Erwartungen der Kunden zu versetzen. Dafür sind das Lead-User-Konzept sowie ethnografische Forschung wichtige Werkzeuge. Die Herausforderung besteht jedoch in der richtigen Integration dieser Instrumente in den Entwicklungsprozess. Nur die Kombination von Empathic Design und den klassischen Methoden der Marktforschung zeichnet ein realistisches Bild der Kunden und ihrer Bedürfnisse. Unternehmen, die diese Instrumente intelligent nutzen, können so einen strategischen Wettbewerbsvorteil erzielen und sich auch in Zeiten konvergierender Produkteigenschaften nachhaltig differenzieren.

10 SCHUTZ VON INNOVATIONEN MIT DER RICHTIGEN PATENTSTRATEGIE

Martin A. Bader

Hohe Investitionen in die Zukunft kann sich nur noch leisten, wer seinen technologisch erzielten Vorsprung möglichst lang vor Nachahmern schützen kann. Innovative Unternehmen dürfen daher den Schutz ihres geistigen Eigentums nicht aus den Augen verlieren. Eine wesentliche Zielsetzung des Innovationsmanagements ist es daher, Kundenbindungen möglichst nachhaltig zu gestalten und ständig zu aktualisieren: Geeignete, situativ angepasste Schutzstrategien für die eigenen Innovationen sind somit erforderlich, wobei faktische Schutzstrategien zunehmend durch juristische ergänzt werden (Bild 10.1).

Die notwendigen Vorkehrungen zur Flankierung faktischer Schutzstrategien durch juristische müssen allerdings zeitgerecht und situationsspezifisch getrof-

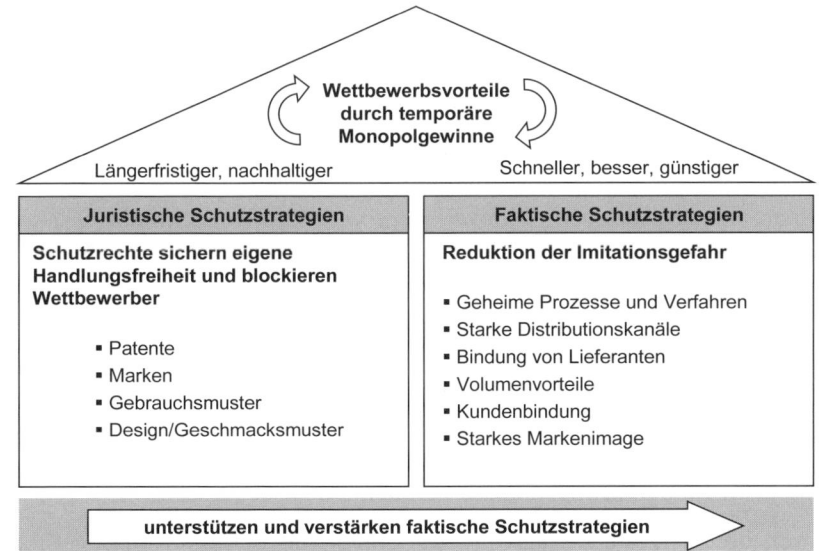

Quelle: Gassmann und Bader (2007a)
Bild 10.1 Faktische und juristische Schutzstrategien ergänzen sich

fen werden. Dabei gibt es keine fertigen Patentrezepte, aber es muss sichergestellt sein, dass auch der Schutz des geistigen Eigentums auf der Agenda
steht und mit entsprechenden Experten diskutiert wird und Lösungen gefunden werden. Eine möglichst systematische Vorgehensweise erhöht dabei Effektivität und Effizienz.

10.1 Kerndimensionen der Patentstrategie

Der Bedarf an gewerblichen Schutzrechten ist während der letzten Dekade
kontinuierlich angestiegen. Eine größer werdende Anzahl an Unternehmen hat
die Chancen erkannt, die gewerbliche Schutzrechte bieten: Die Anzahl an jährlich jeweils neu eingereichten Patentanmeldungen ist seit 2001 weltweit von
1,269 Millionen auf den historischen Höchststand von 1,435 Millionen 2005
angestiegen. Im letzten Jahr betrug der Anstieg dabei fast 8 %.

Gleichzeitig macht der steigende Kostendruck auch in weniger technologieintensiven Branchen nicht halt vor einer kritischen Überprüfung der Ausgaben
für gewerbliche Schutzrechte, wie beispielsweise Patente. Durch die Aufrechterhaltung von nicht verwendeten Patenten investieren Konzerne Millionen
Euro ohne notwendigerweise fassbaren Gegenwert.

Sollen Firmen demnach alles patentieren? Nein. Statt auf der Patentierungs-
welle mitzureiten, empfiehlt sich ein differenziertes Vorgehen. Entschieden
wird von Fall zu Fall. Wichtig ist, eine ganzheitliche Strategie anzuwenden:

- Unternehmensstrategie: Womit werden Werte geschaffen? Zum Beispiel mit
  einer Wachstumsstrategie, als Innovationsführer oder Fast Follower, durch
  Kernkompetenzen oder Positionierung.

- Technologie- und Innovationsstrategie: Wie tragen neue Technologien und
  Innovationen zur Wertsteigerung bei? Etwa durch ein Technologieportfolio,
  offene oder geschlossene Innovationsprozesse, Allianzen, Make-or-buy-Entscheidungen, Standards und dominante Designs, Plattformkonzepte oder die
  Rolle der User-Innovationen.

- Branchenverhalten: Wie verhalten sich die Wettbewerber und mögliche Neueinsteiger bezüglich der Patente? Werden beispielsweise Schutzrechte in der
  Industrie angefochten oder verteidigt? Clockspeed der Industrie: hohe Dynamik wie z. B. in der Modebranche oder Softwareindustrie, lange Produktzyklen wie etwa im Maschinen- und Anlagenbau. Häufig werden Neueinsteiger
  und Cross-Industry-Innovationen vernachlässigt.

Die von der *BGW* zusammen mit der Universität St.Gallen durchgeführten
Patentmanagement-Benchmarkingstudien zeigen, dass 75 % aller Unternehmen
juristische Schutzstrategien verfolgen und eine ausformulierte Patentstrategie

I. Handlungsfreiheit
Vermeidung von Konflikten gegenüber Patenten Dritter

II. Schutz gegen Imitation / Blockade von Wettbewerbern
Schutzrechte, die den Nachbau der eigenen Produkte verhindern
bzw. als Waffe gegenüber Dritten einsetzbar sind

III. Kommerzialisierung durch Lizenzierung
Lizenzierung, Verkauf oder Spende von Schutzrechten an Dritte

Bild 10.2 Die drei Kerndimensionen der Patentstrategie

haben. Diese ist auf die Unternehmensstrategie abgestimmt und flächende-ckend implementiert, wird regelmäßig überprüft und aktualisiert. Eine auf den Schutz von Innovationen ausgerichtete Patentstrategie weist dabei die in Bild 10.2 dargestellten drei Kerndimensionen auf.

Die meisten führenden, internationalen Technologieunternehmen verfolgen mit ihrer Patentstrategie als Ziel, die eigene Handlungsfreiheit zu sichern, z. B. *Siemens*. Ein weiterer Aspekt dabei ist, die Nachahmung der eigenen Produkte zu verhindern. Einige Unternehmen verteidigen dabei mit Patenten erfolgreich das eigene Produkt- und Dienstleistungsgeschäft, z. B. *Bayer* versus *Barr Laboratories*, *Ruby* und *Hoechst Marion Roussel*. Lediglich wenige Unternehmen setzen den Schwerpunkt der Patentstrategie auf das Erzielen von Lizenzeinnahmen, z. B. das US-amerikanische Unternehmen *Qualcomm*, das F&E-Dienstleistungen im Bereich der drahtlosen Telekommunikation vermarktet.

I. Handlungsfreiheit: Handlungsfreiheitlässt sich am besten durch vorbeugende, prophylaktische Maßnahmen bereits vor oder während der Entwicklung der eigenen Produkte und Technologien erzielen. Hierzu zählen vor allem die Durchführung von Patentre-cherchen und deren anschließende Analyse. Weitere Maßnahmen umfassen das proaktive Einlizenzieren oder das gegenseitige Kreuzlizenzieren von interessanten Patenten, aber auch das Vernichten von störenden Patenten, beispielsweise durch Einspruchs- oder Nichtigkeitsverfahren.

Beim mittelständischen Schweizer Messgeräte- und Automatisierungslösungs-anbieter *Endress+Hauser* wird der Handlungsfreiheit gegenüber Patenten Dritter seit Ende der 90er-Jahre ein besonders hoher Stellenwert eingeräumt, nachdem sich das Unternehmen erfolgreich gegen eine Patentverletzungsklage eines amerikanischen Wettbewerbers wehren konnte: „Wir müssen uns besser schützen – so langsam beginnt man zu begreifen, in welcher Gefahr kleine und mittelständische Unternehmen sind, die international operieren", schluss-folgerte der Chief Technology Officer des Unternehmens.

Eine durch Fremdschutzrechte eingeschränkte Handlungsfreiheit kann aber auch für Großunternehmen bedrohliche Ausmaße erreichen, wie der spektakuläre Fall im Zusammenhang mit dem Kommunikationsendgerät Black-Berry™ gezeigt hat: Im Jahre 2006 zahlte der kanadische BlackBerry-Hersteller *Research in Motion (RIM)* der Patentfirma *NTP* zur Beilegung eines fünfjährigen Patentrechtstreits die Rekordsumme in Höhe von 612,5 Millionen US-Dollar, um die Abschaltung seiner E-Mail-Dienstleistungen in letzter Minute zu verhindern. *NTP* konnte in den USA geltend machen, dass *Research in Motion* mit der Übermittlung von E-Mails von Servern an Handgeräte unter den Schutz einiger *NTP*-Patente fiel.

 II. Schutz gegen Imitation und Blockade von Wettbewerbern: Aus Sicht der Kunden werden eigene Produkte besser platziert, wenn der Wettbewerber im gleichen Produktbereich technologische Umgehungslösungen aufgrund von Patenten angehen muss. Komparative Wettbewerbsvorteile im porterschen Sinne streben aber nicht nur die Verbesserung des relativen Kundennutzens an, sondern richten sich zum Teil sogar bewusst gegen Wettbewerber.

Allerdings behält eine juristische Schutzstrategie nur dann ihren prophylaktischen Abschreckungscharakter gegenüber Dritten, wenn die grundsätzliche Bereitschaft zur Durchsetzung der Schutzrechte auch glaubwürdig ist: Denn Abschreckung erfordert Glaubwürdigkeit. Der reale Wert von Patenten sinkt nämlich, wenn Wettbewerber diese verletzen und der Patentinhaber dies wissentlich oder unwissentlich duldet. Neben der rein defensiven Abschreckungswirkung eines Patentportfolios ist es für Unternehmen deshalb wichtig, auch offensive Maßnahmen wahrzunehmen und die eigenen Schutzrechte auch zur Blockade von Wettbewerbern einzusetzen: Obwohl es volkswirtschaftlich durchaus fragwürdig sein mag, aus Unternehmensperspektive ist es jedoch unter Umständen sinnvoll, Schutzrechte mit reiner Blockadeabsicht einzusetzen.

Das Rheintaler Unternehmen *Leica Geosystems* ist im Rahmen der Produktentwicklung auf dem Gebiet der Geomatik in etwa 25 Technologiefeldern erfinderisch tätig, z. B. Laserdistanzmessung, GPS-Vermessung und Mikrosysteme. Das internationale Wettbewerbsumfeld ist ebenfalls in ähnlicher Breite tätig und wird immer aggressiver. *Leica Geosystems* muss deshalb sehr sorgfältig beobachten und analysieren, damit eigene Produkte nicht durch Patente von Wettbewerbern mit vielleicht nur sehr kleinem Marktanteil blockiert und die eigenen Weiterentwicklungen behindert werden könnten. Insbesondere besteht in einem derartigen Wettbewerbsumfeld das Risiko, dass ein kleiner Wettbewerber mittels Blockadepatenten versuchen könnte, Lizenzen am Gesamtpatentportfolio der Marktführer zu erstreiten (*Design-Access*).

 III. Kommerzialisierung durch Lizenzierung: Die Verwertung und Kommerzialisierung von Patenten hat eine zunehmende Bedeutung erlangt: Heute vermarktet bereits jedes zweite Unternehmen seine Schutzrechte extern. Weltweit wird das Volumen an Lizenzzahlungen bei kontinuierlichem Anstieg schon auf etwa 100 Milliarden US-Dollar pro Jahr geschätzt. Beispielsweise wurden bei der Entwicklung eines Aramid-Seils für Aufzüge durch den Schweizer Aufzughersteller *Schindler* über 20 Patente angemeldet. Über Lizenzvergaben und durch den Verkauf von Patenten im Nichtaufzugsbereich konnten die gesamten Vorentwicklungsprojektkosten in Höhe von mehreren Millionen Schweizer Franken rückfinanziert werden.

Die Kommerzialisierung von Schutzrechten über Lizenzeinnahmen muss allerdings unter Profit-Loss-Gesichtspunkten erfolgen. Die angestrebte Lizenzierungspolitik hat dabei einen hohen Einfluss auf die interne Patentgenerierung: Soll ausschließlich Exklusivität verfolgt werden oder stehen die eigenen Patente grundsätzlich Dritten gegen eine angemessene Lizenzgebühr zur Verfügung, beispielsweise um aufgrund der Unternehmenspositionierung Konflikte mit Wettbewerbs- und Handelsadministrationen zu vermeiden? Eine bedeutende Rolle für das Erzielen von Lizenzeinnahmen spielt somit auch die *Reputation* eines Unternehmens; Reputation insbesondere im Hinblick auf technische, finanzielle und verfahrensrechtliche Erfahrungen im Lizenzgeschäft und die dabei erzielte Durchsetzungsstärke gegenüber Dritten.

Prinzipiell lassen sich zwei Methoden zur Erzielung von Lizenzeinnahmen unterscheiden. Bei der *Freigabe-Lizenzierung* (sogenanntes „Carrot-Licensing") wird ein Lizenznehmer, der Interesse an der Nutzung des Lizenzgegenstands hat, gesucht. Da die Nutzung erst nach Lizenznahme beginnt, sind die Verhandlungen in der Regel durch die Gestaltung eines gemeinsamen Geschäftsmodells geprägt. Bei der *Durchsetzungs-Lizenzierung* (sogenanntes „Stick-Licensing") wird ein potenzieller Verletzer des zu lizenzierenden Patents gesucht. Es wird somit von einer Nutzung der Schutzrechte durch Dritte vor der eigentlichen Lizenznahme ausgegangen. Da der potenzielle Verletzer in der Regel bereits investiert hat und am Markt tätig geworden ist, fokussieren sich Verhandlungen in der Regel auf die Klärung der Frage, ob eine Patentverletzung vorliegt, ob die Schutzrechte rechtsbeständig sind und gegebenenfalls wie hoch die Lizenzzahlungen sein sollen.

10.2 St. Galler Patentmanagementmodell

Wie bereits in Kapitel 2 dargestellt, wurde am Institut für Technologiemanagement der Universität St.Gallen die Portfoliomethode zum strategischen Management neuer Technologien entwickelt und in zahlreichen europäischen Firmen eingeführt (Boutellier, Gassmann, von Zedtwitz 2008). Die Methode wurde an demselben Institut für das strategische Management von Patenten weiterentwickelt (Bild 10.3). Sie beruht darauf, dass die Patentstrategie aus der Unternehmensstrategie bzw. der Technologie- und Innovationsstrategie abgeleitet wird (Gassmann, Bader 2007a). Die Phasen des Technologieportfolios dienen als Grundlage für die jeweiligen Maßnahmen der Patentstrategie entlang des Technologielebenszyklus.

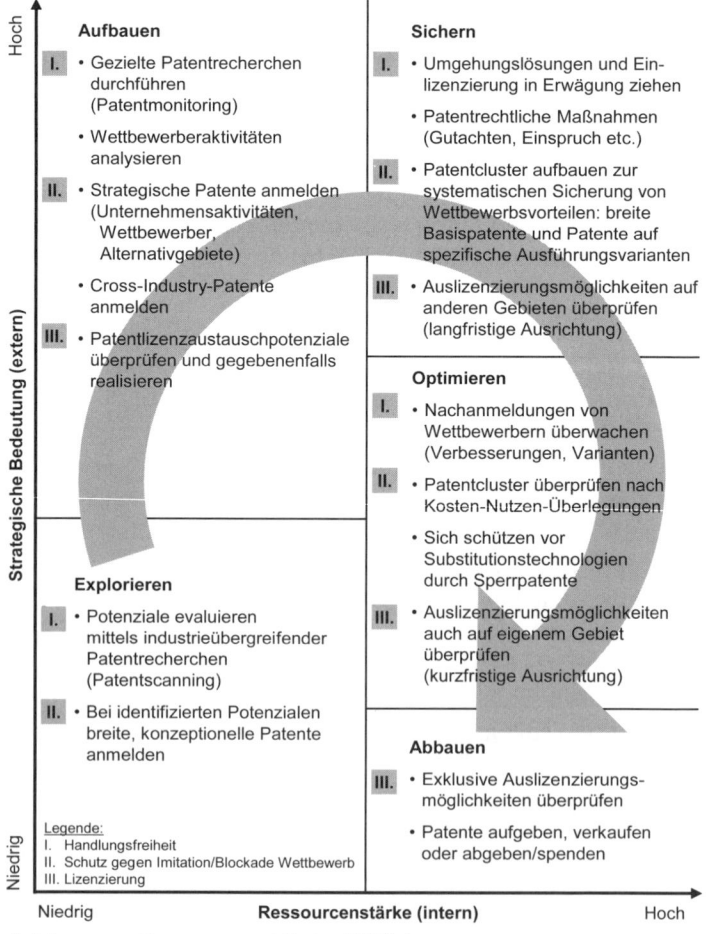

Quelle: In Anlehnung an Gassmann und Bader (2007a)
Bild 10.3 Das St. Galler Patentportfoliomanagementmodell

Das St. Galler Patentmanagementmodell hat fünf Phasen:

* Explorieren,

* Aufbauen,

* Sichern,

* Optimieren,

* Abbauen.

Die Normstrategien adressieren jeweils die Patentstrategie-Kerndimensionen. In der Portfoliodarstellung reflektiert die Dimension der *strategischen Bedeutung* dabei ebenfalls die externe Perspektive (Kunden/Wettbewerber/Substitutionstechnologien) und die Dimension *Ressourcenstärke* die interne Perspektive (Fähigkeiten/Kompetenzen).

Beim *Explorieren* können durch Patentscanning industrieübergreifend mögliche Potenziale identifiziert werden. Anhand des Technologieportfolios und der Technologie-Roadmap muss in dieser Phase beispielsweise entschieden werden, ob breite konzeptionelle Patente angemeldet werden sollen. In der *Aufbau*phase des Patentportfoliolebenszyklus werden anschließend gezielte Patentrecherchen initiiert. Ausgewählte Wettbewerber werden analysiert, um strategische Wettbewerbsvorteile auch bei den Patentanmeldungen berücksichtigen zu können. Auch können weitere branchenfremde Anwendungsfelder identifiziert werden, um diese gegebenenfalls schutzrechtlich abzudecken. Ebenfalls sollten bereits in dieser Phase Lizenzaustauschmöglichkeiten überprüft und allenfalls realisiert werden. In der weiteren Phase *Sichern* sollten systematisch Patentcluster gebildet werden, um sich bestmöglich abzusichern. Auf Grundlage des Technologieportfolios und der Technologie-Roadmap können breite Basispatente und Patente auf spezifische Ausführungsvarianten (*Growing* und *Pruning*) zur besseren Absicherung in Erwägung gezogen werden. Auslizenzierungspotenziale zur langfristigen Sicherung finanzieller Rückflüsse sind möglicherweise auf anderen Anwendungsgebieten denkbar und sollten überprüft werden. Zum *Optimieren* des Patentportfolios können für kurzfristige finanzielle Rückflüsse ebenfalls Lizenzierungsmöglichkeiten auf dem eigenen Gebiet in Erwägung gezogen werden. Ferner sollten insbesondere aufgrund von Kosten-Nutzen-Überlegungen die Patentcluster überprüft werden. Je nach Wettbewerbssituation können Sperrpatente vor Substitutionen schützen. In der letzten Phase des Patentportfoliolebenszyklus (*Abbauen*) kommt das Aufgeben oder die exklusive Verwertung der Patente in Betracht (Verkauf, exklusive Auslizenzierung, gegebenenfalls Spenden).

Explorieren

Je früher mit der Exploration begonnen wird, desto rechtzeitiger können Marktentwicklungen erkannt und beeinflusst werden. Anderseits ist es in dieser Phase relativ schwierig, die weitere Potenzialentwicklung zu evaluieren, da auf
dem Gebiet noch eine geringe oder noch nicht erkennbare strategische Bedeutung vorliegt. Der Beitrag einer Patentstrategie in dieser Phase des Technologielebenszyklus fokussiert sich daher vor allem auf breit angelegte Recherchen,
die dazu dienen sollen, zu prüfen, ob frühere Erfindungen bestehen, bzw. diese
aufzuspüren (*Patentscanning*).

Bei eigenen Entwicklungen sollten, soweit ihr Potenzial bereits erkannt wird,
möglichst breite, konzeptionelle Patente angemeldet werden. An den zugrunde
liegenden Erfindungen sollte kontinuierlich weitergearbeitet und ein Schutz
von Verbesserungen und Varianten ebenfalls in Erwägung gezogen werden.

Roche Vitamines nutzt systematisch Patentrecherchen, um Trends in Herstel-
lungsprozesstechnologien aufzuspüren und rechtzeitig effiziente Substitutionstechnologien erkennen zu können. Mit Forschern und Marketingspezialisten
werden Recherchesuchprofile auf Basis von Schlagworten definiert, um relevante Interessengebiete einzugrenzen. Ein besonderer Fokus der Trendanalysen sind die Lebenszykluskurven. Der Zeithorizont liegt bei fünf bis zehn
Jahren.

CHECKLISTE EXPLORIEREN

- Evaluierung von Risiken und Potenzialen mittels industrie-
  übergreifender Patentrecherchen (Patentscanning).
- Nutzung weiterer Analysemethoden, z. B. Szenariotechnik
  oder Roadmapping.
- Verständnis der Trends und zukünftiger Märkte, z. B. Dienstleistungs-
  innovationen.
- Bei identifizierten Potenzialen Anmeldung von breiten, konzeptionellen
  Patenten.

Aufbauen

Sobald Themen- und Kompetenzfelder mit wachsender strategischer Bedeutung erkannt werden, sind fokussierte Patentrecherchen durchzuführen
(*Patentmonitoring*). Ziel ist es, die Weiterentwicklungen auf bestimmten Technologiefeldern und bestimmte Wettbewerber durch Patentrecherchen zu überwachen. Dabei ist zu berücksichtigen, dass die meisten Patentdokumente erst
18 Monate nach der Prioritätsanmeldung veröffentlicht werden. Im Unternehmen empfiehlt es sich, Spezialisten für bestimmte Wettbewerber und Kompe-

tenzgebiete zu definieren, welche diese Recherchen durchführen und gegebenenfalls schon verfügbare Prototypen analysieren.

Das mittelständische Unternehmen *Erbe Elektromedizin* überwacht systematisch seine Wettbewerber:

- Monatlich erhält die Patentabteilung auf Basis eines festgelegten Filters von der Rechercheabteilung eines externen Patentanwaltes die neuen Druckschriften des vergangenen Monats. In dringenden Fällen kann auch selbst recherchiert werden.

- Die Patentabteilung prüft und selektiert die Schriften vor. Dann werden die Schriften an die jeweiligen Fachexperten der F&E zugestellt. Dabei erhält ein Ingenieur genau diejenigen Schriften, die seine technischen Bereiche betreffen.

- Die Fachexperten erarbeiten Kurzreferate der ihnen vorgelegten Schriften aus. Hierfür stehen drei Minuten Vortragsdauer zur Verfügung.

- Im Rahmen einer monatlichen Patentrunde werden die Kurzvorträge der Fachexperten vorgetragen. Die Patentrunde tagt einmal monatlich, um die dreimonatige Einspruchsfrist in Deutschland zu berücksichtigen.

Sonova, bekannt durch die Marke Phonak, nutzt Patentinformationen zur Unterstützung der internen Technologiefrühaufklärung recht intensiv. So werden die Patentoffenlegungsschriften aller einschlägigen Wettbewerber, wie *Siemens Audiology* erfasst, nach Technologie- und Kernkompetenzfeldern gegliedert und unter Verantwortung der Forschungsabteilungsleiter analysiert. Es wird dabei ein Zeithorizont für die Erkennung von Trends von drei bis fünf Jahren erreicht.

CHECKLISTE AUFBAUEN

- Gezielt Patentrecherchen durchführen (Patentmonitoring).
- Analyse der Wettbewerberaktivitäten.
- Strategische Patente anmelden:
  - Patentfamilien;
  - Wettbewerber gezielt blockieren;
  - Alternativgebiete.
- Branchenübergreifend Patente anmelden.
- Patentlizenzaustauschpotenziale überprüfen und gegebenenfalls realisieren.

Sichern

In dieser Phase hat ein Unternehmen bereits eigene Ressourcen auf einem Kompetenzfeld mit hoher strategischer Bedeutung aufgebaut. Mit erhöhten eigenen Aktivitäten nimmt aber gleichzeitig auch das Risiko zu, mit Patenten von Wettbewerbern in Konflikt zu geraten. Der Sicherstellung der eigenen Handlungsfreiheit kommt in dieser Phase daher eine hohe Bedeutung zu. Allerdings bringen Recherchen im Stadium *Sichern* häufig nicht die gewünschten Erkenntnisse, da aufgrund der 18-monatigen Veröffentlichungssperrfrist[1] von Patentanmeldungen nicht sichtbar wird, an welchen Varianten Wettbewerber weiterentwickeln oder welcher technische Lösungsweg eingeschlagen wurde. Wenn sich Anzeichen von störenden Patenten Dritter allerdings verdichten, sollte diesen schnellstmöglich und mit hoher Priorität nachgegangen werden. Nur so können geeignete Gegenmaßnahmen rechtzeitig eingeleitet und Investitionsentscheide danach ausgerichtet werden:

- Störende Patentanmeldungen können überwacht und bei Erteilung gegebenenfalls Gutachten angefertigt bzw. ein Einspruchsverfahren in Erwägung gezogen werden.

- Technische Umgehungslösungen können noch entwickelt werden.

- Make-or-buy-Entscheidungen können nach Kosten-Nutzen-Gesichtspunkten getroffen werden und Ein- bzw. Kreuzlizenzierungs- sowie Kooperationsmöglichkeiten überprüft und gegebenenfalls in Angriff genommen werden.

Das frühe Hinzuziehen eines Patentexperten ist in diesem Fall unbedingt zu empfehlen, da im Einzelfall zahlreiche Risikofaktoren und Erfahrungswerte einzubeziehen sind, die hier nicht hinreichend genug dargestellt sind.

Das Potenzial zur Anmeldbarkeit von breiten Basispatenten geht zurück, da das öffentliche Wissen, der *Stand der Technik,* auf diesen Gebieten in der Regel stark angewachsen ist. Der Fokus der Patentanmeldungen liegt nunmehr zunehmend auf detaillierteren, sehr konkreten Ausführungsformen. Wichtig ist daher das systematische Abklopfen der Themengebiete auf Lösungs- und Ausführungsvarianten bzw. auf Umgehungslösungen.

Im Rahmen der Patentportfoliooptimierung bemühen sich Unternehmen daher verstärkt um die Erstellung von *Patentclustern* bei strategisch wichtigen Technologiefeldern: Zunächst werden breit abdeckende Patentportfolios aufgebaut (*Growing*), die aber zu einem späteren Zeitpunkt, wenn sich besser abschätzen lässt, welche Ideen technisch und kommerziell relevant sind, wieder ausgedünnt werden (*Pruning*). Vorteilhaft ist es, noch während der laufenden Patentanmeldeverfahren kostenwirksame Entscheidungen nach dem Nutzenaspekt zu treffen. *Henkel* nutzt diese Methode erfolgreich, um möglichst viele Varian-

---

1 Patentanmeldungen werden von den Patentämtern erst 18 Monate nach dem Prioritätstag durch Publikation der Öffentlichkeit zugänglich gemacht.

CHECKLISTE SICHERN

- Bei Anzeichen störender Fremdschutzrechte:
  - Überprüfung auf Umgehungslösungen,
    Ein-, Kreuzlizenzierung,
  - patentrechtliche Maßnahmen (Gutachten, Einsprüche).
- Aufbau von Patentclustern zur systematischen Sicherung
  von Wettbewerbsvorteilen:
  - breite Basispatente,
  - Patente auf spezifische Ausführungsvarianten.
- Auslizenzierungsmöglichkeiten auf anderen Gebieten überprüfen:
  - langfristiger Return on Investment (ROI).

ten frühzeitig zu schützen und um später zu hohe Kosten für das Patentportfolio zu vermeiden.

Insbesondere bei Kompetenzen, die mit externen Kooperationspartnern aufgebaut wurden, sollte überprüft werden, inwiefern Auslizenzierung auf andere Märkte möglich ist.

Optimieren

Das Unternehmen hat in diesen Feldern hohe Kompetenzen, allerdings nimmt die strategische Bedeutung aus Kunden-, Markt-, Wettbewerbs- oder Technologiesicht ab. Spätestens jetzt sind bestehende Patentcluster nach Kosten-Nutzen-Überlegungen gründlich zu überprüfen. Dies schließt die Überwachung der Wettbewerbsaktivitäten bezüglich der (Nach-)Anmeldung von Verbesserungen und Varianten mit ein. Besteht eventuell sogar die Gefahr, dass Kompetenzen frühzeitig durch Substitutionstechnologien abgelöst werden könnten, sollte in Erwägung gezogen werden, eigene, diese Gebiete betreffende Patente als Sperrschutzrechte einzusetzen, um einen einseitigen Wertverfall der bestehenden Kerntechnologien zu verhindern.

Beispielsweise konnte der dänische Hörgerätehersteller *ReSound* nach einer Patentauseinandersetzung *3M* ein starkes Patentportfolio abkaufen, das *ReSound* in den Hörgeräte-Patentpool HIMPP (Hearing Instrument Manufacturers Patent Partnership) einbrachte. Diesem durch die weiteren Unternehmen *Danavox*, *Oticon*, *Sonova*, *Starkley* und *Widex* gegründeten Pool können nunmehr Unternehmen nach Entrichtung einer Mitgliedsgebühr beitreten.

CHECKLISTE OPTIMIEREN

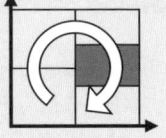

- Wettbewerbsüberwachung mittels Patentrecherchen.
- Patentcluster überprüfen nach Kosten-Nutzen-Überlegungen.
- Schutz vor Substitutionstechnologien durch Sperrpatente.
- Auslizenzierungsmöglichkeiten auch auf eigenem Gebiet überprüfen; kurzfristiger Return on Investment (ROI).

Der Sportwagenhersteller *Porsche* nutzt Schutzrechte auf Substitutionstechnologien gezielt, um den vorzeitigen Wertverfall und eine Verwässerung bestehender Technologien zu vermeiden. Gegebenenfalls werden hierzu sogar exklusive Lizenzen genommen und vorrätig gehalten.

Abbauen

Hat die strategische Bedeutung einer Technologie oder Kompetenz stark abgenommen, sind die entsprechenden Schutzrechte einer weiteren Prüfung zu unterziehen, ob die Patentanspruchsfassungen eine Neubewertung mit einer Zuordnung zu anderen Kompetenz- oder Wettbewerbsfeldern zulassen. Dabei sollte auch die Möglichkeit einer exklusiven Auslizenzierung in Erwägung gezogen werden, soweit dies aufgrund von anderen, bereits bestehenden Lizenzvereinbarungen überhaupt noch möglich ist. Andernfalls ist von einem geringen Nutzen auszugehen, dem hohe Kosten gegenüberstehen. Sprechen keine anderweitigen Gründe dagegen, beispielsweise die Notwendigkeit eines großen Patentportfolios, können derartige Patente aufgegeben, verkauft oder abgegeben bzw. gespendet[2] werden.

Endress+Hauser sondert alle Patente aus oder verkauft diese, wenn die betroffenen Themengebiete nicht innerhalb eines Zeitraums von etwa sieben Jahren in eigene Produkte oder Herstellprozesse einfließen.

Das Chemieunternehmen *Dow Chemical* führte zu Beginn der 90er-Jahre eine komplette Überprüfung seines gesamten Schutzrechtebestands durch. Durch aufgegebene oder gespendete Schutzrechte konnten dabei einmalig Einsparun-

CHECKLISTE ABBAUEN

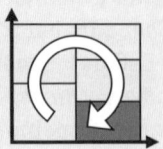

- Exklusive Auslizenzierungsmöglichkeiten überprüfen.
- Patente aufgeben, verkaufen oder abgeben bzw. spenden.

---

2 In den USA können durch Spende von Schutzrechten an gemeinnützige Organisationen, wie beispielsweise Universitäten, Steuervorteile geltend gemacht werden.

gen in Form von wegfallenden Jahresgebühren und Steuervorteile in Höhe von 50 Millionen US-Dollar realisiert werden.

10.3 Wo patentieren und zu welchen Kosten?

Patente verbieten die Imitation einer Innovation nur in denjenigen Ländern, in denen das Patent angemeldet und rechtmäßig erteilt wurde (*Territorialitäts-prinzip*). Hier gibt es deshalb unterschiedliche Philosophien. Zentrale Kriterien bei der Länderbestimmung sind:

- Märkte des Unternehmens und der Wettbewerber,
- Produktionsstandorte des Unternehmens und der Wettbewerber,
- länderspezifische Legislation, z. B. nationale Regularien, Durchsetzbarkeit von Patenten, Qualität des Rechtssystems,
- Kostenaspekte, z. B. auf Basis von Übersetzungserfordernissen.

Beispielsweise hat *BMW* im Cabriosegment so gut wie keine erteilten Patente in den USA. Bei internationalen Anmeldungen wird die US-Benennung nach Publikation der Offenlegungsschrift zurückgezogen. Diese Strategie beruht darauf, dass die für *BMW* relevanten Wettbewerber nicht aus den USA stammen. Andere Automobilhersteller richten sich mit ihrer Patentstrategie stärker an den Zukunftsmärkten als an den Wettbewerbern aus. Sie verfolgen dabei das Rational, dass sich die Produktion in der heutigen Zeit relativ leicht verlagern lässt und die Märkte der Zukunft sich leichter prognostizieren lassen.

Leica Geosystems sowie deren Wettbewerber haben eine geringe räumliche Fertigungsflexibilität und richten die Patentanmeldestrategien stark an den Produktionsstandorten aus. Ähnliches gilt in der kapitalintensiven Halbleiter-industrie.

In der Pharmaindustrie beeinflussen nationale Regularien die Preisgestaltung von Pharmaprodukten. Dabei hängt der Preis von der Innovativität des Pro-dukts ab; die Anzahl an Schutzrechten gilt als Indikator für den Innovations-grad. *Bayer Schering Pharma* platziert deshalb Patentanmeldungen gezielt in solchen Ländern, um dort bessere Ausgangsbedingungen für seine Preispolitik zu schaffen. Die Patentstrategie wird damit ein integraler Bestandteil der Pro-dukt- und Preispolitik des Unternehmens.

Ein weiteres wichtiges Kriterium bei der Länderauswahl sind die Durchsetz-barkeit von Patenten und der Wille, dies zu tun, z. B. im Ernstfall auch entspre-chende finanzielle Reserven zu haben und zur Verfügung stellen zu wollen: In den USA betragen Patentlitigationskosten bei Streitwerten von weniger als einer Million US-Dollar im Durchschnitt bereits 500 000 US-Dollar und müssen in der Regel von den Unternehmen selbst getragen werden. Insbesondere KMU sollten deshalb frühzeitig die Folgekosten und die Ressourcenbindung bei einer möglichen gerichtlichen Auseinandersetzung bedenken; dies gilt vor allem für die USA. Insofern sind bei juristischen Schutzstrategien jeweils nicht nur rechtliche, sondern immer auch finanzielle und politische Überlegungen anzustellen. Beim Europäischen Patentamt haben übrigens 70 % aller Patentanmelder nur ein einziges Patent – der typische Erfinder, der meist wenig kommerziellen Nutzen aus dem Patent hat.

Bei der Auswahl der Länder, in denen ein Patentschutz angestrebt wird, sollte darüber hinaus auch die Qualität des Rechtssystems berücksichtigt werden. Ein Vorausblick in die absehbare Zukunft ist dabei sehr empfehlenswert, da sich Rechtssysteme noch entwickeln können, wie dies zurzeit z. B. in China oder Indien der Fall ist.

In China nimmt die Anzahl an Patenten und Gebrauchsmustern derzeit massiv zu. Es melden fast genauso viele einheimische chinesische Firmen Patente an wie ausländische Firmen. Das Problem: Unter den chinesischen Patentanmeldern gibt es jedoch Piraten, welche Produkte via Reverse Engineering nachahmen und anschließend die kopierten Produkte beim chinesischen Patentamt bevorzugt als Gebrauchsmuster anmelden. Gebrauchsmuster werden vom chinesischen Patentamt ohne Neuheitsprüfung eingetragen. Dies ermöglicht zwar einen kostengünstigen Schutz, verlagert aber das Risiko der Rechtsbeständigkeit zum Gebrauchsmusterinhaber bzw. in die Öffentlichkeit. Ausländische Unternehmen sind daher in zunehmendem Maße auch von inländischen Schutzrechten, insbesondere von chinesischen Gebrauchsmustern, betroffen. Ein in diesem Sinne spektakulärer Fall ist der französische Elektrokonzern *Schneider Electric*, der Ende 2007 von einem chinesischen Gericht wegen Patentverletzung zu einer Rekordstrafe in Höhe von knapp 45 Millionen US-Dollar verurteilt wurde. Noch nie zuvor hat ein chinesisches Gericht eine derart hohe Strafe wegen einer Patentrechtsverletzung festgesetzt. *Schneider Electric* war von dem in Wenzhou ansässigen Elektronikhersteller *Chint* verklagt worden; es ging um einen kleinen elektronischen Baustein, eine Art Miniatursicherung, die *Chint* 1999 patentrechtlich in China hatte schützen lassen. Der Fall ist deshalb so speziell, da ein chinesisches Gericht die nach westlicher Sichtweise durchaus nachvollziehbare Schadensersatzhöhe ausgerechnet in einem der (noch!) wenigen Fälle verhängt hat, in dem die beklagte Partei ein ausländisches Unternehmen und der Gerichtssitz in der Heimatstadt der Klägerpartei lag. Generell findet derzeit aber die überwiegende Mehrzahl der Patent- und Markenrechtsverletzungsklagen lokal *zwischen* chinesischen Firmen statt – wobei festgesetzte Strafmaße eher symbolischen Charakter haben.

Unabhängig von der Entwicklung der Rechtssysteme als solche spielen zunehmend auch moralische Aspekte eine entscheidende Rolle: So klagte der

Pharmakonzern *Novartis* Ende 2006 in Indien gegen die nach einem Einspruchsverfahren vom Patentamt festgesetzte Zurückweisung seines Patents auf das Krebsmedikament Imatinib (Glivec®). Indien ist 2005 der Welthandelsorganisation (WTO) beigetreten, dies hatte auch Auswirkungen auf den Patentschutz, so wurden beispielsweise Wirkstoffpatente für Arzneimittel eingeführt. Allerdings hat sich in Indien mittlerweile eine stark prosperierende Generikaindustrie etabliert, die bekannte Medikamente nachproduziert und für einen Bruchteil der Marktpreise der Originale anbietet, z. B. *Dr. Reddy's*. Die Klage von *Novartis* führte daher in Indien, aber auch international zu heftigen Protesten. Aus dem Fall ist zu schließen, dass in der Pharmaindustrie die Durchsetzbarkeit von gewerblichen Schutzrechten zumindest in Bezug auf emergierende Märkte mittlerweile auch nach ethischen Gesichtspunkten zu relativieren ist.

Schlussendlich sind bei der Länderauswahl die damit verbundenen Kosten relevant, die stark von der Anzahl und Art der jeweils benannten Länder abhängig sind (Bild 10.4): Die Erlangung und Aufrechterhaltung einer Patentfamilie in Europa kostet bei einem breiteren Länderportfolio über zehn Jahre etwa 25 000 Euro.[3]

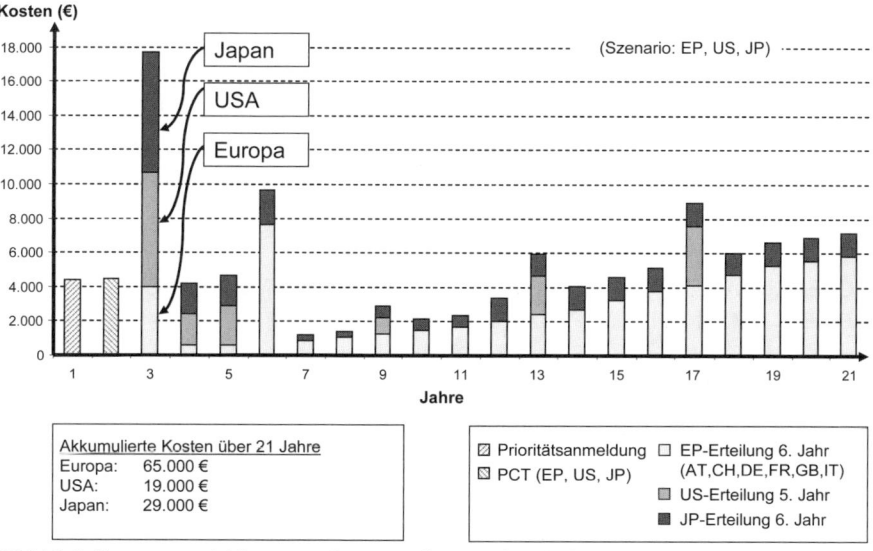

Bild 10.4 Kostenentwicklung von Patenten (internationale Patentanmeldung)

3 Mit Ratifizierung des sogenannten Londoner Protokolls werden die Übersetzungsanforderungen für europäische Patente gesenkt und dadurch die Kosten teilweise reduziert (seit 1. Mai 2008).

10.4 Kooperationen

Eine rechtliche Ausgestaltung ist umso wichtiger, wenn der Entschluss gefallen ist, die eigenen Kompetenzen mit Partnern zu stärken oder zu ergänzen. Die große Herausforderung bei gemeinsamen Innovationsvorhaben besteht dabei oftmals darin, dass die Aufteilung von Ertrag und Nutzen aus der Kooperation festgelegt werden muss, bevor deren eigentliche Größe bekannt ist. Solche Fragestellungen fallen in den Bereich des strategischen Patentmanagements (Bader 2006).

Im Rahmen der kooperativen Entwicklung des zentralen, multifunktionalen Bedienelements „iDrives" kooperierte *BMW* mit dem kleinen kalifornischen Softwareunternehmen *Immersion*. Dieses hatte bereits einschlägige Kompetenzen im Bereich der Force-Feedback-Technologie entwickelt, welche bei Joysticks, Bediengeräten im Konstruktionsbereich und der Medizintechnik eingesetzt wird. Es wurde vereinbart, dass *BMW* an den Entwicklungsergebnissen für den Automobilbereich zeitlich beschränkte, exklusive Rechte erhält, *Immersion* aber eine eigenständige Nutzung und Vermarktung außerhalb des Automobilsektors zusteht.

Neben der klaren Regelung des geistigen Eigentums ist auch die gemeinsame Definition von Exitstrategien von zentraler Bedeutung. Diese sollte von Innovationspartnern nicht als Misstrauensantrag gewertet werden, sondern muss im Gegenteil als vertrauensbildende Basis verstanden werden. Nur auf der Grundlage klarer Positionen und geringer Unsicherheit kann Vertrauen wachsen.

CHECKLISTE ERFOLGSFAKTOREN FÜR DEN UMGANG MIT GEISTIGEM EIGENTUM IN F&E-KOOPERATIONEN

- Klare Zieldefinition.
- Einbezug der zukünftigen Verwendungsabsicht in die Ausgangslage der Innovationskooperation.
- Klare Abgrenzung von bereits vorhandenen Erfindungen und Patenten.
- Frühe Einbindung von internen und externen Patentexperten in die Produktentwicklung.
- Regelmäßige Kommunikation.
- Festlegung von Patentchecks an frühen Meilensteinen im Innovationsprozess.
- Effizientes Patentmanagement durch konsequentes Growing und Pruning.
- Klar definierte Ausstiegsstrategie bereits zu Beginn der Kooperation.

10.5 Erfolgsfaktoren

Es bleibt anzumerken, dass nach Ableitung der Patentstrategie die Portfolio-maßnahmen schlussendlich auch umgesetzt werden müssen. Hierbei dominiert aber leider oft das Dilemma „Paralyse durch Analyse". Es gilt daher zunächst die Stoßrichtungen zu priorisieren. Die wichtigsten Maßnahmen (*vital few actions*) sind im Detail mit den Geschäftsbereichen oder Entwicklern zu planen und mit diesen umzusetzen. Gerade aufgrund der häufig indirekten und erst später wirksamen Folgewirkungen von Patentaktivitäten drohen diese zu versanden. Klare, operative Ziele, welche regelmäßig gemessen und vom Management überprüft werden, sind daher von großer Bedeutung (Gassmann, Bader 2007b).

Abschließend sind im Folgenden nochmals die drei Patentstrategie-Kerndimensionen und deren Zusammenhang mit den fünf Patentmanagement-Prozessphasen des St. Galler Patentmanagementmodells zusammenfassend dargestellt:

CHECKLISTE

Maßnahmen zur Handlungsfreiheit:

- Patentrecherchen (Patentscanning, Patentmonitoring).
- Entwicklung von Umgehungslösungen.
- Einlizenzierung, Patentlizenzaustausch, Design-Access.
- Patentrechtliche Maßnahmen (z. B. Gutachten, Einsprüche, Nichtigkeitsverfahren).

Maßnahmen gegen Imitatoren:

- Aufbau von Patentclustern zur systematischen Sicherung von Wettbewerbsvorteilen.
- Anmeldung breiter, konzeptioneller Basispatente.
- Schutz von spezifischen Ausführungsvarianten.
- Analyse von Wettbewerbsprodukten bzw. Verfahren und Anmeldung von darauf aufbauenden Verbesserungslösungen.
- Patentierung bzw. Einlizenzierung von Substitutionstechnologien.
- Konsequentes Vorgehen gegen Piraterie.

Maßnahmen zur Kommerzialisierung:

- Behandlung von Patenten wie ein „materielles Produkt" (inklusive Geschäftsmodell).
- Aufbau des eigenen Patentportfolios nach Gesichtspunkten der Wettbewerbsattraktivität, d. h. dem Nutzungspotenzial durch Dritte.
- Überprüfung von Auslizenzierungsmöglichkeiten in Abhängigkeit des Technologielebenszyklus.
- Erwägung von Tauschgeschäften als Alternative bzw. Ergänzung zu Bargeldlizenzzahlungen (z. B. Austauschlizenzverträge, Einkaufs- bzw. Verkaufsverpflichtungen, Design-Access).

11 DIENSTLEISTUNGSINNOVATION DURCH SERVICE ENGINEERING

Oliver Gassmann, Heiko Gebauer

Europäische Unternehmen entwickeln nicht genug innovative Dienstleistungen. Grund dafür sind meist ein zu wenig durchdachter Innovationsprozess sowie fehlende Kenntnisse zu den Methoden des Service Engineerings. Unternehmen, die ein attraktives und innovatives Dienstleistungsangebot kreieren wollen, müssen Ideen systematisch bewerten und die Kunden kontinuierlich einbinden. Zur Bewertung und Einbindung der Kunden müssen Unternehmen gezielt einzelne Methoden und Instrumente des Service Engineerings anwenden.

11.1 Probleme bei Dienstleistungsinnovationen

Energieversorger ergänzen ihre Stromprodukte durch Dienstleistungen zur Energieeffizienz, Tankstellen sind zu 24-Stunden-Läden geworden, Softwareproduzenten betreuen für ihre Kunden die gesamte Informationstechnik (IT), und immer mehr Telekommunikationsfirmen wandeln sich zu Medienunternehmen. Ganze Industrien erkennen die Potenziale von Dienstleistungsinnovationen und einzelne Unternehmen sehen Dienstleistungsinnovationen als entscheidenden Wettbewerbsfaktor. Innovative Dienstleistungen sind nicht nur in traditionellen Dienstleistungssektoren gefragt, sondern verbreiten sich auch in Industrieunternehmen.

Bei vielen Führungskräften, die über Investitionen entscheiden, hat sich diese Erkenntnis offenbar noch nicht herumgesprochen. Sie wenden für das Entwickeln neuer Dienstleistungsangebote im Durchschnitt nur sehr wenige Prozent ihrer F&E-Ausgaben auf. Der Löwenanteil der Mittel fließt in Produktinnovationen. Dieses Missverhältnis ist gefährlich. In vielen Branchen sinken die Margen und die eigentlichen Kernprodukte oder -dienstleistungen werden immer auswechselbarer. Ein gnadenloser Kostenwettbewerb und geringe Umsatzrenditen sind die Folge. Beispiele hierfür finden sich sowohl in den Industrie- als auch Dienstleistungsunternehmen. So verdient heute keiner der Autohersteller kaum noch etwas am eigentlichen Auto, sondern die Gewinne werden durch die Finanzierungs- und Versicherungsleistungen sowie die After-Market-Services wie Ersatzteile oder Reparaturen verdient.

Industrieunternehmen schätzen deswegen die Profitabilität von Dienstleistungen höher ein als die des klassischen Produktgeschäfts. Und tatsächlich liegen die Umsatzrenditen von Industrieunternehmen, die in größerem Umfang produktbegleitende Dienstleistungen anbieten, deutlich höher als die vergleichbarer Firmen mit geringem Dienstleistungsanteil.

So erzielt das weltweit tätige Aufzugunternehmen *Schindler* heute mehr als die Hälfte seines Umsatzes mit langfristigen Serviceverträgen. Schon in den 80er-Jahren begann der Wandel von einem lokalen Aufzughersteller in einen globalen Dienstleistungsanbieter. Über 28 000 *Schindler*-Mitarbeiter, und damit 60 % der Belegschaft, sind im Service tätig. Der Geschäftsbereich erzielt rund 80 % des Gewinns. Der skandinavische Konkurrent *Kone* erzielt gar mit 55 % des Umsatzes im Dienstleistungsgeschäft fast 95 % des Gewinns. Der Werkzeugspezialist *Fraisa* sichert sich Wettbewerbsvorteile durch die Innovation eines Tool-Care-Konzepts. ToolCare ist ein praktisches Werkzeugmanagementsystem mit einem individuell bestückten Kundenwarenlager und der Verwendung von Werkzeugen auf Konsignationsbasis. *Fraisas* Dienstleistungsinnovationen erwirtschaften mehr als 25 % des Umsatzes.

Auch traditionelle Dienstleister erkennen die Notwendigkeit, ihre eigentlichen Kernleistungen durch Dienstleistungsinnovationen zu ergänzen. Versicherungsunternehmen experimentieren beispielsweise mit Applikationen auf Mobiltelefonen, die eine automatische Unfallmeldung durch den Kunden ermöglichen. Banken zielen nach der Finanzkrise stärker auf Prozessinnovationen, aber auch zusätzliche Dienstleistungen um die Kernfinanzprodukte, z. B. Steuerberatung, Vorsorgeplanung, Immobilienbewertung.

Der Möbelspezialist *IKEA* drängt gegenwärtig in den Küchenmarkt. *IKEAs* Markteintritt erfolgt nicht nur durch die immensen Kostenvorteile gegenüber traditionellen Küchenherstellern, sondern durch die Dienstleistungsinnovation namens Küchenplaner. Der Küchenplaner ermöglicht ein individuelles Zusammenstellen der Küchenelemente. Er schafft eine Erlebniswelt durch das Visualisieren von Küchenaktivitäten (z. B. Kochen, Ablegen, Waschen, Aufbewahren, Zwischenlagern etc.) und deren Zusammenwirken mit den Einrichtungselementen.

Trotz dieser Positivbeispiele entwickeln die meisten Firmen immer noch nicht systematisch und strukturiert Dienstleistungsangebote. Vielmehr führt die fehlende Systematik zu wiederkehrenden Serviceflops. So kämpfen bis heute Lkw-Hersteller mit der Akzeptanz ihrer Telematikdienstleistungen. Logistikunternehmen sind von den Echtzeitendaten schlicht überfordert und nicht bereit, etwas dafür zu bezahlen. Der neue Service Telefonieren im Flugzeug ist ein ähnlicher Flop und die hohen Investitionen in die notwendige technische Entwicklung haben sich bei nur sehr wenigen Fluggesellschaften amortisiert. Ähnliches droht jetzt mit dem Internetzugang im Flugzeug. *McZahn* versuchte das Konzept des kostengünstigen Brillen-*Fielmann* in die Zahnarztbranche zu übertragen – und scheiterte an Akzeptanzproblemen. Konfrontiert mit dieser Gefahr müssen Unternehmen die Frage beantworten: Wie sollten wir bei Dienstleistungsinnovationen vorgehen?

11.2 Defizite

Zum besseren Verständnis der Kernelemente von Dienstleistungsinnovationen setzen wir uns im ersten Schritt mit den heutigen Defiziten genauer auseinander. Anschließend geben wir Empfehlungen für die bessere Systematisierung und Strukturierung von Dienstleistungsinnovationen.

Defizit 1: Mangelnder Schutz von Dienstleistungen hemmt Investitionen

Die Rahmenbedingungen für die Entwicklung erfolgreicher und nicht imitierbarer Dienstleistungen sind schwieriger als bei der Produktentwicklung. Dienstleistungen lassen sich in Europa bisher nur beschränkt patentrechtlich schützen. Dieser Nachteil hemmt häufig Investitionen in innovative Dienstleistungen. Dem Management fehlt der Glaube daran, mit Dienstleistungsinnovationen auch nachhaltige oder schwer imitierbare Wettbewerbsvorteile zu generieren. Unternehmen können den fehlenden Imitationsschutz jedoch ausgleichen, indem sie es der Konkurrenz so schwer wie möglich machen, aufzuholen. Je mehr die eigenen innovativen Dienstleistungen auf dem Markt reüssieren, desto höher ist die Hürde für die Wettbewerber.

Unternehmen müssen den Schutz ihrer Leistungen auf das Gesamterlebnis, die Leistungsprozesse und die Kompetenzen der Mitarbeiter verlegen und nicht auf die Patentierung des eigentlichen Dienstleistungsinhalts. So ist es bis heute keinem anderen Möbelhersteller gelungen, die Erlebniswelt von *IKEA* zu kopieren. Elemente wie *IKEAs* Family Card, Kinderbetreuung, Hauslieferservice, Do-it-yourself-Aufbau oder das *IKEA*-Restaurant sind isoliert imitierbar. Kombiniert bieten diese Elemente jedoch einen idealen Schutz. Ähnlich sind die Erfahrungen von *McDonald's* bei der Nachahmung von *Starbucks*. Zuerst imitierte *McDonald's* das Kaffeeangebot von *Starbucks* und bot den Kaffee etwas günstiger an. So konnte man jedoch nicht auf *Starbucks* aufschließen. Erst durch das neu eingeführte McCafé-Konzept gelingt es *McDonald's*, ansatzweise *Starbucks'* Erlebniswelt und Atmosphäre zu kopieren. Dieser Lernprozess dauerte fast zehn Jahre. Ähnlich erging es den etablierten amerikanischen Fluggesellschaften. Ihnen war es kaum möglich, die Serviceprozesse von *Southwest*, dem Vorreiter der Billigfluglinien, zu kopieren. *Easyjet* mit seinen Dienstleistungsinnovationen wie Speedy Boarding oder der freien Platzwahl behauptet ebenfalls erfolgreich seine Marktposition. *Easyjet* als Gesamtkonzept aus einzelnen Dienstleistungsinnovationen und schwer imitierbaren Dienstleistungsprozessen lässt sich nicht einfach von der Konkurrenz nachmachen. Das Beispiel *Easyjet* verdeutlicht auch, dass Dienstleistungsinnovationen nicht immer einen Zusatznutzen stiften müssen, sondern sich ebenfalls auf Kostenersparnisse konzentrieren können. *Ryanair*-CEO Michael O'Leary pointierte dies an einem CEO Roundtable: „Only three things are important for our airline innovation: costs, costs, costs." Langfristig können jedoch nur wenige Billig-Airlines überleben.

Gleichzeitig zeigen aber auch unsere Untersuchungen, dass in Banken und Versicherungen die Anzahl der Patentanmeldungen enorm stark ansteigt. Am Europäischen Patentamt (!) werden 75 % der Patentanmeldungen in diesen Branchen durch amerikanische Unternehmen angemeldet. Führend in den meist IT-basierten Patentanmeldungen ist dabei die *Citibank*. Europäische Banken und Versicherungen sind hier noch zu wenig sensibel bezüglich der Schutzrechtsmöglichkeiten.

Defizit 2: Es mangelt an klarer organisatorischer Verankerung

Die Verantwortlichkeiten für die Entwicklung von neuen Dienstleistungen sind häufig unklar. Entstehen neue Dienstleistungsinnovationen im Vertrieb oder in der F&E? Innovationen sind natürlich Aufgabe des gesamten Unternehmens. Dies bedeutet jedoch nicht, dass wirklich alle Unternehmensbereiche geeignet sind, Dienstleistungsinnovationen voranzutreiben. So neigt der Vertrieb häufig dazu, Dienstleistungen voranzutreiben, die zur besseren Vermarktung der bisherigen Kernleistungen dienen. Damit wird die Serviceinnovation zum reinen Marketing- und Kundenbindungsinstrument. Die F&E sieht sich eher als Treiber von technischen Innovationen und nicht als Anlaufstelle für Dienstleistungen, die sich direkt an den Kundenbedürfnissen orientieren. Diese Tendenz ist gegenwärtig bei Energieversorgern offensichtlich. Aus dem Vertrieb kommen Vorschläge (z. B. Energiespartipps), die nur einen geringeren zusätzlichen Mehrwert stiften. Aus der Technikorientierung entstehen komplexe und anspruchsvolle Energiemessungen und dazugehörige Effizienzdienstleistungen, die das eigentliche Bedürfnis des Kunden gar nicht richtig abdecken. Kunden möchten einen einfachen und bequemen Zugang zu Maßnahmen zur Erhöhung der Energieeffizienz.

Vielen Unternehmen fehlen eigenständige Innovationsabteilungen, die sich auf Dienstleistungen spezialisieren. Ausnahmen sind:

- *Siemens Healthcare* etablierte ein eigenständiges Service Engineering Department;

- *SIG Pack* arbeitet mit einem eigenen Serviceinnovationsteam, um seinen Kunden nicht nur Verpackungsmaschinen, sondern auch Verpackungsleistung anzubieten;

- *IBMs* Service Research Center in Almaden, welches sich mit rund 400 Mitarbeitern ausschließlich dem Thema Dienstleistungsinnovationen widmet;

- *BASF* hat eine eigene Serviceinnovationsgruppe aufgebaut, um regionales Business zu kreieren;

- *Credit Suisse* arbeitet mit einer eigenen Innovationsabteilung, um vor allem Prozesspotenziale zu identifizieren und zu verbessern;

- *Swiss Re* hat eine eigene Intellectual-Property-Gruppe, um Dienstleistungsinnovationen zu schützen.

Es sind diese spezialisierten Abteilungen, aus denen die Dienstleistungsinnovationen kommen, die einen Großteil des Umsatzes dieser Firmen erwirtschaften. Die organisatorische Verankerung lässt sich jedoch nur regeln, wenn es einen systematischen Innovationsprozess für Dienstleistungen gibt. Jedoch gibt es auch hier Defizite.

Defizit 3: Der Innovationsprozess läuft nicht systematisch ab

Dienstleistungen zu erarbeiten ist nicht einfach. Im Gegensatz zu Produkten kann ein Manager Dienstleistungen nicht in die Hand nehmen und prüfen. Häufig stammen die angewandten Methoden aus der Produktentwicklung und sind nur bedingt geeignet, Dienstleistungsprozesse zu definieren, vernünftige Leistungspakete zu entwerfen und die Ressourcen sinnvoll einzusetzen. Nur wenige Firmen wenden einen speziellen Innovationsprozess für Dienstleistungen an, der von der Ideensuche bis zur Markteinführung die wichtigsten Aufgaben und Akteure festlegt und die nötigen Instrumente bereitstellt. Kommunizieren die einzelnen Abteilungen nicht ausreichend darüber, was technisch möglich ist, in welchem Zeitrahmen ein Projekt beendet sein soll und welche Beteiligten für welche Aufgaben zuständig sind, kann es zu teuren Irrwegen kommen.

Immer mehr Banken, Versicherungen und auch Handelsunternehmen beginnen auch die Systematik und Logik von Experimentalforschung bei der Entwicklung neuer Dienstleistungen einzusetzen. Hier werden einzelne Variablen, wie Gestaltung des Eingangsportals, Ansprache durch Berater, punktuell geändert. Gleichzeitig wird eine Kontrollgruppe eingesetzt, um die Wirkung einzelner Variablen zu überprüfen. Die Methodiken stammen aus den Naturwissenschaften, werden aber auch in der anwendungsorientierten Aktionsforschung stark verbreitet eingesetzt.

Oft vergessen die Entwickler, die Kundenbedürfnisse in jeder Phase zu berücksichtigen. Probleme entstehen zudem, wenn die neuen Dienstleistungsangebote nur unzureichend modularisiert sind. Die Angebote sind zu sehr auf einzelne Kunden zugeschnitten und lassen sich nur mit hohem Aufwand zu verschiedenen standardisierten Leistungsangeboten schnüren. Statt zur Ertragsquelle mutiert die Dienstleistung dann zum Kostentreiber. Dieses Modulkonzept bildet die Grundphilosophie der *Schleifring Gruppe*. Ähnlich wie bei *McDonald's* können sich Kunden ein individuelles Serviceangebot aus hoch standardisierten und modulartigen Basiselementen zusammenstellen. Die Standardisierung umfasst dabei die Leistungsinhalte, -prozesse und -voraussetzungen. Dies hat den positiven Nebeneffekt, dass die Serviceangebote von *Schleifring* weltweit standardisiert und dadurch besser skalierbar sind.

Unter den Strategieberatern in Deutschland hat *Roland Berger* den höchsten Pro-Kopf-Umsatz. Ein wesentlicher Grund hierfür ist die Anwendung eines strikten Plattformmanagements, wobei Wissensmodule von „Practices" effizient und effektiv wiederverwendet werden können.

Defizit 4: Der Kunde darf zu wenig mitreden

Hauptquellen für neue Ideen bei Banken und Versicherungen sind nicht die eigenen Kunden oder Mitarbeiter, sondern die Wettbewerber und Berater. Da Unternehmen der gleichen Branche ihre Aufträge meist an dieselben Berater vergeben, hat das gravierende Folgen für die Art der Leistung. Die Angebote unterscheiden sich kaum noch voneinander, es findet eine Strategiekonvergenz statt. Komparative Wettbewerbsvorteile können so nicht erzielt werden. Ähnlich zeigt sich dies auch an den Angeboten in der Automobilindustrie: Zwar verspricht jeder Hersteller ein einzigartiges Automobil, die dazugehörigen Dienstleistungen unterscheiden sich jedoch kaum.

Die Bedürfnisse der Zielgruppe sind entscheidend für Unternehmen, die neue Dienstleistungen erfolgreich entwickeln und im Markt einführen wollen. Das klingt selbstverständlich. Die Innovatoren lassen sich aber allzu oft von vermeintlich allgemeingültigen Erkenntnissen leiten, statt fundierte Marktforschung zu betreiben. Jeder scheint zu wissen, was der Kunde will, aber keiner hat ihn gefragt.

Viele Unternehmen nutzen ihre Verkaufsorganisation und ihre Reklamationsstellen nicht, um diese Frage erschöpfend zu beantworten. Sie erheben und analysieren das Feedback der Abnehmer nur unsystematisch. So mussten zahlreiche internetbasierte Services, wie die Hypothekenbank der *Credit Suisse* und das Finanzportal der Rentenanstalt *Swiss Life*, eingestellt werden. Hätten die Verantwortlichen die europäischen Kunden befragt, statt nur die Möglichkeiten der Technik auszuschöpfen, so wäre klar herausgekommen, dass wir in unseren Breitengraden Immobilien nicht über das Internet finanzieren wollen.

Ähnlich sind die Erfahrungen von Energieversorgern: Kunden möchten nicht einfach ein Smart Meter, sondern es muss um die dadurch entstehenden technischen Möglichkeiten eine Erlebniswelt für den Kunden geschaffen werden. Es braucht einfache und interessante Applikationen auf Mobiltelefonen und im Internet, um den Kunden zur Nutzung des Smart Meters anzuregen. Hierzu müssen Unternehmen wissen, wie Kunden ihre eigene soziale Wirklichkeit des Energiesparens konstruieren. Es braucht Wissen, um das soziale Phänomen des Energiesparens, um mögliche Akzeptanzprobleme dieser Technologie zu erkennen, um in die richtigen Dienstleistungsinnovationen zu investieren und um Geschäftsmodelle für das Energiesparen zu finden. Ohne eine direkte und breite Einbindung des Kunden bleibt das Verständnis des sozialen Phänomens mangelhaft.

Defizit 5: Schlechte Ideen werden nicht konsequent aussortiert

Zahlreiche Firmen haben die Chancen erkannt, die ihnen innovative Dienstleistungen bieten, und daraufhin eine Vielzahl solcher Angebote entwickelt. Entscheidend ist es aber nun, die Spreu vom Weizen zu trennen. Viele Manager bewerten die Vorschläge im gesamten Innovationsprozess aber nur ein einziges Mal. Sie sortieren nur in der Frühphase der Entwicklung wenig Erfolg versprechende Ideen aus. So entstehen unfokussierte Leistungsprogramme mit unzähligen Varianten, die zum Teil ähnliche Bedürfnisse abdecken. Schnell wird das Angebot unübersichtlich und die Kosten steigen rasant an. Viele der neu geschaffenen Dienstleistungen bringen zudem nicht die erhofften Erträge, weil der Kunde nicht bereit ist, für diese Dienstleistungen auch zu zahlen. Zahlreiche Maschinenbauhersteller benchmarken sich mit *Schindler* Aufzüge, welche sehr erfolgreich vom Servicegeschäft leben. Problematisch ist aber die Verrechenbarkeit der neu geschaffenen Dienstleistungen an den Kunden. Nur wer Ideen kontinuierlich bewertet, kann herausfinden, welche weiterverfolgt werden sollten. Eine systematische Müllabfuhr, wie dies der Armaturenhersteller *Hansgrohe* praktiziert, ist von großer Bedeutung.

Um die erfolgversprechendsten Ideen auszuwählen, muss das Management sich über seine strategischen Ziele und die wichtigsten Kundenbedürfnisse im Klaren sein. Es muss wissen, welche Märkte die Firma besetzt hat und wo neue Angebote nötig sind. Vieles geht auch schief, weil die Auswahlgremien mit den falschen Personen besetzt sind. Controller sind häufiger vertreten als Kundenberater oder gar „echte" Kunden. Zudem muss das Gremium häufig auf der Basis eher ungeeigneter Finanzkennzahlen über neue Services entscheiden. Eine dieser typischen Finanzkennzahlen ist der Return on Investment. Dieser lässt sich in der Regel nur schwer für Dienstleistungen richtig abschätzen. Zwar braucht es bei vielen Dienstleistungsinnovationen häufig keine Investitionen in Produktionskapazitäten, unklar bleibt jedoch die Abschätzung der zusätzlichen Personalressourcen. Unklarheiten entstehen hierbei durch Überschneidungen mit bestehenden Personalressourcen oder mögliche Lerneffekte bei der Erbringung von Dienstleistungen. So zeigen unsere Erfahrungen, dass sich der Personalbedarf zur Erbringung einer Dienstleistung durch Lerneffekte noch während der Markteinführung um bis zu 75 % reduzieren kann. Zur Abschätzung derartiger Lerneffekte fehlt vielen Führungskräften die Erfahrung.

Unsere Erfahrungen zeigen zudem noch ein interessantes Phänomen. Für produzierende Unternehmen ist im Durchschnitt die Zeitdauer zur Erreichung eines bestimmten Return on Investment bei neuen Dienstleistungen doppelt so hoch als bei neuen physischen Produkten. Unternehmen brauchen aufgrund der Immaterialität von Dienstleistungen länger, um Kunden vom eigentlichen Nutzen zu überzeugen. Um das Marktpotenzial richtig auszuschöpfen, braucht es zudem kontinuierliche Investitionen in Mitarbeiter. Die Mitarbeiter müssen eingestellt und geschult werden. All dies benötigt Zeit und verzögert den Return on Investment.

11.3 Handlungsempfehlungen

Den Prozess strukturieren

Der Entwicklungsprozess gliedert sich in drei Phasen (Bild 11.1). Sie müssen die Anforderungen definieren, Ideen entwickeln und diese in den Markt einführen. Jede dieser Phasen umfasst spezifische Aufgaben, für deren Lösung sich bestimmte Instrumente eignen. Die Rolle des Kunden wandelt sich im Laufe des Innovationsprozesses. Während er in der Definitionsphase Ideen liefert, seine soziale Wirklichkeit beschreibt und Anforderungen formuliert, wird er in der Entwicklungsphase zum Mitgestalter und Tester, in der Markteinführungsphase tritt er schließlich als Leistungsempfänger und Abnehmer auf. Auch die Stoßrichtung der Innovationsbemühungen ändert sich.

Zu Beginn kommt es darauf an, möglichst viele qualitativ gute und geeignete Dienstleistungen zu einem realistischen Preis zusammenzustellen (Effektivität), kurz vor der Markteinführung ist das entscheidende Kriterium, dass sich das neue Angebot für den Anbieter auch rechnet (Effizienz).

Definieren

Was wollen Sie entwickeln und für welche Zielgruppe? So lauten die Schlüsselfragen in der ersten Phase. Es geht darum, Ideen mit großem Marktpotenzial zu finden und zu beschreiben. Sie müssen zudem formulieren, welchen Kundenanforderungen diese genügen sollen.

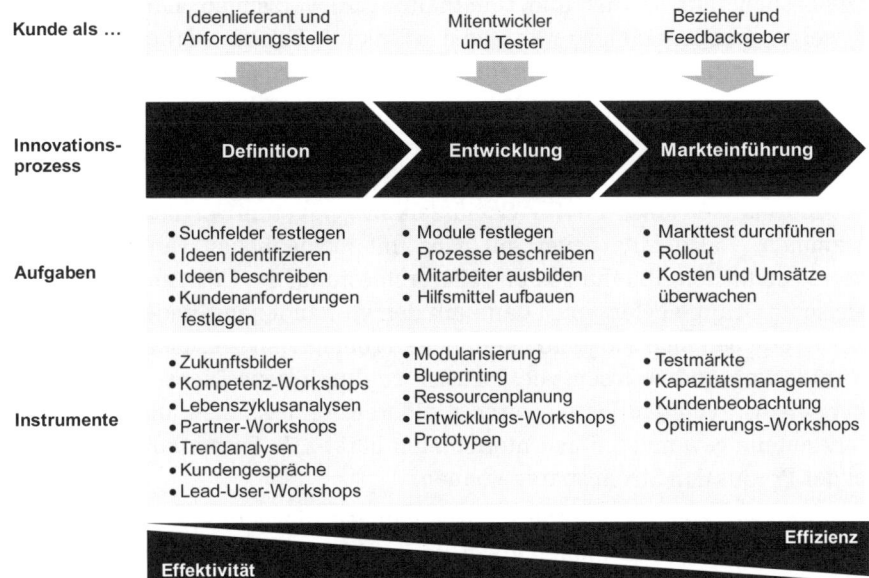

Kunde als ...	Ideenlieferant und Anforderungssteller	Mitentwickler und Tester	Bezieher und Feedbackgeber
Innovations-prozess	Definition	Entwicklung	Markteinführung
Aufgaben	• Suchfelder festlegen • Ideen identifizieren • Ideen beschreiben • Kundenanforderungen festlegen	• Module festlegen • Prozesse beschreiben • Mitarbeiter ausbilden • Hilfsmittel aufbauen	• Markttest durchführen • Rollout • Kosten und Umsätze überwachen
Instrumente	• Zukunftsbilder • Kompetenz-Workshops • Lebenszyklusanalysen • Partner-Workshops • Trendanalysen • Kundengespräche • Lead-User-Workshops	• Modularisierung • Blueprinting • Ressourcenplanung • Entwicklungs-Workshops • Prototypen	• Testmärkte • Kapazitätsmanagement • Kundenbeobachtung • Optimierungs-Workshops

Effektivität — Effizienz

Bild 11.1 Innovationsprozess für Dienstleistungen

Für die Bewältigung dieser Aufgaben gibt es verschiedene Instrumente. Diese Instrumente umfassen Zukunftsszenarien, Entwicklungs-Workshops, Lebenszyklusanalysen oder Lead-User-Konzepte. Diese Instrumente werden im Folgenden anhand von Beispielen beschrieben.

Um nicht nur Bestehendes zu verbessern, sondern auch echte Innovationen zu generieren, bietet sich an, Zukunftsszenarien zu erstellen und Trendanalysen durchzuführen. *Siemens* ermittelte mit seinem Szenario „Picture of the future" mögliche Servicetrends der nächsten zehn Jahre. Dazu werden zunächst Technologietrends extrapoliert, z. B. Moores Law zur Leistungsfähigkeit von Computer. Diese Trends kombinierten die Siemens-Forscher mit langfristigen gesellschaftlichen Entwicklungen, etwa der wachsenden Mobilität der Erwerbstätigen. Zusätzlich flossen Unternehmenstrends in die Betrachtung mit ein, beispielsweise, dass Firmen immer mehr Dienstleistungen in andere Länder verlagern. Dann stellten sich die Entwickler die Frage: Was muss ich heute tun, wenn ich für das entwickelte Szenario Dienstleistungen anbieten will? Sie betrachteten die künftige Dienstleistung und gingen dann rückwärts bis zum heutigen Tag. Auf diese Weise konnten sie Schritt für Schritt die nötigen Maßnahmen in Roadmaps festschreiben.

Während *Siemens* als Technologieunternehmen die Techniktrends als Ausgangspunkt für Szenarien nimmt, nutzt *IKEA* soziale Trends als Ideengeber für neue Dienstleistungen. So extrapoliert *IKEA* verschiedene soziale und psychologische Trends. Demnach sind Jugendliche nicht mehr bereit, während des

IKEA-Besuchs auf Freizeit und Unterhaltung zu verzichten. Eltern erwarten deswegen, dass Jugendliche während des Einkaufs betreut werden. Gegenwärtig experimentiert *IKEA* mit einzelnen Konzepten zur Erweiterung des Betreuungsangebots, ohne dass dieses Konzept von den Jugendlichen als „uncool und nervig" interpretiert wird.

Das Energieunternehmen *Atel* bringt in Entwicklungs-Workshops Kundenberater, Informatiker und die für Schlüsselkunden verantwortlichen Manager zusammen – also Mitarbeiter mit ganz unterschiedlichen Fähigkeiten, aus unterschiedlichen Abteilungen und Hierarchiestufen des Unternehmens. Diese gemischte Gruppe befasst sich dann mit den vorhandenen Kundensegmenten. Daraus ergeben sich Möglichkeiten, neue Probleme spezifischer Zielgruppen zu entdecken und zu lösen. *Atel* hat sich so durch neue Dienstleistungen im Energiemarkt von den Wettbewerbern differenzieren können und europaweit Marktanteile gewonnen. Das Unternehmen berät z. B. Firmenkunden, wie sie bei der Produktion Strom sparen können.

Auch Anbieter komplementärer Dienstleistungen, die nicht in Konkurrenz zum eigenen Angebot stehen, können wertvolles Know-how beisteuern. Die *Credit Suisse Financial Services* z. B. arbeitete mit auf Erbrecht spezialisierten Anwälten zusammen, um ein Angebot zur Nachfolgeplanung bei mittelständischen Unternehmern zu entwickeln. In einem Partner-Workshop diskutierten die Juristen mit den Beteiligten aus dem *Credit-Suisse*-Management, welche rechtlichen und finanziellen Probleme bei der Unternehmensnachfolge auftreten. In einem nächsten Schritt erarbeiteten beide Partner neue Angebote und definierten, was sie jeweils beitragen können, um für alle Anfragen des Kunden ein Leistungsangebot parat zu haben.

In den meisten Branchen verändern sich die Kundenwünsche im Laufe der Zeit. Berater und Produktmanager der *Neuen Aargauer Bank* nutzen darum Lebenszyklusanalysen, um die finanziellen Bedürfnisse in verschiedenen Lebensphasen (etwa Vermögensaufbau in jungen Jahren, Finanzierung von Wohneigentum nach dem Einstieg ins Berufsleben, sichere Anlageformen kurz vor der Rente) zu erfassen. Aus diesen Anforderungen entwickeln die Finanzexperten differenzierte Servicepakete, welche die Bedürfnisse in der entsprechenden Lebenssituation optimal befriedigen sollen.

Eine weitere Möglichkeit ist, das Gespräch mit Kunden zu suchen, besonders mit jenen, die zukünftige Bedürfnisse frühzeitig artikulieren können. *Hilti*, Spezialist für Befestigungstechnik, lädt diese Lead User regelmäßig zu Treffen ein. Dort entwickeln sie neue Serviceideen, geben Feedback zu ersten Prototypen und diskutieren neue Anwendungsfelder für bestehende Dienstleistungen in anderen Branchen. Diese Methode hat *Hilti* auf die Idee gebracht, das Flottenmanagement aus der Automobilbranche zu übernehmen, für das eigene

Geschäft anzupassen und eine entsprechende Dienstleistung für Bohrhämmer auf dem Bau anzubieten.

Diese verschiedenen Instrumente liefern eine Vielzahl an Informationen. Wichtig ist es deswegen, diese Informationen zu strukturieren und angemessen aufzubereiten. Zur Strukturierung und Visualisierung von Kundenbedürfnissen empfehlen sich sogenannte Buyer Utility Maps (Nutzenlandkarten). Diese Nutzenlandkarten decken verschiedene Nutzenebenen ab und lassen sich mit einzelnen Bedürfniskategorien kombinieren. Zu den Nutzenebenen zählen Kundenproduktivität, Einfachheit, Bequemlichkeit, Risiko, Umweltaspekte oder Image. Bedürfnisse lassen sich auf diese Ebenen übertragen und zu funktionalen, problemlösungsbezogenen, erfolgsbezogenen und emotionalen Bedürfnissen zusammenfassen. Ähnliche Hilfsmittel sollten Firmen auch zur Beschreibung der erarbeiteten Ideen nutzen. Hier eignet sich eine Checkliste mit Beschreibungskriterien. Zu den Beschreibungskriterien gehören der Leistungsinhalt, der Leistungsprozess oder die Leistungsvoraussetzungen.

Nutzenlandkarten und Beschreibungskriterien unterstützen Unternehmen, die gewonnenen Informationen zu strukturieren und zu visualisieren. Die Informationen werden dadurch auch kommunizierbar und lassen sich einfacher weiterverfolgen in der Entwicklungsphase.

Entwickeln

In dieser Phase müssen die Beteiligten genau abgrenzen, was zum Leistungspaket gehört und was nicht. Sie sollten die nächsten Schritte klären, etwa welche Software für das Angebot nötig ist, und die Mitarbeiter für ihre neuen Aufgaben ausbilden. Im Detail ergeben sich drei Handlungsfelder für die Entwicklungsphase, welche die obigen Beschreibungskriterien konsequent weiterentwickeln:

- Definition des Leistungspakets (-inhalts),
- Ausarbeitung des Leistungserstellungsprozesses sowie
- Schaffung der Leistungsvoraussetzung.

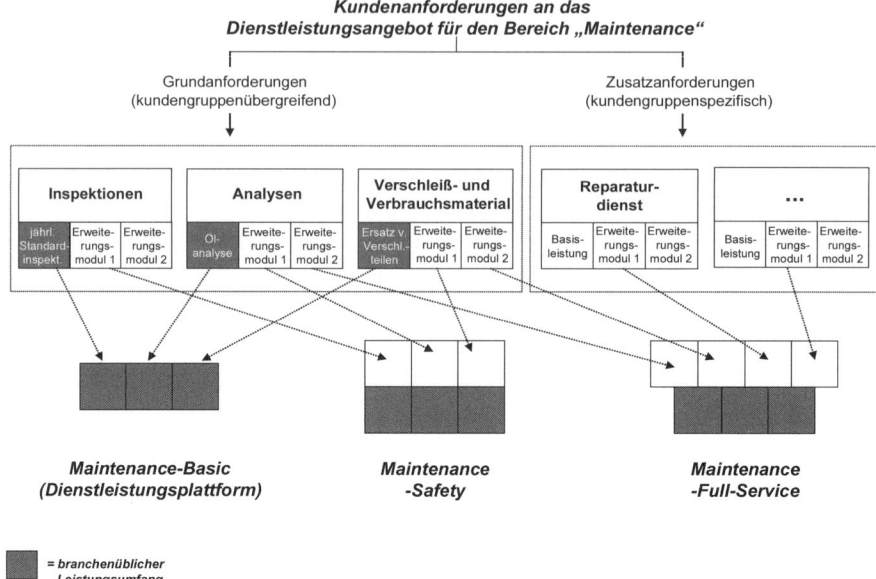

Bild 11.2 Modularisierung von Dienstleistungen

Das Leistungspaket muss die Module beschreiben, aus denen sich das Angebot für den Kunden zusammensetzt. Kernmodule sollten ein Bedürfnis des Kunden ausreichend abdecken und sich als eigenständige Leistung anbieten lassen. In der Aufzugindustrie wären solche Kernmodule das regelmäßige Schmieren und Ölen der Aufzugsseile sowie der Sicherheitscheck der Aufzüge. Zusatzmodule dienen als Erweiterung. So bieten Firmen wie *Schindler*, *Otis* oder *Thyssen* den Kunden eine Verfügbarkeitsgarantie für ihre Anlagen an sowie eine Komplettwartung (Bild 11.2).

Nützlich ist ebenfalls die „Aufnahme" der Leistungserstellungsprozesse in sogenannte Blueprints, wie es z. B. der *Bosch-Service* einsetzt. Ausgangspunkt für das Erstellen eines neuen Blueprints sind die Leistungen, die der Kunde direkt wahrnimmt. Zuerst werden alle notwendigen Aufgaben definiert. Bei der Serviceleistung „Reparatur" lassen sich ausgehend von der Kundenebene (Reparaturauftrag erteilen) über den Service (Auftrag entgegennehmen), den Außendienst (Termine, Reparatur), das Bestandsmanagement (Ersatzteile) bis hin zur Buchhaltung (Zahlungseingang) alle mit dem Vorgang verbundenen Schritte festlegen und später verfolgen (Bild 11.3). Anschließend werden dann die Qualitätsanforderungen festgelegt. Diese müssen bei all jenen Aktivitäten besonders hoch sein, die den Kunden direkt betreffen.

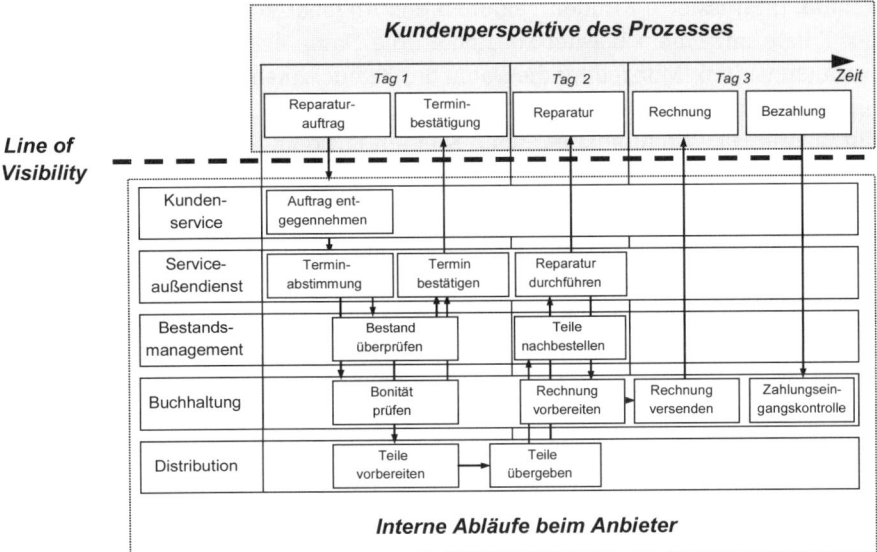

Bild 11.3 Blueprint von Dienstleistungen

Die Definition der Leistungsvoraussetzungen zielt darauf ab, die notwendigen Kompetenzen und Ressourcen für die Erbringung der Dienstleistungen zu erfassen. Für die aufgenommenen Aktivitäten werden entsprechende Anforderungen an Kompetenzen und Ressourcen verfasst. Besonderes Augenmerk gilt hierbei den Kompetenzen, die in direktem Zusammenhang mit der Wahrnehmung und den Aufgaben des Kunden stehen. Diese müssen neben technischen Anforderungen insbesondere soziale und kommunikative Fähigkeiten berücksichtigen und lassen sich bis zu Persönlichkeitsmerkmalen weiterführen. Diese sind sehr wichtig, da nicht jeder für den Kundenkontakt geeignet ist. Ein umfassendes Kompetenzprofil hilft Defizite zu visualisieren und vereinfacht die Entwicklung der notwendigen Kompetenzen.

Am Ende der Entwicklungsphase ist es sinnvoll, einen Prototyp zu erstellen und ihn ausgewählten Kunden zu präsentieren. Wie das funktioniert, illustriert das Beispiel der *Neuen Aargauer Bank*, die hauptsächlich Kleinsparer betreut. Dort war ein neues Produkt geplant: Auch die Kunden mit kleineren Depots sollten eine detaillierte Vermögensanalyse mit IT-Unterstützung erhalten können, wie sie eigentlich nur bei vermögenden Kunden von Privatbanken üblich ist. Der Prototyp dieser Dienstleistung war das Datenblatt einer Tabellenkalkulation, das etwa 80 % der relevanten Daten erfassen und verarbeiten konnte. Interessierte Kunden bekamen das Angebot kostenlos und durften in der Filiale mit einem Berater zusammen die Daten erheben. Im Hintergrund werteten weitere Mitarbeiter die Daten des Kunden manuell aus, um die Ergebnisse der Computerberechnung zu überprüfen und fehlende Analysen ad hoc durchzuführen. Wichtig ist es, einen Kunden mit dem Prototyp nicht allein zu lassen, sondern seine Fragen und Probleme genau zu erfassen, um das Angebot modifizieren zu können.

Für den Test von Prototypen empfiehlt es sich, mögliche Testmärkte vorzusehen. Dieses Konzept kennen Unternehmen häufig nur aus dem Konsumgüterbereich. Es lässt sich jedoch auch auf andere Branchen übertragen. So testet *Daimler* neue Innovationen im Finanzierungs- und Versicherungsbereich in einem ausgewählten Netz an Autohäusern, bevor die Dienstleistungen am Markt eingeführt werden. Um den Konkurrenten die Informationen über neu geplante Finanzierungs- und Versicherungsleistungen so gut es geht vorzuenthalten, verändert sich das Netz kontinuierlich. Die Markttests gehen über mehrere Monate, um eine ausreichende Informationsgrundlage für die Markteinführung zu schaffen.

Ein wichtiger Nebeneffekt dieser Tests ist die Abschätzung der Zahlungsbereitschaft. Hierbei empfiehlt es sich, die bisherigen Cost-plus-Verfahren durch nutzenorientierte zu ergänzen. So stellte der Leiterplattenhersteller *Elcotec* fest, dass der nutzenorientierte Preis der Dienstleistung Industrialisierung von Leiterplatten doppelt so hoch liegen würde als mit einem Cost-plus-Verfahren. Nur durch eine stärkere Orientierung des Preises am Nutzen lassen sich Preisphänomene wie Starbucks richtig verstehen und gezielt ausnutzen. Das Preisverhältnis zwischen *Starbucks* und normalem Kaffee von 20 zu eins erklärt sich nicht durch die zusätzlichen Kosten, sondern spiegelt die Bereitschaft des Kunden wider, für die Atmosphäre und das Erlebnis bei *Starbucks* etwas zu bezahlen.

Um weder Gewinne zu verschenken noch unrealistische Preise zu verlangen, ist ein wichtiger Teil der Entwicklung und des Markttests die Abschätzung der Zahlungsbereitschaft. Hierfür eignen sich traditionelle Methoden wie Conjoint-Analysen oder auch Expertenbefragungen.

Einführen

Wo wird der Kunde die neue Leistung vorfinden und zu welchem Zeitpunkt? Solche eher organisatorischen Fragen und die Feinsteuerung des Angebots stehen im Mittelpunkt der Markteinführung. Wir bezeichnen diesen letzten Schritt im Entwicklungsprozess auch als *Service-Multiplikation*, um ihn von der industriellen Produktinnovation abzuheben. Bei Dienstleistungen ist es in der Regel deutlich schwieriger als bei Produkten, zu jeder Zeit an verschiedenen Orten das gleiche Angebot in der gleichen Qualität zu gewährleisten. Die Notwendigkeit der Multiplikation lässt sich sehr gut am Messgerätespezialisten *Testo* ablesen. Während *Testo* seine Produkte weltweit zu einem Zeitpunkt in den Markt einführt, geht es bei den Dienstleistungen länderspezifisch und sequenziell vor. Dabei werden nach dem Schlüsselland Deutschland nicht die näher liegenden Länder Österreich, Schweiz oder Frankreich bedient, sondern zunächst Spanien. Begründet wird dies mit den unterschiedlichen Leistungsvoraussetzungen.

Mit der Markteinführung wird der Kunde endgültig vom Co-Entwickler zum Empfänger der Leistung. Dennoch liefern Kundenbefragungen auch zu diesem Zeitpunkt noch wertvolle Hinweise, wie Details des Angebots verbessert werden können. Ausgewählte Kunden nehmen an Optimierungs-Workshops teil und diskutieren mit dem Entwicklungsteam über Verbesserungen. Reklamationsanalysen bilden ein weiteres wichtiges Instrument zur Optimierung der Dienstleistungen.

Achtung: Nicht jeder unzufriedene Kunde reklamiert auch wirklich. So zeigen Erfahrungswerte des Waagenspezialisten *Mettler Toledo*, dass nur einer von zehn unzufriedenen Kunden wirklich reklamiert. Die restlichen unzufriedenen Kunden drücken beim nächsten Auftrag den Preis oder wechseln den Lieferanten.

Deswegen sollten Unternehmen die Zufriedenheit der Kunden regelmäßig ermitteln. *GF AgieCharmilles* erkannte hierbei, dass die Aussage „70 % unserer Kunden sind zufrieden" durchaus irreführend sein kann. Wichtiger als die Prozentzahl der zufriedenen Kunden, sind der Anteil der begeisterten Kunden, die die Dienstleistung weiterempfehlen würden, und der Anteil der unzufriedenen Kunden. Das Unternehmen erhebt dies auf einer Skala von 1 bis 10. Die Anteile der begeisterten Kunden (Skala: 9 und 10) werden von dem Anteil der unzufriedenen Kunden (Skala: 1 bis 4) abgezogen. Die daraus entstehende Kennzahl wird regelmäßig gemessen und ist bonusrelevant. Zufriedene Kunden bleiben, wenn der Preis stimmt. Begeisterte Kunden bleiben loyal und fördern die Marktdurchdringung durch Weiterempfehlung. Begeisterte Kunden bekommt man jedoch nur, wenn die Erwartungen ständig übertroffen werden.

Ressourcen richtig verteilen

Weil Kapital und Personal in Unternehmen stets knapp sind, dürfen nur Entwicklungsprojekte mit Potenzial weiterverfolgt werden. Dazu ist es notwendig, alle Ideen über den gesamten Prozess hinweg zu bewerten. Und zwar nicht nur, wenn jede der drei beschriebenen Phasen beendet ist, sondern kontinuierlich. Für die Bewertung empfehlen sich einfache Instrumente, um die Geschäftsleitung bei der Selektion zu unterstützen:

Als Erstes geht es darum, eine Grobselektion vorzunehmen. Firmen müssen Dienstleistungen aussortieren, die grundlegende Anforderungen nicht erfüllen. Eine pragmatische Checkliste mit Ja/Nein-Fragen schafft Klarheit darüber, ob eine Idee in die Gesamtstrategie des Unternehmens passt und ob sie mit existierenden rechtlichen Rahmenbedingungen vereinbar ist. Das Angebot eines Händlers, einmal pro Monat nachts einkaufen zu können, würde z. B. in den meisten europäischen Ländern am Ladenschlussgesetz scheitern.

Um in der Definitions- und in der Entwicklungsphase zu sehen, wie neue Ideen zum bestehenden Dienstleistungsangebot passen, ist eine Portfolioanalyse hilfreich (siehe auch Kapitel 2). Unternehmen können mithilfe dieses Instruments erkennen, wie die Kunden den Innovationsgrad der bereits angebotenen Dienstleistungen beurteilen. Und sie können auch feststellen, welche dieser Services Kernmodule und welche Zusatzmodule sind. Führungskräfte erfahren so, wo sie dringend eine Innovationsoffensive starten müssen und wo bereits ein genügend großes Angebot besteht. Um sich mittel- und langfristig von der Konkurrenz zu differenzieren, sollten Firmen immer eine volle Pipeline an Zukunftsdienstleistungen haben.

Rentabilitätsrechnungen sind in der Definitionsphase nicht sinnvoll, weil viele Informationen zur Berechnung der Kosten und Erlöse noch fehlen. In der Entwicklungsphase dagegen kann die Prognose des Kapitalwerts einer geplanten Dienstleistung als wichtige Entscheidungsgröße dienen. So weisen die Manager der Privatbank *Julius Bär* den Kapitalwert für alle ihre Projekte aus und überwachen diese Investitionskosten über die gesamte Entwicklungszeit hinweg. Wenn das Angebot auf den Markt kommt, geht die Bewertung weiter. In den ersten Jahren nach der Einführung der neuen Dienstleistung findet intensives Controlling auf der Basis von Marktdaten statt. Die wichtigsten Größen sind Umsatzentwicklung, Kosten-Umsatz-Verhältnis und Kundenzufriedenheit.

Bei Nutzwertanalysen, wie *IBM* sie einsetzt, bewerten Mitarbeiter aus verschiedenen Abteilungen unabhängig voneinander den Service anhand harter quantitativer Kriterien, z. B. Kostenkennzahlen, ökologische Kennzahlen (Emissionswerte), finanzielle Risiken (Zinsentwicklung), sowie qualitativer Kriterien, wie z. B. Kundennutzen oder Cross-Selling-Potenzial. Anschließend werden die Beurteilungen der involvierten Mitarbeiter verglichen. Die Gegenüberstellung unterschiedlicher Aussagen von Bewertern aus dem Vertrieb, aus der Strategieabteilung oder aus dem Controlling kann gerade in der Entwicklungsphase interessante Ergebnisse liefern. Bei *IBM* werden auf diese Weise Entwicklungsprojekte korrigiert oder auch abgebrochen.

Zu einer rein qualitativen Beurteilung verhelfen Argumentationsbilanzen. Die Projektverantwortlichen stellen grundlegende Vor- und Nachteile einer geplanten Dienstleistung gegenüber. Dabei kristallisieren sich meist die positiven und negativen Extreme heraus. Dies wiederum liefert auch Anhaltspunkte zu den

Risiken, die man noch in den Griff bekommen muss. So ist bei einem Vertragsabschluss über das Internet – z. B. bei einem Kreditvertrag – ein offensichtliches Verkaufsargument der im Vergleich zur Konkurrenz deutlich niedrigere Zins. Das grundsätzliche Risiko besteht darin, dass die im Netz genannten Konditionen beim Abschluss möglicherweise nicht aktuell sind. Um einen Regressanspruch aufgrund fehlerhafter Angaben zu vermeiden, können die Entwickler eine spezielle Klausel auf die Seite stellen (Disclaimer).

11.4 Fazit

Die Entwicklung innovativer Dienstleistungen stellt eine Chance dar, der Preiserosion im Kerngeschäft zu entkommen. Allerdings nur, wenn die neuen Dienstleistungen verrechenbar und damit keine reinen Kostentreiber oder Promotiongags sind, sondern echten Mehrwert für den Kunden schaffen. Strukturierte Service-Engineering-Prozesse stellen sicher, dass die wichtigen Aufgaben rechtzeitig durchgeführt werden. Unternehmen, welche die verschiedenen Methoden des Service Engineerings systematisch anwenden, konnten die Entwicklungskosten deutlich senken und die Servicequalität erhöhen.

Zukünftig wird der Anteil von Dienstleistungen an der gesamten Wertschöpfung wachsen. Dies betrifft nicht nur den Dienstleistungssektor, sondern auch den Industriesektor. In den nächsten Jahren wird sich die Art, wie Unternehmen Leistungen entwickeln und erbringen, unter anderem durch neue Informations- und Kommunikationstechnologie weiter verändern. So verbessern größere technische Bandbreiten die Qualität der Kommunikation und ermöglichen den Einsatz IT-unterstützter dezentraler Teamarbeit. Dem Kunden kann die Technik ein Gefühl sozialer Nähe vermitteln; mithilfe neuer Kommunikationsmittel werden noch mehr Unternehmen Services in Niedriglohnländer verlagern.

„The world is flat", wie Thomas Friedman feststellt. Der globale Wettbewerb im Dienstleistungsbereich hat in den letzten Jahren erst begonnen. Das lokale Friseurgeschäft überlebt auch ohne Service Engineering. Aber internationale Firmen mit komplexem Leistungsportfolio tun gut daran, ihre Services zu analysieren und systematisch zu managen. Sie sollten die Empfehlungen hinsichtlich Imitationsschutz, Innovationsprozess, organisatorischer Verankerung sowie Ressourcenaufteilung beherzigen und umsetzen. Nur so wird es ihnen gelingen, Dienstleistungsinnovationen zu intensivieren und erfolgreich am Markt zu positionieren.

12 CHANGE A RUNNING SYSTEM – KONSTRUKTIONSMETHODIK FÜR GESCHÄFTSMODELLINNOVATION

Oliver Gassmann, Sascha Friesike, Michaela Csik

12.1 Im Zeitalter des Produktdenkens

Innovation, das ist für die meisten ein neues Produkt, für manche auch eine neue Dienstleistung, aber für die meisten eben ein Produkt. Pods, Pads und Phones, die mit einem i beginnen, beherrschen die Diskussion, ab und an wird auch über neuartige Spielekonsolen, Digitalkameras oder 3-D-Filme gesprochen, alles in allem ist eine Innovation aber fast immer ein Produkt. Speziell in Europa gibt es enorm viele Unternehmen, die exzellent sind in technisch getriebenen Produktinnovationen, aber völlig unfähig, das Geschäftsmodell zu innovieren. Dass das Geschäftsmodell in den meisten Unternehmen als Ort innovativer Tätigkeit kategorisch ausgeschlossen wird, ist dabei eigentlich verblüffend, denn die meisten großen Erfolgsgeschichten sind nicht das Ergebnis von Produkt-, sondern von Geschäftsmodellinnovationen.

Amazon ist der größte Buchhändler der Welt geworden ohne ein einziges Ladengeschäft, *Apple* ist der größte Musikeinzelhändler und hat keine einzige CD verkauft und *Pixar* hat in den letzten zehn Jahren elf Oscars gewonnen, ohne einen einzigen Schauspieler zu zeigen. *Netflix* hat das Videothekengeschäft neu erfunden und das, ohne eine einzige Videothek zu betreiben, *Starbucks* ist die weltweit größte Kaffeehauskette und das, indem sie Kaffee für x-mal so viel Geld verkauft wie die Konkurrenz. Bei *McDonald's* bedienen sich heute täglich 47 Millionen Kunden selbst und die Webseite *Craigslist* hat monatlich 20 Milliarden Besucher bei nur 32 Mitarbeitern.

Erfolgreiche Innovatoren wären sicher nicht erfolgreich, wenn ihre Produkte nicht gut wären, den tatsächlichen Quantensprung, den Unterschied zum übrigen Allerlei ihrer Branche macht aber nicht das Produkt, sondern das Geschäftsmodell aus. Doch was versteht man eigentlich unter einem Geschäftsmodell?

Im Grunde ist ein Geschäftsmodell die Art und Weise, in der ein Unternehmen Wert schafft, seinen Kunden Nutzen stiftet und Kunden davon überzeugt, für diesen Nutzen Geld zu zahlen. Ein Geschäftsmodell ist also die Umsetzung dessen, was das Management denkt, was der Kunde haben will, wie er es haben will und wie man damit etwas verdienen kann.

12.2 Elemente des Geschäftsmodells

Während Einigkeit darüber besteht, was ein Geschäftsmodell ist, fallen die Ansichten darüber, aus welchen Teilen sich ein Geschäftsmodell zusammensetzt, auseinander. Chesbrough (2007) erkennt sechs Bestandteile eines jeden Geschäftsmodells: (1) das Nutzenversprechen, (2) der Zielmarkt, (3) die Wettbewerbsstrategie, (4) die Wertkette, (5) das Ecosystem und (6) das Ertragsmodell. Osterwalder und Pigneur (2010) sehen neun Kernbestandteile in einem Geschäftsmodell: (1) das Kundensegment, (2) das Leistungsversprechen, (3) die Absatzkanäle, (4) die Kundenbeziehung, (5) der Umsatz, (6) Schlüsselressourcen, (7) Schlüsselaktivitäten, (8) Schlüsselpartnerschaften und (9) die Kostenstruktur. Demil und Lecocq (2010) sehen dagegen nur fünf Elemente, die dafür sorgen, dass ein Geschäftsmodell einen Gewinn erwirtschaftet: (1) Ressourcen und Kompetenzen, (2) das Leistungsversprechen, (3) Volumen und Struktur des Umsatzes, (4) die interne und externe Organisation und (5) Volumen und Struktur der Kosten.

Die Frage, was zu einem Geschäftsmodell gehört, ist in den vergangenen Jahren noch etliche weitere Male diskutiert worden. Jede neue Definition hat ihren eigenen kleinen Twist und unterscheidet sich von den anderen in diesem oder jenem Sinne. Es lassen sich zwei Kategorien finden:

1. *Außenperspektive*: Zum einen findet man Elemente, die außerhalb des Unternehmens und damit beim Kunden liegen, wie die Bezahlung, die Kundenbindung, das Marktsegment oder den Kundennutzen.

2. *Innenperspektive*: Und zum anderen lassen sich Elemente feststellen, die innerhalb des Unternehmens liegen und den Kunden nicht direkt betreffen, wie Produktionsprozesse, Kooperationen, Kostenstrukturen, geistiges Eigentum, die Produkt- und Technologieentwicklung oder die Logistik.

Eine Studie von 2008 (Johnson et al.) zeigt, dass nur knapp 10 % der Innovationsausgaben in die Entwicklung neuer Geschäftsmodelle fließen. Es ist also nicht weiter verwunderlich, dass man bei Innovation zuerst an ein Produkt und nur selten an ein Geschäftsmodell denkt. Gleichzeitig zeigt die Studie aber auch, dass Unternehmen mit starkem Anstieg der Umsatzrendite mit doppelter

Wahrscheinlichkeit Geschäftsmodellinnovationen verfolgt haben, wie die anfänglich aufgeführten Beispiele veranschaulichen.

Ein wesentlicher Grund, aus dem Geschäftsmodellinnovationen so selten angegangen werden, ist ihre tiefe Verankerung im Unternehmen. Wer ein Geschäftsmodell ändert, der ändert, wie ein Unternehmen funktioniert. Und jeder, der einmal in einem Unternehmen tätig war, weiß, dass Veränderung selten auf allgemeine Zustimmung trifft. Selbst wer ein neues Produkt entwickelt, hat mit Widerständen zu kämpfen, denn es wird immer jemanden geben, der mit dem alten Produkt zufrieden war und das neue nicht für besser hält. Schon die Widerstände gegen ein neues Produkt können zermürben, und nicht selten sind Kompromisse und Zugeständnisse nötig, um das neue Produkt überhaupt lancieren zu können.

Doch bei Geschäftsmodellinnovationen sind die Widerstände deutlich größer. Quasi jeder Bereich eines Unternehmens kann betroffen sein, wenn ein Geschäftsmodell innoviert wird. Und kaum ein Bereich wird die Veränderung mit offenen Armen empfangen. Das ist der Grund dafür, dass Geschäftsmodellinnovationen vor allem in jungen Unternehmen entstehen. *Amazon* war vorher kein Buchladen und auch *Apple* hat den Siegeszug durch die Musikindustrie vermutlich nur deswegen bewerkstelligen können, weil *Apple* keine „Stakes" im CD-Markt hatte. Je stärker ein Unternehmen durch ein Geschäftsmodell geprägt ist, je wesentlicher dies für den gestrigen Erfolg des Unternehmens war, desto schwieriger wird die Geschäftsmodellinnovation.

Gleichzeitig wird die Fähigkeit, das eigene Unternehmen zum Umdenken zu motivieren und das Geschäftsmodell auch in scheinbar sicheren Zeiten infrage zu stellen, eine der wesentlichsten Fähigkeiten unternehmerischer Führung der kommenden Zeit sein. Nur wer in der Lage ist, bestehende Strukturen immer wieder zu erneuern, wird langfristig erfolgreich sein. Es reicht nicht aus, gute und innovative Produkte anzubieten, wenn das eigene Geschäftsmodell überholt ist. Im Gegenteil, es ist inzwischen wichtiger, das bessere Geschäftsmodell zu haben als das bessere Produkt. Der Kaffee in Wiener Kaffeehäusern ist vermutlich besser als der von *Starbucks*, trotzdem haben sie die Welt nicht erobert, und auch *McDonald's* macht nicht die weltbesten Hamburger.

Geschäftsmodellinnovation ja, doch wie angehen?

Es bestehen zahlreiche Ansätze und Methoden zur effektiveren und effizienteren Produktentwicklung. Geschäftsmodellinnovationen rütteln aber an der Orthodoxie eines Unternehmens – an den zentralen Grundpfeilern, wie alle denken, dass die Branche funktioniert. Daher gehen die meisten Geschäftsmodellinnovationen nicht auf einen geplanten Prozess zurück. Sie sind das Ergebnis eines oder mehrerer Unternehmer, die eine Chance für ein bestimmtes Angebot sahen und mit diesem Angebot erfolgreich waren.

Nichtsdestotrotz kann man die Herausforderung Geschäftsmodellinnovation systematisch angehen. Im Rahmen von mehreren Projekten haben wir hierzu fünf Schritte entwickelt. Lange haben wir an der Idee festgehalten, dass Kunden ein Produkt kaufen und dass eine Innovation daher auch ein Produkt hervorbringen muss. *Hilti*-Kunden wollen jedoch keine Bohrhämmer, sondern schlicht Löcher kaufen. Kunden kaufen den Nutzen, der gut verpackt ist und für das Unternehmen mit einem nachhaltigen Ertragsmodell verbunden sein muss.

12.3 Geschäftsmodelle treten in Mustern auf

Innovative Geschäftsmodelle treten immer wieder in ähnlichen Mustern auf. In ganz unterschiedlichen Industrien lassen sich vergleichbare Muster erkennen. In einem ersten Schritt ist es daher wichtig, verschiedene Muster zu verstehen.

Mieten statt kaufen

Was bei Wohnungen seit jeher ein bewährtes Konzept ist, zieht nach und nach auch in andere Bereiche ein. Luxusbabe beispielsweise ist ein Anbieter, der Luxushandtaschen vermietet anstatt sie, wie herkömmlich, zu verkaufen. Bei *Better Place* werden Elektroautokonzepte getestet, bei denen nicht der Autobesitzer, sondern *Better Place* die Batterien hält, auflädt und verteilt. So muss der Fahrer nicht mehrere Stunden auf eine geladene Batterie warten, sondern tauscht an einer Station die leere gegen eine geladene aus.

Der Turbinenhersteller *Rolls-Royce* ist dazu übergegangen, seine Turbinen nicht mehr zu verkaufen, sondern an Airlines zu vermieten. Die Airline zahlt so pro Flugmeile etwas für die Benutzung und Wartung der Flugzeugturbinen. Auch der Baumaschinenhersteller *Hilti* verkauft die eigenen Geräte immer seltener, sondern stattet Baustellen für die Dauer des Baues mit den benötigten Geräten aus. Fallen Geräte aus, so sorgt *Hiltis* Flottenmanagement für Ersatz.

Freemium-Angebot

Dem Kunden eine einfache und abgespeckte Version des Produktes kostenlos anzubieten – dies ist der Kern von Freemium. Möchte der Kunde seinen Funktionsumfang erweitern, so muss er für den Service bezahlen (Premium). Bekannte Beispiele sind *Skype*, *Xing* oder *Dropbox*, wo jeweils die Standardversion kostenlos zur Verfügung steht und der Kunde für den vollen Funktionsumfang bzw. für einzelne Zusatzoptionen bezahlt. Aber auch außerhalb des Internets gibt es ähnliche Geschäftsmodelle.

Nicht direkt Freemium, aber ein ähnliches Muster ist die Bestuhlung in der Economyclass. Die ist in vielen Airlines so unbequem und eng, um das deutlich teurere Produkt „Businessclass" oder „First Class" zu rechtfertigen. Gleiches gilt für die Bahn, deren zweite Klasse sich – zumindest in der Schweiz – als echte Alternative zum Auto etabliert hat. Wer viel Bahn fährt, wird die erste Klasse probieren, Bahncard-Kunden erhalten sogar Coupons, um die erste Klasse „kennenzulernen".

Aikido-Prinzip

Aikido ist ein japanischer Kampfsport, bei dem die Kraft eines Angreifers gegen ihn verwendet wird. Übertragen auf Geschäftsmodelle bedeutet dies, dass Unternehmen etwas anbieten, das dem Image und der Denkart ihrer Konkurrenz diametral entgegensteht. Während *Disneyland* stets ein familienfreundliches Märchenland war, haben Abenteuerparks wie die *Universal Studios*, *Cedar Point* oder *Six Flags Magic Mountain* sich darauf konzentriert, genau das Gegenteil anzubieten: Geschwindigkeit, Explosionen und Feuersbrünste.

Ein ähnliches Geschäftsmodell betreiben Boutique-Hotels, die den großen Hotelketten mehr und mehr den Rang ablaufen. Während Ketten wie *Hilton* oder *Marriott* in immer größeren Hotels immer sterileren und unpersönlicheren Service anbieten, haben sich die Boutique-Hotels darauf konzentriert, genau das Gegenteil anzubieten. Kleine Hotels mit wenigen Zimmern, aber sehr zielgruppenspezifischem Ambiente. Nicht jedes Boutique-Hotel gefällt jedem, ganz im Gegenteil, aber im Vergleich zu den unauffälligen und oft öden Hotelbunkern der Großhotels haben erfolgreiche Boutique-Hotels wie das *QT* in New York, das *Ace* in Portland oder das *Sunset Beach* auf Long Island eine eingeschworene Fangemeinde. Wer ist bitte ein Fan von *Marriott*-Hotels?

Trennung von Einkunft und Kunde

Das Trennen der Einkunftsquelle und des Kunden ist ein Geschäftsmodell, das in den verschiedensten Branchen zum Einsatz kommt. Durch ein kostenfreies Angebot wird eine Vielzahl von Kunden erreicht, hierdurch entsteht für jemand anders ein Anreiz, für diesen Zugang zum Kunden zu zahlen. *Google* ist ein Beispiel für solch ein Geschäftsmodell. Nicht der Kunde, der eine Suchanfrage stellt, bezahlt *Google*, sondern derjenige, der gefunden werden möchte.

Nach dem gleichen Prinzip funktionieren Gratiszeitungen wie *20 Minuten* in der Schweiz. Werbekunden finanzieren die Produktion, während die hohe Auflage für Verbreitung sorgt. Besonders im Internet scheint sich die Trennung von Einkünften und Kunden durchzusetzen. Webseiten wie *Digg* (Alexa1-Rang 117) oder *Twitter* (Alexa-Rang elf) sind nur deswegen so groß, weil sie dem Endkunden ihren Service kostenlos anbieten.

Flatrate

Nicht nur Pauschalreisen und Buffets bedienen sich des Konzepts der Flatrate, vermehrt setzen auch andere Unternehmen auf dieses Geschäftsmodellmuster. Telefonprovider bieten verstärkt monatliche Fixpreise an, was für planbare Einnahmen und weniger Rechnungsstellungsaufwand sorgt. So ist die Benutzung des Internets ohne Flatrates quasi nicht mehr vorstellbar.

Napster bietet heute Musik als Flatrate an, Ähnliches bieten auch *MTV Music, Musicload, Giga Music-Flatrate* und *Jamba*. Für Partys ist das Konzept der Flatrate ebenso bekannt, wenn auch eher negativ konnotiert. Und auch in Themen- oder Freizeitparks wie dem *Europa-Park Rust* oder *Disneyworld* ist die Benutzung aller Fahrgeschäfte oftmals im Eintrittspreis enthalten.

Mit Speck fängt man Mäuse

Durch günstige Einstiegsmöglichkeiten wird bei diesem Geschäftsmodellmuster der Kunde an ein Unternehmen gebunden. Oftmals schreckt der initiale Preis ab, und so hätten sich Mobiltelefone nicht so rasant verbreitet, wären sie nicht von Mobilfunkprovidern für wenig Geld in Verbindung mit einem Abo vertrieben worden. Quasi jeder hat einen Euro übrig, um sich ein Mobiltelefon zu kaufen. Die Kosten für das subventionierte Mobiltelefon holen sich die Provider über hohe monatliche Gebühren und lange Vertragslaufzeiten zurück.

Das gleiche Geschäftsmodell verfolgt *Gillette*. Die Rasierer werden oft verschenkt, gerne an Universitäten oder bei größeren Events, aber auch in der Drogerie sind die Rasierer für wenig Geld zu bekommen. Seinen Gewinn macht *Gillette* mit dem Verkauf der Rasierklingen.

Analoge Strategien verfolgen auch etliche Maschinenbaufirmen, die heute den Löwenanteil ihres Gewinns nicht mehr mit dem Verkauf der Maschinen, sondern mit anschließenden Wartungsverträgen machen. Drucker, egal ob Tinte oder Laser, verfolgen schon seit Langem dieses Geschäftsmodell, das *HP* einführte. Während Ende der 80er und Anfang der 90er die Anschaffung eines Druckers sehr kostspielig war, gingen die Kosten für Drucker immer weiter zurück. Heute verdienen die Druckerfirmen ihr Geld über den Verkauf von Patronen und Kartuschen. Ein Farblaserdrucker kostet heute in der Anschaffung weniger als ein kompletter Satz Kartuschen für eben diesen Drucker.

---

1 www.alexa-com ist ein Dienst, der Informationen über Web-Traffic zur Verfügung stellt.

Lock-in

Ein oft erfolgreiches Muster in Geschäftsmodellen ist die längerfristige Kundenbindung durch „Lock-in-Effekte". Gemeint ist hiermit die Kundenbindung durch hohe Wechselkosten. Wer nicht mehr Kunde sein möchte, sondern das Angebot eines anderen Anbieters wahrnehmen möchte, der verliert nicht nur das Produkt, sondern auch zusätzlich angebotenen Nutzen. Wer eine Nespresso-Kaffeemaschine kauft, der ist auf die Nespresso-Kapseln festgelegt. Ein Wechsel auf einen anderen Kaffee würde auch zum Kauf einer neuen Kaffeemaschine zwingen.

Ähnlich verhält es sich mit Mobiltelefonen oder Betriebssystemen. Wer ein anderes Mobiltelefon oder anderes Betriebssystem nutzen möchte, der muss nicht nur das neue Produkt erlernen, sondern kann all die zuvor gekaufte Software nicht mehr benutzen. Gerade bei Smartphones beobachten wir einen rasant wachsenden Softwaremarkt. Der Gedanke daran, all diese gekaufte Software nicht mehr benutzen zu können, schreckt oft ab und man kauft doch wieder vom gleichen Anbieter. Etliche Unternehmen, wie der Möbelhersteller *USM*, haben ihre Produkte als Baukastensystem konzipiert, sodass das Bestehende leicht erweitert werden kann. Wer wechseln möchte, muss quasi wieder bei null beginnen.

Reduktion auf den Kern

Ein weiteres Geschäftsmodellmuster, das in ganz unterschiedlichen Branchen Anwendung findet, ist die Reduktion auf den Kern. Bekannteste Beispiele sind wohl die Billigflieger und *Aldi*. Aber auch in anderen Branchen lassen sich ähnliche Geschäftsmodelle finden. *Netflix* hat in den USA Blockbuster den Rang abgelaufen; die Videothek verschickt DVDs per Post aus zentralen Lagern, statt sie in kostspieligen Filialen bereitzuhalten. Inzwischen konzentriert sich *Netflix* vermehrt darauf, auch auf den Postversand zu verzichten und streamt die Filme über das Internet auf alle möglichen Geräte wie Spielekonsolen, Set-Top-Boxen oder Computer. Wer ein Video „ausleihen" will, muss also nur noch auf www.netflix.com surfen und kann Minuten später den Videoabend beginnen.

12.4 Ein Geschäftsmodell entsteht immer in einem Ecosystem

Ein Geschäftsmodell ist kein isoliertes Konstrukt, sondern ein komplexes Geflecht unterschiedlicher Wirkungsbeziehungen. Dieses befindet sich in ständiger Wechselwirkung mit dem *Ecosystem* des Unternehmens, welches wiederum permanenten Veränderungen unterworfen ist. Um der Herausforderung Geschäftsmodellinnovation zu begegnen, ist daher ein 360-Grad-Rundumblick auf die relevanten Akteure, Wettbewerbsbedingungen und Trends obligatorisch. Dabei sollte nebst einer statischen unbedingt auch auf eine dynamische Betrachtungsperspektive geachtet werden.

Denn erst wenn ein Unternehmen sein Ecosystem von Grund auf versteht, wird erfolgreiche Geschäftsmodellinnovation häufig überhaupt erst möglich. Zum einen kann die Gefahr gesenkt werden, dass es zur Entwicklung eines zwar innovativen Geschäftsmodells kommt, dieses jedoch später an Umsetzungsproblemen aufgrund beispielsweise fehlender Kooperationspartner scheitert. Zum anderen spielt das Ecosystem eine entscheidende Rolle für die Entwicklung neuer Geschäftsmodelle im Sinne einer Informations- und Inspirationsquelle. Erfolgreiche Geschäftsmodellinnovationen sind deswegen erfolgreich, weil ihre Begründer es verstehen, die Zeichen der Zeit richtig zu deuten. Diese können jedoch erst durch ein Verständnis des Unternehmensumfelds erkannt werden.

Akteure

Wichtig bei der Betrachtung des Ecosystems ist ein tief greifendes Verständnis über die Bedürfnisse aller Akteure, die durch das Geschäftsmodell in irgendeiner Weise tangiert werden. Neben den „direkten" Kunden zählen hierzu insbesondere auch die „Kunden der Kunden" sowie Zulieferer oder Investoren. Deren Einflussbereich reicht auf den zweiten Blick häufig weiter in das Geschäftsmodell hinein als eingangs vermutet.

So stellt beispielsweise die erfolgreiche Zusammenarbeit mit kleinen, häufig außerhalb von Metropolen angesiedelten Flughäfen eine wesentliche Erfolgskomponente des Low-Cost-Carrier-Geschäftsmodells dar. Und ein wesentlicher Grund, aus dem *Hilti* auf die Idee des Flottenmanagements kam, war die Erkenntnis, dass Baugeräte zwar zum einen gut funktionieren, aber vielmehr noch jederzeit verfügbar sein müssen, wenn ein Bauvorhaben ohne Verzögerung durchgeführt werden soll.

Wettbewerbsbedingungen

Veränderungen in den Wettbewerbsbedingungen können wichtige Treiber für die Entstehung eines neuen Geschäftsmodells sein. Diese werden beispielsweise durch Machtverschiebungen im Wettbewerbsgefüge, der Verabschiedung eines neuen Gesetzes oder Technologiesprünge hervorgerufen. So war es die Entwicklung des Internets, die viele erfolgreiche webbasierte Geschäftsmodelle wie die von *Netflix*, *eBay* oder *Amazon* überhaupt erst möglich machte. Und Pay-TV-Sender wie beispielsweise *Sky* würde es heute ohne die gesetzliche Privatisierung der Fernsehlandschaft vor über 20 Jahren nicht geben. Das Geschäftsmodell des lokalen Elektroeinzelfachhandels wurde in der Vergangenheit von der Konsolidierungswalze der Großkonzerne überrollt.

Hieraus wird deutlich, dass ein regelmäßiges Screening der relevanten Wettbewerbsbedingungen unabdingbar ist. Zum einen, um die Standhaftigkeit des Geschäftsmodells auf den Prüfstand zu stellen, und zum anderen, um Potenzial für eine mögliche Geschäftsmodellveränderung zu identifizieren.

Trends

Ähnlich wie bei der Entwicklung von neuen Produkten spielen auch bei der Entwicklung von neuen Geschäftsmodellen Trends eine wichtige Rolle. So geht die Idee für das Geschäftsmodell von *Better Place* im Wesentlichen auf den globalen Trend zu alternativen Energiequellen und Fortbewegungsmöglichkeiten zurück. Gleichermaßen hat *Apple* den Trend zur Digitalisierung von Musik auf geschickte Art und Weise nutzen können, um vom PC-Hardwarehersteller zum größten Musikretailer der Welt aufzusteigen. Entscheidend ist, dass Trends nicht als exogen vorgegebene Variablen interpretiert werden, sondern dass deren Hebelwirkung effektiv wie im Falle von *Apple* oder *Better Place* für die Entwicklung innovativer Geschäftsmodelle genutzt wird.

CHECKLISTE FÜR DAS ECOSYSTEM EINES GESCHÄFTSMODELLS

- Wer sind die relevanten Akteure im Rahmen meines Geschäftsmodells?
- Was sind deren jeweilige Bedürfnisse und Einflussmechanismen?
- Wie haben sich diese im Laufe der Zeit verändert?
- Welche Implikationen ergeben sich hieraus für das Geschäftsmodell?
- Zeigen Veränderungen in den Wettbewerbsbedingungen Stoßrichtungen für eine Veränderung des Geschäftsmodells auf? Wenn ja, welche?
- Gab es in der Vergangenheit in der Branche signifikante Innovationen am Geschäftsmodell? Wenn ja, was waren die Auslöser hierfür?
- Was sind die relevanten Trends in meinem Ecosystem?
- Wie wirken diese Trends auf die unterschiedlichen Akteure eines Geschäftsmodells ein?
- Werden Schwächen oder Stärken des Geschäftsmodells durch diese tendenziell verstärkt oder abgeschwächt?

12.5 Die dominante Branchenlogik verstehen

Ausgehend von der Analyse des Ecosystems wird das Verständnis über die derzeitige Industriesituation vertieft. Jedes Unternehmen arbeitet in einer Industrie, welche aufgrund des Zusammenspiels der Wettbewerber sowie der existierenden Wertschöpfungskette nach einer herrschenden Struktur funktioniert. Wir nennen dies die *dominante Branchenlogik*. Und auch wenn in vielen Firmen diese gar nicht explizit besprochen wird, so hat sich diese etabliert und das Unternehmen hat sich danach in seinem heutigen Geschäftsmodell ausgerichtet.

Um die dominierende Branchenlogik ohne blinde Flecken zu erfassen, muss in größeren Unternehmen unbedingt abteilungs- und funktionsübergreifend gearbeitet werden. Idealerweise werden noch branchenfremde Personen hinzugezogen, da die eigenen Mitarbeiter nach 20 Jahren Betriebszugehörigkeit den Wald vor lauter Bäumen gar nicht mehr sehen.

Ergebnis einer solchen Analyse sind Branchenwertkurven, wie diese bei der Blue-Ocean-Methodik vorkommen (siehe Bild 12.1).

Wichtig ist bei der Analyse die Identifikation der relevanten Wettbewerbsfaktoren, welche die dominante Branchenlogik bestimmen.

Es empfiehlt sich, die kundenspezifische und die unternehmensspezifische Sicht auf ein Geschäftsmodell separat zu behandeln. Die dominante Branchenlogik hat zwei Perspektiven mit je sieben grundsätzlichen Fragestellungen:

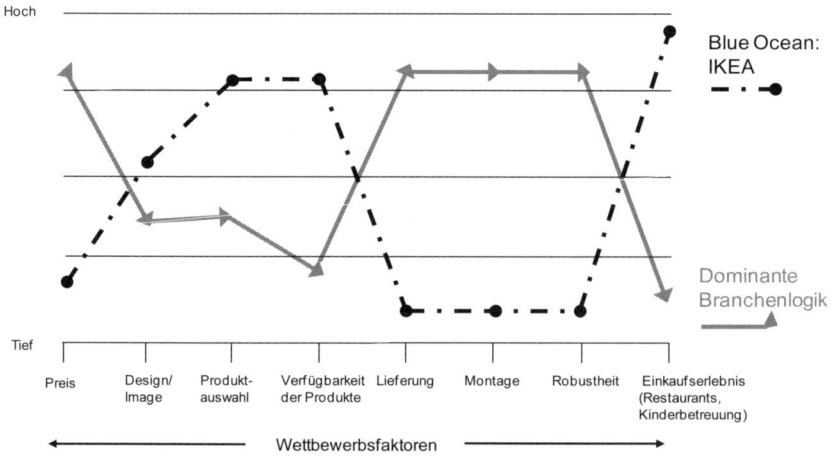

Quelle: in Anlehnung an Kim und Mauborgne (2005)
Bild 12.1 Blue Ocean Methodik am Beispiel von IKEA

Außenperspektive

1. Welcher Kundennutzen wird gestiftet?
2. Erfüllt das heutige Geschäftsmodell den Kundennutzen?
3. Wer sind die Kunden des Unternehmens?
4. Welche Vertriebskanäle werden genutzt?
5. In welcher Form wird für den Kundennutzen bezahlt?
6. Welche Zahlungsmöglichkeiten stehen zur Verfügung?
7. In welcher Form wird Kundenbindung betrieben?

Innenperspektive

1. Wie ist die Wertschöpfungskette konfiguriert?
2. Welche Kostenstruktur liegt dem Angebot zugrunde?
3. Welche Partner sind für das heutige Geschäftsmodell unentbehrlich?
4. Welche Technologien werden genutzt?
5. Wer hält die Verwertungsrechte zu diesen Technologien?
6. Wie lassen sich die bestehenden Kernkompetenzen des Unternehmens multiplizieren?
7. Wie sieht die Produktions- und Supply-Chain-Struktur aus?

Die Beantwortung dieser Fragen kann wesentliche Impulse für eine Veränderung am Geschäftsmodell geben. So kommen bei der Analyse der dominanten Branchenlogik häufig Schwachstellen und Ungereimtheiten im eigenen Geschäftsmodell zutage, die so vorher nicht offensichtlich waren. Gleichzeitig hat die Analyse des Status quo auch eine aufbruchsfördernde Wirkung, die gerade in einem innovationsscheuen Umfeld nicht zu unterschätzen ist. Denn hat ein Unternehmen erst einmal erkannt, dass sich sein Geschäftsmodell nur inkrementell von der dominanten Branchenlogik unterscheidet, ist häufig bereits eine erste Bereitschaft zur Veränderung geweckt.

Die meisten Unternehmen haben heutzutage verstanden, dass der Erfolg der *Apples* und *Googles* nicht auf einer Anpassung an bestehende Spielregeln beruht, sondern vielmehr auf dem Aufstellen eigener Regeln und dem damit einhergehenden Bruch mit der dominanten Branchenlogik.

12.6 Geschäftsmodellinnovation durch Musteradaption

Die Analyse des Ecosystems sowie das Erfassen der dominanten Branchenlogik führen in der Regel zu einer Reihe von Entdeckungen, die mögliche Stoßrichtungen für eine Geschäftsmodellinnovation zeigen. Die Interpretation der gemachten Entdeckungen bzw. dessen Überführung in ein neues Geschäftsmodell birgt jedoch große Herausforderungen. So gibt es häufig mehr als nur eine Alternative, sein Geschäftsmodell sinnvoll zu innovieren. Das Spektrum an möglichen Ausgangspunkten für die Entwicklung eines neuen Geschäftsmodells kann dabei von einem vage vermuteten Nutzenpotenzial bis hin zu einer konkreten Problemstellung reichen.

Nur selten ist es jedoch der Fall, dass die Ausgangsbasis und das Ergebnis des Innovationsprozesses einen klar erkennbaren Zusammenhang aufweisen. Im Gegenteil: Erfolgreiche Geschäftsmodellinnovationen sind häufig kontraintuitiv. Hinzukommt, dass das Denken in Geschäftsmodellkategorien Unternehmen in der Regel große Schwierigkeiten bereitet, da Geschäftsmodelle einen höheren Abstraktionsgrad aufweisen als Produkte.

Mit dem *Prinzip der Musteradaption* haben wir eine strukturierte Vorgehensweise entwickelt, die genau an den soeben geschilderten Schwachstellen ansetzt. Diese macht sich die Tatsache zunutze, dass erfolgreiche Geschäftsmodellinnovationen, wie eingangs gezeigt, anscheinend immer wieder in ähnlichen Mustern auftreten. Der innovative Kern liegt dann nicht in der Einzigartigkeit des Musters selbst, sondern in dem jeweils einzigartigen Anwendungskontext.

Im Umkehrschluss bedeutet dies, dass Unternehmen durch das Arbeiten mit Geschäftsmodellmustern strukturiert an die Entwicklung neuer Geschäftsmodelle herangeführt werden können. Zwar kann eine solche Vorgehensweise den kreativen Spirit, den es für das Hervorbringen innovativer Ideen benötigt, nicht ersetzen. Sie kann jedoch dabei helfen, den Blick für mögliche Geschäftsmodellinnovationen in gewissem Maße zu schärfen und in die richtige Richtung zu lenken. Das Prinzip der Musteradaption beruht dabei im Wesentlichen auf drei Schritten:

(1) Musteraggregation

Die dominante Branchenlogik liefert eine gute Skizze des Geschäftsmodells. Sie ist jedoch noch zu wenig strukturiert, um Geschäftsmodellinnovationen systematisch angehen zu können. Aus diesem Grund sollte das eigene Geschäftsmodell in seine verschiedenen Geschäftsmodellmuster zerlegt werden. Dies erfolgt, indem die einzelnen Elemente des Geschäftsmodells zu einzelnen Mustern aggregiert werden. Hierdurch entstehen einzelne Wirkungsblöcke, die jeweils eine eigenständige Angriffsfläche für Innovation darstellen.

Unsere Erfahrungen haben gezeigt, dass die eingangs aufgeführten Muster hierfür nur als Orientierungshilfe zu verstehen sind. So hat das Geschäftsmodell einer Bäckerei ganz andere Schwerpunkte als das Geschäftsmodell einer Softwarefirma. Für eine Bäckerei birgt beispielsweise ein Muster wie „Freemium" viel größere Gefahren. Einen Anspruch auf Vollständigkeit in den Mustern ist schon allein aufgrund der Branchenvielzahl und -diversität nahezu unmöglich. Dennoch sollte bei der Aggregation der Geschäftsmodellelemente darauf geachtet werden, dass ein gewisser universeller Anspruch an die einzelnen Muster erhoben wird. Nur so ist der spätere Übertrag von branchenfremden Mustern in das eigene Geschäftsmodell zu bewerkstelligen. So macht es beispielsweise mehr Sinn, beim Geschäftsmodell von *McDonald's* von einem Franchisekonzept mit Selbstbedienungsprinzip zu sprechen als von einem Schnellrestaurant für Pommes und Hamburger. Um bei der Musterbildung möglichst breit vorzugehen, sollte auf einen gewissen Grad an Branchen- und Zeitneutralität sowie Trennschärfe bei den einzelnen Mustern geachtet werden.

(2) Mustergenerierung

Eine gut aufgestellte Musterbasis stellt die Voraussetzung für jenen Schritt im Innovationsprozess dar, der allgemein mit dem eigentlichen Innovieren assoziiert wird: dem Hervorbringen von neuen Ideen. Im Hinblick auf das Prinzip der Musteradaption bedeutet dies, dass neue Geschäftsmodellmuster generiert werden müssen, die eine Antwort auf die gemachten Entdeckungen bereithalten und in der Umsetzung zum Bruch mit der dominanten Branchenlogik führen. Das Beispiel von *Hiltis* Flottenmanagement zeigt, wie durch die Veränderung des Geschäftsmodells von Produktkauf zu Produktmiete sowohl Kunden als auch das Unternehmen profitieren können.

Hierbei hat es sich bewährt, diesen Vorgang nicht dem Zufall zu überlassen, sondern durch das Hinzuziehen gewisser Behelfsmechanismen zu unterstützen. Mit dem *Ähnlichkeitsprinzip* und dem *Konfrontationsprinzip* existieren diesbezüglich zwei wirkungsvolle Alternativen.

a) Ähnlichkeitsprinzip

Ausgangsbasis für die Anwendung des Ähnlichkeitsprinzips stellt das derzeitige Geschäftsmodell dar. Im Rahmen des Ähnlichkeitsprinzips wird dieses einem Veränderungsprozess unterworfen, bei dem in einem ersten Schritt analoge Branchen identifiziert und in einem zweiten Schritt die dort existierenden Geschäftsmodellmuster auf das eigene Geschäftsmodell übertragen werden.

Hierbei macht es Sinn, graduell vorzugehen. Dies bedeutet, dass die verschiedenen Branchen gemäß ihrem Analogiegrad systematisch nach jenen Mustern abgesucht werden, die ein neues Nutzenversprechen oder eine Problemlösung bereithalten. Dabei sollte von innen nach außen, d. h. ausgehend von stark analogen Branchen in Richtung weniger stark analoger vorgegangen werden.

Die dominante Fragestellung lautet jeweils: „Welche Veränderung kann durch Muster XY in meinem Geschäftsmodell bezweckt werden?"

HP, wo heute mit den Kartuschen der Drucker mehr verdient wird als mit den Druckern selbst, zeigt, wie ein erfolgreiches Geschäftsmodellmuster durch die Anwendung des Ähnlichkeitsprinzips auf das eigene Unternehmen übertragen werden kann. Denn auch andere Branchen verfügen über die Eigenschaft Basisprodukt & Consumables, wie Kaffeemaschinen und Kaffeekapseln, Diabetestestgeräte und Teststreifen oder Rasierer und Rasierklingen. *Gillette* zeigte vor über 100 Jahren dabei als Erstes, dass mit Consumables (Rasierklingen) mehr als mit dem eigentlichen Basisprodukt (Rasierer) verdient werden kann.

Das Ähnlichkeitsprinzip ist durch ein stark systematisch-analytisches Vorgehen charakterisiert. Durch das graduelle Lösen von der derzeitigen Branchenlogik bzw. dem bewussten Ausschluss gänzlich branchenfremder Bereiche wird versucht, die Suche nach neuen Geschäftsmodellmustern übersichtlich und effektiv zu gestalten. Aus diesem Grund ist das Ähnlichkeitsprinzip eher für die Entwicklung von Geschäftsmodellinnovationen von kleinem bis mittlerem Radikalitätsgrad geeignet.

b) Konfrontationsprinzip

Anders als beim Ähnlichkeitsprinzip erfolgt die Suche nach neuen Geschäftsmodellmustern beim Konfrontationsprinzip nicht durch ein vorsichtiges Öffnen und Abtasten möglicher Optionen, sondern durch die bewusste Konfrontation mit Extremen. Hierbei wird das derzeitige Geschäftsmodell möglichst branchenfremden Geschäftsmodellszenarien ausgesetzt. Ausgehend von diesen Extremvarianten wird versucht, deren jeweiligen Bedeutungshorizont für das derzeitige Geschäftsmodell zu erfassen. Dies bedeutet, dass man sich schrittweise von außen nach innen an dieses herantastet. Indem ein Auseinanderklaffen zwischen dem Status quo und alternativen Geschäftsmodellmustern simuliert wird, wird das derzeitige Geschäftsmodell herausgefordert. Als Ergebnis können sich bisher noch nicht in der Branche da gewesene Muster herausbilden.

Es hat sich nach unserer Praxis bewährt, ein Set von acht bis zwölf verschiedenen Geschäftsmodellen zu wählen, die sich jeweils in ihrer Branchenlogik grundlegend unterscheiden. Ein bewährtes Set beinhaltet die Geschäftsmodelle von *McDonald's, Dell, Ritz Carlton, 20 Minuten, Aldi, Apple, Swatch, Ryanair, IWC* und Nespresso. Man stellt sich hierbei die zehn Fragen:

1. „Wie würde *McDonald's* unser Geschäft führen?"

2. „Wie würde *Dell* unser Geschäft führen?"

3. „Wie würde *Ritz Carlton* unser Geschäft führen?"

4. „Wie würde *20 Minuten* unser Geschäft führen?"

5. „Wie würde *Aldi* unser Geschäft führen?"

6. „Wie würde *Apple* unser Geschäft führen?"

7. „Wie würde *Swatch* unser Geschäft führen?"

8. „Wie würde *Ryanair* unser Geschäft führen?"

9. „Wie würde *IWC* unser Geschäft führen?"

10. „Wie würde Nespresso unser Geschäft führen?"

Da hier nicht mehr wie beim Ähnlichkeitsprinzip klar abgesteckte Suchbereiche in Form von analogen Branchen existieren, stützt sich diese Art der Vorgehensweise stärker auf einen kreativ-konfrontativen Prozess. Dieser birgt überraschende Momente, erfordert aber auch eine höhere Abstraktionsfähigkeit. So ist das Nutzenpotenzial von Geschäftsmodellmustern, die sich fernab der dominanten Branchenlogik befinden, auf den ersten Blick häufig nur schwierig zu erkennen. Das Konfrontationsprinzip führt nach unserer Erfahrung zu radikaleren Geschäftsmodellinnovationen, aber auch zu höheren Risiken.

(3) Überführung

Die Anwendung des Ähnlichkeitsprinzips bzw. Konfrontationsprinzips bringt in der Regel eine Reihe an potenziellen neuen Geschäftsmodellmustern hervor. Das Identifizieren und Adaptieren neuer Muster ist essenziell, führt dies doch in der Umsetzung zum Bruch mit der dominanten Branchenlogik. Dabei darf dieser Schritt jedoch nicht mit der Entwicklung eines neuen Geschäftsmodells verwechselt werden. Bevor eine Geschäftsmodellinnovation überlebensfähig wird, müssen die einzelnen Muster – alte wie neue – wieder in eine ganzheitliche Form gebracht, d. h. in ein neues, stimmiges Geschäftsmodell überführt

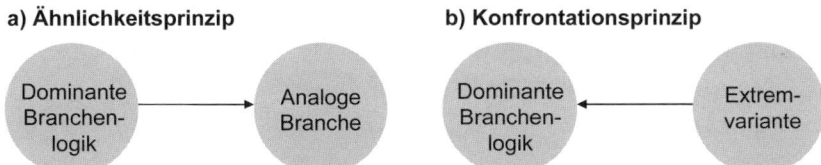

Bild 12.2 Dominante Branchenlogik überwinden mit dem Ähnlichkeits- und Konfrontationsprinzip

werden. Letztlich heben sich erfolgreiche Geschäftsmodellinnovationen nicht nur dadurch hervor, dass sie den Pfad der dominanten Branchenlogik verlassen. Sie sind vielmehr in hohem Grad konsistent, und das eben auch ohne die Existenz eines etablierten Vorbilds, an dem sie sich ausrichten könnten.

Konsistenzcheck: Um ein ganzheitlich konsistentes Geschäftsmodell zu entwickeln, müssen bei der Adaption von Geschäftsmodellmustern zwei verschiedene Konsistenzebenen berücksichtigt werden:

1. Bei der *internen Konsistenzebene* gilt es eine Konsistenz zwischen den einzelnen Geschäftsmodellmustern herbeizuführen. Dies bedeutet, dass alte und neue Muster eingehend dahin gehend überprüft werden müssen, ob eine Vereinbarkeit in inhaltlicher, organisationaler und finanzieller Hinsicht gegeben ist. Gleichzeitig muss auch überprüft werden, in welchem Verhältnis sich Innen- und Außenperspektive des Geschäftsmodells gegenüberstehen, d. h., ob die vermuteten Nutzenversprechen oder Problemlösungen überhaupt umsetzbar sind.

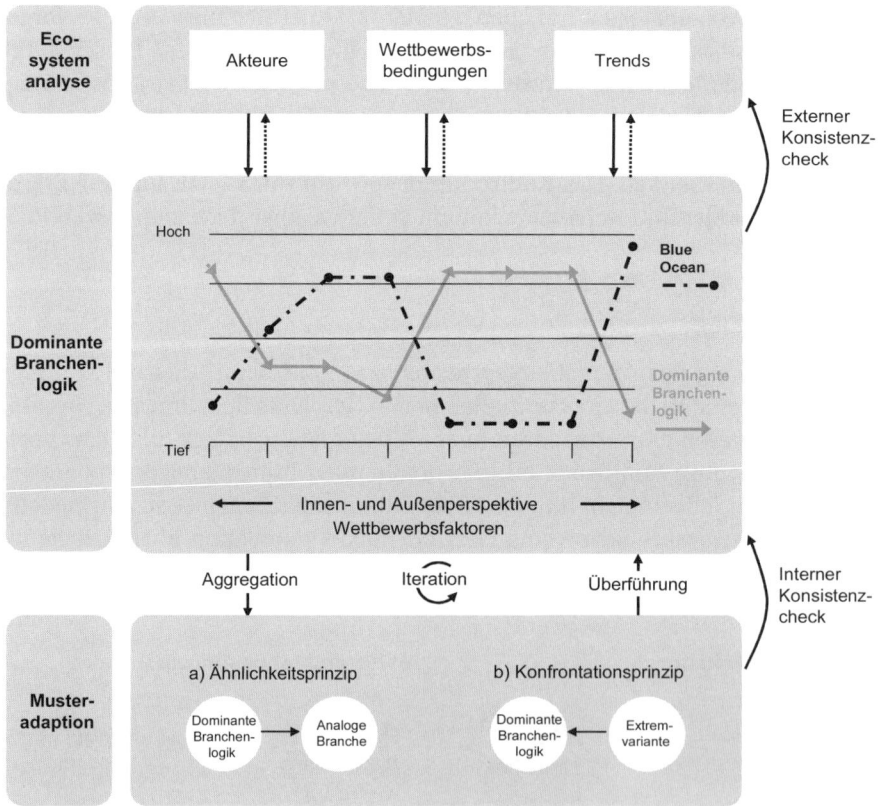

Bild 12.3 Iterativer Prozess zur Geschäftsmodellinnovation

2. Bei der *externen Konsistenzebene* geht es vornehmlich darum, die Konsistenz des neuen Geschäftsmodells mit dem unternehmerischen Ecosystem sicherzustellen. Hierbei muss hinterfragt werden, inwieweit das neue Geschäftsmodell die Bedürfnisse der jeweiligen Akteure befriedigt und auf welche Art und Weise den vorherrschenden Trends und Wettbewerbsbedingungen begegnet wird. In diesem Sinne handelt es sich also um eine Ex-post-Betrachtung des Ecosystems vor dem Hintergrund des neuen Geschäftsmodells.

Zeigen sich in der internen oder externen Konsistenzebene Ungereimtheiten, sollten die oben aufgezeigten Schritte wiederholt durchlaufen werden, bis ein neues stimmiges Geschäftsmodell vorliegt. Aber auch sonst ist ein iteratives Vorgehen lohnenswert, da hierdurch der innovative Output sowohl in quantitativer als auch qualitativer Hinsicht gesteigert werden kann.

12.7 Den Wandel realisieren

Die Umsetzung einer Geschäftsmodellinnovation läuft stets auf zwei Ebenen ab. Erstes, auf einer operativen, der tatsächlichen Implementierung des neuen Geschäftsmodells, den Verhandlungen mit neuen Kooperationspartnern, der Installation von neuen Absatzkanälen etc. Die faktische Überwindung der dominanten Branchenlogik stellt eine enorme Herausforderung dar. Ein Unternehmen muss seine Glaubensgrundsätze hinterfragen und sich gegen enorme Widerstände am Markt durchsetzen. Hierzu ist alle Energie notwendig. Gleichzeitig muss aber die zweite Ebene, die persönliche, rechtzeitig adressiert werden. Dies ist klassisches Change Management, soll aber hier nochmals kurz erwähnt werden: Die meisten Mitarbeiter sind mit dem Status quo zufrieden und stemmen sich entschlossen gegen den Wandel. Die größte Herausforderung einer Geschäftsmodellinnovation ist der Kampf gegen interne Widerstände. Nur wer es schafft, die Widerstände zu überwinden und auszuräumen, hat eine Chance, die Geschäftsmodellinnovation tatsächlich umzusetzen. Daher empfiehlt es sich, zuerst die Fragen zu stellen:

- „Wer sind die Bedenkenträger?"
- „Wer ist ein möglicher Verlierer der Geschäftsmodellinnovation?"
- „Was sind ihre Argumente gegen das neue Geschäftsmodell?"

In einem nächsten Schritt muss die Geschäftsmodellinnovation eine Rechtfertigung erhalten, die von den Mitarbeitern mitgetragen wird. Dies ist der springende Punkt und der Grund dafür, dass wir neue Geschäftsmodelle in aller Regel bei jungen Unternehmen oder bei Unternehmen in der Krise beobachten.

Es ist schwer, der Belegschaft eines funktionierenden Betriebs zu vermitteln, dass ein Kurswechsel notwendig ist.

Es empfiehlt sich, dazu die Bedenkenträger früh in den Prozess der Geschäftsmodellinnovation zu integrieren. Es ist leichter, Menschen von einer Lösung zu überzeugen, die sie selber mitentwickelt haben, als sie mit vollendeten Tatsachen zu konfrontieren. In besonders kritischen Fällen, wie dem Wegfall einzelner Abteilungen, hat es sich bezahlt gemacht, die vermeintlichen „Verlierer" einer Geschäftsmodellinnovation mit verantwortungsvollen Aufgaben während des Prozesses zu betrauen. Möglicherweise ist der Verkauf durch einzelne Filialen nicht mehr zeitgemäß und eine Verlagerung ins Internet lohnenswert. Wie würden Filialleiter die eigenen Mitarbeiter in Zukunft einsetzen? Wie können die Arbeitsplätze gesichert werden und die Mitarbeiter gleichzeitig Tätigkeiten ausüben, die ihnen gefallen? Die Verantwortung für die eigene Zukunft zu haben führt oft zu kreativen und unerwarteten Lösungen. Vor allem führt es aber dazu, dass die Lösungen mitgetragen werden, da man von Anfang an am Prozess beteiligt war und ihn aktiv mitgestaltete.

Fazit

Geschäftsmodellinnovationen sind eine Grundvoraussetzung für den Erfolg vieler Unternehmen. Wer versteht, dass Innovation nicht nur bedeutet, neue Produkte zu entwickeln, sondern diese Produkte auch in ein innovatives Geschäftsmodell einzubetten, der hat seiner Konkurrenz bereits etwas voraus. Geschäftsmodellinnovationen sind ein Feld, das von vielen Firmen gescheut wird, durch das sich aber gleichzeitig viele erfolgreiche Firmen profilieren.

Dieser Artikel soll dazu animieren, das eigene Geschäftsmodell infrage zu stellen, und bietet einen strukturierten Ansatz, um ein neues Geschäftsmodell zu entwickeln. Die Entwicklung von neuen Geschäftsmodellen wird in den kommenden Jahren zunehmend an Wichtigkeit gewinnen. Wer es nicht schafft, sein Geschäftsmodell an aktuelle Möglichkeiten und das Kundenverhalten anzupassen, der wird es schwer haben, zu bestehen. Beispiele wie Versandhäuser, die das Internet verschlafen haben, oder Kaufhausketten, die es nicht schafften, sich zu spezialisieren, haben in den letzten Jahren gezeigt, was passieren kann, wenn man Geschäftsmodelle als Ort innovativer Tätigkeit kategorisch ausschließt.

Wie auch das Befolgen von Konstruktionsregeln nicht automatisch zu einer guten Maschine führt, werden auch nach dieser Methode nicht Geschäftsmodellinnovationen im Fließbandtakt produziert. Aber durch diese Systematik erhöht sich deutlich die Erfolgswahrscheinlichkeit von Geschäftsmodellinnovationen. Die dominante Branchenlogik zu überwinden ist die Königsdisziplin. Die Unternehmen, denen dies gelingt, sind deutlich überproportional umsatzträchtiger und profitabler. Und zudem sind diese nachhaltiger erfolgreich.

13 CROSS-INDUSTRY-INNOVATION: DER BLICK ÜBER DEN GARTENZAUN

Ellen Enkel, Christoph Dürmüller

Innovation als Treiber für Wachstum und Rentabilität ist heute in aller Munde. Um echte Wettbewerbsvorteile zu erzielen, genügen jedoch inkrementelle Verbesserungen nicht. Es braucht oftmals radikale Innovationen. Anderseits werden große Innovationsschritte zunehmend schwieriger, weil die meisten Industriebranchen einen hohen Reifegrad erreicht haben.

Die heutigen Produkte, Dienstleistungen und Geschäftsmodelle sind jedoch stark durch etablierte Denkweisen und Lösungsansätze innerhalb eines bestimmten Wirtschaftszweiges geprägt. Die stets gleichartige Geschäftslogik und die wiederkehrenden, gewohnten Herausforderungen sind dafür ebenso verantwortlich wie die starke Vernetzung von Schlüsselpersonen und die Personalrekrutierung mit großem Gewicht auf branchenspezifischen Erfahrungen.

Zudem bildet eine klare strategische Fokussierung die Grundlage für eine starke Marktposition und eine hohe Technologie-, Produkt- und Lösungskompetenz. Diese notwendige Fokussierung der begrenzten Ressourcen stellt aber in Bezug auf Innovation auch eine Gefahr dar, weil der berühmte Blick über den Gartenzaun häufig ein Opfer des zielgerichteten und effizienten Ressourceneinsatzes wird.

Angesichts dieser Ausgangslage eröffnet ein branchenübergreifender Innovationsansatz interessante Perspektiven zur stärkeren Differenzierung im Wettbewerb. Dieses Feld wird jedoch zu selten und vor allem zu wenig systematisch bearbeitet.

13.1 Die Grundsätze

Unter Cross-Industry-Innovation ist der Transfer von Know-how und Lösungsansätzen über Branchengrenzen hinaus auf der Basis von Analogiebetrachtungen zu verstehen. Mögliche Analogien ergeben sich auf verschiedensten Ebenen:

- Technologien,
- Patente,
- Lösungskonzepte,
- technische Lösungen,
- spezifisches Wissen und Fähigkeiten,
- neue Anwendungen und Märkte,
- Geschäftsprozesse,
- Geschäftsmodelle.

Erfolgreiche Beispiele für Cross-Industry-Innovationen sind zahlreich: Das Steuerungsdevice „iDrive" von *BMW* etwa basiert auf der bewährten Joystick-Technologie der Computerspielindustrie. Zur Planung von Strangschemata nutzt das Sanitärunternehmen *Geberit* einen Algorithmus aus dem Kraftwerks-bau. In einem Nähfuß des Textilmaschinenherstellers *Bernina* sorgt ein opti-scher Sensor aus der Computermaus für die Regelung der Stichlänge. Der qualitativ hochwertige und leicht zu reinigende Milchaufschäumer von Nes-presso nutzt das magnetische Antriebsprinzip von Labormischern (Bild 13.1). Der Automobilzulieferer *Sevex* will die eigenen Kernkompetenzen in anderen Industrien multiplizieren und sein erfolgreiches Kerngeschäft mit Aluminium-hitzeschilden um die Geschäftsfelder „Hitzeschilde für Herde" und „Geräusch-dämmung für Gartengeräte" erweitern.

Bild 13.1 Die Entwicklung des Milchaufschäumers für Nespresso

Ziele von Cross-Industry-Innovationen

Die Innovationstätigkeit in den meisten Unternehmen wird stark durch die Leitplanken des eigenen Wirtschaftszweiges begrenzt. Daher ist die Wahrscheinlichkeit hoch, dass durch Cross-Industry-Ansätze neuartige Lösungen entstehen. Durch das Aufbrechen der industriespezifischen Schranken können folgende Vorteile erzielt werden:

- Beschleunigung von Wachstum und Verbesserung der Margen durch radikale Innovationsschritte mit größerem Differenzierungspotenzial;
- Reduktion von Entwicklungsrisiken und Beschleunigung der Innovationszyklen durch die Nutzung von bewährtem Know-how und erprobten Lösungen aus anderen Branchen;
- Reduktion der Entwicklungskosten durch Nutzung von Entwicklungsergebnissen aus anderen Branchen respektive zusätzliche Erträge aus der Verwertung eigener Entwicklungen und Patente in anderen Industrien ohne Wettbewerbskonflikte;
- generelle Stärkung der Innovationskraft durch die Zusammenarbeit mit neuen Partnern und die Kombination von komplementärem Wissen;
- stärkere Fokussierung auf die entscheidenden Erfolgsfaktoren und Kernkompetenzen durch eine neue, analogiebasierte Sichtweise auf das eigene Leistungsangebot.

Arten von Cross-Industry-Innovationen

Grundsätzlich lassen sich zwei unterschiedliche Aufgabenstellungen bei Cross-Industry-Innovationen unterscheiden, welche durch den **Outside-in**-Prozess oder den Inside-out-Prozess gelöst werden können (Bild 13.2).

Beim Outside-in-Ansatz werden Lösungen, Wissen und Fähigkeiten aus anderen Branchen genutzt, um das eigene Leistungsangebot innerhalb der heutigen Produkt-Markt-Strategie weiterzuentwickeln. Ein Beispiel für diesen Ansatz ist das Bestreben des Unternehmens *Reichle & De-Massari (R&M)*, welches durch einen Netzwerkansatz branchenfremde Technologien in die F&E integriert.

R&M ist ein unabhängiges Schweizer Familienunternehmen, das im Informations- und Kommunikationstechnologiemarkt tätig ist. Das Unternehmen konzentriert sich in der Entwicklung und Herstellung auf zukunftsorientierte passive Verkabelungslösungen für Kommunikationsnetze (Layer 1 bzw. Physical Layer). Die besondere Erfahrung und Kompetenz liegt in der Herstellung von Verbindungs- und Verteilertechnik für Kupfer- und Lichtwellenleiternetze (Fiberoptik).

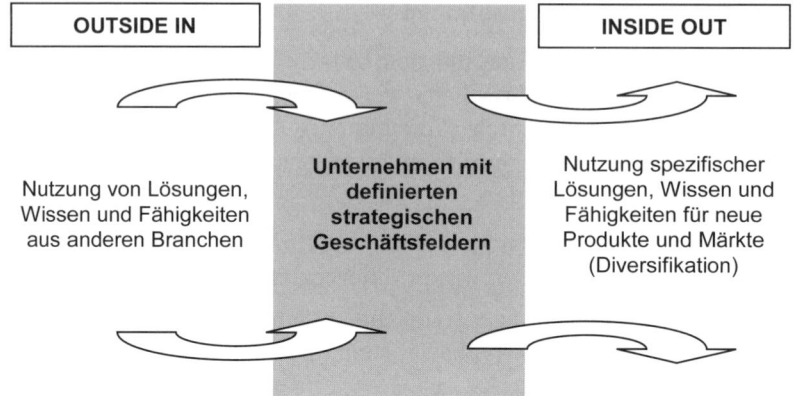

Bild 13.2 Kernprozesse der Cross-Industry-Innovation

R&M ist ein Technologieintegrator ohne eigene starke Kerntechnologien, verfügt jedoch über die Integrationsfähigkeit als Kernkompetenz. Das Unternehmen hat sich deshalb entschieden, ein Netzwerk aufzubauen, um Wissen und Expertisen über Technologien in das Unternehmen zu bringen. Grundlage des Netzwerks ist ein Technologiebaum, der *R&M* Überblick über die wichtigsten Technologien von heute und morgen gibt.

In einer Istanalyse wurden sämtliche Kompetenzen sowie heute bekannte und verwendete Technologien erfasst und in einem Technologiebaum dargestellt. In einem zweiten Schritt wurde der Technologiebaum systematisiert und um neue relevante Technologien in Anlehnung an die Norm DIN 8580 erweitert. Die anschließende Gap-Analyse zeigte, bei welchen Technologien bereits Wissen und Kontakte bestanden und bei welchen die Informationen unzureichend waren.

Für das Sollkonzept und die Implementierung wurden zunächst alle Technologien nach der Wichtigkeit für *R&M* bewertet. Entscheidungskriterium war die Kontaktqualität, ein Maß aus der Kontaktrichtung (hatte sich die Kontaktperson initial an *R&M* gewandt oder wurde sie von *R&M* kontaktiert oder beides) und der Kontaktintensität. Daraus wurde eine Netzwerkdatenbank mit allen Kontakten und Verantwortlichkeiten generiert. Der Erfolg der Kontaktpflege wird mit einem Key-Performance-Indikator gemessen, der in die alljährliche Zielsetzung einfließt. Explizite Regeln zeigen allen Mitarbeitenden transparent auf, wie das Netzwerk in Zukunft weiter ausgebaut und gepflegt werden soll. Der *R&M*-Technologiebaum wird regelmäßig aktualisiert, um auch neu aufkommende Technologien frühzeitig in das Unternehmen zu integrieren.

Beim **Inside-out**-Ansatz hingegen geht es um die Erschließung strategischer Diversifikationschancen in Form neuer Produkt-Markt-Felder in anderen Industrien auf der Basis von spezifischen Lösungen, Wissen und Fähigkeiten im eigenen Unternehmen.

Die Firma *Sevex* gehört zu den führenden Herstellern für Hitzeschilde in der Automobilindustrie. *Sevex'* innovative Produktionsmethode ermöglicht eine kosteneffiziente und qualitativ hochwertige Produktion in der Schweiz. Um unabhängiger vom bestehenden Kerngeschäft zu werden, sollen die bestehenden Kernkompetenzen (Formung von Aluminiumbauteilen, schnelle Herstellung von Prototypen, Schall- und Hitzeisolierung) in anderen Märkten multipliziert werden. Die Suche nach neuen Anwendungsfeldern ist deshalb eine zentrale Innovationsfrage bei *Sevex*.

Um einen Vergleich des technologischen Potenzials von *Sevex* mit Bedürfnissen in anderen Industrien zu ermöglichen, wurde die Kerntechnologie bezüglich Struktur, Funktion und Hierarchie in einer Brainstorming-Session abstrahiert und beschrieben. Eine Istanalyse gab Aufschluss über die Kernkompetenzen und Fähigkeiten und erweiterte den Lösungsraum zusätzlich.

Auf Basis dieser Daten konnten Kriterien für die Suche nach neuen Anwendungsfeldern für Kerntechnologien und Kompetenzen identifiziert werden. Ausgangspunkt waren die bekannten Wachstumsmärkte (z. B. Medizinaltechnik, Verpackungen) und Märkte, in denen Aluminium eingesetzt wird oder eingesetzt werden könnte. Ein wichtiger Erfolgsfaktor war die Multidisziplinarität des Projektteams, welches sein Wissen über Bedürfnisse und Anwendungen in verschiedenen Branchen einbringen konnte.

Um die Liste der Potenzialmärkte zu erweitern, führte das Unternehmen eine Internet- sowie eine Patentdatenbankrecherche durch. *Sevex* suchte auf unterschiedlichen Abstraktionsebenen nach neuen Anwendungsbereichen für das Kernprodukt (Hitzeschilde), die Kerntechnologien (Umformung etc.) und die Kernkompetenzen. Als Ergebnis konnten 15 Potenzialmärkte identifiziert werden. Diese wurden in einer Vorevaluation auf Stückzahlen im Gesamtzielmarkt, Gesamtumsatz im Zielmarkt sowie Preise pro Einheit untersucht. Dadurch ließen sich sechs vielversprechende Zielmärkte auswählen und durch einen Business Case analysieren.

Aufgrund der strategischen Position im Markt und finanzieller Überlegungen entschied sich Sevex schließlich für die Exploration von zwei neuen Märkten, der Herstellung von Hitzeschilden für Herde und der Herstellung von Geräuschdämmungsschilden für Kleinmotoren.

13.2 Innovationsphasen und Methoden

Aus der Analyse der obigen Prozessschritte und Beispiele lässt sich der Prozess der Cross-Industry-Innovation in drei Phasen unterteilen: Abstraktion, Analogiesuche und Adaption (Bild 13.3), sowohl im Outside-in- als auch im Inside-out-Prozess.

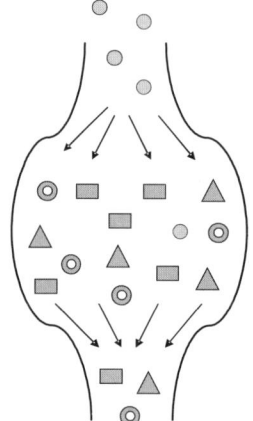

Abstraktion: Öffnung des Lösungsraums

Analogiesuche: Untersuchung von möglichen Lösungen anderer Industrien

Adaption: Evaluation und Selektion der besten Lösungen Anpassung auf das Unternehmen

Bild 13.3 Divergenz und Konvergenz im Innovationsprozess von Cross-Industry-Innovationen

Eine der größten Barrieren, die Cross-Industry-Innovationen behindern, ist der Innovationsprozess selbst. Dieser fokussiert auf die interne Entwicklung von ausgewählten Optionen. Das Trichtermodell wie auch Test-und-Lern-Zyklen arbeiten mit einer begrenzten Anzahl von Ideen, die aus einer großen Menge von Möglichkeiten ausgewählt und weiterentwickelt werden. Um Cross-Industry-Innovationen zu erzeugen, müssen Unternehmen ihren Lösungsraum in einer späten Phase erneut öffnen, um auch Lösungen aus anderen Industrien zu identifizieren. Das kreative Prinzip dahinter ist ein Wechsel zwischen Divergenz und Konvergenz.

Abstraktion

In der Phase der Abstraktion muss sich das Team zunächst vom aktuellen Problem oder Produkt lösen. Hilfreich ist eine Fokussierung auf den Kundennutzen, auf die Art des Gebrauchs und die nötigen Funktionalitäten des Produkts (outside in). Im Inside-out-Prozess sollte das Team analysieren, welche Kompetenzen zur Entwicklung des Produkts benötigt werden und wozu diese noch eingesetzt werden könnten (Öffnung des Lösungsraumes forcieren).

Die Neuformulierung und Abstraktion der eigentlichen Fragestellung hat z. B. *BMW* geholfen, das neue Steuerungsdevice „iDrive" zu entwickeln. In den Fahrzeugen befanden sich so viele Steuerungselemente, dass sich der Kunde kaum mehr zurechtfand. Die Ingenieure von *BMW* suchten nach einer neuen Lösung, um die Steuerung von Klimaanlage, Radio, Navigationssystem und weiteren Instrumenten möglichst einfach und intuitiv zu gestalten. Nach der gelungenen Abstraktion formulierte das Team die zentrale Fragestellung: „Welche Bedienelemente können mehr als eine Funktion steuern?" Damit konnte nach Analogielösungen gesucht werden, z. B. in der Computerspielindustrie, welche seit

Jahren mit jedem neuen Spiel zusätzliche Funktionen anbietet, die der Spieler über Tastatur, Maus oder Joystick bedienen kann. Die Joystick-Technologie wurde schließlich für *BMW* angepasst (Adaption) und als iDrive-Element zur Steuerung von mehreren Hundert Funktionen zunächst in die 7er-Serie eingebaut.

Die Abstraktion ist eine der größten Herausforderungen, da das Denken außerhalb der eigenen Expertise ein Umdenken und zum Teil eine andere Sprache bedingt. Der Einsatz von Hilfsmitteln kann hier überaus sinnvoll sein.

Eine bewährte Methode ist z. B. TRIZ. Sie identifiziert auf der Basis von Patentanalysen generelle Funktionsprinzipien und verweist damit wieder auf existierende Lösungen in anderen Industrien. Die Funktionalmarktanalyse ist vor allem bei der Suche nach technischen Lösungen zu empfehlen. Sie analysiert und abstrahiert die Funktionen eines Produkts, um Technologien in anderen Industrien zu finden, die ähnliche Funktionen erfüllen.

Für übergeordnete Zielsetzungen, z. B. für das Identifizieren von neuen Fragestellungen für zukünftige Entwicklungen oder von neuen Märkten und Geschäftsmodellen, sind diese Methoden weniger gut geeignet. Hier sind Brainstormings oder Workshops mit Experten aus anderen Industrien zu empfehlen.

Mögliche Fragen an die Experten sind: Welche Industrien haben ähnliche Probleme? Welche Lösungen haben sie entwickelt? Hier können Industrie- oder Rohstofflisten, DIN-Normen oder Patentrecherchen eine Ausgangsbasis schaffen.

Zusammenfassend lässt sich die folgende Systematik für die Verwendung der verschiedenen Methoden und Hilfsmittel zur Abstraktion aufstellen (Bild 13.4).

Abstraktionsobjekt	Kompetenz	Produkt	Problem
Innovationsziel	• Neue Märkte • Neue Geschäftsideen	• Neue Märkte • Neue Technologien	• Neue Lösungen
Vorgehensweise	• Intuitiv-spontan	• Schöpferisch-konfrontativ	• Systematisch-diskursiv
Methodiken	• Brainstorming • Stummes Schreibgespräch • Galerietechnik • Mind-Mapping • ...	• Funktionalmarkt-analyse (FMA) • ...	• TRIZ • Widerspruchsorientierte Innovationsstrategie (WOS)
OI/IO	• Inside-Out	• Inside-Out • Outside-In	• Outside-In

Abstraktionsgrad → Komplexität

Bild 13.4 Verwendung der verschiedenen Methodiken in Abhängigkeit von Abstraktionsgrad und Komplexität der Fragestellung

Analogiesuche

In der Phase der Analogiesuche werden die abstrahierten Funktionalitäten, Kompetenzen, Probleme oder Bedürfnisse als Kriterien für die Suche nach analogen Lösungen aus anderen Industrien verwendet. Auch hier können Industrielisten, DIN-Normen oder Rohstofftabellen hilfreich sein, um möglichst systematisch alle infrage kommenden Lösungsmöglichkeiten aufzuspüren und über Industriegrenzen hinweg zu suchen. Die schier endlose Vielfalt an Möglichkeiten macht es aber gleichzeitig notwendig, schon in dieser Phase alle Optionen auf der Basis erster Kriterien zu prüfen und so eine erste Selektion vorzunehmen.

Die Vielfalt analoger Lösungen wird umso größer, je offener die Fragestellung ist. Die Suche nach neuen Geschäftsmodellen oder neuen Fragestellungen für zukünftige Innovationen macht es schwierig, die Analogiesuche einzuschränken.

Als das Unternehmen *Hilti*, welches Werkzeuge für den Bau herstellt, eine abnehmende Kundenloyalität bei seiner Käuferschaft bemerkte, suchten die Verantwortlichen nach Geschäftsmodellen in anderen Industrien, welche sich positiv auf die Kundenbindung auswirken. Man wurde fündig im Flottenmanagement der Automobilindustrie. Dort wird der Fahrzeugpark eines industriellen Kunden durch einen Dienstleister bewirtschaftet. Er stellt sicher, dass alle Fahrzeuge des Kunden regelmäßig gewartet, repariert und gereinigt werden; falls nötig stellt er sogar eigene Fahrzeuge zur Verfügung. Übertragen auf *Hilti* bedeutete dies ein komplettes Umdenken: Bohrmaschinen, Mess- oder Schleifgeräte werden nicht mehr verkauft, sondern vermietet. Langfristige attraktive Dienstleistungsverträge sichern dem Kunden die optimale Wartung und minimale Ausfallzeiten, während *Hilti* einerseits Informationen über die Nutzung und die möglichen Schwachstellen der Produkte erhält und andererseits Kunden langfristig binden kann.

In der Phase der Analogiesuche gibt es zwei wesentliche Herausforderungen: die systematische Erfassung aller möglichen Lösungen und die Evaluation derjenigen Lösungen, die zum eigentlichen Problem passen. Die genannten Werkzeuge und Methoden können eine systematische Erfassung vereinfachen. Die frühe Auswahl aus der unbegrenzten Vielzahl der Möglichkeiten muss auf der Basis von Grundsätzen und Kompetenzen erfolgen, die in einer ausführlichen Istanalyse beim Unternehmen erhoben wurden. Solche Grundsätze können sein: Begrenzung auf Massenmärkte oder auf Märkte, die z. B. mit dem Zellulosegrundstoff arbeiten, Einschränkung auf die Verwendung von Aluminium als Kernprodukt.

Wenn die Fragestellung abstrahiert werden kann, öffnet sich der Lösungsraum und Ansätze aus unzähligen anderen Industrien werden sichtbar. Die richtige Balance zwischen dem rechtzeitigen Einschränken der zu analysierenden Optionen – dies schont Ressourcen und beschleunigt den Prozess – und dem Ausschließen von kreativen Lösungen, etwa weil man sich in der entsprechenden Industrie nicht auskennt oder nicht an eine Übertragung auf das eigene Unternehmen glaubt, ist individuell und muss von jedem Unternehmen selbst gefunden werden.

Adaption

Die Evaluation und Selektion der richtigen Lösung und deren Anpassung auf den Produktkontext und das Unternehmen ist die letzte Phase im Cross-Industry-Prozess. Viele der Analogien, die in der vorangegangenen Phase identifiziert wurden, könnten das Problem zwar grundsätzlich lösen, lassen sich aber nicht oder nur mit großem Aufwand auf das Unternehmen oder das entsprechende Produkt übertragen.

Bei der Entwicklung eines neuen Fußballschuhs hat sich *Adidas* gefragt, wie eine bessere Kraftübertragung auf den Ball bei gleichzeitig größerem Schutz für den Fuß und größerer Kontrolle erzielt werden kann. Statt wie üblich interne Materialentwicklungen voranzutreiben, untersuchten die Ingenieure andere Sportarten mit vergleichbaren Problemstellungen. Als begrenzendes Kriterium galt, dass es sich um Ballsportarten handeln musste, wobei der Ball mit dem Material in Kontakt kommen muss, damit er eine Geschwindigkeit erhält. Gleichzeitig sollten es präzise Sportarten sein, welche nicht nur Kraft, sondern auch Kontrolle erfordern. So wurde das weite Feld möglicher Analogien bereits maßgeblich eingeschränkt und das Team konnte auf das Handling und die Kraftübertragung beim Golf und Tennis fokussieren. Beide Sportarten arbeiten mit dem gleichen physikalischen Prinzip der Massenbewegung, das sich unter anderem im sogenannten Sweet-Spot des Tennisschlägers ausdrückt. Dieses Prinzip wurde auf die Materialien und die Form des Modells übertragen und machte ihn zu einem der bestverkauften Fußballschuhe weltweit.

Wie das Beispiel des Predator Pulse zeigt, kann die Klärung von Spezifikationen und funktionalen Anforderungen sowohl die Analogiesuche fokussieren als auch in der Adaptionsphase helfen, die beste Lösung auszuwählen und umzusetzen. Bereits im Innovationsprozess etablierte Prozesse, wie das Lizenzieren fremder Technologien, die Prototypenentwicklung und die Integration von externen Technologieexperten und Partnerunternehmen, können zur kreativen Übersetzung und Adaption der Lösung auf den Produkt- und Unternehmenskontext verwendet werden. Im oben genannten Beispiel von *Adidas* erfolgte die Umsetzung des physikalischen Prinzips auf den Fußballschuh mit Unterstützung der Universität von Calgary.

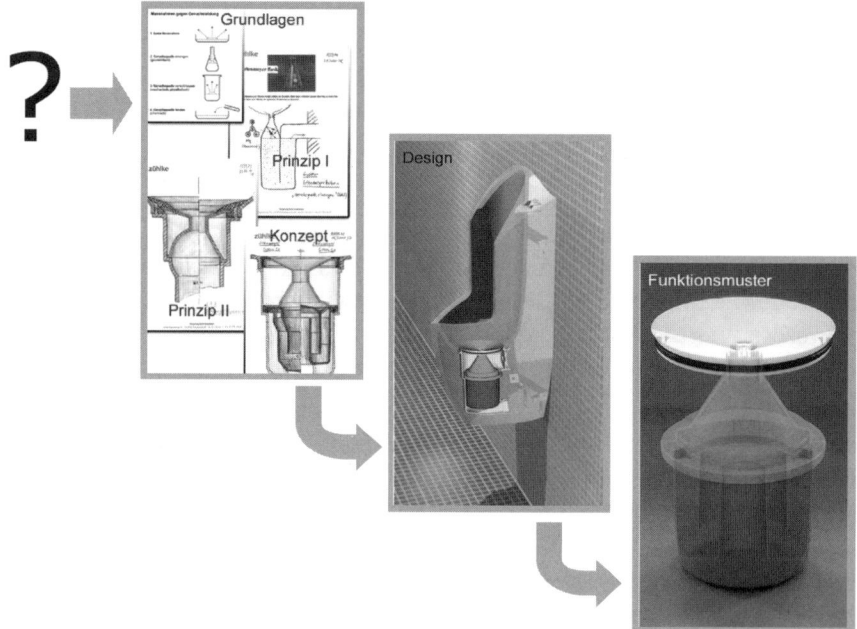

Bild 13.5 Die Entwicklung des wasserlosen Urinals bei Geberit

In der Praxis können sowohl erfolgreiche Projekte identifiziert werden, bei denen ein systematischer Ansatz angewendet wurde, als auch Projekte, bei denen die Lösung weniger planmäßig entstanden ist. Generell ist eine sinnvolle Kombination und Balance von methodisch-systematischem und kreativ-chaotischem Vorgehen anzustreben. Dabei spielen Teams mit Vertretern verschiedener Fachdisziplinen, Branchen, Kulturkreise und Persönlichkeiten eine zentrale Rolle.

Die Entwicklung eines wasserlosen Urinals für *Geberit* ist ein gutes Beispiel eines systematischen Prozesses (Bild 13.5). Das neue Produkt sollte ohne Zufuhr von Fremdenergie und Chemikalien betrieben werden und einen zuverlässigen Geruchsverschluss aufweisen. Bei der Lösungssuche war es wichtig, die Systemgrenze gegenüber den bisherigen unternehmensinternen Arbeiten zu erweitern. Auf der Suche nach neuen Lösungsprinzipien wurde der Energiezustandsverlauf für ein repetitives und verlustbehaftetes System detailliert dargestellt. In einem zweiten Schritt ordnete das Team den dazugehörigen Zustandsänderungen mögliche mechanische Energieformen zu. Nach einer ersten Bewertung sind daraus vier Lösungsprinzipien entstanden, die konstruktiv weiter ausgearbeitet und in einem Rapid-Prototyping-Verfahren als Funktionsmuster hergestellt und getestet wurden. Am Ende hat sich ein Prinzip durchgesetzt, das auf einer sehr alten Erfindung, nämlich dem Erlenmeyerkolben aus

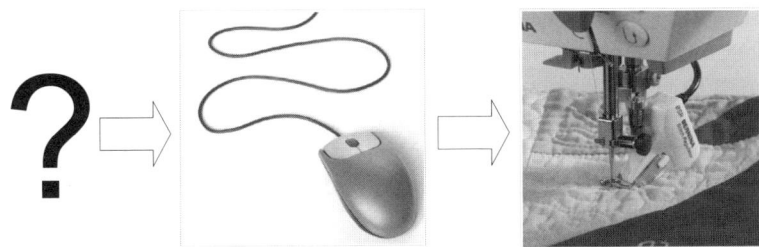

Bild 13.6 Sensor zur Stoffverfolgung von Bernina

der Chemie, basiert. Dieses Lösungskonzept erlaubt gegenüber Wettbewerbs-produkten wesentlich längere Wartungszyklen.

Demgegenüber geht z. B. die Entwicklung eines neuen Stoffsensors für *Bernina* primär auf den Einfall eines kreativen Entwicklers mit entsprechender Cross-Industry-Vernetzung zurück. Dieser hatte die Analogie zwischen optischer Computermaus und Messung der Stoffbewegung richtig erkannt und damit den Grundstein für diesen Lösungstransfer gelegt (Bild 13.6). Der Stichregulator erlaubt es jeder Näherin, Quilt-Stoffe professionell zu nähen. *Bernina* verkaufte signifikant mehr Nähmaschinen dank dieses Alleinstellungsmerkmals.

13.3 Erfolgsfaktoren

Cross-Industry-Innovation kann nicht einfach verordnet werden, sie muss gezielt gefördert und organisiert werden. Die Erschließung der Innovationspotenziale verlangt dabei nach neuen Fähigkeiten im Unternehmen. Im Folgenden werden einige spezifische Erfolgsfaktoren kurz beleuchtet.

Offene Innovationskultur

Die Kultur ist der berühmte Nährboden für das erfolgreiche Gedeihen von Innovationen. Obschon der Begriff einer offenen Innovationskultur häufig bemüht wird und deren Nutzen kaum bestritten ist, lässt die gelebte Offenheit in vielen Unternehmen zu wünschen übrig. Und dies gilt nicht nur für traditionell konservative, wenig dynamische Industrien. Gerade auch erfolgreich wachsende Pionierunternehmen in technologieintensiven Branchen neigen zu einem eingeschränkten Blickfeld und zu einer gewissen Selbstüberschätzung. Dabei spielt auch die hohe Identifikation von Ingenieuren mit den bestehenden, von ihnen entwickelten Lösungen eine wichtige Rolle. Generell ist in Organisationen mit stark ausgeprägten kollektiven Wertvorstellungen auch die latente Gefahr vorhanden, dass das Verhalten der Organisation zu uniform wird.

Cross-Industry-Innovationen gelingen nur, wenn die Bereitschaft und Fähigkeit zur Divergenz entwickelt wird. Das Nutzen von Verschiedenartigkeit und das Durchbrechen des Dogmas „Branchenwissen über alles" muss vom Management gezielt gefördert werden. Wertvolle Impulse können von neuen Mitarbeitenden mit anderen Branchenerfahrungen ausgehen, ebenso wie von Kooperationspartnern mit komplementären Kompetenzen und Kulturen. Auch die bewusste Pflege von internen Querdenkern spielt eine wichtige Rolle.

Abstraktionsfähigkeiten

Wie erwähnt ist es bei der Suche nach branchenübergreifenden Analogien wichtig, die Sicht auf das heutige Produkt und auf die heutige Lösung bewusst zu verlassen. Die Aufgabenstellung muss mit Blick auf die Wirkung des Produkts oder auf die Lösung im Kundenprozess konsequent abstrahiert werden. Das ist eine grundsätzlich neue und für viele Beteiligte fremdartige Sichtweise. Gerade Ingenieure tun sich damit oft schwer, weil sie zu stark in konkreten Lösungen denken. Dieses hohe Abstraktionsniveau bei der Formulierung der Aufgabenstellung ist jedoch für die anschließende Suche nach Analogien zentral. Ein erfahrener Moderator und geeignete Methoden helfen, diese Herausforderung zu meistern.

Branchenspezifische Kompetenz

Nach den bisherigen Ausführungen mag die Forderung nach branchenspezifischer Kompetenz paradox klingen. Was auf den ersten Blick erstaunt, wird jedoch schnell klar, wenn man sich die verschiedenen Phasen des Cross-Industry-Innovationsprozesses vor Augen führt. Während beim Abstrahieren der Aufgabenstellung und beim Aufspüren von Analogien die Erfahrungen aus anderen Wirtschaftszweigen zentral sind, brauchen die Beurteilung eines möglichen Lösungstransfers in die eigene Branche und die anschließende Umsetzung in ein marktfähiges Produkt ausgeprägte branchenspezifische Marktkompetenz. Ein interessantes Konzept verfolgt dabei *BMW*. In frühen Innovationsphasen wird bewusst auf die Zusammenarbeit mit sehr innovativen, branchenfremden Partnern gesetzt, um die Chancen für neuartige Lösungen zu erhöhen. Später übernimmt *BMW* die Lösungsansätze und das entsprechende Know-how, um es an einen spezialisierten, brancheninternen Systemlieferanten zu transferieren.

Ein Mangel an industriespezifischer Beurteilungskompetenz kann fatale Folgen haben. Ein großer weltweit tätiger Industriekonzern verfolgte vor etwa 20 Jahren ein großes Cross-Industry-Projekt. Dabei sollte das Druckwellenladerprinzip, das ursprünglich für die Oberstufe von Gasturbinen entwickelt wurde, zur Aufladung von Pkw-Dieselmotoren genutzt werden. Die damals aufkommenden Turbodieselmotoren hatten entscheidende Schwächen im Drehmomentverlauf und Ansprechverhalten, die dem Druckwellenlader fremd waren. Trotz unbestreitbarer Vorteile und sehr großer Investitionen in die Kommerzialisierung des neuartigen Aufladeverfahrens setzte sich dieses am Markt nicht durch. Ein wesentlicher Grund liegt aus Sicht der Verfasser im unterentwickelten Verständnis für die spezifische Branchenlogik und die Anforderungen in der Automobilindustrie, die sich wesentlich vom Großanlagenbau unterscheidet.

Kooperationsfähigkeiten

Cross-Industry-Innovationen setzen meistens eine Zusammenarbeit mit branchenfremden externen Partnern voraus. Damit werden die Auswahl der richtigen Partner und die Führung von Kooperationen zu entscheidenden Erfolgsfaktoren, um das Innovationspotenzial auszuschöpfen und die Projektrisiken zu minimieren.

Das Bewusstsein für den dominanten Einfluss des Partnermanagements ist in der Praxis jedoch häufig unterentwickelt. Oftmals mangelt es schon an der gründlichen Evaluation des notwendigen Kompetenzportfolios auf Fach- und Managementebene, um das Innovationsvorhaben erfolgreich umsetzen zu können. Zudem sind anschließend eine selbstkritische Analyse des tatsächlichen Know-hows der vorgesehenen Partner und die Identifikation von eventuellen Kompetenzlücken notwendig (Bild 13.7).

Das Partnermanagement darf jedoch keinesfalls nur auf die Beschaffung von fehlendem Know-how und Kapazitäten reduziert werden. Der Erfolg von Kooperation wird von vielen weiteren Faktoren entscheidend beeinflusst (Bild 13.8).

Von besonderer Bedeutung sind dabei die kulturelle Affinität der Partner und der Deckungsgrad der strategischen Ziele. Ein häufiger Grund für Spannungen zwischen etablierten, größeren Unternehmen und innovativen Start-up-Firmen ist zudem der unterschiedliche Reifegrad von Strukturen und Prozessen. Wichtig sind ebenso die gründliche Klärung der Rollen der beteiligten Partner und die transparente Verteilung der wirtschaftlichen Chancen und Risiken.

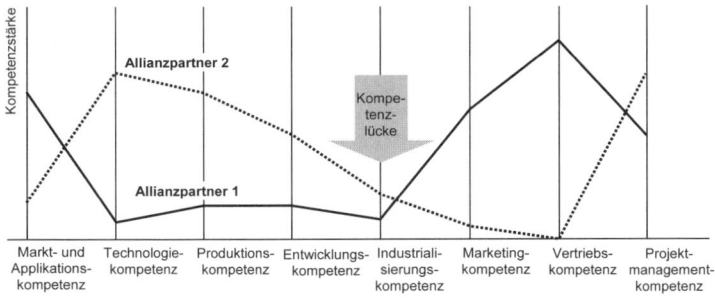

Bild 13.7 Identifikation von Kompetenzlücken

Bild 13.8 Erfolgsfaktoren einer Kooperation

Risikomanagement

Im Vergleich zu anderen Innovationsansätzen kommt dem Risikomanagement bei Cross-Industry-Innovationen eine besondere Bedeutung zu. Radikale Innovationen haben neben größeren Chancen zur Differenzierung grundsätzlich auch höhere Entwicklungs- und Marktrisiken. Die Zusammenarbeit mit Partnern bringt neben großen Chancen auch neue Managementherausforderungen. Zudem sind die generell hohen Risiken von Diversifikationsstrategien im Rahmen von Inside-out-Prozessen zu erwähnen.

Wie bei anderen Innovationsvorhaben sollten bei der Identifikation der Projektrisiken vor allem folgende Schnittstellenbereiche beleuchtet werden: funktionale Schnittstellen innerhalb der beteiligten Unternehmen (Marketing, F&E, Produktion, Logistik, Vertrieb, Service usw.), Schnittstellen zwischen den beteiligten Unternehmen, Schnittstellen zwischen Projekt- und Linienorganisation sowie Schnittstellen innerhalb des zu kommerzialisierenden Systems.

Kritisch ist dabei eine zu enge Systemabgrenzung, welche nicht den gesamten Anwendungsprozess beim Kunden einschließt. Ein Unternehmen aus der Bioanalytik brachte z. B. eine neuartige hochsensitive Biochiptechnologie auf den Markt. In praktischen Laborversuchen bei den Kunden konnte jedoch die überlegene Leistungsfähigkeit der neuen Technologie häufig nur ungenügend nachgewiesen werden. Der Grund dafür lag in den notwendigen vor- und nachgelagerten Prozessschritten, wie z. B. der Probenvorbereitung. Diese Schritte mussten mit Lösungen von verschiedenen Fremdanbietern durchgeführt werden und entzogen sich damit der Kontrolle des Unternehmens. Um der neuen, überlegenen Technologie zum Durchbruch zu verhelfen, war es jedoch notwendig, den gesamten Anwendungsprozess qualitätsbezogen zu beherrschen.

Besonders sorgfältig ist auch die Übertragung bestehender Lösungen und Fähigkeiten auf neue Produkt- und Marktfelder zu analysieren. Solche Diversifikationen scheitern oft am mangelnden Verständnis für die Logik anderer Märkte und an den Herausforderungen des Marktzugangs.

Bei Kooperation stellen Abweichungen von der initialen Businessplanung, welche bei radikalen Innovationen leider relativ häufig sind, ein großes Risiko dar. Wenn das wirtschaftliche Potenzial des Vorhabens begrenzt und wenig elastisch ist, besteht die große Gefahr von lähmenden Verteilungskämpfen zwischen den Parteien. Verschiedene Szenarien mit Abweichungen sollten deshalb entwickelt werden.

Organisation

Um Cross-Industry-Innovationen zu fördern, stellen erfolgreiche Unternehmen oftmals verschiedene interne und externe Innovationsteams auf, die zueinander im Wettbewerb stehen und parallel an derselben, herausfordernd formulierten Aufgabenstellung arbeiten.

Bei radikalen Cross-Industry-Innovationen stellt sich auch häufig die Frage, ob das entsprechende Projekt in der operativen Organisation oder in einer speziellen, eventuell neuen Geschäftseinheit geführt werden soll. Auf die Frage, welche der beiden Organisationsformen erfolgversprechender ist, gibt es keine eindeutige Antwort. Je nach Unternehmenskultur und -größe, Projektphase, Verteilung der benötigten Kompetenzen und Ressourcen sowie Neuheitsgrad des Vorhabens drängen sich unterschiedliche Lösungen auf.

Das Ausgliedern fördert die Innovationshöhe, erhöht aber auch die Akzeptanzhürden der mächtigen Business Units, welche mit ihrem heutigen Geschäft die finanziellen Mittel erarbeiten. Durch die Sicherstellung des notwendigen Domain-Know-hows aus der Stammorganisation und mit aktivem Projektmarketing können die Risiken reduziert werden. Zudem muss der Eingliederung und dem Know-how-Transfer in der Industrialisierungsphase und beim Launch besondere Beachtung geschenkt werden.

Weil die meisten Cross-Industry-Innovationen unternehmensübergreifende Kooperationen darstellen, erfordern sie eine starke firmenübergreifende Projektorganisation auf der operativen Ebene, ergänzt durch ein Steering Committee mit den Projektverantwortlichen aus dem Topmanagement der beteiligten Unternehmen.

Innovationsmarketing

Die Bedeutung eines guten Innovationsmarketings bei radikalen Cross-Industry-Innovationen wird häufig unterschätzt, was sicher auch daran liegt, dass die wenigsten Ingenieure gute Verkäufer sind. Die Kommunikation zwischen Projekt- und Linienorganisation ist jedoch absolut zentral, um Vertrauen und Transparenz zu schaffen. Das Innovationsmarketing sollte als eigene Disziplin im Projekt verstanden und geführt werden.

Am Anfang steht die Identifikation der unternehmensinternen und -externen Stakeholder, d. h. aller Parteien, die früher oder später vom Projekt direkt oder indirekt betroffen sind. Für alle diese Stakeholder sind die Erwartungen und Widerstände gründlich zu analysieren. Damit können die relevanten Zielgruppen identifiziert werden. Der Informationsbedarf sowie die Kommunikationsmaßnahmen und -medien müssen ebenso wie Zeitpunkt und Häufigkeit der Kommunikation individuell auf die verschiedenen Zielgruppen abgestimmt werden. Der CEO hat beispielsweise ganz andere Informationsbedürfnisse als die Verkäufer in der Vertriebsorganisation oder die Verantwortlichen in der Produktion.

Eine vorbehaltslose Unterstützung des Projekts durch alle Stakeholder zahlt sich besonders dann aus, wenn unerwartete Schwierigkeiten auftreten, und solche sind bei radikalen Innovationen leider häufig zu überwinden.

13.4 Rolle von Knowledge Brokern

Als Knowledge Broker werden Unternehmen und Organisationen bezeichnet, welche mit verschiedensten Branchen zusammenarbeiten und damit wertvolle Einblicke in unterschiedliche Anwendungsgebiete gewinnen. Typische Knowledge Broker sind branchenmäßig diversifizierte Entwicklungsdienstleister, Anbieter von Querschnittstechnologien sowie Hochschulen und Forschungsinstitutionen. Eine Zusammenarbeit mit derartigen Unternehmen kann zu einer interessanten Hebelwirkung in der Cross-Industry-Innovation führen.

Die Zusammenarbeit mit Knowledge Brokern eröffnet insbesondere Potenziale in folgenden Bereichen:

- Effiziente Nutzung von Wissen, Erfahrungen und Lösungen aus anderen Wirtschaftszweigen durch die Einbindung des Knowledge Brokers in den eigenen Innovationsprozess;
- Nutzung des Wissens und Kontaktnetzwerkes des Knowledge Brokers, um interessante Partner aus verschiedenen Branchen zusammenzuführen und damit Analogien nutzbar zu machen (Katalysatorwirkung).

Im anfangs erwähnten Beispiel unterstützte ein Knowledge Broker aus dem universitären Umfeld die Firma *Sevex* bei der Multiplikation der vorhandenen Kernkompetenzen in neue Märkte. Seine externe Perspektive erleichterte es dem *Sevex*-Projektteam, die Kompetenzen zu abstrahieren und die Anforderungen an den zukünftigen Markt (z. B. Massenmarkt) zu identifizieren. Auch bei der nachfolgenden Internetrecherche und den Experteninterviews zur Identifikation und Prüfung dieser Märkte bot das universitäre Forschungsteam dank seinem breiten Kontaktnetz und seiner neutralen Einstellung (keine Betriebsblindheit oder Vorurteile durch negative Erfahrungen) wertvolle Unterstützung. Die Präsenz des Knowledge Brokers erhöhte zudem die Akzeptanz des neuen Vorgehens und der gewählten Lösung.

In einem anderen Beispiel brachte *Zühlke* – als branchenmäßig diversifiziertes Entwicklungs- und Beratungsunternehmen ein typischer Knowledge Broker – eine branchenfremde Lösung ein. Die Ingenieure nutzten eine für den Kraftwerksbau entwickelte Lösung für die Sanitärplanung (Bilder 13.9 und 13.10).

Zühlke entwickelte ein webbasiertes Verkaufstool für die Firma *Alstom* zur Grobauslegung von Kraftwerken. Dabei kam ein Algorithmus zum Einsatz, der in einem Projekt mit *Geberit* zur Entwicklung einer vollautomatischen Generierung von Strangschemata aus bestehenden XML-Files wiederverwendet werden konnte. So wurde mit geringen Entwicklungskosten ein Werkzeug geschaffen, das eine jährliche Einsparung von ca. einer Million Schweizer Franken ermöglicht. Dieser Lösungstransfer wäre ohne die Katalysatorwirkung eines geeigneten Knowledge Brokers kaum möglich gewesen.

Knowledge Broker können sowohl den Outside-in- als auch den Inside-out-Prozess durch ihren diversifizierten Background, ihr Netzwerk und ihre neutrale Einstellung zu unternehmensfernen Lösungen unterstützen. Sie vermitteln dabei nicht nur externe Experten und Wissen, sondern agieren auch selbst als Cross-Industry-Entwicklungspartner. Die zunehmenden Anforderungen, Unternehmen in der Entwicklung von Cross-Industry-Innovationen zu unterstützen, haben sich auch auf die Geschäftsmodelle und internen Prozesse der Knowledge Broker ausgewirkt. Während in den letzten fünf bis zehn Jahren der Outside-in-Prozess im Vordergrund stand, entwickeln sich heute die Kundenanforderungen zunehmend in Richtung Multiplikation vorhandener Kompetenzen und Auffinden neuer Märkte (inside out).

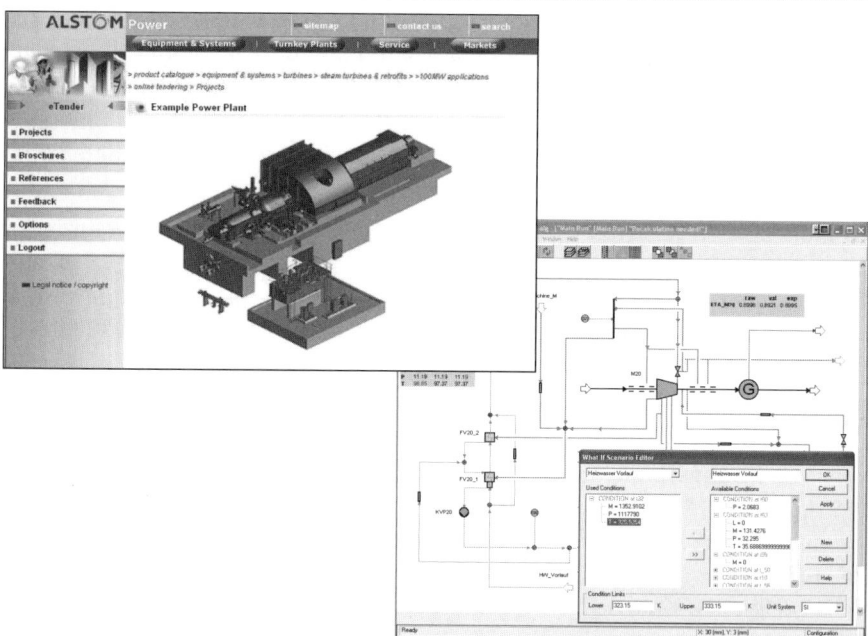

Bild 13.9 Übertragung der Schaltpläne aus dem Kraftwerksbau von Alstom auf die Sanitärinstallationsplanung von Geberit I

Diese Veränderungen führen dazu, dass das Wissen aus und über andere Industrien sowie ein starkes Netzwerk immer wichtiger werden. Knowledge-Broker-Unternehmen achten daher bei der Personalrekrutierung und Teamzusammensetzung vermehrt auf Multidisziplinarität. Neben dem unterschiedlichen Ausbildungshintergrund sind dabei insbesondere die verschiedenartigen Industrieerfahrungen für den Einsatz in Cross-Industry-Projekten wichtig. Die etablierten Managementwerkzeuge wie Portfolioanalysen oder Business Cases werden vermehrt mit Methoden ergänzt, die auf Cross-Industry-Innovationen angepasst sind. Beispiele dafür sind TRIZ, FMA oder Osborn-Fragen. Das Erlernen dieser Methoden ist für Mitarbeitende von Knowledge-Broker-Unternehmen zwingend. Aber auch die kreative Suche nach neuen Werkzeugen und Lösungswegen, im chaotischen wie auch im systematischen Ansatz, verlangt ein hohes Maß an Kreativität und Anpassungsfähigkeit von den Mitarbeitenden. Nur so können sie auch zukünftig Unternehmen gezielt bei der erfolgreichen Entwicklung von Cross-Industry-Innovationen unterstützen.

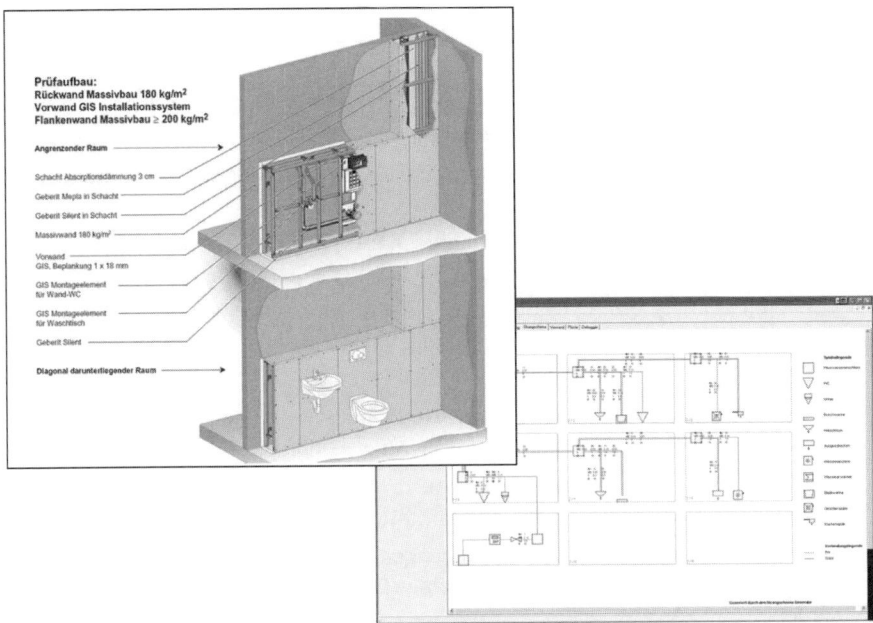

Bild 13.10 Übertragung der Schaltpläne aus dem Kraftwerksbau von Alstom auf die Sanitärinstallationsplanung von Geberit II

13.5 Umsetzung von Cross-Industry-Innovationen

Obwohl das Vorgehen bei der Durchführung von Cross-Industry-Innovationen individuell unterschiedlich auf die Art der zu suchenden Lösung und den Firmenkontext angepasst werden muss, ergibt sich aus dem Vergleich erfolgreicher Fälle ein Muster. Dieses kann als Checkliste für die Umsetzung von Cross-Industry-Innovationen in der Praxis verwendet werden.

Der Umsetzungsprozess ist dabei unterschiedlich bei Inside-out- und Outside-in-Innovationen, obwohl beide Prozesse die generellen Phasen Abstraktion, Analogiesuche und Adaption durchlaufen.

CHECKLISTE ZUM VORGEHEN BEI INSIDE-OUT-INNOVATIONEN

Abstraktion

- Stärken-Schwächen-Profil erstellen: Kernkompetenzen identifizieren, Istanalyse.
- Scope definieren: strategische Grundsätze für die Marktauswahl, z. B. Marktgröße.
- Trichter öffnen: Den Strukturierungsrahmen für die Suche auswählen.
- Suchfeld einschränken: Anwendung der Grundsätze auf den Strukturierungsrahmen und Ausgrenzung bestimmter Felder durch Anwendung der Grundsätze sowie durch die Erfahrung des Cross-Industry-Teams.

Analogiesuche

- Anwendungen auflisten und Brainstorming durchführen: Segmentierung der Branchen, kreativer Prozess zur Identifizierung zukünftiger Anwendungen.
- Grobbewertungskriterien definieren: Beurteilung aufgrund der Kernkompetenzen sowie Wettbewerbsstärken und Marktattraktivität.
- Logik oder Muster der selektierten Lösungen identifizieren: Was haben alle Anwendungen gemeinsam? Gibt es analoge Lösungen, die dem Muster entsprechen?
- Entwicklung der Muster zu Strategieszenarien: Formulierung von Strategieszenarien, auf deren Basis nochmalige Suche nach Anwendungen und Branchen.
- Recherche und vertiefende Analyse der selektierten Märkte: z. B. Experteninterviews und Porters Branchenanalyse.

Adaption

- Portfolioanalyse der selektierten Märkte bzw. Lösungen.

Erstellung von Business Cases, endgültige Auswahl der Lösung und Umsetzung im Unternehmen.

CHECKLISTE ZUM VORGEHEN BEI OUTSIDE-IN-INNOVATIONEN

Abstraktion

- Wissensdefizit bei Entwicklung erkennen.
- Produkt, Wirkstoff bzw. Produktgruppe auswählen.
- Funktionalitäten und Bedürfnisse identifizieren: Erstellen eines Anforderungskatalogs und -profils.
- Funktionalitäten der benötigten Lösung abstrahieren: Sich vom eigentlichen Produkt lösen und Funktionen sowie Bedürfnisse auf einer höheren Abstraktionsebene identifizieren, z. B. durch Funktionalmarktanalyse oder externe Experten.

Analogiesuche

- Trichter öffnen: Strukturierungsrahmen für die Suche auswählen, z. B. Technologiebaum oder DIN-Norm.
- Suchfeld einschränken: Abstrahierte Funktionalitäten oder Bedürfnisse mit Technologien oder Industrien verbinden: Wo werden diese Funktionalitäten sonst noch benötigt?
- Recherche zur vertiefenden Analyse: z. B. durch Experteninterviews: Wo braucht es die identifizierten Funktionalitäten? Welche Industrien haben ähnliche Bedürfnisse?
- Fremde Technologien bzw. Industrien identifizieren: Formulierung von Strategieszenarien, nochmalige Suche nach Anwendungen bzw. Branchen.
- Informationsquellen bzw. Experten identifizieren: gemeinsame Workshops, Erstellen von Zukunftsszenarien, z. B. Picture of the Future.
- Durchführen der Workshops oder Sammlung der benötigten Informationen über analoge Lösungen.
- Selektion der identifizierten Lösungen bzw. Technologien auf Basis des zu Beginn erstellten Anforderungsprofils.

Adaption

- Implementation der selektierten Lösung: z. B. in das Produkt oder in ein Technologieradar.

Eventuell Plan zur regelmäßigen Aktualisierung des Technologieradars.

14 FÜHREN: DER UNTERSCHIED ZWISCHEN MITTELMASS UND HOCHLEISTUNG

Oliver Gassmann

Immer häufiger wird Innovation und Kreativität gefordert, jedoch bleibt es zu abstrakt. Innovationsprozesse sind zu führen, aber es ist mehr: Die Menschen sind zu führen. Bei der Führung reicht es nicht aus, Innovation im Geschäftsbericht oder in der Weihnachtsrede zu erwähnen. Vielmehr müssen den Worten Taten folgen. Führung bedeutet mehr als „nur" Projektziele und Innovationsraten zu erreichen. Die Menschen sind zu inspirieren, intellektuell zu stimulieren und zu individuellen Höchstleistungen anzuspornen. Fordern und fördern heißt die Devise.

Wirksame Führung bewegt Menschen zu Höchstleistungen, indem sie Teams energetisiert und das kreative Potenzial des Einzelnen ausschöpft.

14.1 Mut zum Entscheiden

Die Bedeutung von Entscheidungen wird immer noch stark unterschätzt. Jede Strategie besteht letztlich aus einem Muster von Entscheidungen. Eine erfolgreiche Innovation ist das Ergebnis richtiger Entscheidungen. Doch wie und wann entscheiden, da gerade bei Entwicklungsprojekten immer unter hoher Unsicherheit entschieden wird? Zu häufig werden offene Situationen ausgesessen, Kommissionen, Ausschüsse und Stäbe gegründet, um nicht entscheiden zu müssen. Die Kosten von Fehlentscheidungen werden oft nachkalkuliert, die Kosten einer Nicht-Entscheidung bleiben im Dunkeln. Generell gilt: Eine Fehlentscheidung ist besser als Nicht-Entscheiden.

Prioritäten setzen = Entscheiden, was liegen bleibt

Es ist leicht zu sagen, was wichtig ist. Viel schwerer fällt die klare Aussage, was liegen bleiben muss. Klare Prioritäten setzen bedeutet auch, dass keine Projekte ewig laufen und versanden, nur weil sie es nicht mehr auf die Managementagenda schaffen. Hier können enorm viel Energie und Ressourcen freigesetzt werden, indem mutig und klar entschieden wird.

Nicht rentable Innovationen müssen rechtzeitig gestoppt werden. Kapazitäten werden frei, wenn fokussiert wird. Bei *Phonak* werden die Projektteams in der Mitarbeiterzeitschrift als Helden gefeiert, wenn diese von sich aus ein nicht erfolgreiches Projekt abgebrochen haben. Häufig fehlt der Mut beim Projektleiter, selbst den Projektstopp zu fordern. Der Projektabbruch ist ein versteckter Erfolgsfaktor im Innovationsmanagement.

Es benötigt auch mutige Entscheidungen, um Altes, Überflüssiges oder Störendes zu eliminieren. Im Laufe eines Arbeitslebens sammeln sich zu viele Themen an, welche ständig aus Gewohnheit mit sich herumgeschleppt werden. Rituale geben uns Sicherheit, aber gleichzeitig verbirgt sich oft ein enormes verstecktes Produktivitätspotenzial dahinter. Gerade im Reporting und in Prozessschritten werden immer wieder Dinge entdeckt, welche sich so eingebürgert haben, aber welche man *neu* nicht mehr so beginnen würde. Es gehört beispielsweise Mut dazu, sein Patentportfolio zu entschlacken und Patente aufzugeben. Meist ist es für den Leiter einer Patentabteilung unattraktiv, Patente aufzugeben: Er hat mehr Budget und trifft keine Fehlentscheidung. Bei begrenzten Ressourcen muss Altes gestoppt werden, um Neues zu starten.

Entscheidungspathologien vermeiden

Der Mensch trifft täglich 10 000 intuitive Entscheidungen, vom Aufstehen am Morgen bis zur Wahl des Hemdes. In den Ingenieur- und Naturwissenschaften sind intuitive Entscheidungen aber nur von Nobelpreisträgern erlaubt. Einfache Projektteams müssen mit aufwendigen Nutzwertanalysen nachweisen, dass die getroffene Entscheidung objektiv und richtig ist. Dabei hat Herbert Simon bereits in den 70er-Jahren gezeigt, dass gerade kollektive Entscheidungen in Unternehmen enorm irrational sind. Die emotionale Seite von Entscheidungen spielt eine große Rolle, das Bauchgefühl ist wichtiger, als wir es wahrhaben wollen.

Oft entstehen Entscheidungspathologien, weil die Psychologie auch vor dem Management nicht haltmacht:

- Systemrechtfertigung: Es besteht stets die Tendenz zum Status quo.
- Extrem-Aversion: Werden der Geschäftsleitung drei Alternativen vorgestellt, wird in den meisten Fällen die Mitte ausgewählt. In fast allen Ländern vermeiden Menschen Extreme.

- Ankereffekt: Wird einmal eine Zahl in den Raum gestellt, so werden die folgenden Alternativen daran gemessen. Anker setzen auch erfahrene Autoverkäufer: Fast immer werden alle Extras im Wagen vorgestellt, damit sich der Preis des Vorführautos als Referenz im Kopf des Kunden festsetzt.

- Sunk Costs: Auch wenn frühere Investitionen bilanziell nicht aktiviert werden können, so ist es deutlich schwieriger, ein Projekt zu stoppen, das bislang drei Millionen gekostet hat, als eines, das nur 50 000 gekostet hat.

- Frequenzvalidität: Je häufiger eine Tatsache gehört wird, umso eher wird diese geglaubt. Oft sind Vorstände selbst von einer unsinnigen Prognose überzeugt, weil sie diese so oft gehört haben. Es ist enorm schwer, einmal gesetzten Irrglauben auszuräumen.

- Zero-Risk Bias: Wir bevorzugen die Variante A, bei der ein kleines Risiko völlig eliminiert ist, vor der Variante B, bei der ein großes Risiko drastisch reduziert wird. Dies auch, wenn alle Erwartungswerte für die Variante B sprechen.

- Asch-Effekt: Der Gruppenzwang wurde 1951 von Solomon Asch durch das Konformitätsexperiment nachgewiesen. Menschen passen sich der Mehrheitsmeinung an. Gibt es keine Bedenkenträger oder hat der Patron des KMU ein starkes Plädoyer gehalten, findet man nur noch Zustimmung – manchmal auch entgegen der eigenen Überzeugung.

Routineentscheidungen fallen leichter als Grundsatzentscheidungen, dabei sollten gerade erstere häufiger hinterfragt werden. Meist werden bei Entscheidungen im Alltagsgeschäft zu viel nur die Symptome und zu wenig die Ursachen von Problemen adressiert. Toyota hat hierzu die einfache 5-Why-Methode im Einsatz: Bei jedem Problem fünfmal „Warum?" fragen – auf jede Antwort ein weiteres Warum. Dadurch werden Entscheidungsgrundlagen rasch auf eine völlig neue Grundlage gelegt.

REGELN FÜR GUTE ENTSCHEIDUNGEN

- Grundlagen klären für die Entscheidung; bei Innovation wird meistens unter hoher Unsicherheit entschieden.
- Personenkreis im Entscheidungsprozess einschränken, Unbeteiligte bremsen eine Entscheidung nur.
- Tiefere Ursachen analysieren, 5-Why-Regel anwenden.
- Das Bauchgefühl zulassen; Intuition basiert auf Erfahrungen und unbewusstem Wissen, das häufig hoch komplexe Entscheidungen gut unterstützt.
- Entscheidungspathologien vermeiden; schon die Kenntnis dieser hilft dabei.
- Konsens unter den Involvierten bei der Entscheidung erhöht die Geschwindigkeit bei deren Umsetzung.
- Mut zur Entscheidung: Eine Falschentscheidung kann revidiert werden, Nicht-Entscheiden blockiert die ganze Mannschaft.
- Macht- und Interessenkonflikte offen adressieren.
- Lernen aus Fehlentscheidungen: Jeder darf Fehler machen, aber möglichst nicht zweimal die gleichen.

14.2 Die Kunst der transformationalen Führung

In der Führungstheorie herrschte lange der **transaktionale Ansatz**, der Zuckerbrot-und-Peitsche-Ansatz. Bei diesem geht man davon aus, dass eine Führungsperson die Motive und Bedürfnisse ihrer Mitarbeiter kennt und Zielerreichung belohnt, Abweichungen sanktioniert.

Von großer Bedeutung bei transaktionaler Führung sind **Ziele** als Basis von Leistung und Gegenleistung. Hier hat sich das SMART-Schema in der Praxis sehr bewährt:

- **S**pezifisch: Ziele müssen eindeutig und präzise sein.
- **M**essbar: Ziele müssen klar messbar sein.
- **A**kzeptiert: Ziele müssen vom Team akzeptiert sein.
- **R**ealistisch: Ziele müssen erreichbar sein.
- **T**erminiert: Ziele müssen zu einem Termin erreicht sein.

Management by Exception gehört auch zum transaktionalen Ansatz, bei dem Führungskräfte nur intervenieren, wenn es Zielabweichungen oder Probleme gibt. Transaktionale Führung hat über Jahrzehnte die Führungsdebatte dominiert. Die meisten Vorstandsetagen und Personalchefs handeln auch heute noch, mit ausgefeilten Anreiz- und Sanktionssystemen, danach.

Leistung gegen Geld ist im Management weitverbreitet und funktioniert meist gut bei Akkordmitarbeitern. Der chinesische Konzern *Foxconn*, der in Südchina für *Apple*, *Dell* und *HP* kostengünstig fertigt, führt stark nach transaktionalem Muster: Die billigen Wanderarbeiter werden für Akkord entlohnt, mehr Output gibt mehr Lohn. Dies funktioniert so gut, dass sich einige Arbeiter zu Tode gearbeitet haben – ein Skandal im Jahr 2010 für die *Foxconn*-Kunden.

Innovation und Kreativität benötigen jedoch mehr als nur eine zielorientierte Steuerung einer Organisation. Die transformationale Führung liefert hier Antworten. Nach dieser vertrauen die Mitarbeiter ihren Führungskräften, weisen ihnen Respekt und Loyalität auf. Mitarbeiter werden stärker befähigt, gecoacht. Der Hauptunterschied zwischen den beiden Führungsstilen setzt an der Motivation an: Transaktionaler Zuckerbrot-und-Peitsche-Ansatz wirkt über Geld, Status, Komfort (extrinsische Motivation), während der transformationale Führungsstil die Mitarbeiter durch die Arbeit selbst begeistert (intrinsische Motivation).

Die transformationale Führung wirkt über vier Stellhebel:

- **Idealisierter Einfluss.** Die Führungskräfte werden als Vorbilder wahrgenommen und genießen Respekt, Bewunderung und volles Vertrauen bei ihren Mitarbeitern. Die Mannschaft kann sich auf ihre Leader verlassen, Integrität und hohen moralischen Ansprüchen werden sie gerecht. Häufig wirkt hier auch ein starkes Charisma, bei dem die Mitarbeiter ihrem Chef durch dick und dünn folgen.

- **Inspirierende Motivation.** Transformationale Manager motivieren und inspirieren ihre Mitarbeiter durch anspruchsvolle Ziele und tieferen Sinn. 80 % aller Pharmaforscher erleben keinen kommerziellen Erfolg ihrer Forschungsarbeit während ihrer gesamten Lebensarbeitszeit. Die Vision einer Welt ohne Aids und Krebs hält diese Forscher hoch motiviert bei der Arbeit. Gemeinsame Werte und geteilte Visionen wirken hoch motivierend.

- **Intellektuelle Stimulierung.** Die Führungspersonen wecken die kreativen Fähigkeiten ihrer Mitarbeiter und ermuntern diese zu eigenständigem Problemlösen. Kritisches Hinterfragen von Bestehendem wird gefördert, Kreativität wird provoziert und gefördert.

- **Individuelle Berücksichtigung.** Transformationale Führungskräfte gehen auf die individuellen Bedürfnisse ihrer Mitarbeiter ein und coachen diese als Mentor. Mit großem Interesse und Empathie werden die Stärken der Mitarbeiter gefördert und weiterentwickelt.

Bild 14.1 Transformationale Führungskräfte ziehen Innovatoren an und bewegen

Kommunizieren, kommunizieren, kommunizieren

„Man kann nicht nicht kommunizieren" (Watzlawik). Wenn der CEO bei einer Krise nichts sagt, sagt er den Mitarbeitern sehr viel. Wir kommunizieren auch nonverbal und unbewusst. Alles Verhalten ist Kommunizieren; nur kommunizieren wir oft unbedacht und übersehen die Wirkung der Kommunikation. Führungskräfte mit technischem oder naturwissenschaftlichem Hintergrund vernachlässigen besonders oft die Bedeutung von Kommunikation. Auch wenn die Worte scheinbar redundant sind und die Fakten eigentlich schon alles sagen, benötigt es eher mehr als weniger Kommunikation.

„Perception is reality" – nicht die Realität zählt bei den Mitarbeitern, sondern die wahrgenommene Realität. Wirklichkeit wird nicht nur im Marketing für den potenziellen Käufer eines Produkts konstruiert – Stichworte, emotional aufgeladene Produkte, Symbolgesellschaft, Brand Community –, sondern auch in der Führung. Teilweise führt dies zu grotesken Situationen. In Anleitung zum Unglücklichsein beschreibt Watzlawick einen Mann, der alle zehn Sekunden in die Hände klatscht. Auf die Frage nach dem Grund für dieses merkwürdige Verhalten erklärt er: „Um die Elefanten zu verscheuchen." Auf den Hinweis, es gebe hier doch gar keine Elefanten, antwortet der Mann: „Na, also! Sehen Sie?" Einige Vorstandsreden erwecken ähnliche Assoziationen.

Oft präsentieren auch die Projektleiter vor der Geschäftsleitung großartige Ideen, aber unverständlich mit Formeln gespickt und mit allen technischen Details. Frustriert verlassen sie die Sitzung, wenn die Geschäftsleitung ihre Ideen nicht aufgenommen hat. Die Sprache der Technik wurde nicht gut genug in die Sprache des Geldes übersetzt. Nicht stufengerechtes Kommunizieren verfehlt die Wirkung, dies gilt bottom-up genauso wie top-down. Entscheidungen, die nicht kommuniziert werden, können auch nicht umgesetzt werden.

Ein starkes Mittel der Kommunikation ist die Kraft der Visualisierung. In der modernen Produktion verwendet man schon seit den 90er-Jahren sehr erfolgreich Visualisierungstechniken, um Kennzahlen wie Produktivität, Ausschuss, Maschinenausfall und Krankheitstage zu verfolgen. Auf strategischer Ebene gibt es deutlich weniger Ansätze. Der in der Verbindungstechnik tätige Mittelständler *Reichle & De-Massari* erklärt anhand eines Bildes Strategie, Strukturen, Zielsetzungen, Positionierung, Kundenverständnis, Werte, Kultur

Sieht man das Unternehmen als Organismus, so kann in einem Bild die Anatomie, Physiologie und Psychologie des Unternehmens erklärt werden. Mitarbeiter verstehen dies nicht nur besser, sie haben die Inhalte besser verstanden und können diese noch Wochen später in großen Teilen wiedergeben. Menschen denken visuell besser und oft unterausgelastet.

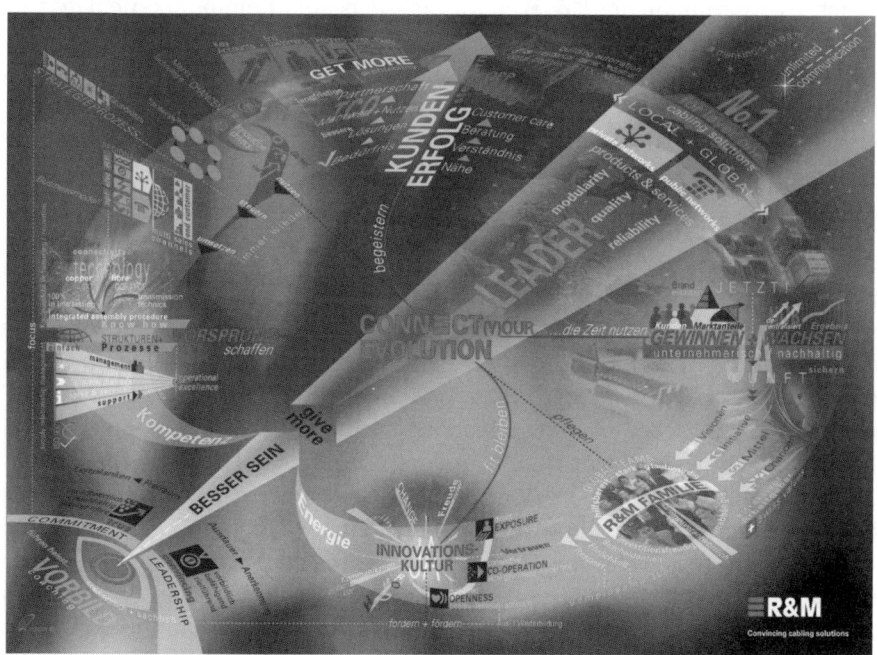

Bild 14.2 Visualisierung der normativen Welt des Unternehmens R&M

14.3 Die Realtime-Illusion bei Käufern

Führungskräfte versuchen immer mehr auf allen Hochzeiten gleichzeitig und sofort zu agieren. Exzessiver Einsatz der Produktivitätswerkzeuge BlackBerrys, iPhones und 24-Stunden-online-Präsenz führt paradoxerweise zu sinkender Produktivität. Die Folgen für die Mitarbeiter und die Unternehmen sind mittelfristig gravierend: halbe Aufmerksamkeit, mangelnde Reaktivität, wahrgenommener Kontrollverlust und das Gefühl, ständig gehetzt zu sein – kurz: Die Manager rasen wie Hamster in einem Laufrad, das sich immer schneller dreht. „Wir haben eine hoch responsive Unternehmenskultur, welche die Agilität ins Zentrum stellt", so lautete die Begründung für dieses Verhalten. Doch der Preis dafür ist hoch: Einem Management, das ausschließlich an portable Kommunikationsgeräte gefesselt ist, fehlt es an Ideenreichtum und Initiative. Realtime-Illusion kann zum Kreativitätskiller werden. Am schwersten wiegt: Eisenhowers Unterscheidung in „dringende" und „wichtige Aufgaben" kann die heutige Managementgeneration immer weniger treffen.

Ingenieure, Informatiker und technische Projektleiter leiden besonders stark unter falsch verstandener Agilität. Dabei ist es gerade für diese Mitarbeiter wichtig, kreative Lösungen zu entwickeln und konzeptionell zu denken. Um es gleich vorwegzunehmen: Moderne Informations- und Kommunikationstechnologien haben einen enormen Produktivitätssprung ermöglicht. Vorwiegend entlasten diese auch von der Routine und schaffen so kreative Freiräume. Zu häufig erleben wir jedoch in unseren Executive-Seminaren, dass der Einsatz zu wenig reflektiert erfolgt und dadurch Potenziale individuell verpasst werden.

Aktionismus als Folge der Realtime-Illusion

Tom Allen zeigte mit seiner berühmten Studie in den 70er-Jahren, dass die Kommunikationswahrscheinlichkeit mit zunehmender Distanz sinkt. Dies war zu erwarten. Bemerkenswert ist jedoch die Distanz, bei deren Überschreitung die Kommunikationswahrscheinlichkeit am stärksten abnimmt: Sie liegt bei nur 30 Metern. *BMWs* Forschungs- und Innovationszentrum und *Novartis'* neuer Forschungscampus sind architektonisch stark von der 30-Meter-Regel beeinflusst. Ob die Kollegen nun im anderen Gebäude auf dem gleichen Unternehmensareal sitzen oder in einer anderen Stadt oder gar in einem anderen Land arbeiten, reduziert die Wahrscheinlichkeit der Kommunikation nur noch unwesentlich. Die Erklärung ist einfach: Mitarbeitende, deren Arbeitsplätze nahe beieinanderliegen, warten vor demselben Aufzug, nutzen die gleichen Kopierer und trinken den Kaffee am selben Tisch. Das Erstaunliche: E-Mails und SMS haben an dieser Situation kaum etwas geändert. Die elektronischen Möglichkeiten der Kommunikation führen nicht zum oft angekündigten „globalen Dorf". Im Gegenteil: Kommunikationsforscher haben festgestellt, dass Menschen, die sich häufig persönlich treffen, sich ebenso oft E-Mails schicken. Am häufigsten wird der Arbeitskollege im Büro nebenan angemailt.

Wir leben in einer Realtime-Illusion und stehen immer stärker unter dem Druck, die Dinge sofort erledigen zu müssen. Laut dem Berliner Institut für Wirtschaftsforschung arbeiten 60 % aller Führungskräfte stark unter Zeitdruck. Nach empirischen Untersuchungen der Harvard-Kollegin Amabile ist Zeitdruck durchaus mit Kreativität vereinbar, jedoch nur, wenn man sich voll auf eine Aktivität konzentriert. Arbeitet ein Team nur an einer einzigen Mission, kann Zeitdruck die Kreativität sogar positiv stimulieren.

Produktivität und Kreativität gehen jedoch verloren, wenn mehrere Aufgaben gleichzeitig bewältigt werden – doch gerade dazu verführen uns Meetings, E-Mails, BlackBerrys & Co. Während einerseits im Privatleben immer mehr versucht wird zu entschleunigen, wird die Arbeitswelt in einer ständigen Realtime-Illusion als enorm beschleunigt wahrgenommen. Tatsächlich laufen heute deutlich mehr Prozesse in Realtime ab – aber eben nicht alle. Das Management muss wieder stärker nach den bewährten Prinzipien Eisenhowers arbeiten: „Dringend" von „wichtig" zu unterscheiden ist zur zentralen Kunst geworden, die zahlreiche Führungskräfte nicht mehr beherrschen.

Diese Realtime-Illusion hat gravierende Folgen:

- **Verfügbarkeitsfalle:** Ein Unternehmen, bei dem ein Großteil des Managements der Realtime-Illusion verfallen ist, gleicht einem Hamsterrad, das sich immer schneller dreht. Die Mitarbeitenden sind permanent verfügbar und haben zunächst den Eindruck, dass sie immer schneller arbeiten. Faktisch kommen die Projekte jedoch kaum voran.

- **Koordinationswut:** Keine Frage – der Koordinationsbedarf ist im Zeitalter von hoch arbeitsteiligen, globalen Prozessen stark angestiegen. Jedoch wird deutlich mehr koordiniert als notwendig, weil das „cc" in der E-Mail so leicht ist. Die Agilität eines Unternehmens bestimmt sich heute weniger darin, wie schnell eine Aufgabe erledigt wird, sondern vielmehr, wie viel Zeit die Mitarbeiter noch auf die eigentliche Aufgabenerfüllung aufwenden. In einem Maschinenbauunternehmen haben wir erlebt, dass eine Produktspezifikation über ein Jahr zwischen dem lokalen Produktmanagement und dem technischen Projektleiter hin und her gespielt wurde, bevor diese eingefroren wurde.

- **Scheinparallelität:** Die Mitarbeitenden haben den Eindruck, sie seien Multitasking-fähig und würden zunehmend Aufgaben gleichzeitig bearbeiten. Die moderne Hirnforschung zeigt uns aber, dass unser Gehirn gar nicht zu echter Parallelverarbeitung in der Lage ist. Aufgaben werden stets sequenziell abgearbeitet. Dabei springt unser Gehirn in Sekundenbruchteilen zwischen den einzelnen Aufgaben hin und her, was uns den Eindruck von

Parallelität vermittelt. Laufen jedoch zu viele Aufgaben parallel, tritt der Warteschlangeneffekt ein, bei dem der Output dramatisch einbricht. Während im Produktionsprozess die Rüstzeiten eines Jobwechsels hinreichend bekannt sind, werden die geistigen Rüstzeiten in einem Innovationsprojekt massiv unterschätzt.

- **Qualitätseinbruch:** Mit zunehmender Beantwortungsgeschwindigkeit steigt die Kommunikationsfrequenz, gleichzeitig sinkt die Informationsqualität. Gegen Corporate Spam gibt es leider keine Spamfilter. Manche Black-Berry-Korrespondenz erinnert eher an Chatforen von Teenagern als an professionellen Informationsaustausch.

- **Vollkaskomentalität:** Die unzähligen Kopien an alle möglichen Beteiligten via „cc" erfolgen unter dem Deckmantel der Wissensverbreitung. Dahinter steckt jedoch häufig persönliche Unsicherheit: Mitarbeitende möchten sich mit der Information aller involvierten Personen absichern. Der mangelnde Mut zur Fokussierung auf Relevantes und auf die Auswahl eines Ansprechpartners führt zu einem Overload an Information. Das Problem: Jeder möchte gerne weniger Nachrichten, aber keiner leistet es sich, als Erster nicht zu antworten.

- **Crowding-out:** Das Dringende wird systematisch überschätzt in der Wichtigkeit. Dadurch entsteht ein Crowding-out-Effekt, bei dem die wichtigen strategischen Aufgaben durch unwichtige dringende verdrängt werden – der Projektleiter wird zu seinem eigenen besten Sachbearbeiter.

- **Cogitus interruptus:** Die ständige Mehrfachbeschäftigung führt bei den meisten Führungskräften zu chronischer Zerstreuung. Denkprozesse werden unterbrochen, weshalb vieles angedacht, aber nicht zu Ende gedacht wird. Die Statistik zeigt, dass in der Schweiz Wissensarbeiter im Durchschnitt 44-mal pro Tag, also alle elf Minuten, unterbrochen werden. Die geistige Rüstzeit, bis man wieder die volle Konzentration erreicht, beträgt nach empirischer Hirnforschung acht Minuten, ganze drei Minuten volle Produktivität bleiben übrig.

- **Kreativitätsloch:** Ruhephasen sind eine wichtige Quelle für Kreativität. Ständige Empfangsbereitschaft zerstört die Grundlagen für kreatives Arbeiten.

- **Demotivation:** Mitarbeiter, die in einer solchen Realtime-Illusion leben, empfinden Kontrollverlust über die Arbeit. Die Folgen sind katastrophal: Kurzfristig erhöht sich der Adrenalinlevel, mittel- bis langfristig entsteht negativer Stress. Als Folge sinkt die Motivation, oft erfolgt eine innere Kündigung des Mitarbeiters, vereinzelt entsteht auch völliger Realitätsverlust.

- **Suchtsymptome:** Langfristig fördern Suchtsymptome Burn-outs. Die Gruppe der „Crackberries" – Süchtige mit panischer Angst, vom Netz abgeschnitten zu sein – wird ständig größer. Inzwischen haben sich die ersten Selbsthilfe-gruppen formiert.

Intel schätzt die Verluste durch überflüssige E-Mails auf acht Stunden pro Woche oder einen ganzen Arbeitstag. Hier sind noch nicht die Kreativitätsein-brüche, der Stress und die reduzierte Mitarbeiterzufriedenheit als Folge von Unterbrechungen eingerechnet. *Google, Microsoft, IBM* und *Intel* haben bereits eine Information-Overload-Forschungsgruppe etabliert. Deren Aufgabe ist es, zu untersuchen, wie man die unkontrollierte Informationsverschmutzung als Produktivitäts- und Kreativitätskiller in den Griff bekommen kann.

Kommunikationstechnologien beschleunigen die Arbeitswelt, dies steht außer Frage. Die Sucht, ständig online zu sein und rasch zu reagieren, ist zu groß. Die Maschine beherrscht den Menschen anstatt umgekehrt. Manager agieren wie Betrunkene, die ihre Schlüssel in einer dunklen Straße verloren haben und sie unter der Straßenlaterne suchen, weil dort das Licht besser ist.

MASSNAHMEN GEGEN DIE REALTIME-ILLUSION:

- **Vorbildfunktion:** Die Geschäftsleitung muss die Thematik des effektiven Arbeitens auf die Agenda bringen und sich selbst danach richten.

- **Absage an „cc":** Effektive Führungskräfte lesen keine E-Mails, in denen sie auf Kopie stehen, und kommunizieren dies öffentlich. Dies erfordert einen Kultur-wandel und führt zu einer höheren Selbstverantwortung bei der Auswahl von E-Mail-Adressaten.

- **Zeitblöcke definieren:** Für die Beantwortung von E-Mails sollten begrenzte Zeitblöcke eingeplant und streng eingehalten werden. Bei Smartphones darf die E-Mail-Push-Funktion nur in bestimmten Zeiträumen aktiviert sein – eine Regel, nach der auch Jim Basillie, CEO des BlackBerry-Unternehmens RIM, handelt.

- **Realtime-Bedarf festlegen:** Die erforderliche Reaktionszeit muss identifiziert und die Kommunikationsfrequenz daran angepasst werden. Innovatoren ver-kraften längere Reaktionszeiten als Online-Trader an der Börse.

- **E-Mail-free Friday:** In Kalifornien wird der „Casual Friday" zunehmend durch den „E-Mail-free Friday" ersetzt. An solchen Tagen ist es verboten, seinen Kolle-gen E-Mails zu senden. Stattdessen wird zum direkten, persönlichen Gespräch aufgefordert. Resultat sind gestiegene Arbeitsqualität und mehr Freude an der Arbeit.

- **Aufmerksamkeitskultur entwickeln:** Programmierer sind bekannt dafür, dass diese an Randzeiten arbeiten, um in Ruhe konzentriert arbeiten zu können.
  - Nur noch bewusst bloggen, twittern, mailen.
  - Bei Sitzungen Handy und Notebooks abstellen.
  - Meetings gut vorbereiten mit klarer Agenda, vorbereiteten Mitarbeitern und straffer Leitung.

14.4 Kreativität und Wandel fördern

Eine Organisation ist kreativ bei komplexen Aufgabenstellungen, wenig Standardisierung und Formalisierung, hoher Kommunikation und flachen Hierarchien. Dies ist bekannt seit den 50er-Jahren, als die Kreativitätsforschung vom amerikanischen Psychologen Guilford gestartet wurde. Weniger verbreitet sind hingegen die Erkenntnisse aus Studien der Harvard-Kollegin Theresa Amabile, nach der Kreativität bei Individuen auf drei Elementen basiert:

- **Expertise:** Ohne Fachwissen ist Kreativität wenig wert. Es entstehen bei Laien zwar viele Ideen, die aber schon beim zweiten Blick verworfen werden.

- **Kreativitätsfähigkeiten:** Hierzu zählen sowohl die Kreativitätstechniken, von denen wir im Anhang die für uns wichtigsten beschrieben haben, als auch die Fähigkeit, individuell kreativ zu sein. Dies erfordert Konzentration, Fähigkeit für Out-of-the-box-Denken sowie die Begabung, einen Flow zu generieren.

- **Motivation:** Nur motivierte Mitarbeiter können kreativ sein. Fehlt die Motivation, so ist Kreativität hoffnungslos. Hier gilt auch, dass die Begeisterung durch die Aufgabe selbst (intrinsische Motivation) weit wichtiger ist als noch so starken Trieb nach Geldverdienen, Status oder Komfort (extrinsische Motivation).

Alle drei Elemente der Kreativität lassen sich von Führungskräften beeinflussen. Die gute Nachricht: Am leichtesten lässt sich Motivation verändern. Die schlechte Nachricht: Motivation lässt sich deutlich leichter in die negative Richtung beeinflussen als in die positive Richtung. Eine flapsige, abwertende Bemerkung des CEO zu einem Mitarbeiter im inzwischen sehr beliebten Blog eines internationalen Konzerns hat sich wie Lauffeuer im Unternehmen verbreitet. Der besagte CEO hat monatelang mit Kommunikationsberatern versucht, diesen Satz zu korrigieren. Jedoch vergeblich, zehn Sekunden im Blog richteten einen irreparablen Schaden im Vertrauen an.

Wandel führen erfordert Geduld

Der CEO von *Hansgrohe* sagte mir einmal: „Zu Innovation ist nötig Geist, Geduld, Geld, Glück ... und Sturheit." Innovation bedeutet Wandel, und der ist nicht einfach. Ein katholischer Bischof sagt einmal, dass es rund 50 Jahre dauert, bis eine Enzyklika, das päpstliche Rundschreiben, in allen Teilen der Kirche wirklich verstanden und gelebt wird. Nun mögen die meisten Unternehmen rascher handeln als die katholische Kirche, immerhin mit rund einer Milliarde Mitgliedern die wohl größte globale Organisation der Welt. Aber die Dauer der Umsetzung einer neuen Idee wird oft systematisch unterschätzt. In der Wissenschaft rechnet man mit rund 30 Jahren, bis sich eine grundlegende Neuerung von der ersten Idee bis zum kommerziellen Produkt durchgesetzt hat.

Innerhalb eines Unternehmens konzentriert sich der Projektleiter zu häufig auf die Überzeugung der harten Gegner einer Idee, im Durchschnitt nur 15 % aller Betroffenen. Kann man bei einer Innovationsidee mit 5 % Befürwortern rechnen, sind 80 % aller Betroffenen unentschieden, also stille Zuschauer. Diese gilt es zu adressieren, anstatt zu viel Energie auf die Opponenten anzuwenden. In einer politischen Wahl werden auch vor allem die Unentschlossenen angesprochen, nicht die treuen Parteigänger der gegnerischen Partei.

Kultur als Treibstoff der Innovation

WICHTIGE FRAGEN ZUM KULTURCHECK SIND:

- Wie transparent und klar sind die Managemententscheide?
- Wie verbindlich sind Commitments von Mitarbeitern?
- Wie viel Herzblut steckt jeder in seine Vorhaben?
- Wie offen wird im Unternehmen kommuniziert?
- Ist der Umgang miteinander respektvoll?
- Sind die Rollen und Verantwortlichkeiten klar geregelt?

Gerade in technischen Bereichen wird Kultur als Erfolgsfaktor oft unterschätzt und gar nicht adressiert. Oder Kultur wird in fatalistischer Weise hochstilisiert zum alles prägenden, aber gottgegebenen Element: „Es ist alles Kultur, aber wir sind nur Ingenieure …" Beides ist falsch. Kultur kann aktiv durch eine Führungskraft entwickelt werden.

Wie Studien des Harvard-Kollegen Stern gezeigt haben, lassen sich in Unternehmen mit einer starken Innovationskultur folgende Elemente finden:

- Starke Ausrichtung auf Ziele: Je stärker die Mitarbeiter sich auf eindeutige, klare Ziele ausrichten, umso ausgeprägter ist die Innovationskultur. Es ist ein verbreiteter Irrglaube im Management, dass Teams ohne Ziele innovativer sind. Eine starke Vision aktiviert mehr Energie in eine Richtung, Verzettelung wird vermieden.
- Hoher Anteil an Eigeninitiative: Empowerment ist von großer Bedeutung, die 20-%-Regeln von *3M* und *Google* helfen hier. Bottom-up-Initiativen sind nicht immer besser als Top-down-Projekte, aber sie erhöhen den Innovationsgrad.
- Erlaubnis zu inoffiziellen U-Boot-Projekten: *Ericsson* erlaubt explizit Aktivitäten unterhalb der offiziellen Oberfläche, also nicht vom Management erfasste Projekte. *BMWs* Touring, heute ein zentrales Erfolgsmodell, ist in der Garage eines Mitarbeiters entgegen der Unternehmensstrategie entstanden;

erst der gebastelte Prototyp hat das Management überzeugt. Gleichwohl ist dies ein zweischneidiges Schwert: Berichtet werden nur die erfolgreichen U-Boot-Projekte; über die versandeten Millionen wird nie berichtet.

- Serendipity, die Gabe, den glücklichen Zufall auch zu nutzen: Hier ist es wichtig, Opportunitäten zu entdecken und auch umzusetzen. Das Post-it von *3M* war ein solcher glücklicher Zufall, der aber später auch kommerziell genutzt wurde. Bei der amerikanischen *Gore* wird dies explizit mit der Amöbenmetapher gefördert.

- Hohe Diversität der Mitarbeiter: Unternehmen sind innovativer, wenn die Mitarbeiter aus unterschiedlichen Berufen, sozialen Schichten, Geschlechtern und Nationalitäten kommen. Bei dem weltweit führenden Designunternehmen *IDEO* wird Diversität als zentrales Kreativitätsmerkmal bewusst enorm gepflegt.

- Kommunikation, Kommunikation, Kommunikation: Innovation ist fast immer das Ergebnis von Kommunikation. 80 % aller Innovationen sind Rekombinationen von existierenden Ideen, Konzepten und Technologien. Die Heureka-Momente eines alleine tüftelnden Daniel Düsentrieb sind zwar noch wichtig, verlieren aber im Vergleich zur arbeitsteiligen Innovation an Bedeutung.

Alle Punkte lassen sich durch Führung gezielt und bewusst beeinflussen. Eine Kultur aktiv in eine Richtung zu entwickeln dauert länger, als ein Entwicklungstool einzuführen, aber es ist möglich. Die stärksten Elemente sind Rekrutierung der richtigen Mitarbeiter, Zielentwicklung, Umgang mit Abweichungen und eigenes Vorleben.

Es benötigt aber auch Fokus und Mut zu klaren Entscheidungen. Agilität ist wichtig, aber kopflose Hektik und Aktionismus helfen häufig nicht weiter. Innovation erfordert die richtige Balance zwischen Kreativität und Disziplin. Die Balance hier zu halten und die ganze Mannschaft mit ganzer Kraft und Energie an Bord zu behalten, das ist die Kunst guter Führung.

Führen ist kein einfacher Prozess. Führung findet in ständigen Spannungsfeldern statt (Bild 14.3). Immer geht es um die Führung eines Teams, ob als Projektleiter sein Entwicklungsteam oder als CEO seinen Vorstand. Einige Führungskräfte haben ein ausgesprochenes Talent dafür, andere „bemühen sich stetig" und wiederum andere bleiben ihre eigenen besten Sachbearbeiter. Zu oft ist der Entwicklungschef der beste Entwickler und der Vertriebsleiter der beste Verkäufer.

Führen heißt, andere zu Dingen bewegen und befähigen, zu denen diese ohne Führung nicht fähig wären. Ein Trainer einer Fußballmannschaft schießt selbst kein einziges Tor und trotzdem kann er aus einem Haufen mittelmäßiger Solisten ein starkes Gewinnerteam machen.

Wirksame Führung kann aber auch erlernt werden. Eine Anleitung zum Golf-spielen macht noch keinen Pro aus; aber bestimmte Techniken sich bewusst zu machen ist ein erster Schritt zu einer effektiveren Führungskraft. Die Zukunft von innovativen, im Wandel stehenden Unternehmen wird stark davon abhängen, ob genügend wirksame Führungskräfte an den richtigen Stellhebeln agieren können.

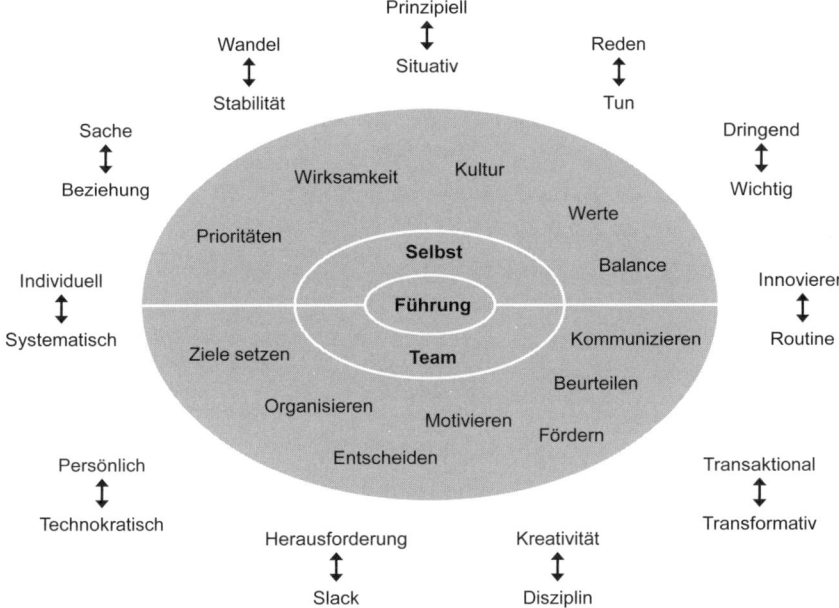

Bild 14.3 Wirksame Führung in Spannungsfeldern

15 INNOVATIONSKULTUR: „IT DON'T MEAN A THING IF IT AIN'T GOT THAT SWING"

Heinrich Flik, Christa Rosatzin

15.1 Stille Annahmen prägen die Organisation

Der Erfolg von Innovationsprojekten basiert nicht nur auf Wissen und Erfahrung. Entscheidend ist die richtige Mischung aus Fachkompetenz und dem Engagement des Einzelnen oder ganzer Teams, sich aktiv für Neues einzusetzen. Dazu müssen Führungskräfte ein Umfeld schaffen, in dem sich Werte und Verhalten darauf ausrichten, Innovationen hervorzubringen. Wenn dies gelingt, spricht man von einer innovationsfördernden Unternehmenskultur, einer Innovationskultur.

Doch wie muss eine Innovationskultur gestaltet sein? Wie lassen sich die Innovationsaktivitäten steuern, damit Nährboden für neue Produkte und Dienstleistungen entsteht? Nach welchen Grundwerten soll sich ein Unternehmen ausrichten? Diese Fragen lassen sich nicht in wenigen Sätzen beantworten; es gibt keine Patentrezepte. Die Unternehmenskultur gründet auf den gemeinsamen, zum Teil unausgesprochenen Annahmen und Haltungen der Mitarbeitenden zu grundlegenden Fragestellungen, wie: Welche gemeinsame Sprache sprechen wir? Wie soll das Unternehmen organisiert sein? Wie sollen sich die Mitarbeitenden einander gegenüber verhalten? Wie werden Leistung und Einsatz anerkannt? Auf diesen Grundhaltungen baut das gemeinsame Verständnis, die Identität des Unternehmens. Daraus entwickelt sich eine Kultur, die sich in Werten, Normen und Verhaltensweisen ausdrückt. Es ist die Aufgabe des „leadership", diese umzusetzen und im Unternehmen zu verankern. Führung findet auf allen Hierarchiestufen statt: Ein erfolgreicher Mitarbeiter gewinnt Anerkennung, übernimmt damit eine Vorbildfunktion und eine natürliche Führungsrolle - vorausgesetzt, er bringt die nötigen Fähigkeiten und Erfahrungen mit. Im Mittelpunkt steht der Mitarbeitende als Mensch - mit seinen Kompetenzen, Bedürfnissen und Widersprüchen.

In den ersten Stunden eines Unternehmens ist noch keine Kultur vorhanden. Die Mitarbeiter werden von der Vision und den Werten der Gründer getragen. Ein kleines Team hoch motivierter Fachkräfte arbeitet mit Engagement für ein gemeinsames Ziel; die Arbeit ist von Emotionen und persönlicher Betroffenheit geprägt. Ist das Team erfolgreich, erschließt es sich neue Märkte und erweitert das Produktportfolio – aus dem Start-up wird ein etabliertes Unternehmen, das auf eine gemeinsame Geschichte zurückblickt. Damit hat sich – meist stillschweigend – eine Unternehmenskultur etabliert, die stark auf Wachstum durch Innovation ausgerichtet ist. Doch mit dem Wachstum steigt der Wettbewerbsdruck und die Führungskräfte sehen sich gezwungen, Maßnahmen zur Effizienzsteigerung und Kostenreduktion zu treffen; es bilden sich Strukturen mit klar definierten Entscheidungswegen und Prozessen. Die Mitarbeitenden richten ihre Arbeitsweise auf Effizienz aus. In dieser Phase gilt es, den innovativen Geist zu bewahren. Denn mit der zunehmenden Größe wird das Unternehmen unüberschaubar. Das Streben des Einzelnen nach Titel und Macht droht die eigentlichen Unternehmensziele in den Hintergrund zu drängen; Veränderungen werden mit Ängsten verbunden und die Bereitschaft, Risiken einzugehen, sinkt. So etabliert sich eine Kultur, in der Kreativität kaum mehr Raum findet. Wenn dies eingetreten ist, steht ein Unternehmen vor einer großen Herausforderung. Der Wachstumsprozess birgt das Risiko, die Kultur so zu verändern, dass sie Innovation behindert.

Dieser Herausforderung sieht sich auch ein Unternehmen wie *W. L. Gore & Associates Inc.* gegenübergestellt. Das Unternehmen wurde im Jahr 1958 gegründet, verzeichnete bis in die 90er-Jahre Wachstumsraten im hohen zweistelligen Bereich und ist heute Weltmarktführer im Einsatz des Kunststoffes PTFE (Polytetrafluorethen, Teflon). *Gore* beschäftigt weltweit über 7 000 Mitarbeitende mit Produktionsstätten in den USA, Schottland, Deutschland, Japan und China. Der Gründer des Unternehmens, Bill Gore, war zweifellos ein Visionär und hat eine außergewöhnliche Unternehmenskultur etabliert, die im zweiten Teil dieses Kapitels vorgestellt wird. Im Gegensatz zu anderen Unternehmen ist es *Gore* gelungen, trotz des raschen Wachstums die Werte der Innovationskultur zu bewahren.

15.2 Der gute Umgang mit chronischen Entscheidungsdilemmas

Innovationsstarke Unternehmen sind gezwungen, sich mit Widersprüchen auseinanderzusetzen: Innovationen entstehen, wenn Freiraum und kreatives Chaos herrschen – doch um die finanzielle Stabilität zu gewährleisten, sind auch klare Entscheidungswege und Strukturen unabdingbar. Den Mitarbeitenden

soll möglichst viel Freiheit eingeräumt werden – gleichzeitig müssen Kontroll-
mechanismen dafür sorgen, dass ihre Initiativen nicht zu hohe Kosten verursachen.

Wie kann ein Unternehmen mit diesen Dilemmas umgehen? Der erste und entscheidende Schritt ist, sich bewusst zu werden, dass es sich nicht um Probleme,
sondern um Polaritäten handelt. Sie sind per definitionem unlösbar – sie können nur gut gesteuert werden. Polaritäten sind Teil der menschlichen Natur
und damit in jedem Unternehmen vorhanden.

Die westliche Kultur tendiert zu einem „Entweder-oder". Diese Denkweise kre-
iert und zementiert Widersprüche und verhindert eine Vielfalt von Ideen und
Möglichkeiten. Orientalische Kulturen hingegen wählen den Ansatz des
„Sowohl-als-auch". Das bekannteste Beispiel dazu ist das chinesische Yin und
Yang. Mit dieser Denkweise lassen sich Mischformen, bei denen sich die Gegenpole scheinbar ausschließen, in Teile einer Ganzheit integrieren. Hin und wieder mit etwas Glück führt dieses Sowohl-als-auch – gepaart mit Kreativität und
Fachkompetenz – zu einer Innovation, die scheinbar widersprüchliche Eigenschaften in einem Produkt vereint: Bis Mitte der 70er-Jahre standen Outdoor-
Sportler vor der Entscheidung, entweder eine wasserdichte, dafür nicht
atmungsaktive, oder eine atmungsaktive, dafür nicht wasserdichte Jacke zu
kaufen. Das Material Gore-Tex® verwandelte diese Entweder-oder-Situation in
eine des Sowohl-als-auch. Moderne Outdoor-Bekleidung ist gleichzeitig wasser-
dicht und atmungsaktiv.

Einen Ansatz, mit Dilemmas umzugehen, beschreibt Barry Johnson in seinem
Buch *Polarity Management* (Johnson 1992). Er identifiziert die gegenüberliegen-
den Pole und analysiert deren positive und negative Wirkung. Die Vorgehensweise wird im Folgenden am Beispiel „Individuum versus Team" aufgezeigt.
Ziel ist nicht, negative Effekte zu eliminieren, sondern die positiven Auswirkungen zu nutzen. Ein Manager, der sich dessen bewusst ist, verschwendet
keine Zeit damit, Probleme lösen zu wollen, die so nicht lösbar sind. Er lebt eine
Sowohl-als-auch-Philosophie und konzentriert sich darauf, Schwierigkeiten
vorauszusehen.

POLARITÄTSMANAGEMENT AM BEISPIEL INDIVIDUUM VERSUS TEAM

Führungskräfte müssen fähig sein, Probleme zu erkennen und zu lösen. Viele Fragestellungen sind jedoch nicht lösbar, sondern bestehen aus Gegensätzen. In einem ersten Schritt geht es darum, dies zu erkennen, die Gegenpole zu identifizieren
und deren positive und negative Wirkung herauszuarbeiten. Barry Johnson trägt
die Pole und ihre Wirkungen in eine Grafik mit vier Quadranten ein. Im zweiten
Schritt gilt es, die Dynamik der Polarität zu verstehen. Dies soll am Beispiel der
Polarität „Individuum versus Team" erklärt werden: Barry Johnson beginnt im Quadranten links unten: Wenn in einem Unternehmen zu viele Einzelkämpfer agieren

oder kleine Einheiten unabhängig voneinander arbeiten, unternimmt die Führung Initiativen zur Teambildung und bewegt sich in den Quadranten rechts oben. Die Mitarbeitenden arbeiten nun eng zusammen und verfolgen eine gemeinsame Stoßrichtung. Doch ein starker Gruppendruck kann ebenso zu ungewollter Konformität führen (Quadrant rechts unten). Das Management ist bestrebt, die Initiative des Einzelnen vermehrt zu fördern und bewegt sich in der Grafik nach oben links. So können sich wieder Einzelkämpfer etablieren und die Schleife beginnt von Neuem – man bewegt sich immer wieder entlang der ewigen, liegenden Acht. Dies macht deutlich, dass die Führung nicht vor einem lösbaren Problem, sondern vor einer Polarität steht. Ziel ist, sie so zu steuern, dass die aktuellen Bedürfnisse so gut wie nötig abgedeckt werden. Wenn ein Manager dies erkannt hat, wird er nicht Unsummen in Initiativen zur Teambildung oder zur Förderung der Eigeninitiative investieren. Er wird sie moderat gestalten und regelmäßig hinterfragen, ob Handlungsbedarf besteht.

Widersprüche gehören zum Wesen einer Innovationskultur, besonders prägend sind folgende Polaritäten (Bild 15.1):

- Disziplin und Hartnäckigkeit versus Leichtigkeit und Spielereien.
- Wirtschaftliches Diktat versus Freiraum für Kreativität.
- Größe des Unternehmens versus Schlagkraft kleiner Teams.

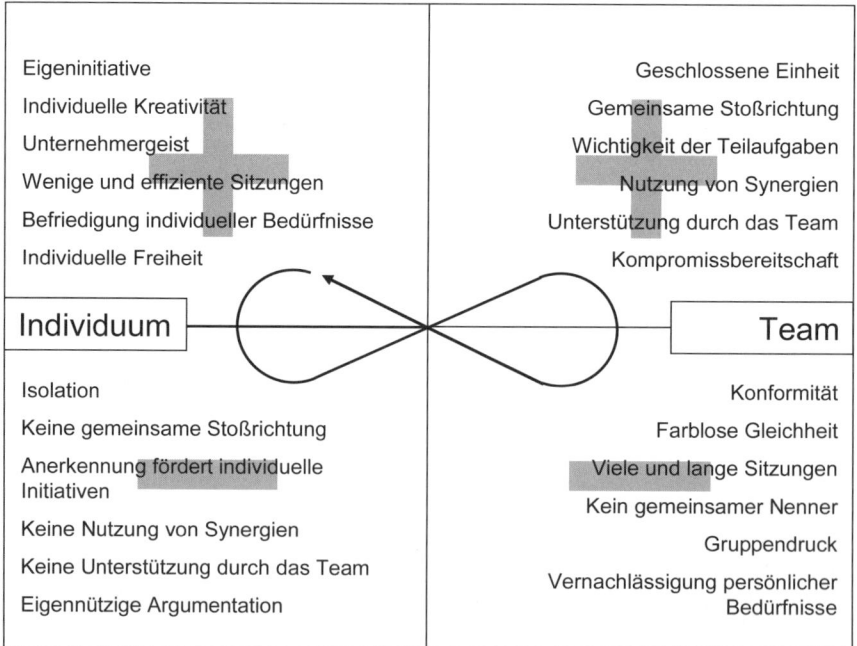

Bild 15.1 Polaritätsmanagement am Beispiel Individuum versus Team

Disziplin und Hartnäckigkeit versus Leichtigkeit und Spielereien

In Innovationsprozessen spielen Emotionen eine bedeutende Rolle. Es braucht die richtige Mischung von Fachkompetenz und emotionaler Betroffenheit. Dies zeigt z. B. die Erfindung von Gore-Tex®: Der Sohn von Bill Gore suchte nach Möglichkeiten, die Kosten von PTFE-Bändern zu reduzieren. Da Luft nichts kostet, versuchte er, das Material porös zu machen. Nach langen erfolglosen Versuchen riss er frustriert in einem Gefühlsausbruch am hoch erhitzten Material. Es expandierte auf die zehnfache Länge und blieb im Querschnitt unverändert – es war porös. Dies sprach damals gegen alle wissenschaftlichen Erkenntnisse, doch der Sohn von Bill Gore hat dank seiner Hartnäckigkeit das Material Gore-Tex® erfunden.

Ein Unternehmen muss eine Umgebung bieten, die Emotionen zulässt und in der Spielereien und Experimente Raum finden. Jeder soll sich frei entfalten können, seine Tätigkeit entsprechend seinen Stärken wählen und seinen persönlichen Arbeitsrhythmus leben. Regeln und Vorschriften werden auf ein Minimum beschränkt. Ein solches Umfeld schafft gute Voraussetzungen für kreative Ideen. Doch dies allein genügt nicht, es braucht den Gegenpol, die Disziplin. Menschen lassen sich leicht ablenken und tendieren bei einem Misserfolg dazu, ein Vorhaben nicht mehr weiterzuverfolgen. Frustrationen gehören ebenso zum Alltag wie Misserfolge. Um Innovationen hervorzubringen, muss ein Team seine Idee hartnäckig verfolgen – mit einer Disziplin, die Kreativität zulässt.

Disziplin ist nicht nur innerhalb eines Projekts, sondern während des gesamten Innovationsvorhabens gefragt. Denn dazu gehören oft eine ganze Kette von Technologien. Als *Gore* z. B. Wasser abweisende Stoffe auf den Markt brachte, war die Technologie zur Abdichtung der Nähte noch nicht vorhanden. Bis wasserdichte Kleidung erfolgreich im Markt eingeführt werden konnte, entwickelte das Unternehmen zahlreiche weitere Technologien und Testverfahren. Die Realisierung solcher Innovationsvorhaben bedingt eine konsequente Fokussierung auf die gesamte Technologieplattform – nicht auf eine einzelne Technologie – und auf den Markt, der sich durch neue Produkte und Dienstleistungen öffnet und laufend verändert. Eine Technologieführerschaft entwickelt sich über viele Jahre unter dem Einsatz großer Ressourcen.

Wirtschaftliches Diktat versus Freiraum für Kreativität

Der steigende Wettbewerbsdruck fordert immer kürzere Entwicklungszeiten; neue Produkte müssen rasch und zu marktfähigen Preisen auf den Markt gebracht werden. Dies fordert eine hohe Effizienz und Prozesse, die auf eine rasche Entwicklung und Markteinführung ausgelegt sind. Kosten- und Zeitmanagement sind zu wichtigen operativen Faktoren geworden. Die Mitarbeitenden agieren wie Berufsmusiker in einem Symphonieorchester. Sie sind streng auf den Dirigenten ausgerichtet und halten sich exakt an die Notenvorgabe, ihr Spielraum ist gering. Damit ist zwar sichergestellt, dass alle Aktivitäten auf Effizienz und Kosten optimiert sind – Kreativität und Freiraum haben jedoch kaum mehr Platz.

Ein anderer Ansatz ist im Jazz zu finden. Die Musiker befolgen lediglich einige Grundregeln. Sie halten sich an Tonart, Rhythmus und an die Abfolge der Harmonien. Anfang und Ende des Stücks sind in Noten niedergeschrieben, dazwischen steht das freie Spiel, die Improvisation. Sie ist es, welche für Spannung sorgt, da immer wieder Neues kreiert wird. Innerhalb eines Stücks kann jeder der Musiker zum Tonangebenden werden. Das Publikum ist Teil des Spiels. Wenn die Zuhörer den Swing spüren, schnippen sie mit den Fingern – eine anregende Stimmung schaukelt sich auf; die Musiker werden zu neuen Improvisationen inspiriert. Die Jazzlegende Duke Ellington formulierte es in den 40er-Jahren so: „It don't mean a thing if it ain't got that swing." Ähnlich ist die Dynamik, die ein Entwicklungsteam spürt, wenn sich eine neue Produktidee ergibt, die latente Marktbedürfnisse deckt. Gute Testergebnisse und positive Rückmeldungen von Kunden motivieren das Team zu Höchstleistungen – es „swingt" zwischen Team und Markt.

Eine hohe Kunst der Musik ist das sogenannte „Cross-over": Musiker, wie der berühmte Pianist und Komponist Friedrich Gulda (er verstarb im Jahr 2000), lassen sich von Klassik, Jazz oder Pop inspirieren und bewegen sich während der Interpretation von einem Genre zum anderen. Trotzdem spielen sie nicht ein wildes Durcheinander, sondern ein mitreißendes Stück. In dieser Art ist ein innovationsstarkes Unternehmen gefordert, Strukturen für ein effizientes Tagesgeschäft mit Freiraum und einem kreativen Umfeld zu vereinen. Die große Herausforderung besteht darin, die Organisation so zu gestalten, dass die beiden Gegensätze gleichzeitig gelebt werden können. Einige Unternehmen behelfen sich mit Regeln und halten ihre Mitarbeitenden dazu an, einen bestimmten Teil ihrer Arbeitszeit für kreative Tätigkeiten außerhalb des Tagesgeschäftes zu reservieren. Andere Firmen trennen stark strukturierte Einheiten, die auf Effizienz getrimmt sind, von Bereichen, in denen eine chaotisch kreative Arbeitsweise gelebt werden kann.

Unternehmensgröße versus Schlagkraft kleiner Teams

Ein erfolgreiches Unternehmen unterliegt einem ständigen Veränderungsprozess. Das Produktportfolio wird erweitert, die Anzahl der Mitarbeitenden steigt. Um das Tagesgeschäft zu bewältigen, ist ein großer Koordinationsaufwand nötig. Es braucht Kontrolle, da sich nicht mehr alle Mitarbeitenden kennen; Ansprechpersonen und Verantwortlichkeiten müssen klar definiert werden. Projektteams werden nach Funktionen und Abteilungen gebildet und mit Steuerungsausschüssen kontrolliert – eine straffe Organisation mit klaren Entscheidungswegen. Die Nachteile sind offensichtlich: Je nach Organisation sind die Entscheidungswege lang; es fehlt an Flexibilität und schnellem Reaktionsvermögen. Die Teammitglieder haben zwar eine definierte Aufgabe und werden daran gemessen. Gerade dies kann sie jedoch dazu verleiten, ihre Teilaufgabe und den persönlichen Erfolg über das Projektziel zu stellen. Sie verlieren die eigentlichen Unternehmensziele aus den Augen; Teamgeist, Kreativität und das Engagement für ein gemeinsames Vorhaben werden in den Hintergrund gedrängt.

Dem gegenüber steht die Schlagkraft kleiner Teams, die gemeinsam ein Ziel verfolgen. Im Idealfall kennt jeder Mitarbeiter seine Kollegen in seinem Arbeitsumfeld persönlich. Er weiß, wer an welchen Projekten arbeitet und wer welche Kompetenzen hat. Projektteams müssen nicht vom Management zusammengestellt werden, sie bilden sich auf eigene Initiative. Die Mitglieder feiern gemeinsam Erfolge und ertragen Frustrationen und Fehlschläge. Sie handeln mit Eigenverantwortung und übernehmen freiwillig die Verantwortung für ihr Vorhaben. In einer solchen Kultur identifizieren sich die Mitarbeitenden mit der Firma – der Unternehmenserfolg wird zum persönlichen Erfolg des Einzelnen.

Mit dem Wachstum eines Unternehmens wird es zunehmend schwieriger, eine familiäre Kultur, die auf das persönliche Engagement des Einzelnen baut, aufrechtzuerhalten. Mögliche Maßnahmen sind dezentrale Organisationsformen oder die Abspaltung einzelner Bereiche, denen größere Freiheiten eingeräumt werden.

15.3 Das Wesen einer Innovationskultur

In der Literatur ist eine Vielzahl von Maßnahmen, Regeln und Instrumenten zu finden, die zur Schaffung eines innovationsfördernden Umfeldes beitragen. Die Gestaltungsparameter sind vielfältig und reichen vom Unternehmensleitbild über die Organisationsstruktur bis zur Personalpolitik. Hier soll das Wesen einer Innovationskultur aus einem anderen Blickwinkel betrachtet werden. Die Frage lautet: Welche Denkweisen, Strukturen oder Kommunikationsformen sind in einem Unternehmen mit einer starken Innovationskultur zu finden?

Verankerung der Innovation im Leitbild: Unternehmensziel und Werte sind auf Innovation ausgelegt. Die Vision stellt nicht den monetären Geschäftserfolg ins Zentrum, sondern formuliert eine gemeinsame Zukunft, mit der sich die Mitarbeitenden identifizieren können. Ziele, Leitbilder und Werte sind allen Mitarbeitenden bekannt und stets präsent.

Veränderungen: In einer starken Innovationskultur besteht normalerweise kein Bedarf für einen einschneidenden Change, der von oben verordnet wird. Veränderungen gehören zum täglichen Geschäft. Sie finden in einem Ausmaß statt, das die Stabilität des Unternehmens nicht beeinträchtigt.

Lernfähigkeit: Mit dem Wachstum und den Veränderungen des Markts entwickelt sich das Unternehmen und damit die Kultur. Prozesse und Strukturen sind auf neue Bedürfnisse anpassbar. Grundlage dafür ist die Entwicklungsmöglichkeit des Einzelnen. Eine starke Innovationskultur hält die Mitarbeitenden dazu an, ihre Kompetenzen zu erweitern, und fördert die persönliche Weiterentwicklung.

Eigenverantwortung statt Strukturen: Anstelle von Kontrollen tritt die Eigenverantwortung des Einzelnen. Die Mitarbeitenden führen nicht Befehle aus, sondern übernehmen freiwillig die Verantwortung für ein Vorhaben und bauen die nötigen temporären Strukturen auf. Teams, die sich selber organisieren, sind schlagkräftiger als eine Projektgruppe, die nach Funktionen zusammengesetzt wird.

Titel und Hierarchie: Die Hierarchien sind flach. Die Mitarbeitenden streben nicht in erster Linie nach Macht und Führungsfunktionen. Anerkennung und Status des Einzelnen hängen von der sozialen und fachlichen Kompetenz, der Leistung und der Einsatzbereitschaft ab. Je höher der „track record", d. h. die Erfolgsquote des Einzelnen ist, desto größer ist seine Anerkennung und es gelingt ihm leichter, andere für sein Vorhaben zu gewinnen („followership"). Titel sind höchstens nötig in der Kommunikation nach außen, z. B. mit Kunden, Lieferanten oder anderen Anspruchsgruppen.

Kommunikation: Die Kommunikationswege sind direkt und führen nicht über mehrere Hierarchiestufen. Idealerweise kennt jeder Mitarbeiter die Kollegen in seinem Arbeitsumfeld persönlich und weiß über Kompetenzen und aktuellen Projekte der anderen Bescheid. Die Mitarbeitenden sind umfassend über Strategien, Ziele und Geschäftsgang informiert.

Feedback und Fehlertoleranz: Eine offene und faire Feedback-Kultur erlaubt den Mitarbeitenden, ihre Stärken und Schwächen zu erkennen und sich positiv weiterzuentwickeln. Fehler gehören zum Alltag und werden nicht als persönliche Misserfolge gewertet.

Vertrauen: Das Unternehmen geht davon aus, dass die Mitarbeitenden aus einer intrinsischen Motivation schöpfen. Sie sind bereit, Leistung zu erbringen und sich für ein gemeinsames Ziel zu engagieren. Ihre Befriedigung ist der Erfolg und nicht primär Status und Geld.

Spaß und Frustration: Die Mitarbeitenden haben Freude an ihrer Arbeit, feiern gemeinsam Erfolge und halten Frustrationen aus. Flexible Arbeitszeitmodelle sorgen dafür, dass die individuelle Work-Life-Balance stimmt.

Anreizsysteme und Beteiligungen: Leistungsfähigkeit und Kreativität werden anerkannt und belohnt. Mit einer Beteiligung am Unternehmen, z. B. in Form von Aktien, wird der Mitarbeitende zum Unternehmer. Er stellt die übergeordneten Ziele in den Vordergrund und arbeitet für sein „eigenes" Unternehmen.

15.4 Innovationskultur von Gore – Vision und Werte

W. L. Gore & Associates Inc. ist heute Weltmarktführer im Einsatz des Kunststoffes PTFE und baut diese Position laufend aus. Gore-Tex®-Membranen sind ungeheuer vielseitig. Das Material ist ein hervorragender elektrischer Isolator; es ist resistent gegen die meisten Säuren und Laugen, hochtemperaturbeständig und biokompatibel – Eigenschaften, die einen breiten Anwendungsbereich ermöglichen. Seit der Gründung des Unternehmens im Jahr 1958 bringt *Gore* immer wieder neue Produkte auf den Markt – von Gefäßprothesen über Gitarrensaiten bis hin zum Handschuh mit eingebautem Chip für den Skilift.

Unternehmensziel und Werte

Gore entwickelt Hightech-Produkte mit markanten Alleinstellungsmerkmalen. Die hohe Innovationsleistung gründet auf eine Kultur, die auf nahezu alles verzichtet, was in einem klassischen Unternehmen zu finden ist. Am Anfang stand die Vision von Bill Gore, „to make money and have fun". „Money" steht einerseits für den Erfolg des Unternehmens, qualitativ hochstehende Produkte und Dienstleistungen zu produzieren, anderseits für den Verdienst jedes Einzelnen. Die Mitarbeitenden erhalten zusätzlich zu ihrem Gehalt Aktien des Unternehmens und sind damit an Wachstum und Ertrag des Gesamtunternehmens direkt beteiligt. Im Folgenden wird deshalb anstelle von „Mitarbeitenden" der treffendere Begriff „Teilhaber" verwendet. Gore spricht intern von „associates", im Sinne von *W. L. Gore & Associates Inc.*

„Fun" bedeutet, dass die Teilhaber mit dem Gefühl arbeiten, etwas Wichtiges und Wertvolles zu tun. Sie werden ihren Fähigkeiten entsprechend eingesetzt und haben die Chance, sich persönlich weiterzuentwickeln. Dazu verfügen sie von Beginn an über Freiräume, die es Ihnen ermöglichen, sich verschiedenen Projekten anzuschließen. So kann sich ein Teilhaber neue Aufgabenbereiche erschließen, zu denen er sich freiwillig verpflichtet, für die er sich verantwortlich fühlt und die er eigenständig bearbeitet.

Gore geht davon aus, dass jeder Mensch grundsätzlich kreativ ist und bereit ist, Leistung zu erbringen. Darauf bauen die Werte des Unternehmens auf:

- **Glaube an den Einzelnen:** Im Zentrum steht der Mensch, das Individuum. Ein Teilhaber soll sich Projekten seiner Wahl anschließen und so seinen Platz im Unternehmen finden. So kann sich jeder entsprechend seinen Stärken und Schwächen weiterentwickeln.

- **Langfristige Sichtweise:** Die Strategie baut auf langfristige Beziehungen zu Teilhabern, Kunden und Lieferanten. *Gore* bringt Hightech-Produkte mit deutlichen Alleinstellungsmerkmalen auf den Markt, deren Entwicklung bis zu 15 Jahre dauern kann.

- **Schlagkraft kleiner Teams:** Die Teilhaber arbeiten in kleinen, globalen Teams, die sich im Idealfall selbst organisieren. Jedes Mitglied übernimmt freiwillig die Verantwortung und handelt aus eigener Initiative. Ein Team wird zu einem „winning team", wenn der Kunde überzeugt ist, dass die Produkte und die damit verbundenen Dienstleistungen für ihn den größtmöglichen Wert haben.

- **Alle in einem Boot:** Obwohl *Gore* in vier relativ selbständige Divisionen aufgeteilt ist, versteht sich das Unternehmen als ein Ganzes. So ist jeder Teilhaber („associate") nicht nur an seiner Division oder an seiner Ländergesellschaft, sondern am gesamten Unternehmen beteiligt.

Vier Grundprinzipien

Um das Verhältnis der Teilhaber untereinander zu beschreiben und die Stabilität im Unternehmen zu gewährleisten, definierte Bill Gore vier Grundprinzipien, die bis heute im Unternehmen gelebt werden.

- **Freedom:** Jeder Teilhaber hat die Freiheit, sich persönlich weiterzuentwickeln, seine Kreativität auszuleben und sich Projekten seiner Wahl anzuschließen. Die Organisation zeigt Toleranz gegenüber Fehlern des Teilhabers. Die Freiheit wächst mit den Fähigkeiten und Erfahrungen: Mit jedem Erfolg gewinnt ein Teilhaber an Anerkennung, Erfahrung und Selbstsicherheit. Damit dehnt sich sein Verantwortungsbereich aus – seine Freiheit wird größer.

- **Waterline:** Dieses Prinzip dient als Regulativ für die Freiheit. Ein Teilhaber kann eigenständig auf die Bedürfnisse des Markts reagieren und neue Geschäftsideen verfolgen. Dabei muss er das Unternehmen in Analogie zu einem Schiff im Wasser betrachten: Bohrt er das Schiff oberhalb der Wasserlinie an, ist ein möglicher Misserfolg tragbar. Wird das Schiff jedoch unterhalb der Wasserlinie angebohrt, könnte es sinken. Im letzteren Fall ist der Teilhaber angehalten, die Verantwortung zu teilen und die Einschätzung eines erfahrenen Kollegen einzuholen.

- **Commitment:** Ein Teilhaber arbeitet nicht aufgrund von Anordnungen von oben, sondern verpflichtet sich selbst für eine Aufgabe. Damit übernimmt er freiwillig die volle Verantwortung und setzt sich dafür ein, seine Verpflichtung einzuhalten. *Gore* geht davon aus, dass die Menschen eine intrinsische Motivation mitbringen und aus eigenem Antrieb Leistung erbringen – vorausgesetzt, sie finden ein passendes Umfeld.

- **Fairness:** Die Teilhaber sind angehalten, sich gegenüber Kollegen, Lieferanten und Kunden integer zu verhalten. Offenheit und eine Feedback-Kultur schaffen die Grundlage für einen konstruktiven Umgang mit Konflikten.

15.4 No Ranks, no Titles

Ein Hightech-Unternehmen wie *Gore* muss schnell auf die Bedürfnisse des Markts reagieren. Grundlage dazu ist eine flexible Organisation, in der sich Projektteams rasch und eigenständig bilden können. *Gore* baut deshalb nicht auf pyramidenförmige Hierarchien, sondern auf ein Netzwerk mit direkten Verbindungen zwischen den Teilhabern. Zur Veranschaulichung eignet sich eine „Mindmap", die wichtige Elemente der Kultur visualisiert (Bild 15.2).

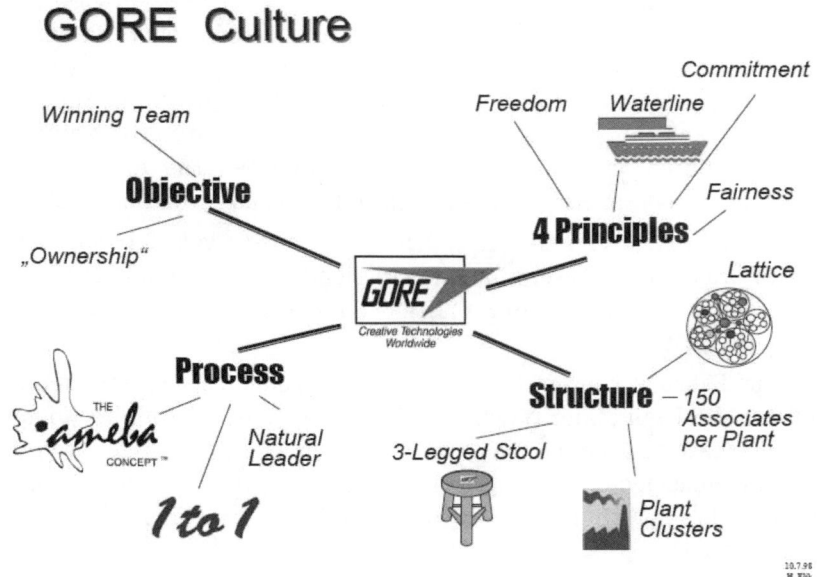

Bild 15.2 Mindmap der Gore-Kultur

Gitter statt Pyramide

Gore versucht, Hierarchien und Titel zu vermeiden. Die Organisation ähnelt einem Gitter („lattice"), dessen Linien die Beziehungen der Mitarbeitenden zueinander darstellen. Bei *Gore* gibt es keine Dienstwege über Vorgesetzte; die Kommunikation soll immer auf direktem Weg stattfinden („one to one"). Diese Organisationsform bedingt, dass die Teilhaber die Kollegen in ihrem Arbeitsumfeld persönlich kennen und um ihre Fähigkeiten und Kompetenzen wissen. *Gore* hat sich deshalb entschieden, ein Werk auf 150 Teilhaber zu beschränken. Wächst es darüber hinaus, wird ein Bereich abgespaltet und eigenständig geführt.

Natural Leader und Sponsoren

Bill Gore wurde im Jahr 1982 von einem amerikanischen Magazin als „Un-Manager" bezeichnet. Seine Antwort darauf war: „We don't manage people here, people manage themselves." Wer sich nicht im Detail mit der Innovationskultur von *Gore* auseinandersetzt, könnte tatsächlich glauben, bei *Gore* sei alles vage und es gäbe keine klaren Direktiven. Doch um eine Vision zu verfolgen, braucht es Führung. Bei *Gore* treten anstelle von Vorgesetzten sogenannte „natural leaders". Projektgruppen bilden sich eigenständig; ein oder mehrere Mitarbeitende übernehmen die Führungsrolle. So kann jeweils der geeignete Teilhaber das Team koordinieren und leiten. Seine Berechtigung als Führungsperson erhält er nicht durch einen Titel von oben oder durch eine Führungsstufe, sondern durch die Akzeptanz der Teammitglieder. Die Aufgabe eines „natural leader" ist, ein erfolgreiches Team zu bilden, ein „winning team".

Anstelle des direkten Vorgesetzten treten Sponsoren, die vom Teilhaber selbst gewählt werden. Der Sponsor hilft bei der Orientierung innerhalb der Organisation, unterstützt den Teilhaber und gibt ihm regelmäßig Rückmeldungen über seine Arbeit.

Mit diesem Führungskonzept verzichtet *Gore* weitgehend auf Hierarchien und Titel. Doch die Realität der Geschäftswelt und Vorschriften fordern Kompromisse: Eine Geschäftsleitung muss das Unternehmen gegen außen vertreten und die entsprechenden Titel tragen. Auch gegenüber Kunden und Lieferanten haben Titel ihre Berechtigung, denn sie zeigen die Stellung eines Mitarbeiters im Unternehmen.

15.5 Das Amöbenkonzept als Metapher

Die vier Grundprinzipien und die veränderbare Organisation schaffen die Voraussetzung für kreative und flexible Arbeitsprozesse. Die treibenden Faktoren sind dabei die Teammitglieder mit ihren Fähigkeiten und ihrem Engagement sowie die Geschäftsmöglichkeiten im Sinne des englischen Begriffs „business opportunities". Es gilt, das Zeitfenster, das „window of opportunity", zu erkennen und die Chancen zum richtigen Zeitpunkt zu nutzen. Dass dies nicht trivial ist, zeigen eine Reihe von Beispielen: Der Kugelschreiber etwa wurde ursprünglich nur für das kleine Marktsegment der Piloten entwickelt, da Füllfederhalter beim hohen Druck in der Höhe auslaufen. Die Chance, damit ein viel breiteres Marktsegment zu erschließen, wurde damals nicht erkannt. Ähnlich verhielt es sich mit der Schreibmaschine, die eigens für Blinde entwickelt wurde.

Die Erfahrung zeigt, dass gewinnbringende Geschäftsmöglichkeiten oft auf unerwarteten Anwendungen einer Technologie in ganz anderen Branchen basieren und mit der ursprünglichen Idee nur noch wenig zu tun haben. Deshalb ist die Fähigkeit, Chancen zu erkennen, für ein Unternehmen ein entscheidender Erfolgsfaktor. Ist eine Chance erkannt, ergeben sich Probleme, Herausforderungen oder Bedrohungen, die wie ein Vakuum wirken. Dies ist der fruchtbare Boden für die Entwicklung neuer Ideen und Lösungen. Diesen Zustand gilt es auszuhalten und zu überdauern. Dabei ist Vorsicht geboten: Es kann sein, dass sich die Chance verändert hat oder im Extremfall plötzlich nicht mehr existiert. Dies sollte rasch erkannt werden. Ansonsten setzt sich ein Unternehmen chronischen Fehlern aus, der Gewinn wird vermindert und die Mitarbeitenden werden demotiviert.

Eine große Herausforderung besteht darin, die passenden Mitarbeitenden zu rekrutieren. Viele Menschen suchen Stabilität und meiden Veränderungen oder Risiken. Bei Gore müssen die Teilhaber den Mut aufbringen, sich mit ihren Ideen zu exponieren und mit Konflikten umzugehen.

Die Analogie zur Amöbe

Das Amöbenkonzept ist eine Metapher, die den Teamprozess von der neuen Idee bis zum gewinnbringenden Produkt zu visualisieren versucht. Am Anfang steht meist „nur" die Begeisterung eines Teilhabers für seine Vision. Dann formiert sich eine Gruppe mit „buy-in", die daran arbeitet, in das komplexe und meist chaotische Umfeld eine zielgerichtete Ordnung zu bringen. Im Erfolgsfall steht am Ende dieser meist jahrelangen Tätigkeiten ein gut funktionierendes Team, das mit einem neuen Produkt gutes Geld am Markt verdient.

Das Amöbenkonzept schafft eine Analogie zwischen dem Verhalten von Mitarbeitenden oder Teams und der Nahrungsbeschaffung einer Amöbe. Der Körper des kleinen Tiers besteht aus einer Art Plasma und kann laufend seine Form ändern. Erfährt es einen Reiz von außen, stülpt es ein kleines Pseudofüßchen aus. Falls es sich um Nahrung handelt, wird diese umschlossen und integriert. Die Amöbe verändert ihre Gestalt, bleibt aber trotzdem stabil. Dazu benötigt sie keine komplexen Glieder oder hoch entwickelte Organe. Die Amöbe ist ein ganz einfacher Organismus mit allen Funktionen, die sie zum Leben braucht.

Amöboides Verhalten

Wie die Amöbe können die Teilhaber bei *Gore* ungehindert von Hierarchie und Bürokratie auf Gelegenheiten und neue Bedürfnisse des Markts eigenständig reagieren. Solange das Vorhaben bei einem Misserfolg nur Schäden oberhalb des Wasserspiegels anrichtet, bleibt das Unternehmen stabil. Bei einem Fehlschlag oder bei einer unüberwindbaren „waterline" zieht sich das Projektteam rasch wieder zurück und widmet sich anderen Aufgaben.

Das Amöbenkonzept gründet auf folgende Annahmen:

- Jeder Mitarbeiter hat Stärken und Schwächen.
- Um Chancen wahrzunehmen und daraus neue Geschäftsideen zu entwickeln, braucht es die Kompetenz und Fähigkeit von mehreren Mitarbeitern.
- Wenn sich die Fähigkeiten und Interessen der Teammitglieder ergänzen, haben die Mitarbeitenden Spaß und können sich persönlich weiterentwickeln. Damit kann die Idee mit Erfolg umgesetzt werden und für alle Beteiligten lockt ein materieller Erfolg.

Auf den ersten Blick scheinen diese Annahmen trivial. Doch erfahrene Manager wissen um die Schwierigkeiten, mit Stärken und Schwächen der Mitarbeitenden umzugehen – insbesondere wenn die Interessen oder Ziele der Mitarbeitenden von organisatorischen Richtlinien oder unternehmensweiten Vorgaben divergieren.

Beispiel John Doe

Case Study zum amöboiden Verhalten: Der Teilhaber „John Doe", ein Experte auf seinem technischen Gebiet, hat ein Marktbedürfnis entdeckt. Er stülpt bereits ein Pseudofüßchen in die „opportunity II", während er immer noch mit der Umsetzung der „opportunity I" beschäftigt ist (Bild 15.3).

Einige Jahre später (Bild 15.4): „John Doe" verfolgt „opportunity II" mit großem Engagement. Es ist ihm gelungen, zwei weitere Teilhaber zu gewinnen, die seine Fähigkeiten ergänzen: „Charmy", eine kommunikative und verhandlungsstarke Frau aus dem Verkauf, und der Marketingspezialist „Mastermind", dessen Stärke in der Entwicklung von Konzepten liegt.

Die ausgezogene Linie markiert den Bereich einer „opportunity", in dem sich das Team inzwischen erfolgreich „eingenistet" hat („we know what we know").

Bei einer gestrichelten Linie sind Herausforderungen und Probleme zu lösen („we know that we don't know"). Die gepunktete Linie deutet ein unbekanntes Gebiet an („we don't know what we don't know"). Die Fragezeichen stehen für die ungelösten Probleme und Herausforderungen, die wie ein Vakuum weitere Teilhaber in das Projekt ziehen.

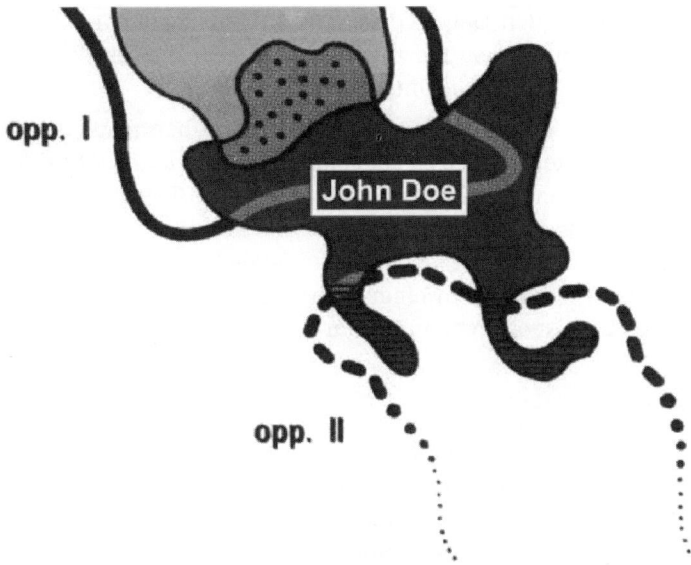

Bild 15.3 Ausstülpen von Pseudofüßchen

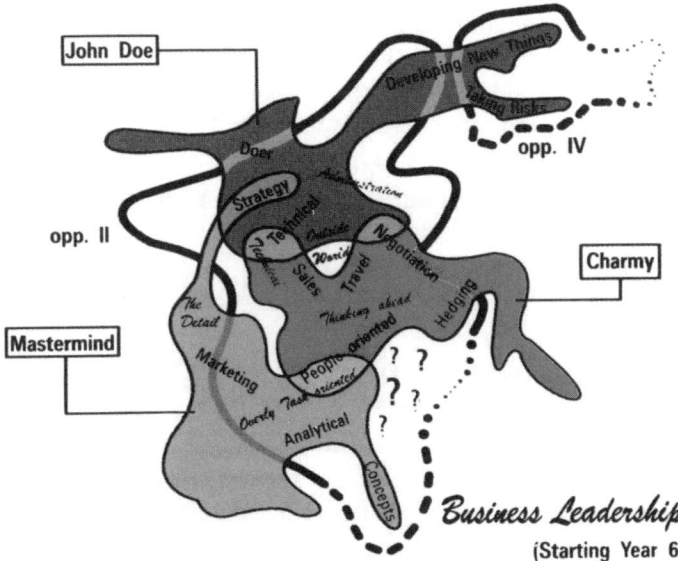

Bild 15.4 Chancen verfolgen und umsetzen

Entwicklung der Mitarbeitenden als Mehrwert

Stärken und Schwächen müssen relativ zu Chancen gesehen werden. Zu den Stärken zählen nicht nur Fachkompetenz, sondern auch besondere Talente, Fähigkeiten und Neigungen oder Disziplin und Temperament. Das Amöbenkonzept ist nur erfolgreich, wenn der Mitarbeitende bereit ist, seine Fähigkeiten und Talente zu ergründen. Gelingt dies, wird ein Mitarbeitender selbstsicher, er stellt sich positiv zum Leben und zu Veränderungen. Dies eröffnet neue Chancen und neue Optionen für ein Unternehmen.

Bei *Gore* wird ein Teilhaber als Mitglied eines Teams betrachtet. Er allein kann die Stabilität des Unternehmens nicht gefährden, da er laufend Feedback erhält und die Verantwortung teilt. In diesem Sinne ist das Team der Nukleus einer Amöbenorganisation. Dank der Gruppendynamik lernen die Mitglieder, mit ungelösten Widersprüchen zu leben. Die laufende Kooperation und der ständige Feedback-Prozess führen zu einer Selbstregulation und Selbsterneuerung. Das ideale Resultat ist ein „winning team".

Prozesse über Strukturen

Unternehmen mit pyramidenförmigen Hierarchien, detaillierten Stellenbeschreibungen, Organigrammen und definierten Dienstwegen stellen Strukturen über Prozesse. In einer solchen Umgebung ist es schwierig, Wesentliches zu erkennen und flexibel darauf zu reagieren. Die lose Gitterstruktur, die vier Grundprinzipien und das Verhalten in Analogie zur Amöbe stellen die Prozesse in den Vordergrund. Dieser Fokus ermöglicht ein Gleichgewicht zwischen Stabilität und Veränderung. *Gore* verhält sich wie ein biologisches, selbstlernendes System. Die ständigen Feedback-Prozesse reduzieren das Chaos und erzeugen einen höheren Grad der Ordnung. Damit ist ein Wachstumsprozess im Gang, der auf die Unternehmensziele fokussiert.

In einer Amöbenkultur ergeben sich die Strukturen spontan, sie ändern sich laufend und lösen sich wieder auf – sie sind eingebettet in ein Netzwerk von Prozessen, die von der kontinuierlichen Verfolgung von Chancen und Unternehmenszielen getrieben werden.

15.6 Dem Wandel erfolgreich begegnen

Gore verfolgt seit der Gründung des Unternehmens das Ziel, seinen Kunden Produkte und Dienstleistungen zu liefern, die den größtmöglichen Nutzen bieten – darauf richtete Bill Gore Werte und Vision aus. Die Innovationskultur nach dem Amöbenkonzept eignet sich deshalb vor allem für Unternehmen, die ähnlich strukturiert sind. Dazu gehören Firmen, die nach der Philosophie

„small is beautiful" leben, oder wachsende Hightech-Unternehmen, die innovationsgetrieben sind und in Nischenmärkten agieren. Die Philosophie ist vor allem dann Erfolg versprechend, wenn sie im Anfangsstadium eines Unternehmens eingeführt wird, so wie es bei Gore der Fall war.

Die Kultur eines Unternehmens wird über Jahre oder gar Jahrzehnte geprägt. Doch auch sie unterliegt einem Wandel. In längeren Zeitabständen sollte überprüft werden, ob sich die Werte noch im Einklang mit der aktuellen Strategie und mit dem Umfeld des Unternehmens befinden. Nur so lässt sich verhindern, dass aus wichtigen Erfolgsfaktoren der Vergangenheit Blockaden für die Zukunft werden.

Bei *Gore* sanken die Wachstumsraten Mitte der 90er-Jahre von kontinuierlichen zweistelligen Raten auf einstellige Werte. Gleichzeitig sank der Wert für die Mitarbeiterzufriedenheit in der jährlichen Umfrage und Kunden äußerten sich weniger positiv über die Zusammenarbeit. Dies veranlasste *Gore*, die Geschäftsprozesse zu überprüfen. Dabei stellte das Unternehmen auch seine Kultur auf den Prüfstand. Nachstehend drei wichtige Erkenntnisse dieser Analyse:

- *Gore* entwickelte sich fast unmerklich zu einem großen Mitspieler im Wettbewerb globaler Märkte. Die Kultur war jedoch noch immer wesentlich darauf ausgerichtet, Marktnischen zu besetzen. Das Wertesystem, das allen voran Innovation durch Pioniergeist belohnte, musste sich wandeln. Es galt, die Kompetenz im Wettbewerb reifer Märkte zu erhöhen.
- Als technologieorientiertes Unternehmen tendierte *Gore* zu einem „Overengineering" der Produkte.
- Die Ablauforganisation mit selbstregulierenden Teams und flachen Hierarchien ist zu wenig schlagkräftig, um sich als globaler Player in großen Märkten zu positionieren.

Heute hat sich bei *Gore* das Zusammenspiel von Kultur und Organisation an diese neuen Erkenntnisse angepasst. Neben stark strukturierten globalen Einheiten finden sich dezentrale Organisationsformen mit Teams, die sich mit hohen Freiheitsgraden selbst regulieren. Dass auch die Teilhaber hinter dieser außergewöhnlichen Organisationsform und der einzigartigen Innovationskultur stehen, bestätigt das hervorragende Ranking im *Fortune*-Wettbewerb „best company to work for" – sowohl in den USA als auch in europäischen Ländern.

16 GLOBALISIERUNG VON TECHNOLOGIE UND INNOVATION: WIE MANAGEN?

Oliver Gassmann

16.1 Treiber der F&E-Internationalisierung

Die Globalisierung hat inzwischen auch nicht vor der F&E haltgemacht. Während die anderen Funktionen wie Vertrieb, Marketing, Produktion und Logistik in großen Unternehmen bereits eine lange Internationalisierungsgeschichte haben, wurde die F&E lange noch als „nationaler Schatz" in der Nähe des Stammsitzes zentralisiert. Angst vor Verlust von Kernkompetenzen ging einher mit der Vorstellung, dass F&E nicht dezentral geführt werden kann.

Als wir Anfang der 90er-Jahre die ersten Interviews zur Internationalisierung von Innovation durchgeführt hatten, gingen die Feedbacks seitens der F&E-Leiter von „tun wir, aber schmerzhaft" bis „dies ist nicht möglich". Heute wird über die globalisierte Welt von Forschung, Technologie und Innovation nicht mehr diskutiert, es ist vielmehr eine Alltagsrealität in zahlreichen Unternehmen geworden. 91 % der 1 000 F&E-intensivsten Unternehmen haben Innovationsaktivitäten im Ausland.

Amerikanische Unternehmen geben rund 12 % ihrer F&E-Aufwendungen im Ausland aus, europäische Unternehmen bereits über 30 % und Schweizer Unternehmen stehen 2010 mit 56 % ihrer F&E-Aufwendungen im Ausland mit an der Spitze. Pioniere der fortschreitenden F&E-Internationalisierung sind technologieintensive, international tätige Großunternehmen. Aber auch kleine und mittlere Unternehmen in technologieintensiven Branchen, wie Biotechnologie, Elektronik und IT, innovieren zunehmend international vernetzt.

Massiv verlagert haben sich die Destinationen für F&E-Verlagerungen: Waren es in den 90er-Jahren in aller Regel die Triadenländer EU, USA und Japan, so stellt dies heute eher die Ausnahme dar. Zwischen 2004 und 2007 waren 83 % aller neuen F&E-Standorte in China und Indien. Bezüglich Personal sieht es noch extremer aus: Die beiden Top-Destinationen für neue F&E-Labors vereinigen sogar 91 % aller neuen F&E-Mitarbeiter, die im Ausland weltweit aufgebaut werden (Insead 2008).

Die wichtigsten **Treiber** der Innovationsverlagerung ins Ausland sind:

- **Lokale Schlüsselmärkte:** Kalifornien wird in der Automobilindustrie als ein Trendsettermarkt gesehen. *BMW* und *Daimler* entwickeln und produzieren dort große Teile ihrer SUVs (Sport Utility Vehicles). In China haben wir im Jahr 2006 trotz der großen Probleme mit der Verletzung von geistigem Eigentum über 700 ausländische F&E-Labors gezählt. Obwohl 95 % aller verwendeten Software in China Raubkopien sind, hat *Microsoft* in Schanghai ein riesiges Forschungszentrum aufgebaut. *IBM* und *Siemens* haben bereits seit Jahren ein Forschungslabor in Peking. *ABB* hat 2007 sogar sein weltweites Forschungszentrum für Robotics nach Schanghai verlagert. Der Hauptgrund für diese Verlagerungen lag hier weniger in der Kostenreduktion, sondern im Zugang zu einem Schlüsselmarkt für die Zukunft. Lernen von sophistizierten Kunden wird immer wichtiger: *Schindler* entwickelt auch in Schanghai und São Paulo, um auf die extremen lokalen Bedingungen in der Technologieanwendung besser reagieren zu können.

- **Zugang zu regionalen Wissenszentren:** Wissen und Technologiezentren sind geografisch nicht gleich verteilt. Um regionale Spitzenzentren, in denen typischerweise Universitäten im Zentrum stehen, entwickeln sich selbst verstärkende Innovationscluster: Die besten Talente kommen in diese Regionen, was wiederum die verschiedensten Unternehmen im Kampf um die besten Köpfe anzieht: OEMs mit F&E oder Technologieposten, spezialisierte Zulieferer und Dienstleister. Bekannte Cluster sind das Multimedia-Cluster Hilversum, das niederländische Bio-Life-Science-Cluster Leiden-Oegstgeest, das taiwanische Hsinchu City, Bangalore für Software-Outsourcing, Basel für Pharma, Ludwigshafen für Materialwissenschaften, Wichita in Kansas für Luft- und Raumfahrt, die israelische Silicon-Wadi-Region für Unternehmen in Wireless-Technologien, Grenoble für Mikro/Nano-Technologien, die deutsche Kleinstadt Tuttlingen für Chirurgieinstrumente.

- Ist ein Unternehmen in einem der Felder tätig, kann es nicht diese regionalen Spitzenzentren ignorieren. Innovationscluster ziehen meist wieder neue F&E-Standorte an. Es wird zunehmend zum Muss, um an gute Mitarbeiter in der F&E zu kommen. Gleichzeitig findet aber auch eine hohe Fluktuation statt: Leister Process Technologies im abgelegenen schweizerischen Obwalden ist laut deren CEO deshalb recht erfolgreich, weil es wenig Abwanderung gibt.

- **Kostenreduktionen:** Vordergründig scheint die Reduktion von Entwicklungskosten ein Haupttreiber für Outsourcing und Verlagerung von F&E zu sein. Da F&E-Kosten in den meisten Branchen vor allem durch Personal verursacht werden, werden oft Standortvergleiche mit den Lohnkosten vorgenommen. Doch die echten Kosten sind in der Regel deutlich höher: Ein Schweizer Unternehmen aus dem Maschinen- und Anlagenbau hat die Lohnkosten zwischen einem schweizerischen und einem chinesischen Entwicklungsingenieur mit formal gleicher Ausbildung und Erfahrungshintergrund verglichen. Einschließlich der Lohnnebenkosten liegt der chinesische Entwickler in Suzhou, in denen zahlreiche Firmen ihre asiatischen Produktions- und Engineeringaktivitäten konzentrieren, bei rund einem Fünftel der Kosten des Schweizer Vergleichs. Dies trügt jedoch, da die indirekten Kosten von erhöhtem Reise- und Kommunikationsaufwand und Management hinzukommen. Ein Expatriate als Abteilungsleiter verursacht aufgrund des üblichen Gesamtpaketes von Wohnung, Heimflügen, deutsche Schule, Golfklub, Chauffeur etc. leicht die dreifache Höhe der Kosten, verglichen mit seiner Arbeit in der Schweiz. Beim konkreten Falle waren dies 600 000 Schweizer Franken Vollkosten. Hinzu kommen noch versteckte Kosten durch Kommunikationsprobleme und Missverständnisse, welche leicht zu Terminverzögerungen und schlechter Qualität führen.

Während die öffentliche Diskussion vor allem die Kostenersparnisse in den Vordergrund stellt, haben wir in unseren Untersuchungen zu China festgestellt, dass die effektiven Kostenersparnisse bei der F&E-Verlagerung, nach Hinzunahme aller indirekten Kosten, in den meisten Fällen nicht über 10 % liegen.

CHECKLISTE FÜR F&E-VERLAGERUNG

Internationalisierung von F&E sollte nicht vorrangig aus kostentaktischen Überlegungen angegangen werden. Vielmehr muss eine solche Internationalisierung in die gesamte Unternehmensstrategie passen. Folgende Fragen müssen hierzu beantwortet werden:

- Wo wird zukünftig Wertschöpfung generiert, wo liegen die Schlüsselmärkte der Zukunft?
- Wo werden relevante Elemente der Wertschöpfungskette in der Zukunft liegen, z. B. Produktion, Logistik, Lieferanten?
- Lässt sich das generierte Intellectual Property am neuen F&E-Standort auch effektiv schützen?
- Haben wir genügend Managementkapazität, um die Internationalisierung zu bewältigen?
- Passt die F&E-Internationalisierung zu unserer Unternehmenskultur?

16.2 Strategien der internationalen F&E

Die Bereitschaft zur standortübergreifenden Kooperation bestimmt maßgeblich die Organisation von F&E-Prozessen. Kooperatives Netzwerkdenken und Rivalitäten zwischen Profitcentern lassen sich schwer vereinbaren. Im Folgenden sind die fünf Grundmuster für Internationalisierung von Forschung und Entwicklung aufgeführt (siehe Gassmann 1997).

(1) Technologien als nationaler Schatz: Bei der *ethnozentrisch zentralisierten F&E* finden alle F&E-Aktivitäten konzentriert im Stammland statt. Bei der ethnozentrischen Orientierung wird von einer umfassenden technologischen Überlegenheit des Stammlandes gegenüber den Auslandsgesellschaften ausgegangen. Die zentrale F&E ist die „Denkfabrik" des Unternehmens und generiert neue Produkte, welche dann an anderen Standorten produziert und weltweit vertrieben werden (z. B. *Toyota* in Großbritannien, *Volkswagen* in China). Die Kerntechnologien des Unternehmens, welche die langfristige Wettbewerbsfähigkeit sichern sollen, werden als „nationaler Schatz" in der heimischen Zentrale geschützt (Bild 16.1).

Ethnozentrisch zentralisierte F&E

Konfiguration	Verhaltensorientierung	Beispiele
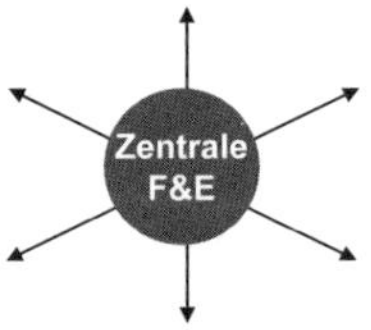 - Zentrale F&E im Stammland - Zentrale, straffe Steuerung und Kontrolle des F&E-Programms - Center-for-global	- Ethnozentrische Innenorientierung - Denkfabrik als nationaler Schatz im Stammland - Abschottung der Kerntechnologien gegen Wettbewerber - Homogene F&E-Kultur	- Balzers - British Gas - General Dynamics - Microsoft - Sigg - Toyota - Volvo
Stärken	**Schwächen**	
- Hohe Effizienz - Niedrige F&E Kosten - Geringe Entwicklungszeiten - Kerntechnologien sind besser geschützt	- Mangelnde Sensitivität für lokale Märkte - Gefahr, externe techn. Impulse zu verpassen - Gefahr des NIH-Syndrom - Organisation neigt zu Rigidität	

Bild 16.1 Ethnozentrisch zentralisierte F&E

(2) Zentrale F&E mit globalen Antennen: Bei der *geozentrisch zentralisierten F&E* wird versucht, die Effizienzvorteile durch Zentralisierung zu realisieren und gleichzeitig die ethnozentrische ausschließliche Stammlandfokussierung zu vermeiden. Dazu tätigen die Unternehmen permanent signifikante Investitionen, um die internationale Sensitivität der F&E-Mitarbeiter zu erhöhen. In der F&E-Zentrale soll zum einen weltweit existierendes, externes Wissen über Technologien aufgebaut und zum anderen die Responsibilität hinsichtlich ausländischer Märkte erhöht werden. Dies kann erreicht werden, indem F&E-Mitarbeiter ins Ausland entsendet werden, um mit dortigen Zulieferern und Lead Usern zusammenzuarbeiten, und indem eine intensive Kommunikation mit Schlüsselpersonen der lokalen Märkte (z. B. regionale Vertriebsleiter) forciert wird. Darüber hinaus kann die Auslandssensitivität der zentralisierten F&E durch Einstellung von mehrsprachigen Ingenieuren mit Auslandserfahrung oder Abwerbung von ausländischen Forschern gefördert werden (Bild 16.2).

In der Automobilbranche hat *Nissan* bis in die 90er-Jahre diese Strategie erfolgreich umgesetzt. Bei der Entwicklung des „Primera" für den europäischen Markt hat *Nissan* ein Kernprojektteam gebildet, welches in Westeuropa operierte. Dieses wurde von ein paar Hundert *Nissan*-Ingenieuren in Japan unterstützt, welche die europäischen Gegebenheiten (Motorkultur, Straßengegebenheiten) aufgrund zahlreicher Westeuropabesuche kennengelernt hatten. Das Ergebnis war der erste größere Markterfolg von *Nissan* in Westeuropa.

Geozentrisch zentralisierte F&E

Konfiguration	Verhaltensorientierung	Beispiele
Internationale Produktion Technologieparks Zentrale F&E — Lokaler Vertrieb Global Sourcing Kooperationen / Lead Users	- Geozentrische Aussenorientierung - Enge Kooperation mit anderen Standorten - Freier Informationsfluss - Change Agents forcieren internationale Ausrichtung	- NEC - Daimler Benz (MTU) - Hilti - BMW - United Technologies - Nissan
- Zentrale F&E im Stammland - intensiver Kontakt mit ausländ. Standorten - Intern. Job Rotation, Personalrekrutierung im Ausland - Center-for-global		

Stärken	Schwächen
- Erzielung der Effizienz einer zentralen F&E - Hohe Sensitivität für lokale Märkte und techn. Trends - Kostengünstige F&E-Internationalisierung	- Gefahr, eine systemat. F&E-Internationalisierung zu vernachlässigen - Local-Content Forderungen und lokale Marktspezifika werden nicht ausreichend berücksichtigt

Bild 16.2 Geozentrisch zentralisierte F&E

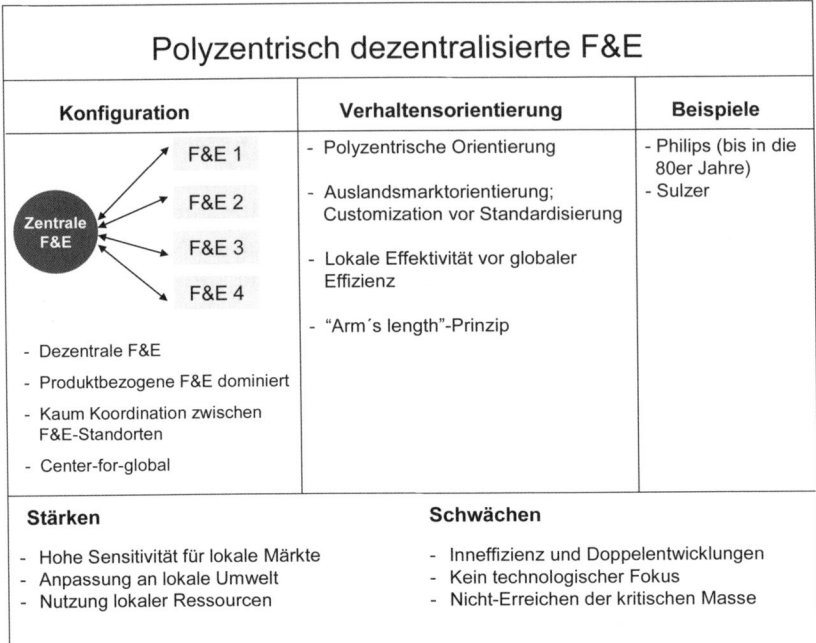

Bild 16.3 Polyzentrisch dezentralisierte F&E

(3) Dezentral und lokal: Eine *polyzentrisch dezentralisierte F&E* ist in Unternehmen mit starker Auslandsmarktorientierung vorzufinden (vor allem europäische multinationale Unternehmen der 70er- und 80er-Jahre). Die F&E-Einheiten haben sich in mehreren Ländern aus Vertriebs- und Produktionsstätten entwickelt, um in erster Linie Anpassungsentwicklungen für den lokalen Markt durchzuführen.

Die Organisationsstruktur ist gekennzeichnet durch einen dezentralisierten, föderativen Verbund von international verstreuten F&E-Einheiten, welche keiner zentralen Steuerung unterliegen. Der Informationsfluss zwischen den ausländischen Standorten und der Zentrale beschränkt sich auf einfache, zeitverzögerte Benachrichtigungen über laufende F&E-Aktivitäten (Bild 16.3).

(4) Zentrale mit Horchposten: Beim *Hubmodell der F&E* wird die Gefahr von Doppelentwicklungen und damit suboptimaler Ressourcenallokation durch eine straffe zentrale Steuerung reduziert. Die heimische F&E-Zentrale ist Knotenpunkt aller Forschungs- und Vorentwicklungsaktivitäten und übernimmt die Führungsposition in den meisten Technologiefeldern. Die ausländischen F&E-Standorte beschränken ihre Aktivitäten auf die ihnen zugewiesenen Technologiefelder, anfangs lediglich als technologische Horchposten. Die Zentrale steuert die dezentralen F&E-Aktivitäten durch Vorgaben über das F&E-Programm und durch die Zuweisung der erforderlichen Ressourcen.

Hubmodell der F&E		
Konfiguration	**Verhaltensorientierung**	**Beispiele**
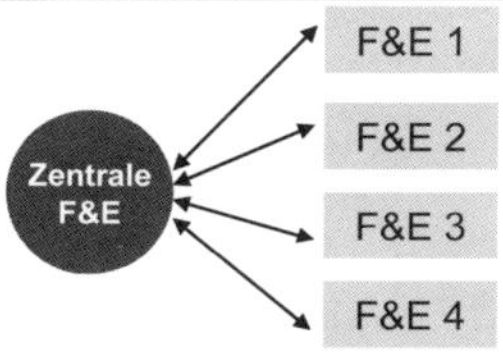 F&E 1 F&E 2 Zentrale F&E F&E 3 F&E 4 - Dezentrale F&E, durch Zentrale straff gesteuert - F&E-Zentrale hat Führung in den meisten Technologiefeldern - Koordination über Vorgaben und Budgets - Center-for-global	- Ethno- oder geozentrische Orientierung - Knotenpunktstruktur: klare Dominanz der Zentrale - Zentral gesteuerte Kooperation zwischen Standorten	-BASF, Bosch -Boehringer Ingelh. -Daimler -Eisai, Fujitsu -Kao, Matsushita -Mitsubishi, NEC -Sharp -Siemens, Sony -United Technolog. -Zeneca
Stärken - Hohe Effizienz durch Abstimmung der F&E-Aktivitäten und Vermeidung von Doppelentwicklungen - Ausnutzung bestehender Stärken aller F&E-Standorte - Realisierung von Synergien	**Schwächen** - Hohe Koordinationskosten- und zeiten - Gefahr der Unterdrückung von Kreativität und Flexibilität durch zentrale Weisungen	

Bild 16.4 Hubmodell der F&E

Zudem gewährleistet sie einen koordinierten, effizienten Technologietransfer, permanente Unterstützung bei technologischen Problemen sowie Zugriff auf neueste Forschungserkenntnisse. Rechtlich kann die F&E-Zentrale als eine selbständige Technologiegesellschaft geführt werden, welche Eigentümer von sämtlichem Technologie- und F&E-Wissen ist (Bild 16.4).

BASF hat ein klassisches F&E-Hubmodell: Die weitaus große Mehrheit der Forscher ist in der F&E-Zentrale in Ludwigshafen angesiedelt. Lediglich kleinere Horchposten und Forschungsstellen sind in den USA. Auch *Boehringer Ingelheim* hat dieses Modell: Die geografisch verteilte F&E wird über zentralisierte Entscheidungsprozesse straff gesteuert; ein internationaler Lenkungsausschuss trifft sich sechsmal jährlich und sorgt dafür, dass die dezentralen Standorte ständig in die Prioritätensetzung im Rahmen des F&E-Projektportfolios involviert sind. Dabei wird über „stop and go" von Projekten sowie Budgethöhe entschieden.

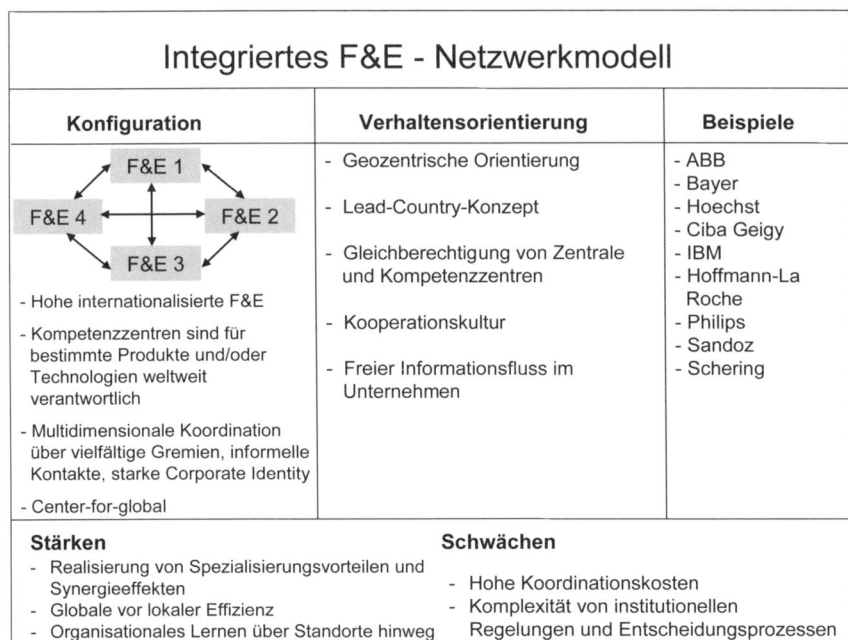

Bild 16.5 Integriertes F&E-Netzwerkmodell

(5) Netzwerk: Das Konzept des *integrierten Netzwerks* trägt dem Gedanken Rechnung, dass eine Nutzung der Stärken weltweiter F&E-Standorte unvereinbar ist mit klassischen dyadischen Zentrale-Tochtergesellschaft-Beziehungen. Die Stammland-F&E ist nicht mehr der zentrale, alles kontrollierende Kern des Unternehmens, sondern nur eine unter vielen interdependenten F&E-Einheiten, welche durch vielfältige, flexible Koordinationsmechanismen verbunden sind. Jeder Standort des Netzwerks spezialisiert sich auf bestimmte Produktgruppen oder Technologiefelder. Die Basis hierfür sind sein Wissen und Kompetenzen oder die herausragende Rolle des Schlüsselmarkts. Im Unterschied zum Hubmodell übernehmen die ausländischen F&E-Standorte im Netzwerk eine strategische Rolle als „Lead Country" im Unternehmen. Zahlreiche Unternehmen wie *Philips* und *Nestlé* wechselten Ende der 80er-Jahre von der polyzentrisch dezentralisierten F&E zum integrierten Netzwerk, um die globale Effizienz der F&E-Aktivitäten zu steigern. Auch in der Pharmaindustrie ist eine konsequente Kompetenzzentrumsbildung zu beobachten (Bild 16.5).

Hoffmann-La Roche hat seine weltweiten F&E-Aktivitäten seit 1992 konsequent monozentrisch, d. h. nach einem strikten „Center of Excellence" reorganisiert. Die wichtigsten Forschungsstandorte Basel (Schweiz), Nutley (USA), Tokio (Japan), Welwyn (Großbritannien) und Palo Alto (USA) sind jeweils auf ein Indikationsgebiet fokussiert. Dadurch werden Doppelentwicklungen vermieden

und die begrenzten F&E-Ressourcen effizienter eingesetzt; Ziel des forschungs-
intensiven Pharmabereichs ist es, auch die im Branchenvergleich mit Abstand
höchste F&E-Intensität von 24 % (1996) auf 20 % zu senken. Die derzeit weltweiten 60 F&E-Projekte bei *Roche Pharma* sind nach Standorten aufgeteilt, sodass
es keine Überlappungen gibt. Die Koordination der weltweiten F&E-Aktivitäten
erfolgt maßgeblich durch einen internationalen Lenkungsausschuss, in dem
alle umfassenderen „Themen" (Projekte, Aktivitäten, Forschungsgebiete) mindestens alle zwei Jahre überprüft und gegebenenfalls modifiziert werden. Dem
Ausschuss gehören die Forschungsleiter aller fünf F&E-Standorte, der Leiter
der Abteilung „International Project Management" und der Leiter der präklinischen Entwicklung an. Weiterhin findet am Standort Tokio ein „Screening" aller
entwickelten Substanzen statt. Dabei wird überprüft, ob eine mögliche Mehr-
fachverwendung einer Substanz in anderen Indikationsgebieten bzw. an anderen F&E-Standorten vorliegt, und gegebenenfalls werden Erfinder und
potenzieller Anwender benachrichtigt.

16.3 Globale Innovationsprozesse erfolgreich managen

Es gibt zahlreiche Alternativen und Facetten, eine globale Forschung und Entwicklung zu implementieren. Anstatt allgemeine Prinzipien herzuleiten, soll
hier beispielhaft gezeigt werden, wie mit den Herausforderungen einer Internationalisierung von Innovation umgegangen wird.[1]

IBM: Project Office zur Standardisierung

Ein starkes Project Office fördert die Standardisierung von Abläufen und verbessert damit die Performance von transnationalen Entwicklungsprojekten.
Bei *IBM* Böblingen, dem größten nicht amerikanischen Entwicklungszentrum,
ist das Project Office für die Entwicklung des VSE-Systems angesiedelt. Hier
werden die Abläufe standardisiert und die Schnittstellen in technischer, zeitli-
cher und finanzieller Hinsicht koordiniert (Bild 16.6).

Im Project Office werden die ersten von außen herangetragenen Projektideen
und -impulse von erfahrenen Experten („Senior Advisory Programmer") aufge-
arbeitet, über die Erstellung eines Projektantrages formalisiert und anschließend bewertet. Sämtliche Anforderungen werden in einer „Requirement List"
gesammelt und dort priorisiert. Bei Ideen zu völlig neuen Produkten (radikale
Innovationen) untersucht das Project Office, welche Funktionen bzw. Komponenten des neuen Produkts in Böblingen entwickelt und welche in Form von

---

[1] Für eine Vertiefung der Konzepte zur Internationalisierung, siehe Gassmann 1997 und Boutellier,
Gassmann, von Zedtwitz 2008.

Aufträgen an andere Entwicklungsstandorte weitergegeben werden. Hier werden auch die Change Requests behandelt und wird über das „stop or go" von Meilensteinen entschieden.

Eine Stabsabteilung Zentrales Projektmanagement, wie *Bayer* sie führt, sorgt für die Bereitstellung der wichtigen Projektmanagementinstrumente wie Projektmanuals, Entwicklungsrichtlinien und EDV-Unterstützung bzw. Projektmanagementsysteme für die einzelnen F&E-Abteilungen. Dadurch wird die Einhaltung von bewährten Standardregeln sichergestellt. Je stärker Entwicklungsaktivitäten routinemäßig durchgeführt werden, desto wichtiger ist die Einhaltung von Standard-Operating-Procedures.

Da Systemsoftwareentwicklung sehr zeitkritisch ist, entwickelt auch *Unisys* ihre Software nach dem „24-Stunden-Forschung"-Konzept durch Nutzung verschiedener Zeitzonen in ihren F&E-Einheiten in den USA, Europa und Japan. Hier ist eine strikte Standardisierung von Schnittstellen und Prozess erforderlich.

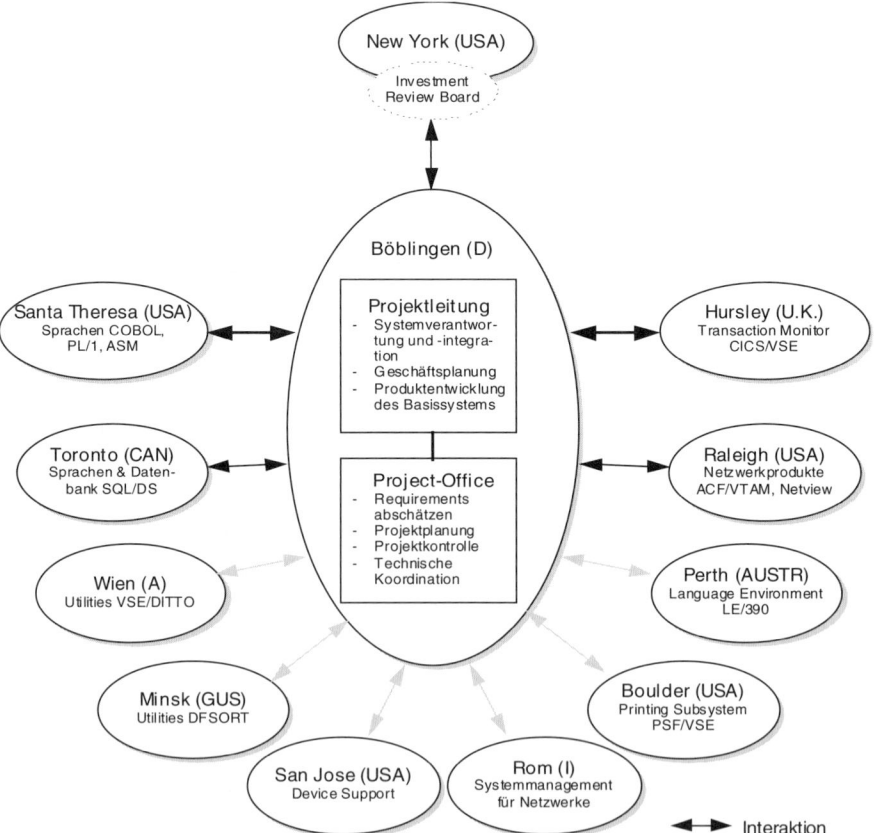

Bild 16.6 Project Office als Kern bei der *IBM*-VSE-Entwicklung

Darüber hinaus ergänzt *Unisys* die Kommunikation durch einen intensiven Personaltransfer: Japanische Programmierer werden vom Büro in Tokio nach San José gesendet, um dort an der Produktkonzeption beteiligt zu sein und die Implementierung effizienter gestalten zu können. Vertrauen und ein wechselseitiges Verständnis zu den eingesetzten Routinen stellen für den Erfolg einer 24-Stunden-Entwicklung die Grundvoraussetzung dar.

Schering: Technologiebüro für Hebeleffekte

Das Technologiebüro von *Schering* hat die Prozessverantwortung für die internationale F&E inne. Die Aufgabe des Technologiebüros liegt darin, neues Wissen und Know-how zu suchen und zu vermitteln. Es ist „das Auge und das Ohr der F&E", gibt regelmäßig Aktivitätsberichte heraus und pflegt informelle Kontakte, Konferenzen und Beziehungen zur Scientific Community. Dabei bahnt es Verträge mit externen F&E-Partnern an, sofern aus Gründen der Zeitersparnis oder des fehlenden Know-hows im Unternehmen F&E-Leistungen ausgelagert werden sollen. Der entsprechende Geschäftsbereich hat das interne Defizit und den Wunsch nach Outsourcing dem Technologiebüro mitzuteilen. Dieses leitet daraufhin einen Suchprozess ein, um an das gewünschte Know-how heranzukommen.

BMW: Horchposten in den technologischen Spitzenzentren

Externe Technologiehorchposten unterstützen das aktive Anzapfen von regionalen Wissenszentren. Wie *Volkswagen, Daimler* und andere Automobilhersteller hat auch *BMW* im Silicon Valley eine externe Forschung mit Horchfunktion etabliert. Für den Erfolg der Außenstelle ist das Vernetzen in zweifacher Hinsicht wichtig:

(1) Es muss an die lokale Wissenscommunity aktiv angedockt werden. Dies ist nicht einfach, wie schon zahlreiche Unternehmen feststellen mussten. Akzeptanz in der Community kann man nur mit eigener Kompetenz erlangen, Geben und Nehmen müssen im Einklang stehen. Einige Unternehmen gehen vor allem in der Kooperation mit lokalen Universitäten dazu über, die Forschung mit lokalem Sponsoring zu fördern und aktiv an der Forschung zu partizipieren (z. B. *Deloitte* an der University of California, *Hitachi* in Dublin und Oxford, *SAP* in St. Gallen und Zürich). Um von der geförderten Forschung zu profitieren, muss eine eigene Kompetenz aufgebaut werden. Ansonsten besteht die Gefahr einer altruistischen Alibifunktion, welche nur den Hochschulen und gegebenenfalls der Firmen-PR nutzt.

(2) Es muss ein Transfer in die operative F&E erfolgen. Falls nur externes Wissen absorbiert wird ohne Fütterung in die umsetzende Entwicklung, entstehen rasch Elfenbeintürme oder interne diplomatische Dienste ohne Nutzen. *Daim-*

ler hat beispielsweise den Horchposten in Moskau mangels Akzeptanz in der eigenen F&E geschlossen, ebenso wie *Schindler* in den 90er-Jahren in Tokio.

Der Zugang zu Know-how in den technologischen Spitzenzentren ist auch für kleine und mittlere Unternehmen möglich. Technology Broker, welche häufig staatlich unterstützt werden, arbeiten auftragsbezogen für zahlreiche Unternehmen gleichzeitig (z. B. für die Schweiz *KTI* in China, Wissenschaftsattachés in Boston).

Bosch: Kernteams als Systemarchitekten

Um die technologische Komplexität besser in den Griff zu bekommen, haben einige Unternehmen Systemarchitekten oder „Global Knowledge Engineers" (Nonaka) etabliert. Deren Aufgabe ist das Zusammenhalten von System und Architektur eines Produkts. *Bosch* geht hier einen Schritt weiter und etabliert bei der transatlantischen Entwicklung von Dieseleinspritzpumpen regelmäßig Kernteams. Diese bestehen im Wesentlichen aus den Projektleitern der beteiligten Standortteams. Gemeinsam wird die Systemarchitektur festgelegt und entwickelt. Die Vorteile dieses regelmäßig physisch zusammenkommenden Teams liegen in einem besseren gemeinsam geteilten Systemverständnis und damit auch in einer rascheren Umsetzung, wenn es in die Materialisierungsphase geht.

Wissen wandert mit den Köpfen und nicht mit PDF-Files; daher ist ein physisches Treffen von großer Bedeutung. Letztendlich geht es hier auch um den Aufbau und die Pflege von Vertrauen. Aufgrund der Halbwertszeit des Vertrauens muss dieses ständig wieder erneuert werden. Insbesondere in der kritischen Umsetzungsphase, in welcher die Kosten in die Höhe schnellen und der Termindruck zunimmt, wird es wichtig, dass alle an einem Strang ziehen.

Bei Auftreten eines systemrelevanten, modulübergreifenden Problems (z. B. Korrosionsschutz, Geräuschreduktion) kann die Gründung von virtuellen Spezialistenteams erforderlich sein. Ein Beispiel für Spezialistenteams sind die „C-Teams" in der Turbinenentwicklung des Turbinenherstellers *MTU*. Diese erstellen Standards, welche für die Modulentwicklungen der „B-Teams" (z. B. Schaufeln, Scheiben, Gehäuse) verbindlich sind. Diese Standards beinhalten zum einen Gestaltungsrichtlinien hinsichtlich des zu erstellenden Moduls (inklusive Musterzeichnungen) und zum anderen prozessuale Richtlinien und Normen. Die Befugnisse der C-Teams in der konkreten Projektarbeit umfassen das Einbringen von linienbezogenem, funktionalem Expertenwissen in die Produktgestaltung, die Erstellung allgemeingültiger Gestaltungsregeln (Auslegungs- und Konstruktionsregeln) und die Darstellung der Konsequenzen im Falle von Regelabweichungen. Über diese Teams wird sichergestellt, dass die Modulteams sich an übergeordnete Systemvorgaben halten.

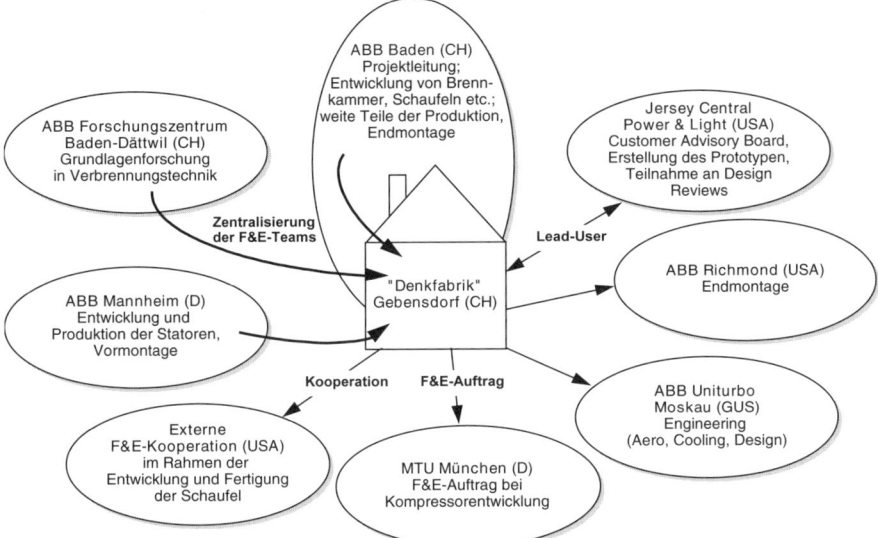

Bild 16.7 Zentralisierte Venture-Teams für radikale Innovationen

ABB: Zentralisierte Venture-Teams bei Systeminnovationen

ABBs Gasturbinengeneration GT 24/26 wurde in kürzester Zeit entwickelt. Um die hohen Projektziele zu erreichen, wurde ein F&E-Projektteam von mehreren Hundert Mitarbeitern aus rund 20 Nationen zusammengestellt. Darunter waren zahlreiche Spezialisten unterschiedlicher Schrittmachertechnologien, wie Material-, Kühlungs- und Umwelttechnologien, und unterschiedlicher Funktionalbereiche, wie Entwicklung, Produktion, Ingenieure, Monteure und Service. Das Projektteam war daher hochgradig interdisziplinär zusammengesetzt; die involvierten Wissensbasen hatten einen stark komplementären Charakter. Die Projektstruktur war durch eine internationale Arbeitsteilung gekennzeichnet. Das schweizerische *ABB*-Forschungszentrum Dättwil erarbeitete die Grundlagen für die völlig neue Verbrennungstechnik der GT 24/26. Die Entwicklungsaktivitäten wurden von den Dättwiler Forschern begleitend betreut (Bild 16.7).

Die Kernaktivitäten der Gasturbinenentwicklung fanden zentralisiert an einem geheimen Ort in Baden statt. Hier wurde eine Art Denkfabrik etabliert, in der ohne Wände und Abteilungsgrenzen zusammengearbeitet wurde. Das Projekt konnte in kürzester Zeit mit über 100 Patenten realisiert werden, hatte aber zahlreiche Kinderkrankheiten. Heute machen Führungskräfte dieses Projekt für die finanziellen Turbulenzen des *ABB*-Konzerns in den 90er-Jahren verantwortlich.

Das Prinzip von zentralisierten Venture-Teams wird von zahlreichen Unternehmen imitiert. Die skandinavische *Danfoss* hat in einer eigenen Gesellschaft solche Venture-Teams mit den besten Entwicklern des Konzerns versehen. Die *Evonik Degussa* hat für solche Teams exzellente Räumlichkeiten geschaffen, um auch physisch den Unterschied zum Kerngeschäft zu unterstreichen.

Hoffmann-La Roche: Virtuelle Projektmanagement-Pools

Globale F&E-Projekte benötigen noch stärker als lokale Entwicklung außerordentliche Kompetenzen von den Projektmanagern. Es ist jedoch weiterhin stark verbreitet, dass der technisch versierteste Entwickler das Projektmanagement übernimmt (bis er später zum Entwicklungsleiter aufsteigt). Als Folge fehlen bei den wichtigsten Führungskräften, den Projektmanagern, sowohl methodische Kompetenzen des Projektmanagements als auch die bekannten Soft Skills. Bei Siemens wird in einer internen Projektmanagementausbildung versucht, konzernweite Standards zu schaffen. *Hoffmann-La Roche* ist hier einen Schritt weitergegangen und hat eine eigene Abteilung „International Project Management" geschaffen, der weltweit ca. 50 Projektleiter angehören. Der Bereich verursachte noch in den 90er-Jahren als Kostenstelle fast 30 % der gesamten F&E-Pharmakosten und ist von hoher strategischer Bedeutung für das Innovationspotenzial im Pharmabereich. Die Projektleiter sind diesem geografisch dezentralisierten Bereich disziplinarisch voll zugeordnet. Nach Beendigung eines Projekts wird jeder Projektleiter wieder dem Bereich zugeordnet. Die Kompetenzen des Bereichsleiters umfassen die Zuweisung von Personal aus seiner Abteilung auf die Projekte und die weltweite Sicherstellung von bestimmten Qualitätsstandards und Projektprozeduren.

Indem der Bereich direkt an den Vorstand berichtet, wird die Stellung der Projektleiter in der F&E stark aufgewertet. Zudem wurde bei *Roche* die erste Abteilungsleitung durch die Frau des damaligen F&E-Vorstands Drews übernommen, sodass zudem eine starke informelle Machtposition hinzugekommen ist. Der Leiter des „International Project Management" ist auch im internationalen Lenkungsgremium vertreten, welches über Start, Abbruch und Budget der 60 weltweiten F&E-Projekte bei *Roche Pharma* entscheidet. Indem dieser dort die Interessen der Projektleiter wahrnimmt, spielt er die Rolle eines Vermittlers zwischen dem Projektleiter und den obersten Entscheidungsträgern. Das Human Resource Management hat somit stärker die Laufbahn des internationalen F&E-Projektleiters zu fördern. Eine starke Aufwertung und Professionalisierung des internationalen Projektmanagements kann über die Etablierung eines virtuellen Projektleiter-Pools erreicht werden (Bild 16.8).

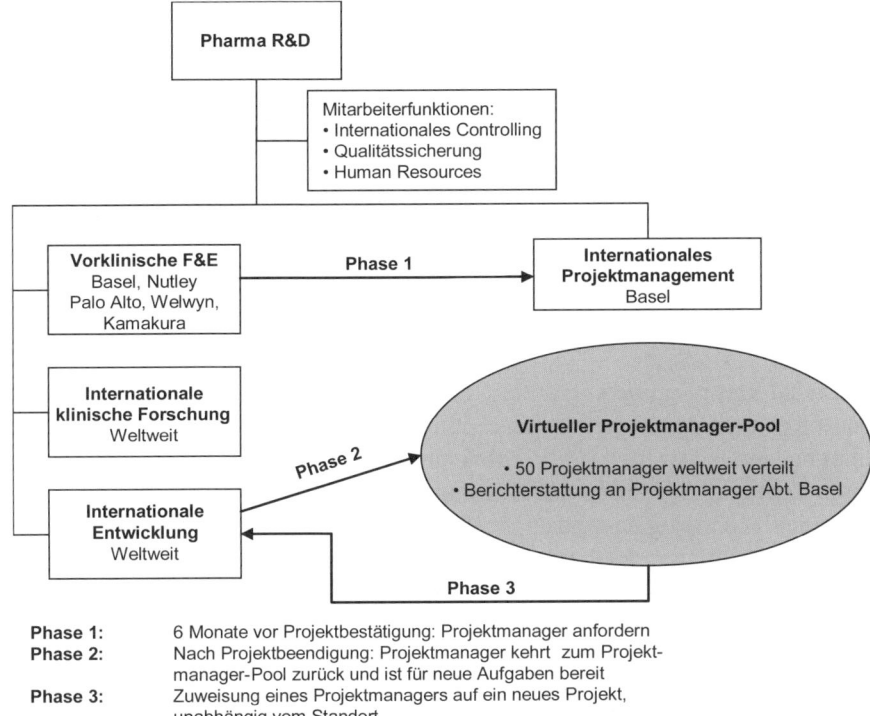

Phase 1:   6 Monate vor Projektbestätigung: Projektmanager anfordern
Phase 2:   Nach Projektbeendigung: Projektmanager kehrt zum Projekt-
             manager-Pool zurück und ist für neue Aufgaben bereit
Phase 3:   Zuweisung eines Projektmanagers auf ein neues Projekt,
             unabhängig vom Standort

Bild 16.8 Virtueller Projektleiter-Pool bei Hoffmann-La Roche

Henkel, Nestlé, Procter & Gamble: Hebeleffekte über Partnerschaften

Statt die besten Köpfe ins eigene Unternehmen zu ziehen und fest anzustellen, verfolgt die Open-Innovation-Idee stärker Multiplikationsprinzipien: Extern entwickelte Technologien sollen für die eigene Produktentwicklung genutzt werden, der Fokus liegt nicht auf der besten eigenen Technologieentwicklung, sondern auf der effektivsten Kommerzialisierung von verfügbaren Technologien, unabhängig davon, an welchem Ort der Welt diese entwickelt wurden. Open Innovation hat durch die Erfolgsgeschichte der Open-Source-Software stark an Bedeutung gewonnen und hat neben den Technologen nun auch die Vorstandsebene erobert. Durch die Einbindung externer Partner Hebeleffekte zu erzielen ist zu einem dominierenden Paradigma des derzeitigen F&E-Managements geworden.

Bei *Henkel Klebstoffe* gibt es einen Verantwortlichen Manager für Open Innovation, welcher in den USA angesiedelt ist. Zu seinem Aufgabengebiet gehört es, externe Technologiepotenziale aufzuspüren, zu bewerten und aktiv Kontakte zur Innenwelt von *Henkel* zu schaffen. *Nestlé* hat 2007 eine eigene Stelle eingerichtet für das Führen von externen Partnerschaften. Die Hauptaufgabe besteht in einer Gatekeeper-Funktion, welche die internen Entwickler auf die externe Welt sensibilisieren, das Not-Invented-Here-Syndrom reduzieren und Partnerschaften effektiver und effizienter organisieren soll.

Bekannt ist auch die „Connect & Develop"-Strategie von *Procter & Gamble*, welche sich zum Ziel setzt, mehr als 50 % aller Innovationen von extern hereinzuholen. Dies ist derzeit eines der umfassendsten Open Innovation Commitments eines multinationalen Unternehmens. Es bleibt abzuwarten, ob und wie rasch diese ehrgeizigen Ziele erreicht werden. Die Richtigkeit der Stoßrichtung „outside in" bleibt unbestritten.

Nestlé: Technologiegesellschaft als Knotenpunkt

Nestlé hat klare Kompetenzzentren gebildet. Jedes Forschungszentrum spezialisiert sich auf einen bestimmten Produkt- oder Technologiebereich. Die Koordination der weltweiten Aktivitäten und die Identifizierung von Synergien durch Kooperation werden durch weniger als 20 Personen in der rechtlich selbständigen Technologiegesellschaft *Nestec AG* durchgeführt. *Nestec* ist neben der F&E-Koordination auch für den Technologie- und Know-how-Transfer sowie für die technische Betreuung der weltweiten Produktionsstätten verantwortlich. Zudem stellt *Nestec* Führungsprozesse (Managementunterstützung) den operativen Gesellschaften zur Verfügung. Jede Produktionsstätte schließt mit *Nestec* separat einen Lizenzvertrag über obige Serviceleistungen und die Verwendung von Patenten, Know-how oder Trademarks ab (Bild 16.9).

Nebeneffekt: Eine Technologiegesellschaft weist auch großes Potenzial auf für länderübergreifende Steuerplanung. Da diese sämtliches geistige Eigentum besitzt, vor allem Patente und Trademarks, lassen sich über die Ausgestaltung der Royalties durch die Produktions- und Verwertungsgesellschaften eine optimale Finanzierung der F&E-Kosten und eine Entschädigung für deren Gebrauch umsetzen.

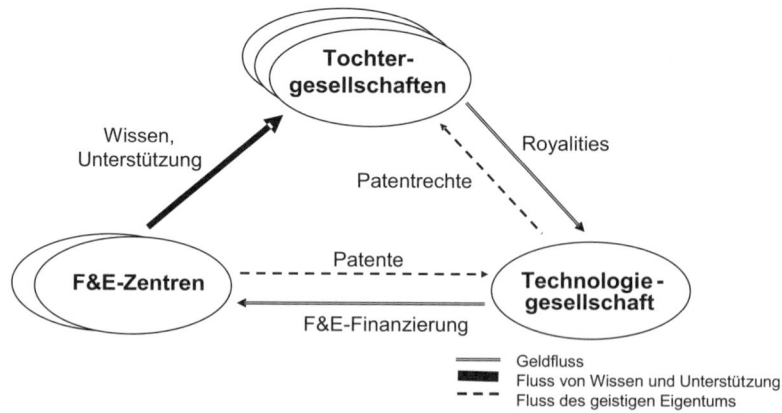

Bild 16.9 Nestec: Technologiegesellschaft zur Führung einer dezentralen F&E

Goldman Sachs: Systematische Innovationspromotoren im Dienstleistungssektor

Das systematische Management von Innovation wird im Dienstleistungssektor
eher vernachlässigt. Nach einer Studie der ZEW kommen Innovationsideen bei
deutschen Banken nicht von Kunden oder Mitarbeitern, wie man es erwarten
würde. Vielmehr ist die Quelle Nummer eins für Innovationen der Wettbewerber, die Quelle Nummer zwei sind Berater. Da ist es offensichtlich, dass es eine
starke Strategiekonvergenz gibt, und damit die Quellen für Differenzierung
immer stärker entfallen. Dabei ist es ein Irrglaube, dass beispielsweise strukturierte Produkte sofort imitiert werden können. Fehlen die Kultur und die
gemeinsame Schaffung der Grundlagen dafür, benötigt es nicht Wochen, sondern viele Monate oder gar Jahre, bis ein strukturiertes Produkt von einer
anderen Bank übernommen wird.

Goldman Sachs, ein führendes Unternehmen im globalen Investment-Banking-
Geschäft, hat erkannt, dass es innovativer werden muss. Zu diesem Zweck wurde die Stelle des Chief Learning Officers etabliert. Dessen Aufgabe sind neben
der Entwicklung der obersten Führungskräfte des Unternehmens die stetige
Förderung von Innovationen und das Hinterfragen des Status quo. Hierzu wurde 2006 Richard K. Lyons, der renommierte ehemalige Dean der Haas School of
Business, UC Berkeley, eingestellt. Gerade Dienstleistungsunternehmen ohne
eine eigene F&E-Abteilung unterschätzen häufig die Innovationspotenziale oder
denken und agieren zu lokal.

Beispiele für erfolgreiche Serviceinnovatoren sind *Lufthansa* mit einem für die
Airlines vergleichsweise gut organisierten Callcenter, *Singapore Airlines* mit
starker Kundenorientierung in allen Serviceangeboten, *Heidelberger Druckmaschinen* mit ihrem Denken in Lösungen im Gesamtprozess. Zunehmend beschäftigen sich auch Finanzdienstleister und andere „klassische Dienstleister" mit
der Anwendung von F&E-Methodiken zur Einführung eines systematischen
Innovationsmanagements. Der Versicherer *Helvetia* hat bereits einen umfassend dokumentierten und gut verankerten Innovationsprozess.

16.4 Trends in der F&E-Globalisierung

Bei der Internationalisierung von F&E lassen sich folgende Trends identifizieren:

**(1) Stärkere Ausrichtung der F&E-Prozesse an internationalen Märkten
und technologischen Wissenszentren:** Um Wissen von ausländischen Spit-
zenforschungszentren zu erwerben, wird das F&E-Zentrum gegenüber Inputs
von außen geöffnet. Auch ohne eigene F&E-Standorte gibt es heute über das
Internet für KMU sehr gute Internationalisierungsmöglichkeiten. Technology
Broker vor Ort sowie die aktive Einbindung vom lokalen Lead User in den

Innovationsprozess sind Möglichkeiten einer Öffnung, ohne die F&E physisch zu dezentralisieren. Internationalisierung findet zunächst einmal im Kopf der Entwickler statt.

(2) Aufbau straff gesteuerter technologischer Horchposten: Um ohne Zeitverzögerungen auf die Forschungsergebnisse der technologischen Spitzenzentren zugreifen zu können, bauen zahlreiche Innovationsführer Horchposten in diesen Zentren auf. Diese können sich auf technologische Grundlagenforschung konzentrieren, z. B. *Hitachi, Toyota* und *Sony* in Europa, oder auf das Erkennen von technologischen Trends in Schlüsselmärkten, z. B. *BMW* und *VW* im Silicon Valley. Oft gehen diese beiden Aufgaben von Horchposten ineinander über und sind beide Bestandteil der Mission des Horchpostens. Rein diplomatische Funktionen von Horchposten, wie das Knüpfen von Kontakten zu Wissenschaftlern, sind eher zum Scheitern verurteilt, z. B. *Daimler* in Moskau. Das Internet hat diese Matchmaker weitgehend überflüssig gemacht, zumindest unter Effizienzaspekten lässt sich ein solcher Standort selbst in großen Unternehmen kaum halten.

(3) Kompetenzerweiterung und Stärkung der ausländischen F&E-Standorte: Mit steigender Kompetenz und zunehmendem technologischem Spezialisierungsgrad dezentraler F&E-Einheiten steigt auch deren Bedeutung für das Gesamtunternehmen. Bei der Entwicklung der F&E-Aktivitäten hin zu einem internationalen Netzwerk lassen sich durch Empowerment und Flexibilisierung sowohl der Spezialisierungsgrad als auch die Kreativität bei Neuentwicklungen fördern. Gerade in der Pharmaindustrie ist eine solche Konzentration auf Produktebene (World Product Mandate) oder Technologieebene (Center of Excellence) stark verbreitet, z. B. *Novartis, Pfizer, Hoffmann-La Roche.*

(4) Verstärkte Integration dezentraler F&E-Standorte: Um die vorhandenen F&E-Ressourcen besser zu nutzen und damit die globale Effizienz der F&E zu erhöhen, bauen zahlreiche Unternehmen ein integriertes F&E-Netzwerk auf. Aufgrund der neuen Informations- und Kommunikationstechnologien werden virtuelle Innovationsteams möglich. Ziel der Konsolidierungen sind auch die bessere Ausnutzung von Größenvorteilen durch eine verstärkte Koordination der weltweiten F&E-Aktivitäten und der Abbau von Doppelentwicklungen bei gleichzeitiger Intensivierung des konzerninternen länderübergreifenden Technologie:transfers, z. B. *Philips.*

(5) Straffung der Koordination und Rezentralisierung von F&E-Aktivitäten auf wenige Spitzenzentren: In den 90er-Jahren sind zahlreiche Unternehmen durch Mergers and Acquisitions gewachsen; dadurch wuchsen weltweit verteilte, relativ autonome F&E-Einheiten. Um Synergien zu realisieren und ungewollte Redundanzen zu reduzieren, werden die Innovationsaktivitäten wieder verstärkt unter strategischen Aspekten koordiniert und internationale Kompetenzzentren geschaffen (z. B. bei *ABB* in den 90er-Jahren). Unnötige Parallelentwicklungen, sofern nicht beabsichtigt, wie in einigen japanischen Unternehmen, können so reduziert werden. Gleichzeitig können aus der Unternehmensstrategie abgeleitete Schwerpunkte in der Technologieentwicklung besser umgesetzt werden. Eine Rezentralisierung findet aber in der Regel nicht mehr im Stammland statt, sondern vielmehr an dem Ort, an dem die besten Kompetenzen vorliegen, z. B. *Schindler*, *IBM*.

(6) Verstärkte F&E-Verlagerung in Entwicklungs- und Schwellenländer: F&E findet nicht mehr nur ausschließlich innerhalb der Triade statt, sondern bezieht auch immer stärker Entwicklungsländer mit ein. Dabei sind häufig wachsende Märkte, mangelnde Ressourcen oder zu hohen Kosten im Stammland die Haupttreiber. Zurzeit ist China mit seiner hohen Marktattraktivität und den kostengünstigen Ressourcen ein attraktives Zielland für F&E-Verlagerungen. Für die Zukunft wird in China ein ähnlicher Qualitätseffekt wie bei der Softwareentwicklung in Indien erwartet, die bereits heute zumindest in Prozessmerkmalen den höchsten Qualitätsstandards, wie CMM-Level 5 in der Softwareentwicklung, genügt.

Während *Motorola*, *Schindler* und *SIG* vor allem produktionsnahe Applikationsentwicklungen in China durchführen, haben *IBM*, *Siemens* und *Microsoft* bereits Forschungslabors in Peking und Schanghai aufgebaut. Dies ist umso erstaunlicher, als es immer noch umfassende Probleme der Sicherung von geistigem Eigentum gibt. Nach unseren Schätzungen gab es 2010 bereits über 800 F&E-Standorte ausländischer Unternehmen in China. Viele Großunternehmen, darunter *Motorola*, *Philips* und *Nokia*, haben bereits ein globales F&E-Zentrum in China etabliert; zum Teil werden von China aus sogar die globalen F&E-Prozesse gesteuert, wie *ABB Robotics* in Schanghai zeigt. Von den Fortune-500-Unternehmen betreiben bereits 400 (!) ein F&E-Zentrum in China.

Wir stellten fest, dass weniger als 30 % aller Unternehmen die in China entwickelten Produkte nur für den Schlüsselmarkt China einsetzen. Vielmehr werden die dortigen F&E-Ergebnisse weltweit in globale Produkte multipliziert. Das Argument für den lokalen Markt alleine ist immer weniger schlagkräftig. Die Probleme der Verletzung von Patenten und Trademarks bestehen weiterhin: Je weiter der Patentprozess in einem der 3 000 Gerichtshöfe von den politischen Zentren Schanghai und Peking entfernt ist, umso schwieriger wird die Durchsetzung seiner Rechte. Es empfiehlt sich, gleichzeitig die Piraten anzuklagen und mit ihnen parallel über Kompensationen und Auswege zu verhandeln. Wer sich nur auf die Gerichtshöfe verlässt, ist derzeit verlassen.

(7) Offene Netzwerke und Open Innovation: Skaleneffizienz in der F&E wird nicht durch die Mitarbeiterzahl einer Organisation gemessen, sondern durch ihren tatsächlichen Einfluss. Kleine, hoch spezialisierte Unternehmen, die ihre Kernkompetenzen durch ein globales Netzwerk (z. B. mit Lieferanten oder durch Technologiekooperationen) multiplizieren können, sind leistungsfähiger und flexibler. Offene Architekturen und eine Reduktion der Eigenentwicklung führen gleichzeitig zu einer höheren Arbeitsteiligkeit im globalen Wissens- und Innovationswettbewerb.

Bei Netzwerken gewinnt der informelle Aspekt enorm an Bedeutung: Bei den derzeit hohen Fluktuationsraten wird es immer schwieriger, im Unternehmen die Netzwerke aufrechtzuerhalten. Gleichzeitig nehmen die Verbindungen in die Außenwelt zu, wodurch die Öffnung und Virtualisierung der Unternehmen weiter vorangetrieben wird. Ob es politisch gewünscht wird oder nicht, der Trend zur Globalisierung von Forschung, Technologie und Innovation wird sich weiter fortsetzen. Die Barrieren durch räumliche Distanzen, unterschiedliche Zeitzonen und kulturelle Differenzen sind hoch und führen zu hohen versteckten Kosten in Form von schlechter Kommunikation und hohem Koordinationsaufwand.

(8) Strategische Bedeutung von Intellectual Property wächst: Die Globalisierung führt auch zu einer erhöhten Verletzlichkeit der Unternehmen. Sowohl in strategischen Partnerschaften als auch im Alleinmarsch wird der Schutz von Innovation wichtiger. Da der Innovationsvorteil immer weniger nachhaltig wird, die Imitationsgeschwindigkeit zunimmt, gibt es zwei Stoßrichtungen: Schneller und kontinuierlich innovieren und konsequent die Innovation schützen. Die Anzahl der weltweit angemeldeten Patente nimmt seit Jahren zweistellig zu. Gleichzeitig nimmt die Qualität der Patente stark ab, da die materielle Prüfbarkeit immer schwieriger wird. Mit anderen Worten: Den Wert eines Patentes kennt man erst im Streitfalle. Einzelne Patente gewinnen aber enorm an Bedeutung: Die fünfköpfige Firma *NTP* erhielt mit 612,5 Millionen US-Dollar für die Patentverletzung der E-Mail-Push-Funktion beim BlackBerry die höchste Summe, die bisher bezahlt wurde. Mit *Ocean Tomo* begannen in den letzten Jahren die ersten millionenschweren Patentauktionen. Die *Deutsche Bank* und die *Credit Suisse* legen inzwischen eigene Patentfonds auf, da davon ausgegangen wird, dass Patente ähnlich wie materielle Güter auch gehandelt werden können. Im gleichen Jahr 2004, als *Research in Motion* seinen BlackBerry-Patentstreit verlor, gab es in China 23 500 registrierte Verletzungen von geistigem Eigentum. Da dies nur die registrierten Klagen auf den insgesamt über 3 000 Gerichtshöfen in China sind, kann man davon ausgehen, dass dies nur die Spitze des Eisberges ist.

Analog zu Michael Hilti gilt, dass es wichtiger ist, Märkte und Patente zu besitzen als Fabriken. Die Globalisierung von Innovation verstärkt diesen Trend.

(9) Spezialisierung und Konzentration auf Kernkompetenzen: Die Komplexität von neuen Produkten und Technologien ist so groß geworden, dass es sich selbst große Unternehmen nicht mehr leisten können, diese alleine zu entwickeln. Die Forschung ist in den immer stärker spezialisierten Fachgebieten längst zu einem globalen Dorf geworden, wo die Sparringspartner weltweit verteilt sind. Skypen ergänzt E-Mails, Konferenzen schaffen die Basis für ein gemeinsames Projekt. Aufgrund globaler Kunden und der zunehmenden Spezialisierung konzentrieren sich Unternehmen auf ihre Kernkompetenzen und holen sich den Rest von außerhalb.

Dadurch ergeben sich auch Chancen für KMU: Mittelständische Unternehmen können sich erfolgreich auf den Weltmärkten behaupten, wenn diese sich hinreichend spezialisieren und damit Einzigartigkeit aufbauen. Die europäischen sogenannten „Hidden Champions" sind auf den Weltmärkten vor allem deshalb erfolgreich, weil diese sich auf Nischen mit technologischen Spitzenleistungen fokussiert haben. Diese exportorientierten Hightech-KMU stellen die zentrale Wachstumsquelle einer entwickelten Volkswirtschaft wie der Schweiz oder Deutschland dar.

Unsere Studien zeigen, dass diese Unternehmen, welche auch schon in jungen Jahren global aktiv sind, eine hohe, technologisch basierte und geschützte Einzigartigkeit entwickelt haben. Typische Beispiele sind *Bühler*, *Festo*, *Filtrox*, *Gallus*, *Sefar* – typischerweise eher unbekanntere Unternehmen, die aber in ihren Marktsegmenten Weltmarktführer sind.

(10) Führung bleibt Königsdisziplin: Innovation findet in den Köpfen statt, doch wie soll dies bewerkstelligt werden mit Standorten in der ganzen Welt? Hier haben wir festgestellt, dass eine erfolgreiche Führung von globaler F&E auf vier Ebenen stattfindet (Gassmann, von Zedtwitz 1998). Diese vier Ebenen haben zwar wechselseitige Abhängigkeiten, sollten aber als Führungsmodell separat berücksichtigt werden (Bild 16.10).

Meist wird im Management viel Zeit für die Gestaltung der Hierarchie verwendet. Die darunter liegende regionale und legale Struktur wird oft als Unternehmenshistorie akzeptiert und wenig hinterfragt. Dabei liegen hier große Potenziale in einer geeigneten Standortstrategie und einer aktiven Gestaltung der rechtlichen Struktur, z. B. in Form einer Technologiegesellschaft à la *Nestlé*.

Trotz zahlreicher Projektmanuals wird auch die Projekt- und Prozessebene stark vernachlässigt. Stage-Gate-Prozesse sind zwar heute weitverbreitet, aber die wenigsten sind tauglich für transnationale Innovationsprozesse im Zeitalter von Offshoring, Open Innovation und F&E-Outsourcing. Wer aber schon größere Softwareentwicklungen mit indischen Dienstleistern durchgeführt hat, stellt hier schnell Defizite fest. Ein CMM-5-Level in der Softwareentwicklung alleine sichert noch keine zufriedenen Auftraggeber.

Die Gestaltung von dezentralen Innovationsprozessen weist noch enorme Verbesserungspotenziale in der Praxis auf. Die Diskrepanz zwischen einer Best Practice und dem Durchschnitt der dezentral innovierenden Unternehmen ist enorm. Das Gleiche gilt für die Führung und Energetisierung von virtuellen Teams: Es gibt vereinzelte Highlights, welche sich jedoch nicht mehr unternehmensweit generalisieren lassen. Die Liste der Beispiele von mittelmäßig laufenden, bürokratisch abgewickelten Innovationsprojekten mit massiven Budget- und Zeitüberschreitungen und katastrophalen Projektergebnissen ist jedoch viel länger.

Führung bleibt deshalb die Königsdisziplin, sie wird aber ungleich anspruchsvoller bei globaler Innovation. Da sich in den meisten Branchen eher die hoch spezialisierten, arbeitsteiligen Technologieentwicklungen durchsetzen, ist zwar der Wunsch nach einer lokalen Entwicklung für einen lokalen Markt nachvollziehbar – er wird jedoch immer unrealistischer. Moderne Kommunikationstechnologien bringen die Welt ins Labor, aber Skypen, Twittern und IMs vermitteln auch eine Scheinnähe. Führungskräfte in Innovation müssen noch mehr Gewicht auf die weichen Faktoren der Innovation legen. Kulturelle Empathie, transformative Führungsfähigkeiten und hohe Diversität werden zu Erfolgsfaktoren im globalen Innovationsdorf.

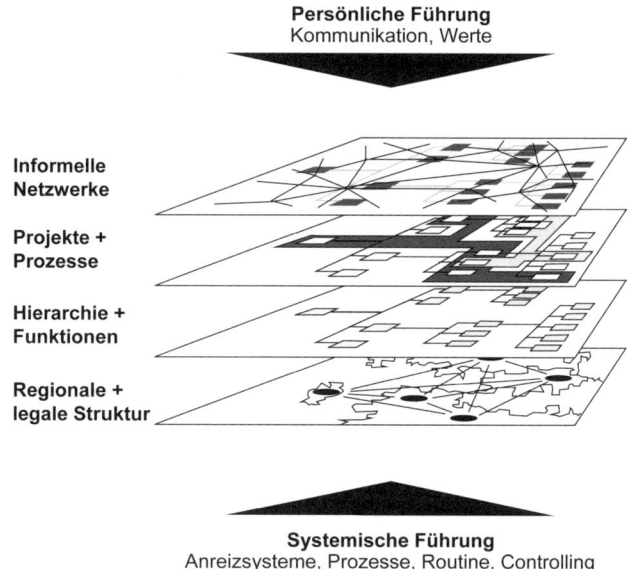

Bild 16.10 Zentralisierte Venture-Teams für radikale Innovationen

KREATIVITÄTS- UND INNOVATIONSMETHODEN

„Kreative Fantasie arbeitet durch ein Zusammenwirken
von Erinnerung, Assoziation und Logik."
Friedrich Dürrenmatt

Empirische Studien zeigen, dass nur 2 % aller großen Innovationen ihren Ursprung in geplanten Sitzungen haben. Häufig entstehen die besten Ideen in der Kaffeepause, beim Joggen, beim Duschen oder abends beim Stammtisch. Doch auf die zufällige Entstehung von Ideen sollte sich ein Unternehmen nicht verlassen. Vielmehr müssen alle Anstrengungen unternommen werden, um auch die Aktivitäten am Arbeitsplatz intelligenter und kreativer zu gestalten.

Der amerikanische Psychologe Guilford hat in den 50er-Jahren maßgeblich die Kreativitätsforschung mitbegründet. Seine Erkenntnisse aus empirischen Studien gelten noch heute. Eine Organisation ist demnach kreativ, wenn

- die Aufgaben eine hohe Komplexität aufweisen,
- wenig Standardisierung und Formalisierung existiert,
- die Entscheidungsprozesse wenig zentralisiert sind,
- eine direkte, offene Kommunikationskultur etabliert ist.

Kreativität und innovatives Denken am Arbeitsplatz lassen sich auch fördern durch die Schaffung von Kommunikationszonen und informellen Begegnungsräumen. Sehenswert ist hierbei die Architektur der AutoUni von *Volkswagen* in Wolfsburg, welche vom Architekten Henn entworfen wurde. Im Kern aller Kreativität steht eine offene Innovationskultur, wie sie schon im Beitrag von *Gore* beschrieben wurde. Die Kultur eines Unternehmens lässt sich jedoch nicht ad hoc verändern, vielmehr ist es ein langer Prozess der kleinen Schritte.

In der Kindheit ist die Kreativität am größten, wie auch Mozart eindrucksvoll verkörpert. Gleichzeitig müssen wir wissen, dass nicht alle kreativen Ideen hilfreich sind. In der Pharmaindustrie ist es vermutlich am extremsten ausgeprägt: Ein erfolgreiches Medikament erfordert im Durchschnitt über 30 000 Aktivsubstanzen. Edison unterstreicht dies – Innovation sei zu 5 % Inspiration, zu 95 % Transpiration.

Neben den aufgeführten Elementen gibt es viele Varianten von bewährten Kreativitäts- und Innovationsmethoden, welche die Qualität der Ideenfindung in einer Sitzung steigern. Damit kann die Effektivität gerade in den frühen Innovationsphasen wesentlich verbessert werden. Die meisten dieser Methoden basieren auf dem Zusammenwirken von Erinnerung (Erfahrung), Assoziation und Logik. Die Methoden helfen einem Team, sich von bestehenden Denkmustern zu lösen, und öffnen so den Raum für kreative Ansätze. Durch den richtigen Einsatz von Kreativitätstechniken lassen sich nicht nur die Anzahl der Ideen erhöhen, sondern auch die Originalität und Qualität.

Kreativität ist die zentrale Voraussetzung für Innovation und damit für die nachhaltige Wettbewerbsfähigkeit unserer Wirtschaft und unseres Wohlstandes. Gleichzeitig ist Kreativität eine unerschöpfliche Ressource, welche nicht nur nicht versiegt, sondern die Menschen enorm motiviert. Kreativ tätige Menschen erleben häufig einen „Flow".

Die im Folgenden dargestellten Methoden sind eine Auswahl, welche durch die Herausgeber – seitens der Universität St.Gallen, wie auch seitens Zühlke – mit guten Erfahrungen für Unternehmen eingesetzt wurde. In der Regel wird eine Methode entsprechend den konkreten Bedürfnissen im Unternehmen ausgewählt. Die Anwendungshinweise sollen bei der Methodenauswahl helfen; nicht jede Methode ist geeignet für jedes Problem.

A.1 Synektik

„Mach dir das Fremde vertraut – entfremde das Vertraute."
Nach gründlicher Problemanalyse werden Analogien zur
Verfremdung gesucht. Die Rückführung auf das ursprüngliche
Problem kann neue, überraschende Lösungsansätze zeigen.
Die Synektik wurde 1944 durch William J. J. Gordon entwickelt.

Ziel	Kreativer Prozess, Reorganisation von unterschiedlichem Wissen zu neuen Mustern
Teilnehmer	Acht bis zwölf Personen aus unterschiedlichen Fachrichtungen
Zeitbedarf	Ca. vier Stunden
Vorteile	Besonders innovative und kreative Lösungen
Nachteile	Stellt hohe Anforderungen an die Moderation, die vielen Schritte sind zeitintensiv und gewöhnungsbedürftig

Vorgehen

Die Synektik gliedert sich in folgende zehn Stufen:

- Problemanalyse und Definition.
- Erarbeiten erster, spontaner Lösungsansätze.
- Neuformulierung des ursprünglichen Problems.
- Bilden direkter Analogien und Wahl der besten: Für technische Probleme sind Analogien aus der Natur (Bionik) oder sozialen Bereichen hilfreich.
- Bilden persönlicher Analogien und Wahl der besten: Die Teilnehmer sollen sich in die direkte Analogie hineinversetzen und beschreiben, wie sie sich fühlen.
- Bilden symbolischer Analogien und Wahl der besten: Die Analogie soll so knapp und klar wie möglich bezeichnet werden; dieser Schritt dient der Abstraktion.
- Bilden direkter Analogien und Wahl der besten: Suchen von Beispielen aus der Natur oder Technik, die zu den Aussagen aus Punkt 6 passen; mit diesem Schritt erreicht die Verfremdung zum ursprünglichen Problem ihren Höhepunkt.
- Beschreiben der ausgewählten Analogie möglichst detailliert und genau.
- Verbindung zum Ausgangsproblem wiederherstellen („Force-Fit"): Lassen sich aus den ausgewählten Analogien Lösungsansätze ableiten?
- Festhalten der entwickelten Lösungsansätze und Bewertung.

Hilfsmittel

- Moderationsmaterial
- Tafel, Flipchart, Projektor

A.2 TILMAG-Methode

*TILMAG steht für Transformation Idealer Lösungselemente
durch Matrizen der Assoziations- und Gemeinsamkeitsbildung.
Die Methode ist eine Abwandlung der Synektik und
wurde vom Frankfurter Battelle-Institut entwickelt.*

Ziel	Ermittlung neuer Lösungsideen
Teilnehmer	Zwei bis 25 Personen
Zeitbedarf	Ca. zwei Stunden
Vorteile	Zielgerichtete Annäherung an Ideallösung
Nachteile	Ideallösung muss bereits erkennbar sein

Vorgehen

Die TILMAG-Methode gliedert sich in acht Stufen:

- Analyse und Definition der Problemstellung.
- Kennzeichnung der „idealen" Elemente potenzieller Lösungen. Diese Elemente können entweder konkrete Strukturteile einer Lösung selbst sein oder aus wichtigen Randbedingungen der Problemstellung sowie aus allgemeinen Anforderungen an potenzielle Lösungen abgeleitet werden. Diese können durch andere kreative Ideenfindungsprozesse, wie z. B. Brainstorming, erarbeitet werden.
- Verdichtung der „idealen" Elemente in möglichst kurze und prägnante Begriffe.
- Bildung von Assoziationen durch paarweise Kombination („Assoziationsmatrix"). Die sich spontan darauf einstellenden Assoziationen werden in der „Assoziationsmatrix" notiert. Die Assoziationen vereinen wesentliche Strukturmerkmale von je einem Begriffspaar.
- Erste Stufe der Ideenproduktion durch Übertragung auf das Problem.
- Paarweise Konfrontation der Assoziationen („Gemeinsamkeitsmatrix"); Suche nach Gemeinsamkeiten zwischen Assoziationen und Lösungsmöglichkeiten. Es dürfen nur positive Gemeinsamkeiten erfasst werden, also Strukturelemente, die beide assoziierten Begriffe tatsächlich aufweisen!
- Verbinden von Gemeinsamkeiten zu Gesamtlösungen.
- Erneute Ideenproduktion zur endgültigen Lösungsfindung.

Hilfsmittel

▪ Flipchart, Tafel oder Moderationswand

▪ Filzstifte

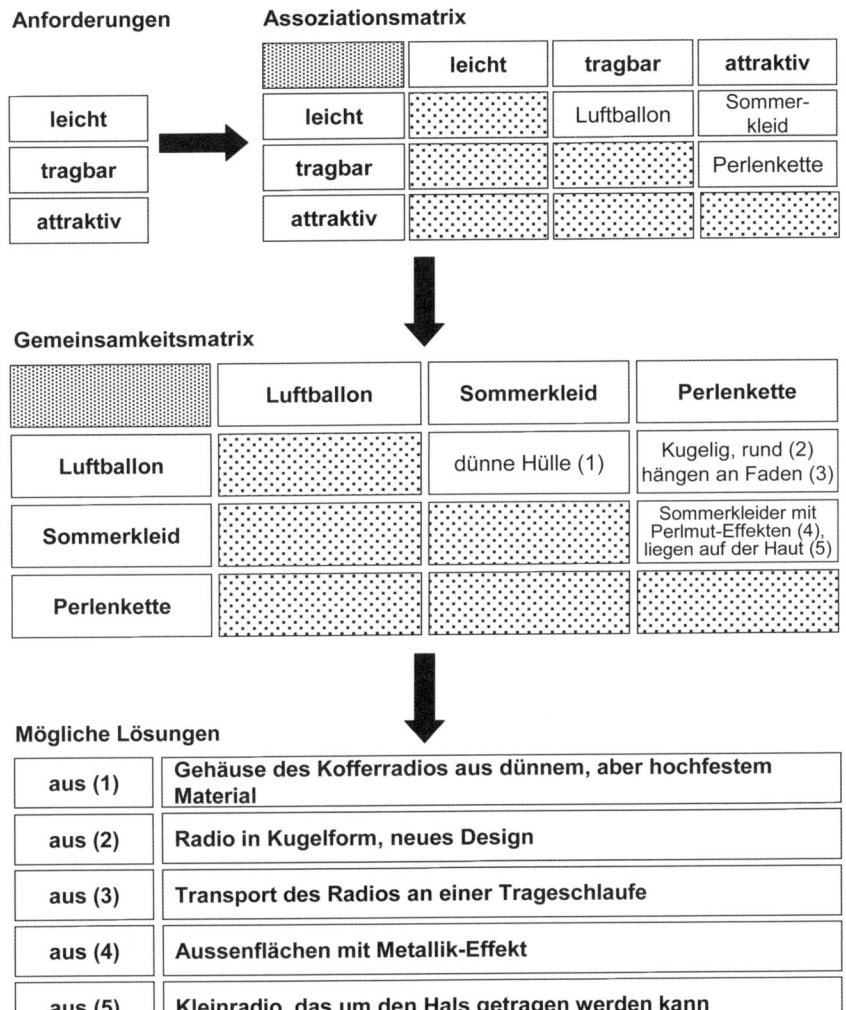

Bild A.1 Vorgehen bei der TILMAG-Methode am Beispiel der Suche nach neuen Ideen für ein tragbares, leichtes und attraktives Radio

A.3 Spider Meeting

Interaktive Ideenfindung durch „Spinnen" eines Netzes von außen
(niedriger Detaillierungsgrad) nach innen (hoher Detaillierungs
grad) mit gleichzeitigem Auswählen von favorisierten Lösungen.
Die Methode wurde von Barbara Widmer, Zühlke, entwickelt.

Ziel	Ideenfindung und Teilbewertung in einem Schritt
Teilnehmer	Sechs Personen und ein Moderator
Zeitbedarf	Ca. zwei Stunden
Vorteile	Erhöhung des Detaillierungsgrads und Auswahl der favorisierten Lösung geschieht innerhalb eines einzigen Meetings
Nachteile	Nicht geeignet für komplexe Aufgabenstellungen, klare Definition des Problems nötig

Vorgehen

Das Spider Meeting wird in folgenden Schritten durchgeführt:

- Vorbereitung: Jeder Teilnehmer erhält zwei Schreibstifte derselben Farbe. Jedem Teilnehmer ist eine Farbe zugeordnet. Die Teilnehmer setzen sich im Kreis um das Spinnennetz.

- Erste Reihe: Insgesamt werden 36 Ideen „gesponnen" und als Stichwort (keine Skizzen) auf Post-it notiert. Verteilen dieser Ideen in die erste Reihe: pro Feld maximal drei Post-its unterschiedlicher Farbe bei sechs Ideen pro Teilnehmer. Am Spinnennetz darf „gedreht" werden.

- Auswahl 1: Jeder Teilnehmer markiert, indem er seine Stifte auf die Felder legt, zwei Felder, in denen *keine* eigenen Ideen vorhanden sind.

- Zweite Reihe: Von den drei Ideen wählt der markierende Teilnehmer zwei aus und verschiebt diese in die zweite Reihe.

- Auswahl 2: Jeder Teilnehmer markiert, indem er seine Stifte auf die Felder legt, zwei neue Felder, in welchen (soweit möglich) *keine* eigenen Ideen vorhanden sind.

- Dritte Reihe: Von den zwei Ideen wählt der markierende Teilnehmer eine aus und skizziert dazu die Lösung.

- Diskussion: Die sechs skizzierten Lösungen werden diskutiert und, wo gewünscht, zusätzliche Ideen zu „liegen gebliebenen" Vorschlägen skizziert.

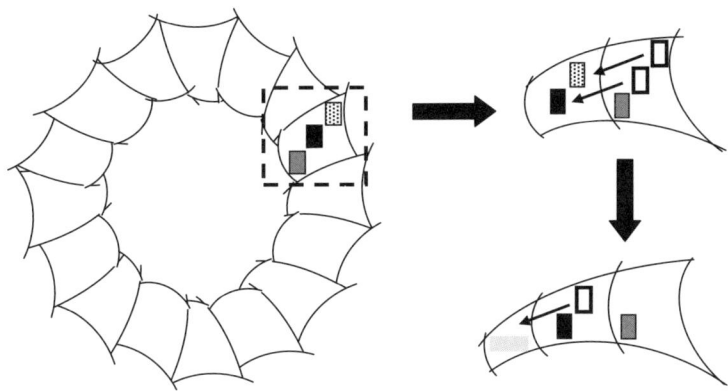

Bild A.2 Spider Meeting

Hilfsmittel

- Spinnennetz (zwölf Segmente, vier Reihen)
- Zwei mal sechs Stifte unterschiedlicher Farbe
- 36 Post-it-Zettel
- Zwölf Skizzenvorlagen ca. 21 mal 21 Zentimeter
- Haftkleber

A.4 6-Hut-Denken

*Eine Kreativitätsmethode mit Rollenspiel. Sechs vorbestimmte
Rollen betrachten eine Problemstellung aus der jeweils rollen
spezifischen Sichtweise. Die Rolle erlaubt es den Teilnehmern,
sich freier zu äußern, als sie dies als Person tun würden.*

Ziel	Kreative Lösungsfindung durch Diskussion aus vorbestimmten Sichtweisen (Rollen)
Teilnehmer	Sechs Personen
Zeitbedarf	Ca. zwei Stunden
Vorteile	Mit dem Rollendenken wird die Schwelle für ehrliche Kritik gesenkt, weil die Rolle und nicht die Person kritisiert wird
Nachteile	Das Spielen einer Rolle ist nicht jedermanns Sache

Vorgehen

Die Teammitglieder setzen einen farbigen Hut auf und schlüpfen damit in eine bestimmte Rolle, aus deren Sichtweise sie das Problem beleuchten. Die Rollen können zyklisch getauscht werden, oder das ganze Team diskutiert das Problem aus der gleichen Optik. Das Rollendenken gibt den Teilnehmern eine gewisse Anonymität, die Hemmschwelle für offene Kritik wird herabgesetzt, da diese der Rolle und nicht der Person gilt.

Die Zuteilung der Farben repräsentiert folgende Rollen:

- Weißer Hut: Der Analytiker, ist objektiv und neutral, orientiert sich an Daten und Fakten.
- Roter Hut: Der Emotionale, ist subjektiv und persönlich, zeigt Gefühl, hat Ahnungen und Illusionen.
- Schwarzer Hut: Der Pessimist, ist objektiv und negativ, ist der Advocatus Diaboli, der Schwarzmaler.
- Gelber Hut: Der Optimist, ist objektiv und positiv, sieht Chancen und Vorteile.
- Grüner Hut: Der Kreative, ist provokativ und quer denkend, hat „Bierideen".
- Blauer Hut: Der Moderator, ist realistisch und ordnend, behält den Überblick.

Die Gedanken werden als Stichworte auf entsprechenden Formularen festgehalten.

Optionen

Eine ähnliche Methode ist die „Walt-Disney-Methode" mit nur drei Rollen: Träumer, Realisator und Kritiker.

Hilfsmittel

- Sechs Hüte in verschiedenen Farben
- Formularsatz (beispielsweise als Download von www.zeitzuleben.de)

A.5 Bisoziations-Methode

Denkschablonen aufbrechen und Ideen sammeln durch Assoziation
zu Bildern, die nichts mit dem Ausgangsproblem zu tun haben.

Ziel	Kreativitätsmethode, Ermittlung neuer Lösungsideen
Teilnehmer	Zehn bis 25 Personen und ein bis zwei Moderatoren
Zeitbedarf	Ca. 45 Minuten
Vorteile	Eignet sich für Probleme, die ungewöhnliche Ideen und Lösungen verlangen
Nachteile	Nicht für technische Lösungsfindung geeignet

Vorgehen

Die Bisoziations-Methode wird in folgenden Schritten durchgeführt:

- Die Gruppe einigt sich auf ein zu bearbeitendes Problem/Thema, das klar formuliert und (schriftlich) festgehalten wird.
- Nun werden drei bis fünf Bilder oder Fotos ausgelegt, die nichts mit dem Problem/Thema zu tun haben, d. h. inhaltlich möglichst weit entfernt sind.
- Die Teilnehmer einigen sich nun auf ein Bild, mit dem sie sich beschäftigen und zu dem sie sich äußern möchten.
- Das ausgewählte Bild wird für alle gut sichtbar aufgehängt. Nun assoziieren die Teilnehmer schlagwortartig und frei zu diesem Bild. Der Moderator notiert die Gedankenverknüpfungen auf Karten. Danach oder während des Assoziierens werden die Karten an die Pinnwand gehängt.
- Ist die Assoziationsrunde abgeschlossen, rückt die Ausgangsfrage wieder in den Vordergrund. Die Teilnehmer erhalten nun den Auftrag, Vorschläge zur Lösung des Ausgangsproblems zu machen, indem sie versuchen, das Ausgangsproblem mit den Assoziationen in Verbindung zu bringen. Dabei entstehen zumeist sehr kreative und unkonventionelle Vorschläge, die wieder notiert werden.
- Im letzten Schritt werden die notierten Vorschläge für alle sichtbar ausgehängt. In einer Diskussion überprüfen die Teilnehmer die Realisierbarkeit.

Optionen

Verfahren in Teilgruppen durchführen und anschließend die Vorschläge zusammentragen und vergleichen.

Hinweise zur Durchführung

▪ Die Bilder sollten so gewählt sein, dass sie interessant sind und Assoziationen auslösen.

▪ Zudem sollten sie inhaltlich vielfältig sein und thematisch vom eigentlichen Problem weit entfernt liegen.

▪ Teilnehmer sollen zu außergewöhnlichen Aussagen ermutigt werden, da gerade diese ungewöhnlichen und unkonventionellen Vorschläge die besten Ideen entwickeln lassen.

Hilfsmittel

▪ Drei bis fünf Bilder

▪ Pinnwände/Pinnnadeln

▪ Moderationskarten

▪ Filzstifte für die Moderatoren

A.6 Mindmapping

Sehr vielseitig brauchbare, grafisch unterstützte Methode, die dank der bildhaften Darstellung beide Gehirnhälften aktiviert und so das gesamte schöpferische Potenzial des Hirns aktiviert.

Ziel	Sammeln und ordnen von Gedanken mit gleichzeitiger übersichtlicher Darstellung, Inspiration durch Grafik
Teilnehmer	Einer, auch im Team einsetzbar
Zeitbedarf	Ein bis zwei Stunden, je nach Thema
Vorteile	Komplexe Informationen lassen sich spielerisch strukturieren und es werden dabei neue Ideen generiert
Nachteile	Verlust der Verständlichkeit bei zu detaillierter Gliederung und unklaren Begriffen

Vorgehen

▪ Der Aufbau einer Mindmap gleicht jenem des Baums.

▪ Das zentrale Thema wird als Stamm in die Mitte des Blatts gesetzt. Um diesen Stamm herum reihen sich die groben Gliederungspunkte als Hauptäste. Diese verzweigen sich weiter in Nebenäste und Zweige.

- Mit dieser Darstellung lassen sich auch unstrukturierte Gedanken ordnen und der Anwender ist nicht gezwungen, streng systematisch zu denken, er kann seiner Intuition mit dem Blick auf die Grafik freien Lauf lassen und jede neue Idee gleich am richtigen Platz eintragen.

- Für eine gute Übersichtlichkeit sollten pro Ast nicht mehr als sieben Nebenäste gewählt werden. Es ist auch wichtig, dass der Ersteller stets das gesamte Bild vor Augen hat. Deshalb muss bei rechnergestützten Hilfsmitteln darauf geachtet werden, dass man die Hierarchie auf wenige Stufen beschränkt.

- Die Mindmap lässt sich noch mit Bildern ergänzen, Abhängigkeiten lassen sich mit Linien eintragen. Der Einsatz von Farben verbessert die Verständlichkeit und das bildhafte Erinnerungsvermögen.

- Die Methode ist sehr vielseitig anwendbar, beispielsweise zum Protokollieren von Brainstormings, Besprechungen und Referaten, zum Vorbereiten von Vorträgen und Berichten, zum Sammeln von Anforderungen für Produktdefinitionen, zum Lernen usw.

Hilfsmittel

- Papier und Bleistift

- Es gibt zudem eine Vielzahl von rechnergestützten Programmen, wie z. B. MindManager von *Mindjet LLC*

A.7 40 Innovationsprinzipien nach TRIZ

40 Innovationsprinzipien beinhalten Empfehlungen für die Ver
änderung technischer Systeme: Sie helfen nützliche Eigenschaften
zu verstärken und unerwünschte Eigenschaften zu beseitigen.

Ziel	Unterstützung der technischen Lösungsfindung durch den Einsatz von Grundprinzipien
Teilnehmer	Irrelevant
Zeitbedarf	Ein bis zwei Stunden
Vorteile	Hilft, Denkblockaden zu lösen und neue Wege für Lösungen zu finden
Nachteile	Unbekannt

Beschreibung von TRIZ

TRIZ ist die international anerkannte russische Abkürzung für die Theorie zur Lösung von Erfindungsaufgaben (russisch: Teorija Rešenija Isobretatelskih Zada). Sie wurde in den 1960er- bis 1980er-Jahren vom russischen Wissenschaftler Genrich Altschuller und seinen Mitarbeitern entwickelt.

Hauptmerkmal der Problemlösung mit TRIZ ist das Identifizieren, Verstärken und Eliminieren technischer und physikalischer Widersprüche in technischen Systemen statt der Suche nach Kompromissen, der scheinbar „Goldenen Mitte".

Eine Auswertung von ca. 40 000 Patenten ergab, dass Erfindungsaufgaben bzw. technische Widersprüche aus verschiedenen Branchen sich durch eine begrenzte Anzahl von elementaren Prinzipien (Verfahren) lösen lassen. Daraus entstand eines der bekanntesten und für jedermann einfach anzuwendenden Werkzeuge von TRIZ zur technischen Lösungsfindung: die 40 Innovationsprinzipien.

40 Innovationsprinzipien nach TRIZ

(1)   Zerlege oder segmentiere ♣♦♥

(2)   Trenne Schädliches ab ♣♦♥

(3)   Passe Qualität lokal an ♦♥

(4)   Nutze Asymmetrie ♦

(5)   Vereine Gleichartiges, Kopplung ♦

(6)   Erhöhe die Universalität ♦♥

(7)   Verschachtele (Matrjoschka, Teleskop) ♦

(8)   Verwende Gegenmasse oder Auftrieb ♦

(9)   Erziele vorher die Gegenwirkung

(10) Erziele vorher die Wirkung ♣♥

(11) Lege vorher ein Kissen unter

(12) Halte das Energiepotenzial gleich

(13) Kehre die Funktion um ♣♦

(14) Nutze Kugelähnlichkeit

(15) Mache es dynamischer, beweglicher ♣♦

(16) Erziele etwas mehr oder etwas weniger ♥

(17) Nutze höhere Dimensionen (1-D, 2-D, 3-D) ♣♦

(18) Nutze mechanische Schwingungen

(19) Führe Aktionen periodisch aus ♣

(20) Nutze kontinuierliche Aktionen ♥

(21)   Durcheile Prozesse oder Situationen

(22)   Wandle Schädliches in Nützliches um

(23)   Führe Rückmeldungen ein

(24)   Nutze einen Vermittler ♦

(25)   Führe Selbstbedienung ein ♥

(26)   Nutze Kopien oder Abbilder ♥

(27)   Nutze Billiges, Kurzlebiges, Austauschbares ♥

(28)   Ersetze mechanisches System ♠

(29)   Verwende Flüssigkeiten oder Luft

(30)   Nutze biegsame Hüllen und dünne Folien ♦

(31)   Verwende poröse Werkstoffe

(32)   Ändere die Farbe oder Durchsichtigkeit ♠

(33)   Mache etwas gleichartig oder homogen

(34)   Beseitige oder regeneriere Teile

(35)   Verändere die physischen oder chemischen Eigenschaften ♠

(36)   Nutze Phasenübergänge (fest, flüssig, gasförmig)

(37)   Nutze die Wärmeausdehnung

(38)   Verwende reaktionsstarke Mittel

(39)   Verwende reaktionsträge, isolierende Medien

(40)   Verwende zusammengesetzte Stoffe

Vorgehen

- Für die Arbeit mit den Innovationsprinzipien werden vorzugsweise folgende Gruppierungen gewählt:
- ♠ zehn beste Prinzipien für Brainstorming.
- ♦ 13 beste Prinzipien für Konstruktion und Design.
- ♥ zehn beste Prinzipien für kreative Kostenreduktion.
- Wird keine zufriedenstellende Lösung gefunden, werden alle 40 Innovationsprinzipien genutzt.

A.8 Imaginäres Brainstorming

*Bei dieser Form des Brainstormings werden die Rahmenbedingungen ver-
ändert, damit die Teilnehmer von festgefahrenen Vorstellungen und Denkmustern wegkommen.*

Ziel	Kreativitätsmethode, Ermittlung neuer Lösungsideen
Teilnehmer	Vier bis 15 Personen und ein Moderator
Zeitbedarf	45 bis 90 Minuten
Vorteile	Eignet sich, wenn eingefahrene Denkmuster verlassen werden sollen, Teilnehmer betrachten die Probleme einmal aus einer anderen Sicht
Nachteile	Nicht für spezifische Lösungsfindung geeignet

Vorgehen

- Die Methode ist angelehnt an das klassische Brainstorming-Verfahren.
- Die Moderation gibt die Regeln für Brainstorming bekannt (am besten auf einem Plakat visualisiert).
- Die Moderation gibt die Problemstellung in veränderter Form bekannt – als imaginäres Problem mit neuen Rahmenbedingungen.
- Die Gesamtgruppe oder Teilgruppen versuchen innerhalb von fünf bis zehn Minuten möglichst viele kreative Lösungen zu entwickeln und notieren diese auf Karten.
- Die Lösungen werden an der Pinnwand gesammelt und in der Gesamtgruppe erläutert.
- Nun wird das reale Problem benannt, visualisiert und in Bezug zu den Lösungen des imaginären Problems gesetzt.
- Die Gruppe prüft die Lösungen auf ihre Verwertbarkeit und entwickelt sie weiter.

Hilfsmittel

- Plakat mit Brainstorming-Regeln
- Pinnwand
- Moderationskarten und Filzstifte

A.9 Semantische Intuition

Bei der Semantischen Intuition werden Begriffe zum Thema kombiniert.
Die neu entstandenen Wörter rufen Vorstellungen hervor, aus denen sich
neue kreative Ideen entwickeln lassen, die eventuell zu einer Innovation
führen.

Ziel	Innovationsmethode, Ermittlung neuer Produkte
Teilnehmer	Ein bis sieben Personen
Zeitbedarf	45 bis 90 Minuten
Vorteile	Geeignet für die Findung neuer innovativer Produkte zu einem Thema
Nachteile	Nicht geeignet für die Suche nach spezifischen Lösungen zu einem bestimmten Problem

Vorgehen

Die Semantische Intuition will den üblichen Vorgang von der „Erfindung" zu
der „Namensgebung" umkehren in den Vorgang von der „Namensgebung" zu
der „Erfindung". Durch freies Assoziieren werden dabei Begriffe gebildet und
für diese Funktionen erdacht.

Aus dem Umfeld der Problemstellung werden Wörter gesucht. Diese Wörter
werden paarweise kombiniert und es wird überlegt, was sich hinter der Wort-
kombination für eine Erfindung verstecken könnte.

So können beispielhaft bei der Suche nach einem neuen Küchengerät die Wörter Mikrowelle und Kühlschrank kombiniert werden und kann ein Gerät
erdacht werden, das Lebensmittel schnell kühlt.

Hilfsmittel

▪ Notizblock und Stifte

A.10 Morphologischer Kasten

Systematische Strukturanalyse zum Finden von Lösungen von komplexen Problemstellungen durch Kombination von Varianten einzelner Lösungsparameter, die in einer Matrix dargestellt werden.

Ziel	Lösungsfindung für komplexe Problemstellungen bei der Produktentwicklung oder zur Analyse bestehender Produkte
Teilnehmer	Ein bis sechs Personen
Zeitbedarf	Ca. zwei Stunden
Vorteile	Durch systematische Kombination von Einzelmerkmalen entsteht eine große Zahl von Lösungsvarianten
Nachteile	Unbekannt

Vorgehen

Das Verfahren gliedert sich in fünf Schritte:

▪ Genaue Beschreibung bzw. Definition und Verallgemeinerung des anstehenden Problems.

▪ Festlegung der wichtigsten Merkmale (Parameter). Dabei ist zu beachten, dass diese voneinander unabhängig und für das Problem relevant sind. Damit die Analyse übersichtlich bleibt, sollte deren Zahl nicht größer als sieben sein. Jeder dieser Parameter wird in die erste Kolonne einer Tabelle eingetragen.

▪ Zu jedem Parameter werden nun vorurteilslos mögliche Ausprägungen gesucht und in die entsprechende Zeile der Tabelle eingetragen. Auch hier ist es wichtig, dass man sich in der Zahl beschränkt, damit die Zahl der Kombinationen nicht ins Uferlose steigt. Es kann eventuell zweckmäßig sein, das Problem zu teilen und mehrere Teilmatrizen anzulegen.

▪ Synthese von Lösungen durch Kombination verschiedener Ausprägungen jedes Parameters. Dabei werden die Tabellenfelder durch eine Zickzacklinie miteinander verbunden.

▪ Bewertung der gefundenen Kombinationen zur Suche der optimalen Problemlösung.

Parameter	Ausprägung				
1 Karosserie-form	1.1 Limousine	1.2 Kombi	1.3 SUV	1.4 Cabrio	1.5 Van
2 Motor	2.1 Verbrennungs-motor	2.2 Elektromotor	2.3 Hybrid	2.4 Muskeln	2.5
3 Treibstoff	3.1 Benzin	3.2 Diesel	3.3 Gas	3.4 Alkohol	3.5 Elektrizität
4 Anzahl Räder	4.1 2	4.2 3	4.3 4	4.4 mehr als 4	4.5
5 Antrieb	5.1 auf Hinterrad	5.2 auf Vorderrad	5.3 Allrad	5.4	5.5

Bild A.3 Morphologischer Kasten

A.11 Methode 6-3-5

Die Methode 6-3-5 ist die bekannteste der Brainwriting-Techniken. Die Teilnehmer formulieren schriftlich ihre Ideen und nehmen auch die Gedanken des Nachbarn zur Kenntnis.

Ziel	Kreativitätstechnik, Brainwriting für Problemarten geringerer bis mittlerer Komplexität
Teilnehmer	Sechs Personen
Zeitbedarf	30 Minuten für 108 Ideen
Vorteile	Viele Ideen in kurzer Zeit, Ideen werden nicht „zerredet", einfach anzuwenden
Nachteile	Kein direktes Feedback, der starre Ablauf kann Kreativität stören

Vorgehen

Die Zahlen 6-3-5 geben an, dass bei dieser Methode sechs Personen jeweils drei Ideen im Zeitintervall von fünf Minuten notieren oder skizzieren. Die Ideen werden in entsprechende Formulare eingetragen, von denen jedes im Reihum-Austauschverfahren eine Runde durchläuft.

Die Methode 6-3-5 läuft in folgenden Schritten ab:

- Der Moderator präsentiert das Problem und bespricht es im Team. Das Ergebnis ist eine exakte Problemdefinition.

- Jeder der sechs Teilnehmer trägt in die oberste Zeile seines Formulars drei Ideen ein. Dazu stehen fünf Minuten zur Verfügung.

- Anschließend werden die Formulare reihum ausgetauscht.

- Jeder hat nun die ersten drei Ideen seines Vorgängers vor sich und soll in die zweite Zeile des Formulars erneut in fünf Minuten drei Ideen schreiben, die entweder
  - eine Ergänzung der Vorgängerideen darstellen,
  - Variationen der Vorgängerideen sind oder
  - völlig andere, neue Ideen darstellen.

- Die Formulare werden an den nächsten Teilnehmer weitergereicht. Das Verfahren wird wiederholt, bis ein kompletter Durchgang eines jeden Formulars stattgefunden hat.

Optionen

Ideen bereits in den Formularen skizzieren, allenfalls ist hierbei der Zeitbedarf zu erweitern.

A.12 Galeriemethode

Kreativitätstechnik – hilfreich bei Problemen, die durch sukzessives Ausschließen ungeeigneter Ansätze und gleichzeitiges Einfügen neuer Ideen im Sinne einer Kompromissfindung gelöst werden sollen. Kombiniert Einzel- und Gruppenarbeit.

Ziel	Anregung von Assoziationen durch die bildhafte anschauliche Darstellung der Gestalt und Anordnung von konstruktiven Teillösungen
Teilnehmer	Fünf bis zehn Personen
Zeitbedarf	Ca. zwei bis vier Stunden
Vorteile	Bei Gestaltungsfragen wirksame Vermittlung mithilfe von Skizzen, gut auswertbare, dokumentenfähige Unterlagen
Nachteile	Unbekannt

Vorgehen

Die Galeriemethode verbindet Einzelarbeit mit Gruppenarbeit und eignet sich besonders bei Gestaltungsproblemen, weil bei ihr die Lösungsvorschläge in Form von Skizzen sehr gut präsentiert werden können. Voraussetzungen und Gruppenbildung entsprechen den Regeln des Brainstormings.

Die Methode kommt dem bildhaften Denken von Konstrukteuren entgegen, da mehrere Bearbeiter ihre Lösungsideen in Form von Skizzen oder Zeichnungen in einer Art Galerie nebeneinander präsentieren. Diese dient als Anregung für weitere Lösungsideen.

Nach einer Einführungsphase folgt eine Phase der Lösungssuche, in der jeder Bearbeiter für sich intuitiv Lösungen in Skizzen und Notizen festhält und so dokumentiert, dass sie für andere verständlich sind. Verwendung finden hier auch neue Medien (Web). Die gefundenen Lösungen werden an den Raumwänden aufgehängt oder gemeinsam im Web veröffentlicht.

Alle Gruppenmitglieder können sich die Lösungen nun ansehen, gedanklich verarbeiten und diskutieren. Gruppenmitglieder entwickeln die bei der Betrachtung anderer Lösungen neu gewonnenen Ideen weiter und halten sie auf Papier oder im Web fest.

Alle entstandenen Ideen werden vervollständigt, geordnet und gesichtet und stehen damit für einen folgenden Auswahlschritt oder für einen erneuten Galerierundgang zur Verfügung.

Die methodische Lösungsfindung geschieht in einem mehrstufigen Prozess. Die Dauer der einzelnen Phasen wird vorher festgelegt:

- Einführungsphase
  Der Gruppenleiter stellt das Problem dar und erläutert es.

- Ideenbildungsphase
  Es erfolgt zunächst durch die einzelnen Gruppenmitglieder für sich eine intuitive und vorurteilslose Lösungssuche mithilfe von Skizzen und gegebenenfalls zweckmäßigen verbalen Erläuterungen.

- Assoziationsphase
  Die bisherigen Ergebnisse der Ideenbildungsphase I werden zunächst in einer Art Galerie aufgehängt, damit alle Gruppenmitglieder diese visuell erfassen und diskutieren können. Das Ziel der anschließenden gemeinsamen Diskussion ist es, durch Negation und Neukonzeption neue Ideen zu gewinnen und ergänzende oder verbessernde Vorschläge zu erkennen.

- Ideenbildungsphase II
  Jedes Gruppenmitglied hält für sich die aus der Assoziationsphase gewonnenen Einfälle oder Erkenntnisse fest und/oder entwickelt sie weiter.

- Selektionsphase
  Alle entstandenen Ideen werden gesichtet, geordnet und auch gegebenenfalls noch vervollständigt. Die Gruppe wählt die Erfolg versprechenden Lösungsansätze aus. Auch können lösungsträchtige Merkmale für ein späteres
  diskursives Vorgehen durch Analyse gewonnen werden.

Optionen

Eine definitive Entscheidung muss noch nicht zwingend fallen, da häufig weitere Instanzen durchlaufen werden müssen. Es geht dann vor allem um die Aus-
schöpfung kreativer Lösungsansätze.

Hilfsmittel

- Raum-, Stellwände oder Web

A.13 Collective-Notebook-Methode

*Eine Brainwriting-Technik, die das Sammeln von Ideen durch jeden Teil-
nehmer spontan über einen längeren Zeitraum (zwei bis vier Wochen)
erlaubt. Am Schluss erfolgt eine Auswertung der Geistesblitze im Team.*

Ziel	Problemlösung/Ideenfindung
Teilnehmer	Ab zwei Personen
Zeitbedarf	Ein bis zwei Stunden Vorbereitung (Leiter) Zwei bis vier Wochen Ideensammlung Ein bis drei Stunden Auswertung (Team)
Vorteile	Ideensammlung durch jedes Teammitglied jederzeit und ortsunabhängig möglich
Nachteile	Motivation und Disziplin, lange Zeitdauer

Vorgehen

Die Collective-Notebook-Methode (CNB) ist ein schriftliches Brainstorming, ein
Brainwriting. Die Teamgröße kann fast unbegrenzt sein. Sie ist für längerfristige und strategische Problemlösungen geeignet. Jedes Teammitglied kann orts-
und zeitunabhängig seine Ideen einbringen.

Die CNB läuft wie folgt ab:

- Vorbereitung (Teamleiter)
  Problemstellung prägnant formulieren und vorne in die Notizbücher schreiben. Auswahl und Instruktion der Teammitglieder, Festlegung des Zeithorizonts. Jedes Teammitglied erhält sein persönliches Notizbuch.

- Durchführungsphase
  Während dieser Phase halten die Teammitglieder ihre Ideen spontan und jederzeit schriftlich oder als Skizzen im Notizbuch fest. Dieses soll das Mitglied immer und überall dabei begleiten, Ideen periodisch zu kommentieren und zu ordnen. Am Schluss erstellt jeder eine Zusammenfassung der Ideen.

- Auswertung (ganzes oder reduziertes Team)
  Die Zusammenfassungen werden abgeglichen und die Notizen durchgesehen. Das Team erarbeitet Vorschläge zur Problemlösung und entwirft ein Lösungskonzept. Die Spielregeln bei der Auswertung sind analog jenen beim Brainstorming.

Optionen

Statt des persönlichen ein gemeinsames Notizbuch an einem zentralen Ort auflegen.

Hilfsmittel

- Notizbücher
- Auswertung analog Brainstorming-Vorlagen
- Genaue Problembeschreibung vorn im Notizbuch

A.14 CATWOE

CATWOE ist eine Checkliste zur Problem- oder Zieldefinition, die von Peter Checkland und Jim Scholes entwickelt wurde.

Ziel	Problem- oder Zieldefinition
Teilnehmer	Einer, auch im Team einsetzbar
Zeitbedarf	Ein bis zwei Stunden
Vorteile	Strukturiertes Vorgehen
Nachteile	Unbekannt

Vorgehen

CATWOE wird auf das System, welches das Problem beinhaltet, angewendet. Dabei hat jeder Buchstabe des Akronyms eine Bedeutung, die der Reihenfolge nach durchgegangen werden:

- Customer
  Wer ist der Kunde des Systems, im Abstrakten, wer ist derjenige, der etwas verliert oder gewinnt?

- Actors
  Welche Personen führen Tätigkeiten aus, die Einfluss auf das System haben?

- Transformation Process
  Wodurch wandelt das System Input in Output um? Welche Schritte werden dabei durchlaufen?

- World View
  Beschreibt den weiteren Rahmen des Systems. Welche Konsequenzen werden über das System hinaus erwartet?

- Owners
  Wer hat Macht über das System und was sind die Handlungsmotivationen dieser Machthabenden?

- Environmental Constraints
  Welche Grenzen hat das System und wie könnten sie überwunden werden?

Hilfsmittel

- Notizblock und Stifte

A.15 Provokationstechnik

Die von Edward de Bono entwickelte Methode dient der Ideenfindung.
Durch Provokationen werden bestehende Annahmen infrage gestellt.

Ziel	Ideenfindung
Teilnehmer	Zwei bis 25
Zeitbedarf	Ein bis zwei Stunden
Vorteile	Hochgradig innovative Ideen
Nachteile	Schlägt fehl, wenn Provokationen zu weit von der Realität abweichen

Vorgehen

Bei der Provokationstechnik werden bestehende Annahmen durch Provokationen infrage gestellt. Dadurch werden neue Denkanstöße gegeben, die zu Ideen führen, die normalerweise nicht bedacht worden wären.

Für Provokationen existieren verschiedene Ansätze, die je nach Problemstellung gewählt werden können:

- Annahme aufheben: Bestehende Annahmen werden aufgehoben.
- Idealfall: Beschreibt den Idealfall als Istzustand.
- Umkehrung: Sachverhalte oder Zusammenhänge werden umgekehrt.
- Übertreibung: Ein gegebenes quantitatives Attribut wird verändert.
- Zufall: Ein zufällig gewählter Begriff wird der Problemstellung gegenübergestellt.
- Verfälschung: Ein gegebenes qualitatives Attribut wird verändert.

Im Anschluss an die Provokation werden Lösungsideen für die durch die Provokation entstandenen Probleme entwickelt.

A.16 Quick and Dirty Prototyping

Herumliegende Materialien werden eingesetzt,
um Formen oder Interaktionen zu verdeutlichen.

Ziel	Konzeptentwicklung
Teilnehmer	Kleine Gruppe bis zu acht Teilnehmern
Zeitbedarf	Ein bis zwei Stunden
Vorteile	Einfache Möglichkeit, ein Konzept zu kommunizieren
Nachteile	Konzepte sind nicht zwangsläufig umsetzbar

Vorgehen

Um ein Konzept zu entwickeln, kann das Quick and Dirty Prototyping angewendet werden. Bei dieser Methode werden zur Verfügung stehende Materialien kreativ eingesetzt, um Formen oder Verbindungen zu besprechen.

Es handelt sich dabei um eine einfache und schnelle Methode, um ein Konzept zu kommunizieren und es im Team weiterzuentwickeln. Die Methode kommt

ursprünglich aus dem Design, ist aber auf andere Anwendungsbereiche übertragbar.

Hilfsmittel

▪ Diverse Materialien wie Papier, Knete, Klebstoff, Schere

A.17 Five Whys?

*„Warum?" wird fünfmal in Folge Antworten entgegnet. So werden Ursachen
ermittelt, die vorher möglicherweise unbekannt waren.*

Ziel	Grundlegende Ursachen aufdecken
Teilnehmer	Mindestens eine fragende und eine antwortende Person
Zeitbedarf	Weniger als 30 Minuten
Vorteile	Ursachen werden aufgedeckt, die vorher möglicherweise nicht bekannt waren
Nachteile	Methode führt nicht immer zu sinnvollen Antworten

Vorgehen

Um eine grundlegende Ursache aufzudecken, wird bei dieser Methode mehr-
mals hinterfragt. Eine Person hinterfragt einen Umstand und hinterfragt in der
Folge die gegebene Antwort erneut. Dies wird getan, bis fünfmal „Warum?"
gefragt wurde. Durch diese Methode werden die grundlegenden Ursachen
einer Problematik freigelegt. Sind diese grundlegenden Ursachen gefunden,
können Lösungen entwickelt werden, die vor der Anwendung der Methode
nicht in Betracht gezogen wurden.

Optionen

Eine Erweiterung dieser Methode ist das Ishikawa- oder Ursache-Wirkungs-
Diagramm. Dabei werden die Warum-Fragen in den sieben Bereichen Mensch,
Maschine, Milieu, Material, Methode und Messung gestellt.

A.18 Extreme-User-Interviews

Kreativer Input durch atypische Interviews mit Menschen, die mit dem Kernproblem sehr oder gar nicht vertraut sind.

Ziel	Finden von Kernproblemen und passenden Lösungen
Teilnehmer	Mehrere User und mindestens ein Moderator
Zeitbedarf	Ca. zwei bis vier Stunden
Vorteile	Weitere Sichtweisen werden in den Kreativitätsprozess eingebunden
Nachteile	Zeitaufwendig

Vorgehen

Um neue Lösungsansätze zu entwickeln, werden bei Extreme-User-Interviews sowohl Personen mit der entsprechenden Fachexpertise auf dem Gebiet befragt wie auch Personen, denen das Gebiet vollkommen fremd ist. Im Rahmen dieser Methode können die Personengruppen auch neue Produkte oder Dienstleistungen testen.

Diese Personengruppen sind oftmals in der Lage, Problemfelder aufzuzeigen, die vorher nicht bedacht wurden. Zudem können sie vorher unbekannte alternative Lösungsansätze vorschlagen, auf die man ohne die Extreme User nicht gekommen wäre.

A.19 Langzeitprognose

Die Langzeitprognose ist eine Kreativitätsmethode, bei der Zukunftsszenarien entwickelt werden, um neue Lösungsansätze zu gewinnen.

Ziel	Ermittlung neuer Lösungsideen
Teilnehmer	Ab zwei Personen
Zeitbedarf	Ein bis zwei Stunden
Vorteile	Aktuelle Trends führen zu ungewöhnlichen Lösungen
Nachteile	Unbekannt

Vorgehen

Im Team werden Zukunftsvisionen entwickelt, die auf heutigen sozialen oder technologischen Trends basieren. Damit wird überlegt, welchen Einfluss diese Trends auf das menschliche Verhalten sowie auf den Umgang mit Produkten, Services oder der Umwelt haben könnten.

Die Technik der Langzeitprognose hilft, das Nutzerverhalten zu verstehen. So können basierend auf dieser Methode neue Lösungsansätze gefunden werden, die vom standardisierten Weg abweichen.

A.20 World-Café

World-Café ist eine Dialog- und Workshopmethode, die sich für große Gruppen eignet und bei entspannter Atmosphäre kollektives Wissen generiert. Erfunden wurde die Methode von Juanita Brown und David Isaacs.

Ziel	Schaffen von gemeinsamem Wissen und kollektiver Intelligenz
Teilnehmer	Zwölf bis 2 000 Personen
Zeitbedarf	Zwei bis drei Stunden
Vorteile	Mitwirkung vieler Personen
Nachteile	Unbekannt

Vorgehen

Die Teilnehmer begeben sich in Vierer- bis Fünfergruppen an Tische, die mit einer Papiertischdecke bedeckt sind. Darauf werden während 15 bis 30 Minuten Ideen zur Fragestellung gesammelt. Danach werden die Gruppen neu gemischt und der Gastgeber, der immer am selben Tisch bleibt, instruiert die neuen Gäste und stellt einen reibungslosen Übergang sicher.

Neben den Gastgebern hängt der Erfolg auch von den Fragestellungen ab. Es ist wichtig, dass diese einfach formuliert sind und auf die Teilnehmenden abgestimmt sind.

World-Café eignet sich besonders als Einstieg in ein wichtiges Thema, zur kreativen Optionssuche und für heterogene Gruppen.

Optionen

Nach zwei bis drei Runden können vom Moderator auch neue Fragestellungen oder Präzisierungen eingeworfen werden.

Hilfsmittel

■ Tische, Papiertischdecke, Stifte

ZÜHLKE – EMPOWERING IDEAS

Menschen mit Visionen und Mut zur Innovation faszinieren uns. Unkonventionelles Denken eröffnet neue Horizonte – dies macht technologische und methodische Spitzenleistungen erst möglich.

Wir erbringen Spitzenleistungen für unsere Kunden. Als unabhängiges Technologie- und Beratungsunternehmen steht Zühlke für maßgeschneiderte Softwarelösungen, Produktinnovationen und Managementberatung. Mit 350 Mitarbeitenden an fünf Standorten in Europa haben wir in rund 40 Jahren mehr als 5 000 erfolgreiche Projekte für unsere Kunden realisiert.

Wir suchen Herausforderungen

Was braucht es, damit die Diagnostik dem Defekt einen Schritt voraus ist? Oder wie kann man Defekte beheben, bevor sie auftreten?

Die Antwort auf diese Frage bringt einem weltweit tätigen Baumaschinenhersteller einen deutlichen Wettbewerbsvorteil. Zühlke entwickelte eine maßgeschneiderte, mobil einsetzbare Diagnostiksoftware. Techniker analysieren damit aus der Ferne den Zustand der Baumaschinen und lassen funktionskritische Teile rechtzeitig ersetzen. Das Resultat: deutlich mehr Betriebsstunden bei geringeren Service- und Unterhaltskosten.

Unsere interdisziplinären Projektteams denken ganzheitlich. Wenn sie im Auftrag ihrer Kunden entwickeln, bringen sie neue Sichtweisen ein. Sie gehen einen Schritt zurück, stellen grundsätzliche Fragen und denken unkonventionell. Gemeinsam mit dem Kunden öffnen sie das Blickfeld, um die beste Lösung zu finden.

Kreativität gepaart mit Methodik

Spitzenleistungen erfordern Kreativität, Methodik und innovative Prozesse. Lässt sich die Idee umsetzen und ist das Produkt technisch machbar? Gibt es dafür einen Markt? Zühlke unterstützt Unternehmen dabei, den Rahmen für die Entwicklung des neuen Produkts zu setzen und sicherzustellen, dass das richtige Produkt entwickelt wird. Dabei setzen wir bewährte Innovationsmethoden ein und bringen Personen aus verschiedenen Bereichen zusammen. Mit Labormustern und Prototypen wird die technische Machbarkeit geprüft.

Stark in der Umsetzung

Was braucht es, damit jährlich Tausende von Menschen wieder klarer sehen? Oder wie kann man ein Augenoperationsgerät deutlich günstiger produzieren?

Vor dieser Frage stand ein Hersteller eines weltweit verwendeten Ultraschall-Operationsgerätes. Zühlke übernahm das Reengineering mit der Vorgabe, bei verbesserter Qualität die Kosten zu senken. Das Projekt umfasste die komplette Entwicklung von der Konzeptstudie bis zur Produktion. Das Resultat: Reduktion der Herstellungskosten um 35 %.

Innovationen müssen nachhaltig Wertschöpfung generieren. Ist der Business Case erst einmal definiert, unterstützt Zühlke die Umsetzung. Es geht nun darum, sicherzustellen, dass das Produkt richtig entwickelt wird. Unsere Eckpfeiler für Entwicklungsprojekte sind fundiertes Know-how, klare Prozesse, praxisnahe Methodik und eine kommunikationsfördernde Kultur.

Heute genügt es nicht mehr, das richtige Produkt richtig zu entwickeln. Die Fähigkeit, ausgereifte Produkte schnell und kostengünstig im Markt einzuführen, bestimmt immer stärker die Wettbewerbsfähigkeit von Unternehmen und sichert deren nachhaltiges Wachstum.

Quer denken und Synergien nutzen

Was braucht es, damit ein Hörgerät doppelt so schnell von sich hören macht? Oder wie bringt man seine Spitzentechnologie schneller auf den Markt?

Mit dieser Aufgabenstellung kam ein führender Hörgerätehersteller auf Zühlke zu. Das Team analysierte die Forschungs- und Entwicklungsabteilung mit dem Ziel, Produkte künftig rascher zu lancieren. Gemeinsam mit dem Kunden definierte Zühlke eine Plattformstrategie; Prozesse wurden überarbeitet und die Entwicklung wurde neu strukturiert. Das Resultat: Die Produkteinführungszeit sank bei gleichbleibenden Ressourcen von 24 auf zwölf Monate.

Mut zur Innovation

Auch bei anspruchsvollen Transformationsprozessen ist Zühlke ein starker Partner. Die Experten unterstützen das Change Management und helfen, wirksame Strategien, Strukturen und Prozesse in der Forschung und Entwicklung und deren Schnittstellen zu Marketing, Vertrieb, Produktion und Logistik zu gestalten und zu implementieren.

Unsere Kunden haben Mut zur Innovation. Wir liefern dazu technologische und methodische Spitzenleistungen vereint mit der Umsetzungskompetenz aus mehreren Tausend Projekten. Wir verwirklichen Ideen.

LITERATUR

Albers, S.; Gassmann, O. (2005): Handbuch Technologie- und Innovationsmanagement, Strategie – Umsetzung – Controlling, Gabler: Wiesbaden.

Bader, M. A. (2006): Intellectual Property Management in R&D Collaboration: The Case of the Service Industry Sector, Physica: Heidelberg.

Biedermann, A. (2007): Management von umstrittenen Technologien, Dissertation ETH Nr. 17131.

Boutellier, R.; Gassmann, O.; von Zedtwitz, M. (2008): Managing Global Innovation, 3. Auflage, Springer: Berlin, Heidelberg, New York.

Boutellier, R.; Hallbauer, S.; Locker, A. (1995): Technologiestrategie für kleine und mittlere Unternehmen, Arbeitspapier ITEM-HSG St. Gallen 1995.

Brockhoff, K. (1999): Forschung und Entwicklung: Planung und Kontrolle, 5. Auflage, Oldenbourg: München, Wien.

Chesbrough, H. (2007): „Business model innovation: it's not just about technology anymore", in: Strategy & Leadership, 35 (6), S. 12–17.

Cooper, R. G.; Kleinschmidt, E. J. (1990): „Stage-Gate systems for new product development", in: Marketing Management, Vol. 1 (4), S. 20–24.

De Bono, E. (1993): Serious Creativity: Using the Power of Lateral Thinking to Create New Ideas, HarperBusiness: New York.

Demil, B.; Lecocq, X. (2010): „Business Model Evolution: In Search of Dynamic Consistency", in: Long Range Planning, 43 (2-3), S. 227–246.

Dudenhöfer, F. (1999): „Automarken auf dem Weg ins Internet-Zeitalter", in: Jahrbuch der Absatz- und Verbrauchsforschung, S. 264–283.

Dürmüller, C. (2007): „Cross Industry Innovation: Der lohnende Blick über den eigenen Gartenzaun", in: Innovation Management, März/Juni 2007, Nr. 1.

Ealey, L. A.; Troyano-Bermúdez, L. (1996): „Are automobiles the next commodity?", in: McKinsey Quarterly (4), S. 62–75.

EIRMA (1997): Technology roadmapping – delivering business vision, Working group report, Paris: European Industrial Research Management Association, S. 52.

Enkel, E.; Gassmann, O. (2008): „Creative Imitation: Exploring the Case of Cross-Industry Innovation", in: R&D Management, 40 (3), S. 256–270.

Eversheim, W. (2003): Innovationsmanagement für technische Produkte, Springer: Berlin, Heidelberg, New York.

Gassmann, O. (1997): Internationales F&E-Management, Oldenbourg: München.

Gassmann, O. (2006): Praxiswissen Projektmanagement, 2. aktualisierte Auflage, Hanser: München.

Gassmann, O. (2008): Die Realtime-Illusion, in Harvard Business Manager, 30 (10), S. 54 f.

Gassmann, O.; Bader, M. A. (2007a): Patentmanagement: Innovationen erfolgreich nutzen und schützen, 2. aktualisierte Auflage, Springer: Berlin, Heidelberg, New York.

Gassmann, O.; Bader, M. A. (2007b): „Innovationen schützen – eine Frage der richtigen Strategie", in: io new management, 76(4), S. 31–35.

Gassmann, O.; Bader, M. A. (2010): Patentmanagement: Innovationen erfolgreich nutzen und schützen, 3. überarbeitete Auflage, Springer: Berlin, Heidelberg, New York.

Gassmann, O.; Keller, L. (2004): „Der Weg zur Service-Oase", in: Harvard Business Manager, 26(8), S. 49–57.

Gassmann, O.; Kobe, C. (2006): Management von Innovation und Risiko, Quantensprünge in der Entwicklung erfolgreich managen, 2. überarbeitete und erweiterte Auflage, Springer: Berlin, New York, Tokyo.

Gassmann, O.; Reepmeyer, G.; von Zedtwitz, M. (2008): Leading Pharmaceutical Innovation, 2. Auflage, Springer: Berlin, Heidelberg, New York.

Gassmann, O.; von Zedtwitz, M. (1998): „Organization of industrial R&D on a global scale", in: R&D Management, 28, S 147ff.

Golder, P. N.; Tellis, G. J. (1993): „Pioneer advantage: Marketing logic or marketing legend?", in: Journal of marketing research, Vol. 30, 1993, S. 158–170.

Göschel, B. (2000): Neue Technologien – eine Herausforderung für den Entwicklungsablauf, BMW: München.

Haley, R. I.; Case, P. B. (1979): „Testing thirteen attitude scales", in: Journal of Marketing 43, S. 20–32.

Hauschildt, J.; Salomo, S. (2007): Innovationsmanagement, 4. Auflage, Vahlen: München.

Hübner, H.; Jahnes, S. (1998): Management-Technologie als strategischer Erfolgsfaktor, Walter de Gruyter: Berlin, New York.

Infosimo, W. J. (1986): „Forecasting new product sales", in: Marketing science, 5, S. 372–384.

Jaruzelski, B.; Dehoff, K. (2008). „Beyond Borders: The Global Innovation 1000", in: Strategy + Business 53, S 52–69.

Johnson, B. (1992): Polarity Management, HRD Press Inc.: Massachusetts.

Johnson, M. W.; Christensen, C. M.; Kagermann, H. (2008): „Reinventing your Business Model", in Harvard Business Review, 86 (12), S 50-59.

Kaminetzky, D. (1991): Design and construction failures: lessons from forensic investigations, McGraw-Hill: New York.

Kim, W. C.; Mauborgne, R. (2005): Blue Ocean Strategy, Harvard School Publishing: Boston.

Leonard, D.; Rayport, J. F. (1997): „Spark Innovation Through Empathic Design", in: Harvard Business Review 75 (6), S. 102 ff.

Lewis, H. W. (1990): Technological risk, Norton: New York.

Lindemann, U. (2004): Methodische Entwicklung technischer Produkte: Methoden flexibel und situationsgerecht anwenden, Springer: Berlin, Heidelberg, New York.

Mintzberg, H.; Ahlstrand, B.; Lampel, J. (1998): Strategy Safari: A Guided Tour Through The Wilds of Strategic Management, Free Press: New York.

Möhrle, M. G.; Isenmann, R. (2005): „Grundlagen des Technologie-Roadmapping", in: Möhrle, M. G.; Isenmann, R.: Technologie-Roadmapping: Zukunftsstrategien für Technologieunternehmen, Springer: Berlin, Heidelberg, New York, S. 1-12.

Nöllke, M. (2004): Kreativitätstechniken, 4. Auflage, Rudolf Haufe: Freiburg.

Osswald, K. (2002): Konzeptmanagement, Springer: Berlin, Heidelberg, New York.

Osterwalder, A.; Pigneur, Y. (2010): Business Model Generation - A Handbook for Visionaries, Game Changers, and Challengers, 2. Auflage, Self published.

Phaal, R.; Farrukh, C. J. P.; Probert, D. R. (2004): „Technology Roadmapping - A planning framework for evolution and revolution", in: Technology Forecasting & Social Change, 71, S. 5-26.

PWC (1999): The Automotive Value Chain, PricewaterhouseCoopers.

Schlicksupp, H. (2004): Innovation, Kreativität und Ideenfindung, 4. Auflage, Vogel Business Media: Würzburg.

Schmitz, W (1995): Methodik zur strategischen Planung von Fertigungstechnologien, Shaker: Aachen.

Schuh, G.; Schröder, J.; Grawatsch, M. (2006): „Technologie Roadmapping. Mit strategischem Technologiemanagement zur Einzigartigkeit", in: Industrie Management, 22, S. 23-36.

Schuh, G. et al. (2006): „Technological Overall Concept - Challenges for Future-Oriented Roadmapping", in: IAMOT 2006 Conference Papers.

Seidel, M.; Loch, C.; Chahil, S. (2004): „Quo Vadis, Automotive Industry? A Vision of possible Transformations", in: INSEAD - Working Paper Series.

Shocker, A. D.; Srinivasan (1979): „Multiattribute approaches for product concept evaluation and generation: a critical review", in: Journal of Marketing Research 16, S. 159-180.

Simon, H. (1996): Hidden Champions. Lessons from 500 of the World's Best Unknown Companies, HBS Press: Boston.

Simon, H. (2007): Hidden Champions des 21. Jahrhunderts, Campus: Frankfurt, New York.

Stahl, M. (2002): New Business Development in der Automobilindustrie, Dissertation, Universität St.Gallen.

Theis, E. (2007): „Cross Industry Innovation", in: Technische Rundschau 4/2007.

Urban, G. L.; von Hippel, E. (1988): „Lead User Analyses for the Development of New Industrial Products", in: Management Science 34 (5), S. 569 ff.

Utterback, J. M. (1996): Mastering the Dynamics of Innovation, Harvard Business School Press: Boston.

Utterback, J. M.; Abernathy, W. J. (1975): „A dynamic model of process and product innovation", in: omega, the international journal of management science, Pergamon Press, Vol. 3, No. 6.

van Kleef, E. v. T.; van Trijp, J. C. M.; Luning, P. A. (2005): „Consumer research in the early stages of new product development: A critical review of methods an techniques", in: Food Quality and Preference 16 (2005)3, S. 181-201.

von Hippel, E. (1986): „Lead Users: A Source of Novel Product Concept", in: Management Science 32 (7), S. 791-805.

Watzlawick, P. (2009): Anleitung zum Unglücklichsein, Piper: München.

HERAUSGEBER

Prof. Dr. Oliver Gassmann

ist seit 2002 Professor für Innovationsmanagement an der Universität St.Gallen und Direktionsvorsitzender am dortigen Institut für Technologiemanagement. Er ist Gründungspartner der BGW AG, Mitglied im Audit Expert Committee von Schindler, Verwaltungsrat von Zühlke, Präsident der HSG-Forschungskommission und des Center for Innovation, Co-Direktor des Forschungslabs GLORAD in St. Gallen-Peking sowie Schirmherr der Projektmanagement-Akademie. Zuvor war er für die Leitung der Forschung und Vorentwicklung im Schindler-Konzern verantwortlich. Gassmann ist Autor von über 200 Fachpublikationen.

Philipp Sutter

ist Geschäftsführer der Zühlke Engineering AG in Schlieren (Zürich) und als Partner Mitglied der Zühlke Gruppenleitung. Er studierte Informatik an der ETH Zürich und am Worcester Polytechnic Institute, USA. Das Executive-Programm Master Technology Enterprise führte ihn ans IMD in Lausanne. In verschiedenen Schweizer Technologieunternehmen war er an komplexen Entwicklungsprojekten für Maschinensteuerungen, Sicherheits- und Energiemanagementsystemen beteiligt. Seit über zehn Jahren befasst er sich bei Zühlke mit Innovationsprojekten.

AUTOREN

Dr. Martin A. Bader

ist Europäischer und Schweizer Patentanwalt sowie Geschäftsführender Partner der BGW AG, Management Advisory Group St. Gallen – Wien, einem auf Innovations- und Intellectual Property Management spezialisierten Spin-off der Universität St.Gallen. Parallel leitet er das Kompetenzzentrum Intellectual Property Management am Institut für Technologiemanagement bei Prof. Dr. O. Gassmann. Zuvor leitete er als Vice President und Chief Intellectual Property Counsel die Hauptabteilung Intellectual Capital bei Infineon Technologies, München. Ehemaliges stellvertretendes Mitglied des Rates der beim Europäischen Patentamt zugelassenen Vertreter sowie Mitglied unter anderem beim Verband der freiberuflichen Schweizerischen Patentanwälte und der Licensing Executives Society. Autor bzw. Co-Autor von zwei Büchern und zahlreichen Fachpublikationen im Bereich Intellectual Property Management.

Dr. Berthold Barodte

studierte Maschinenbau an der ETH Zürich. Nach dem Abschluss des Studiums verfasste er seine Dissertation an der Professur für Technologie- und Innovationsmanagement der ETH Zürich zum Thema „Wahrnehmung und Beurteilung von Risiken im qualitativen Risikomanagement". Anschließend arbeitete Berthold Barodte als Analyst im Bereich Mergers and Acquisitions bei der Investmentbank Dresdner Kleinwort Ltd. in London. Heute ist er Partner bei der i-Risk GmbH, einer Unternehmensberatung für Risiko- und Chancenmanagement sowie Strategieentwicklung in Zürich.

Stephen Beckermann

studierte von 2000 bis 2005 Mechanical Engineering mit Fokus auf Werkstoffkunde und Management Science an der University of Waterloo in Ontario. Anschließend absolvierte er ein Masterstudium in Management of Technology an der Delft University of Technology in den Niederlanden. Von August 2007 bis März 2010 arbeitete er als wissenschaftlicher Mitarbeiter am Fraunhofer-Institut für Produktionstechnologie IPT in der Abteilung Technologiemanagement im Bereich Technologiefrüherkennung. Seit April 2010 arbeitet er als Referent Strategischer Einkauf Technik bei der Lufthansa CityLine GmbH.

Prof. Dr. sc. math. Roman Boutellier

wurde am 1. Oktober 2008 zum Vizepräsidenten Personal und Ressourcen der
ETH Zürich ernannt. Von August 2007 bis zu seiner Ernennung leitete er das
Departement Management, Technologie und Ökonomie (D-MTEC). Seit 2004 ist
er ordentlicher Professor für Technologie- und Innovationsmanagement an der
ETH und seit 1999 Titularprofessor an der Universität St.Gallen, wo er von 1993
bis 1998 als ordentlicher Professor für Innovationsmanagement und Logistik
tätig war. Er promovierte 1979 an der ETH Zürich in Mathematik. In der Industrie führte Roman Boutellier als CEO und Delegierter des Verwaltungsrats bis
2004 die SIG Holding AG, Neuhausen, war sechs Jahre als Mitglied der
Geschäftsleitung von Leica in Heerbrugg und sechs Jahre als Leiter Optik bei
Kern in Aarau tätig.

Michaela Csik

studierte Betriebswirtschaftslehre an der Universität Mannheim mit den Vertiefungen Internationales Management und Corporate Finance/Finanzierung.
Seit Anfang 2009 ist sie wissenschaftliche Assistentin am Institut für Technologiemanagement der Universität St.Gallen. Im Rahmen ihrer Dissertation
befasst sie sich mit der systematischen Entwicklung von Geschäftsmodellinnovationen. In diesem Zusammenhang hat sie bereits mehrere Praxisprojekte
durchgeführt.

Christoph Dürmüller

leitet den Geschäftsbereich Management Consulting der Zühlke Gruppe in
Schlieren (Zürich) und ist als Partner Mitglied der Zühlke Gruppenleitung.
Nach seinem Maschineningenieurstudium an der ETH Zürich absolvierte er ein
Executive MBA-Programm an der Hochschule St.Gallen. Er arbeitete in ver-
schiedenen Projekt- und Managementfunktionen in global tätigen Unterneh-
men im Maschinenbau und in der Pharmaindustrie. Heute berät er zusammen
mit seinem hoch qualifizierten Beraterteam Unternehmen in anspruchsvollen
Strategie-, Organisations- und Changeprojekten im Innovationsbereich.

Prof. Dr. Ellen Enkel

ist seit 2008 Professorin für Innovationsmanagement an der Zeppelin Universität Friedrichshafen und Leiterin des Manfred Bischoff Institutes für Innovationsmanagement der EADS. Davor war sie seit 2003 Leiterin des
Kompetenzzentrums Open Innovation am Institut für Technologiemanagement
an der Universität St.Gallen. 1993 bis 2000 war sie für den AVA-Konzern in der
Evaluierung neuer Technologien tätig. Neben ihrer Berufstätigkeit studierte sie
seit 1990 Biologie, Theologie und Pädagogik an den Universitäten Bielefeld und

Paderborn. 2003 promovierte sie an der Universität Bielefeld mit höchster Auszeichnung im Bereich Wissensnetzwerke.

Dr. Adrian Fischer

studierte Betriebs- und Produktionswissenschaften an der ETH Zürich mit Vertiefung in Produktentwicklung und Betriebswirtschaftslehre. Nach dem Abschluss begann er im Herbst 2004 mit einer Dissertation an der Professur für Technologie- und Innovationsmanagement der ETH Zürich zum Thema „Risikomanagement in mittelständischen Unternehmen", welche er im Sommer 2008 abschloss. Unter der Leitung von Herrn Dr. Fischer wurden verschiedene Projekte im Bereich Risikomanagement bei namhaften Schweizer Unternehmen durchgeführt.

Dr. Heinrich Flik

ist Mitglied des Board of Directors von W. L. Gore & Associates, Inc. in Newark, Delaware (USA) und Vorsitzender des deutschen Aufsichtsrats. Nach seinem Studium der Betriebswirtschaftslehre promovierte er mit einem Thema zur Kybernetik von Führungsprozessen in Industrieunternehmen. Heinrich Flik begann seine Laufbahn bei Gore in den USA im Verkauf von elektronischen Produkten. Von 1974 bis 2003 war er Geschäftsführer der deutschen Gore-Niederlassung in Putzbrunn bei München. In dieser Zeit baute er auch den europäischen Markt erfolgreich mit auf und war zudem für die Gore-Niederlassung in Asien tätig. Er prägte die Innovationskultur von Gore entscheidend mit und trug maßgeblich dazu bei, die Kultur in Deutschland einzuführen und weiterzuentwickeln. Heute unterstützt Heinrich Flik junge Unternehmer mit seinem Wissen und seiner Erfahrung.

Sascha Friesike

war von 2008 bis 2010 wissenschaftlicher Mitarbeiter am Institut für Technologiemanagement der Universität St.Gallen. Seine Forschungsschwerpunkte lagen dabei auf offenen Innovationsprozessen und dem Sichern von Rückflüssen aus innovativen Tätigkeiten. Momentan ist Sascha Friesike an der Stanford University, wo er seine Forschung weiterführt. Er hat an der Technischen Universität in Berlin Wirtschaftsingenieurwesen studiert.

PD Dr. Heiko Gebauer

ist Privatdozent und arbeitet an der Eawag, dem Wasserforschungsinstitut des ETH-Bereichs. Von 2000 bis 2010 arbeitete er als Doktorand respektive Habilitand am Institut für Technologiemanagement der Universität St.Gallen. Seit

2008 ist Heiko Gebauer Gastprofessor am Service Research Center der Universität Karlstad in Schweden. Seine Forschungsschwerpunkte liegen in den Bereichen Dienstleistungsmanagement in der Industrie und den Infrastruktursektoren (Energie, Verkehr und Wasser).

Prof. Dr. Horst Geschka

ist Geschäftsführer der Geschka & Partner Unternehmensberatung. Die Szenariotechnik wurde 1973 von ihm und Mitarbeitern des Battelle-Instituts Frankfurt gelegt. 1984 hat er die Geschka & Partner Unternehmensberatung gegründet, die die Tradition der Battelle-Szenariogruppe fortführt und sich auf die Erstellung von Szenarien spezialisiert hat. Dabei kommt die eigens entwickelte Software INKA zum Einsatz, viele Ausdifferenzierungen und Detailverbesserungen wurden vorgenommen. Das bisher größte Szenarioprojekt „Die Zukunft der Mobilität 2030" für ein Konsortium aus BMW, Deutsche Bahn, Lufthansa und MAN ist im Juni 2010 veröffentlicht worden.

Heiko Hahnenwald

ist seit 2002 Consultant bei der Geschka & Partner Unternehmensberatung. Seine Tätigkeitsschwerpunkte liegen in der Erstellung von Szenarien und szenariobasierten Technologie-Roadmaps zur strategischen Planung bzw. für das Innovations- und Technologiemanagement. Er hat auf nationaler und internationaler Ebene an einer Reihe von Szenario- und Roadmap-Studien sowohl als Workshopmoderator als auch bei der Erarbeitung von Inhalten wesentlich mitgearbeitet. Außerdem beschäftigt er sich mit der Gestaltung der frühen Phasen des Innovationsprozesses in Unternehmen und der Durchführung von Workshops zur Findung von Innovationsideen.

Dr. Sascha Klappert

studierte Maschinenbau mit dem Schwerpunkt Verfahrenstechnik und absolvierte ein wirtschaftswissenschaftliches Aufbaustudium an der RWTH Aachen. Er war von 2000 bis 2010 am Fraunhofer-Institut für Produktionstechnologie IPT in Aachen in der Abteilung Technologiemanagement, zuletzt als Abteilungsleiter, tätig. Im Dezember 2005 promovierte Sascha Klappert zum Dr.-Ing. mit seiner Dissertation zum Thema „Systembildendes Technologie-Controlling". Seit März 2010 leitet er den Bereich Ingenieurleistungen der GNS mbH in Essen.

Ulrich Meyer-Höllings

ist als Berater für Hochschul- und Forschungsmarketing sowie Reputationsmanagement beim Zeitverlag in Hamburg tätig. Davor war er Senior Associate bei

ReD Associates in Hamburg. ReD Associates ist ein führendes europäisches Beratungsunternehmen, das sich mit konsumenterzentrierter Organisationsentwicklung beschäftigt. ReD unterstützt Unternehmen bei der Organisation und Durchführung von Innovationsvorhaben auf Basis anspruchsvoller Nutzerforschung. Nach seinem Studium der Angewandten Kulturwissenschaften arbeitete er als Wissenschaftlicher Mitarbeiter am Lehrstuhl für Marketing und Technologiemanagement der Universität Lüneburg. Sein Forschungsschwerpunkt ist Innovationsmanagement in der Kreativwirtschaft. Bevor er zu ReD Associates kam, arbeitete Ulrich Meyer-Höllings im Bereich der strategischen Markenberatung in London und Moskau.

Christa Rosatzin

ist Inhaberin und Geschäftsführerin der Sprachwerk GmbH in Zürich. Nach Abschluss des Studiums in Elektrotechnik an der ETH Zürich war sie in der Industrie als Abteilungsleiterin im Bereich Softwareentwicklung und Bildverarbeitung tätig. Im Jahr 2001 begann sie nach einer Weiterbildung ihre Tätigkeit als freie Wissenschaftsjournalistin und Autorin und schloss im Januar 2006 das Nachdiplomstudium MAS in Corporate Communication Management an der Fachhochschule Nordwestschweiz ab. Christa Rosatzin ist Chefredakteurin der polytechnischen Fachzeitschrift Swiss Engineering und gründete im Mai 2006 das Unternehmen Sprachwerk GmbH, das auf die Kommunikation für technische Unternehmen und wissenschaftliche Institute spezialisiert ist.

Dr. Patricia Sandmeier

ist seit 2008 bei ABB Schweiz AG verantwortlich für Business Development Markt Schweiz. Zuvor führte Sie als Vorstandsassistentin für ABB Schweiz interdisziplinäre Projekte im Kontext Innovation. In ihrer Promotion am Institut für Technologiemanagement der Universität St.Gallen mit Forschungsaufenthalten an der University of New South Wales, Sydney, Australien, und der University of California in Berkeley, USA untersuchte sie neue Ansätze der Integration von Kunden in die industrielle Neuproduktentwicklung. Ihre Schwerpunkte umfassen Strategien der Kundenintegration bei der Entwicklung neuer Geschäftsfelder.

Prof. Dr.-Ing. Günther Schuh

studierte Maschinenbau und Betriebswirtschaftslehre an der RWTH Aachen. Er promovierte 1988 nach einer Assistentenzeit am WZL, wo er bis 1990 als Oberingenieur tätig war. Er war Professor für betriebswirtschaftliches Produktionsmanagement an der Universität St.Gallen und Mitglied des Direktoriums am Institut für Technologiemanagement. 2002 übernahm er den Lehrstuhl für

Produktionssystematik der RWTH Aachen und wurde Mitglied des Direktoriums des Werkzeugmaschinenlabors WZL und des Fraunhofer-Instituts für Produktionstechnologie IPT in Aachen. Seit 2004 ist er ebenfalls Direktor des Forschungsinstituts für Rationalisierung e. V. (FIR) und seit 2008 Prorektor für Wirtschaft und Industrie an der RWTH Aachen.

Martina Schwarz-Geschka

ist seit 1991 bei der Geschka & Partner Unternehmensberatung tätig, seit 1998 Partner. Sie ist verantwortlich für das Gebiet Szenarien und Zukunftsanalysen. Durch die Leitung und Mitarbeit an einer Reihe von Szenariostudien hat sie umfassende Kompetenz in der Anwendung der Szenariotechnik aufgebaut. Die Geschka & Partner Unternehmensberatung wendet die Szenariotechnik seit vielen Jahren für unterschiedlichste Themen an. Seit 2001 besteht eine enge Zusammenarbeit mit dem Institut für Mobilitätsforschung, Berlin, bei der Erarbeitung und Fortschreibung von umfassenden Mobilitätsszenarien.

Dr. Martin Stahl

hat an der Universität Siegen Wirtschaftsingenieurwesen mit den Vertiefungen Marketing und Verbrennungskraftmaschinen studiert. Im Anschluss promovierte er am Institut für Technologiemanagement der Universität St.Gallen über die Integration von Start-ups in die Innovationsprozesse der OEMs der Automobilindustrie. Von 2002 bis 2008 war er in der BMW Group unter anderem in der F&E-Strategie, strategischen Unternehmensplanung sowie der Markenstrategie tätig. Seit 2009 ist er in einer großen strategischen Unternehmensberatung mit verschiedenen Themen wie Strategie, Produktentwicklung und Elektromobilität im Kontext der Automobilindustrie beschäftigt.

Dr. Christoph H. Wecht

ist Managing Partner der BGW Management Advisory Group, St. Gallen – Wien. Er ist als Berater, Coach und Vortragender tätig und publiziert praxisorientierte und wissenschaftliche Zeitschriftenartikel und Buchbeiträge. Neben seinem Lehrauftrag für Technologiemanagement an der Universität St.Gallen unterrichtet er am Management Center Innsbruck und der Technischen Universität Wien. Nach dem Maschinenbaustudium arbeitete er in Österreich, Deutschland und den USA, wo er ein ergänzendes MBA-Studium absolvierte. Vor der Gründung der BGW AG promovierte Christoph Wecht am Institut für Technologiemanagement an der Universität St.Gallen.

FIRMENVERZEICHNIS

INDEX